자연재생

– 생태공학적 접근 –

자연재생 – 생태공학적 접근 –

1판 1쇄 발행 2010년 3월 15일
1판 2쇄 인쇄 2011년 9월 1일
1판 2쇄 발행 2011년 9월 5일

지은이 | 카메야마 아키라 · 구라모토 노보루 · 히오키 요시유키
옮긴이 | 김남춘 · 박보신 · 조민환
발행인 | 김병계
발행처 | 도서출판 보문당
등록 | 1990년 6월 15일(제1-1066호)
주소 | 서울시 마포구 신수동 448-6 우) 121-110
전화 | 704-7025 / 704-0635
팩스 | 704-2324
홈페이지 | www.bomoondang.co.kr
전자우편 | bmdpub@naver.com

값 22,000원

ISBN 978-89-8413-173-6

*파본이나 잘못된 책은 교환하여 드립니다.

자 연 재 생

– 생태공학적 접근 –

카메야마 아키라 · 구라모토 노보루 · 히오키 요시유키 지음
김남춘 · 박보신 · 조민환 옮김

普 文 堂

집필자 일람(집필순, *편집자)

〈총론, 각론〉

*龜山 章	(Akira, KAMEYAMA)	동경농공대학 농학부
*日置 桂之	(Yoshiyuki, HIOKI)	돗토리대학 농학부
春田 章博	(Akihiro, HARUTA)	(주)환경・그린엔지니어
*倉本 宣	(Noboru, KURAMOTO)	메이지대학 농학부
則久 雅司	(Masashi, NORIHISA)	환경성 자연보호국
中村 俊隆	(Toshitaka, NAKAMURA)	일본학술진흥회 특별연구원/홋카이도교육대학
山田 浩之	(Hiroyuki, YAMADA)	홋카이도대학 대학원 농학연구과
關岡 裕明	(Hiroaki, SEKIOKA)	(주)테크노그린
中本 學	(Manabu, NAKAMOTO)	오사카가스(주)
井本 郁子	(Ikuko, IMOTO)	(주)녹생연구소
內藤 和明	(Kazuaki, NAITO)	효고현립대학 자연・환경과학연구소
大迫 義人	(Yoshito, OSAKO)	효고현립대학 자연・환경과학연구소
池田 啓	(Hiroshi, IKEDA)	효고현립대학 자연・환경과학연구소
中尾 史郎	(Shiro, NAKAO)	와카야마대학 시스템공학부
浜端 悅治	(Etsuji, HAMABATA)	비와(琵琶)호 연구소
麻生 惠	(Megumi, ASO)	동경농업대학 지역환경과학부
松本 淸	(Kiyoshi, MATSUMOTO)	마키하타야마 경관보전 볼런티어스 대표
田村 淳	(Atsushi, TAMURA)	카나가와현 자연환경보전센터
大窪久美子	(Kumiko, OKUBO)	신슈대학 농학부
養父志乃夫	(Shinobu, YABU)	와카야마대학 시스템공학부
山本 紀久	(Norihisa, YAMAMOTO)	(주)아이쇼쿠부츠 설계사무소
桑江朝比呂	(Tomohiro, KUWAE)	(독)항만공항기술연구소 해양수공부
趙 賢一	(Kenichi, CHO)	(주)아이쇼쿠부츠 설계사무소
佐藤 力	(Riki, SATO)	(주)아이쇼쿠부츠 설계사무소
古川 惠太	(Keita, FURUKAWA)	국토교통성 국토기술정책총합연구소 연안해양연구부
藤原 秀一	(Shuichi, FUJIWARA)	국토환경(주)

〈칼 럼〉

逸見 一郎	(Ichiro, HENMI)	(주)지역환경계획
八色 宏昌	(Hiromasa, YAIRO)	(주)크랙
井上 剛	(Tsuyoshi, INOUE)	(주)지역환경계획
中村 忠昌	(Tadamasa, NAKAMURA)	(주)생태계획연구소
花城 盛三	(Seizo, HANASHIRO)	내각부 오키나와총합사무소
山本 秀一	(Hidekazu, YAMAMOTO)	(주)에코

서문

20세기는 역사상 전례가 없는 자연파괴(自然破壞)의 시대였고, 그 추세는 21세기인 지금에도 끊임 없이 이어지고 있다. 그 결과, 현대는 생물종의 대량멸종의 시대가 되었고 각지에서 생물다양성의 위기적인 저하로 이어져 건전한 생태계의 존속이 위협받고 있다.

이러한 시대의 배경에 있어서 소실된 생태계나 왜곡된 생태계를 복원(復元, Restoration) · 복구(復舊, rehabilitation)하는 자연재생(自然再生)은 금후 도래하는 시대의 필수적 키워드가 될 것이다. 근년, 원생적인 습지나 도시근교의 잡목림, 또는 도시부의 녹지 등 다양한 지역에서 자연재생에 대한 노력이 시작된 것은 그 구체적인 움직임이라 볼 수 있다.

그러면 자연재생은 어떠한 장소에서 이루어지는 것이 바람직한가를 언급하자면 국립공원 등의 원생적인 자연지역에서의 복원에서부터 도시지역의 잃어버린 자연에 이르기까지 광범위하게 어떠한 장소에서도 그 필요성이 요구되어진다. 오히려 각각의 지역에서 인간과 자연과의 관계 안에서 찾을 수 있는 것이라고 사료된다.

자연재생 사업에 있어 중요한 것은 과학적인 근거에 의한 기술을 활용하여 사업이 이루어지는데 있으며 과학적 근거가 없이 사업을 추진하면 또 다른 자연파괴를 발생시킬 우려가 있다. 인간과 생태계의 공존의 관계를 구축하는 기술학(技術學)인 생태공학은, 자연재생을 진행하는 과정에서 중요한 환경임팩트(Environmentally Impact)와 환경포텐셜 평가(Environment Potential Assessment) 등의 근거와 그를 기반으로 하는 기술을 제공하는 것으로써 자연재생에는 필수적인 요소이다.

본서는 자연재생을 진행하는 과정에서의 과학적인 방법과 기술을 제시하는 것을 목적으로 하고 있으며, 제1편의 총론에서는 자연재생의 이념과 원칙, 자연재생의 방법론, 재료와 시공, 주민참여와 정보공개, 자연재생의 제도와 사업 등에 대하여 해설하고 있다. 제2편의 각론에서는 자연재생이 이루어지는 구체적인 장소, 다시 말해서 습원(濕原), 습지(濕地), 호소(湖沼), 하천(河川), 초원(草原), 전원(田園), 이차림(二次林), 삼림(森林), 용수지(湧水地), 사구(砂丘), 산호초(珊瑚礁), 간석지(干潟地) 등의 생태계의 특징과 자연생태복원을 추진하는 배경에 대하여 기술하고 있으며 자연재생의 목표설정, 자연재생의 기술적 방법론, 평가의 과제 등에 대해서 사례를 들어 상세히 설명하고 있다.

본서는 일본조원학회 생태공학연구위원회의 위원이 주관하여 기획 · 편집한 것이다. 본서가 자연생태복원 사업에 일약을 담당하는 것을 기대해 마지않는다.

2010년 3월

편집자를 대표해서 **龜山 章(카메야마 아키라)**

역자 서문

20세기말 일본에서는 대량소비를 지양하는 사회에서 지속가능한 사회로 전환하려는 움직임이 크게 대두되었고, 그 결과 21세기를 살아가는 사람들에게 자연과 공존 · 공생하는 사회실현을 향해 환경생태공학적 관리수법을 활용해 적극적으로 자연을 재생해갈 것을 지향하게 하였고, 그에 실현하는 기틀을 마련하기 위해 관련법의 제정과 가이드라인을 작성하는 등의 노력을 경주하였다.

그리고 이를 가시화하기 위하여 실천적인 방법론을 강구하고 과거의 지나친 개발 등으로 훼손된 자연을 훼손되기 이전의 상태로 되돌리는 자연재생을 착수한 후 구체적이며 다양한 생태공학적인 지식을 활용하면서 생태적 여건을 고려하여 복원하는 재생사업이 전국적으로 이루어지기에 이르렀다. 생태계의 변모는 장시간에 걸쳐 이루어지는 사안이므로 아직은 시행착오를 겪는 단계일지는 모르지만 이를 실행에 옮기고 있는 과정과 시행사례는 산업화사회를 함께 경험하였고 최근 저탄소 녹색성장을 도모하는 우리에게 있어서도 시사하는 바가 크다고 할 수 있다.

일본에서는 상기의 내용을 구현하기 위한 근간법으로 자연재생법이 있고, 자연재생이라는 용어를 주로 사용하고 있다. 이는 생태복원이라는 용어가 주는 무게감 때문으로 인지되고 있다. 국내에서는 생태복원(Ecological Restoration)이라는 용어가 일반화되고 있어 일본과 비교되며 앞으로 생태복원을 위한 많은 연구와 실천노력이 필요하다고 판단된다. 사실 자연을 대상으로 하는 사업들은 인위적인 부분을 배재할 수 없고, 이는 인간이 인지할 수 없는 미지의 부분도 내포하고 있어 자연을 대상으로 생태복원을 시도할 때 보다 자연에 순응하는 마음가짐으로 접근하여야만 한다고 본다.

자연을 대상으로 한 복원사업에서는 주 대상인 생물 및 환경를 재생하기 위한 원칙을 세우고, 관련 국내외사례의 소개에 의한 선진사례를 파악하고, 계획적인 방법론으로 접근하여 우리의 생태자연환경에 적절히 대처할 수 있는 환경 · 생태기술적 처방을 하나씩 정립해야만 할 것이다. 흔히 가까운 나라이고 사계절이 뚜렷하며, 70%전후가 산악지형이라는 공통점이 일본기술을 쉽게 들여오는 요인이라 한다면, 신생대 토양환경과 3,000

미터를 넘나드는 고산지대가 많음으로 고저차가 심해 물길이 좁고 빠르며, 지각변동이 많고 동식물상이 우리보다 다양하다는 점 등의 상이점도 간과해서는 아니 된다. 본 번역서는 접근방법과 기술의 동향을 확인 할 중요한 자료임에는 틀림없지만, 이를 파악 · 분석하여 우리의 환경조건에 부합되는 최적방안들이 도출되기를 기대해마지 않는다.

본서는 총론에서 자연재생에 이르게 된 취지와 경위에 대해서 자세히 설명하고 있고, 각론에서는 17개 분야에서 실질적으로 시도되고 얻어진 방대한 사례가 기반이 되며 6개 칼럼을 더하여 하나로 묶은 보고서를 표방한 지참서 성격의 서적이다. 저자 또한 다양한 분야의 전문가들이 집필하고 있어 다양한 지식을 취할 수 있으며, 그 활용의 범주 또한 다양하리라 본다.

우리도 가까운 나라 일본에서 이루어지고 있는 자연재생사업들을 구체화하고 현실화하기 위해서 관련 전문분야에서 협력하여 자연재생사업들을 발굴하는 노력이 필요한 시점이다. 이를 위해서는 훼손된 자연의 생태계 기본원리를 인지하고, 자연환경과 인간과의 상호관계를 이해하며, 자연생태계를 체계적으로 관리하여 환경오염과 자연생태계 파괴로 인한 피해를 최소화 하며, 훼손된 생태계는 환경친화적으로 복원하여 지속가능한 사회를 이룩하여 저탄소 녹색성장에 기여하면서 건강한 국토를 후손에게 물려주는데 기여할 수 있어야 하겠다.

2010년 3월

김남춘, 박보신, 조민환

차례

Part 1 총 론

Part_ 1

총 론

1. 자연재생의 이념과 원칙
2. 자연재생의 방법론
3. 자연재생의 재료와 시공
4. 주민참가와 정보공개
5. 자연재생 관련제도와 사업

Chapter 01

자연재생의 이념과 원칙

1.1 자연재생의 이념

건전한 생태계는 시민의 재산이고 건전한 생태계 안에서 생활하는 것은 시민의 권리이다(일본조원학회 생태공학연구위원회, 2002).[1] 이 뜻을 광의(廣義)로 전개하여 지역에 있어서 생태계의 집합을 경관이라 하면, 건전한 경관은 국민의 자산이고 건전한 경관 하에 생활하는 것은 국민의 권리와 직결된다.

건전한 생태계를 시민의 재산으로 하기 위해서는 행정뿐만 아니라 시민, 사업자, 그 외에 모든 관련자가 자신의 힘과 능력에 부합되게 협동하여 생태계를 보전 · 수복하는 것이 요구되어진다.

자연재생이 요구되어지는 배경은 크게 둘로 볼 수 있다.

그 중 하나는, 잃어버린 자연에 대한 대응이다. 현대사회는 생물종의 대량멸종을 야기하고 있고, 그 규모는 과거 5회에 걸친 대량멸종을 넘어설 수 있다고 우려되고 있다. 국내(일본)의 Red Data Book에 기재된 멸종위기종은 포유류: 26%, 조류: 15%, 파충류: 18%, 양서류: 22%, 담수어류: 26%로 되어 있고 앞으로 더욱 늘어날 수 있다는 우려의 목소리가 크다. 또한 야생동식물의 생육 · 서식지의 감소도 현저하여 자연환경의 보전은 국가적인 급선무로 등장했다. 이러한 동향에 대하여 생물다양성 국가전략, 멸종위기에 있는 야생동식물의 종의 보존에 관한 법률(1993년), 환경영향평가법(1997년), 신 · 생물다양성국가전략(2002년), 자연재생추진법(2003년), 특정외래생물에 의한 생태계 등에 관계 되는 피해방지에 관한 법률(2004년) 등의 법제도의 정비와 각종 시책의 전개를 도모해 왔다.

다른 하나는, 인간과 자연과의 관계에 있어 그 변화에 대응하는 것이다. 도시 주변에서 깊은 산속까지의 광대한 지역으로 펼쳐지는 고향마을 및 고향산은, 1960년 이전에는 논농사와 야채재배, 잡목림의 신탄림(薪炭林), 삼나무·노송나무의 조림, 억새의 초원 등의 다양한 생태계로 구성되어 있었다. 이는 200~300년에 걸쳐서 강력한 인위적 관리에 의해 이루어진 생태계로 야생의 자연성이 극도로 억제된 생태계였다. 때문에 중규모 교란가설(攪亂假說)로 설명될 수 있는 생물종의 다양성이 지속적으로 유지되어 왔다. 즉, 고향마을·고향산 생태계의 다양성은 인위적인 관리의 소산으로서 항상적(恒常的, Homeoststic)으로 획일화된 자연이였다고 할 수 있다.

현재, 이러한 고향마을·고향산 생태계의 대부분은 과거와 같은 관리가 이루어지지 않고 방치되고 있다. 야생의 자연으로의 천이가 이루어지는 부분도 일부 있으나, 그 대부분은 칡이나 등나무 등의 덩굴성식물의 확산에 의한 삼림의 황폐화와 가시박, 양미역취 등의 침입에 의한 경관·생태계파괴와 같은 녹색공간의 병리현상을 여기저기서 볼 수 있게 되었다. 과거로 돌이킬 수 없는 자연의 상태 앞에 새로운 자연의 이상형을 모색하게 되었고 자연재생은 이러한 맥락에서 그 필요성이 요구되어진 것이다.

이와 같이 자연재생을 요구하는 두 가지 배경은 상호관련성이 있고 양면성을 지닌 관계라고도 할 수 있다.

2001년 7월에 내각총리대신에 의해 결제된 '21세기"環國"만들기 회의보고' 에 의거하면 지금으로부터의 사회는 환경적 관점에서 구조개혁·의식전환이 요구되어져 자연순환·자연공생형 지역만들기가 필요불가결의 요건이 될 것임을 명시하였다. 또한 "環"의 요소의 하나인 '생태계의 環' 에서는 적극적인 자연을 재생하는 공공사업인 '자연재생형 공공사업' 을 추진하는 것이 제창되어졌고, 이를 위해서는 자연환경의 관점에 서서 조사 및 검토를 행하는 것에 더하여 시민, 기업, 연구자, NPO(Non Profit Organization, 비영리단체), 행정 등의 다양한 주체의 참가를 요구하고 있다.

더욱이 2002년 3월에 정부의 '지역환경보전에 관한 관계각료회의' 에서 결정된 '신·생물다양성 국가전략' 에서도, 향후 중점을 두어야 할 시책의 방향으로서 ① 보전의 강화, ② 자연재생, ③ 지속가능한 이용의 세 가지를 들어, 주요 테마별 취급방침의 하나로서 자연재생사업을 언급하고 있다.

근년, 환경영향평가법에서 각종의 개발행위에 의해 영향이 발생하는 자연에 대해서, 그 영향을 완화하려고 하는 저감(Mitigation)방안이 실시되게 되었지만, 자연재생은 개발행위에 부가적으로 실시하는 것이 아니라 자연을 재생하는 것, 그 자체를 목적으로 한 사업인 점이 높게 평가된다.

자연재생에 대한 정의는 '과거의 잃어버린 자연을 적극적으로 되돌리는 것을 통해서 생태계의 건전성을 회복하는 것을 직접적인 목적으로 행하는 사업' (환경성), '주변의 녹음 · 자연이나, 생물이 살기 좋은 환경의 재생을 목적으로 행하는 하천, 공원, 항만만들기' (국토교통성) 등이 제시되어 있다.

일본 정부는 이러한 방침에 따라서 2002년 예산 제정 시, 각종의 자연재생형 사업을 기획하여 실행에 옮기기 시작했다. 그 중에 하나인 홋카이도(北海道) 쿠시로(釧路)습원의 자연재생사업에서는 환경성, 국토교통성, 농림수산성이 공동 · 연계하여 건조화가 급속히 진행된 습원식생을 복원하는 사업이 추진되었다. 쿠시로습원은 국립공원임과 동시에 람사조약의 등록습지인 점에서 사업은 환경성(環境省)이 중심이 되어 진행됐다.

사이타마현의 '상수리나무림 자연재생사업' 에서는 사이타마현(埼玉懸)의 사야마시(狭山市), 도코로자와시(所擇市), 가와고에시(川越市), 미쿠니마을(三芳町)의 3개시와 하나의 마을에 걸쳐서 연면적 약 154ha의 구역에 걸쳐 잡목림의 보전과 재생사업이 실시되어졌다. 상수리나무림은 에도(江戸)시대에 개발되어진 미토미닛타(三富新田) 지역이고 도심에서 30km거리권에 위치하여 대규모의 녹지가 존속되어졌으나, 최근 산업폐기물관련시설이나 쓰레기투기 등이 문제화 되고 있어, 이 사업은 황폐화한 자연을 재생하고자 하는 요청에 대한 응답이라 할 수 있다.

자연재생은 자연복원에 가까운 개념이지만 자연은 과거에서 현재에 이르기까지 커다란 변화를 이루었다는 점을 고려해서 과거의 자연을 복원한다는 사고와는 달리 현재의 가능성(Potential)을 기준으로 하여 성립시킬 수 있는 최적의 자연을 창출하려는 사고가 중심이 된다. 또한, 일본국내에는 이차적 자연이 많이 존재한다는 것을 반영하려면, 인위적인 것을 모두 배제한 자연에 국한시키지 말고, 애초부터 적절한 인위성 위에서 성립되는 이차적인 자연을 목표로 하는 것도 중요하다. 자연재생의 유사한 개념에는 복원(復元, Restoration), 복구(復舊, 또는 기능보장, Mitigation, Rehabilitation), 개선(改善, Reclamation) 등이 있다.

1.2 자연재생사업의 개요

자연재생사업이 적절하게 행하여지기 위해서는 이하의 점에 대해서 배려하고, 검토해 두는 것이 중요하다.

1) 자연재생의 주체

자연재생사업에 있어서, 전술했던 것과 같이 '건전한 생태계는 시민의 재산이고, 건전한 생태계 안에서 생활하는 것은 시민의 권리이다' 라는 인식을 가지고, 지역과 자연은 주민의 재산이라는 원칙을 세우고 진행시키는 것이 중요하다. 주민은 양호한 자연환경 내에서 생활하는 권리를 소유하고 있다. 이러한 관점에서 보면, 자연재생사업은 지역의 자연환경의 주체로 볼 수 있는 시민을 중심으로, 행정, NPO(Non Profit Organization, 비영리단체), 기업, 연구자 등 다양한 주체가 자신의 능력과 힘을 합쳐 분담하는 것으로 사업의 추진을 도모해야만 한다.

2) 조사의 중요성

자연재생사업은 조사를 근간으로 하여 계획적인 대응을 하는 것이 중요하다. 전 국토에서 잃어버린 자연은 셀 수 없이 많다. 그 중에서 무엇을 재생의 대상으로 할 것인가를 선별하기 위해서는 지역에 있어서 자연의 실체를 충분히 파악한 다음에, 지역자연의 총체적 그림(Grand Design)을 그려내고, 그것을 기준으로 한 대상사업을 결정하는 것과 같은 계획적 대응이 필요하다. 이에 대해서 태만하면 사업의 필요성에 대한 지역주민의 이해를 얻을 수 없게 된다.

자연재생사업의 실시에 있어서는 지역의 자연환경의 현황을 파악하고, 사업대상지의 적합한 선정을 하는 것이 중요하며, 사업대상지 주변에 위치하는 현재의 자연환경을 적절히 파악하여 평가하는 것이 필요불가결이다.

지역의 자연환경의 현황을 종합적으로 파악하기 위해서는, 국가의 관계부서, 도도부현(都道府縣, 한국의 도(道)에 해당), 시정촌(市町村, 우리의 시동리(市洞里)에 해당) 등 공공단체 및 민간이 실시하여온 자연환경에 관한 다양한 조사기록자료를 정리하고, 생물다양성에 관여하는 생태계 · 생물종 · 유전자에 관한 정보를 정리하여, 멸종위기종이나 지역성계통 등의 정보를 일원화 · 체계화 할 필요성이 있다. 이것은 자연환경을 종합적으로 표현하는 비오톱맵(Bio-Tope Map)이며, 이것을 사업대상지 선정을 위한 기반정보로서 이용하는 것이 바람직하다.

비오톱맵을 기반으로 추출된 사업대상지에 대해서는, 대상지 현황의 자연환경에 관한 상세한 정보를 파악할 필요가 있다. 구체적으로는 현지조사를 실시하여, 생물종리스트 등 생물의 기초적 정보를 수집함과 동시에 자연환경에의 필요도의 긴급성이나 방향성, 인위성에 의해서 환경에 끼치는 영향 정도, 환경포텐셜의 평가, 병행하여 사업의 실시에 뒤따르는 생태계에의 영향의 유무 등 장래예측에 관한 정보를 수집 · 정리하여 분석 · 평가할 필요가 있다.

그 과정에서는, 자료수집이나 현황조사에 의해 취득한 정보를 일원 · 일괄관리 하기 위해 정보처리에 적합한 GIS(지리정보시스템)에 의한 정보관리가 유효하다.

동식물이나 생태계의 조사를 실시할 때는 자연에는 미지의 부분이 한 없이 존재한다는 점을 고려하여 조사를 세밀하게 해 둘 필요가 있다.

3) 정보공개와 설명책임

자연재생사업에 있어서 조사에 의해 얻어진 지역의 자연정보와 사업의 내용과 진행방법에 관한 정보를 주민에게 공개하고, 설명에 대한 책임을 지는 것이 중요하다. 정보공개가 진행되면 자연재생사업에 대해서 주민은 참여의식을 가지게 되고, 그 후의 관리단계에 있어서도 주체적으로 참가하는 것이 기대되어지기 때문이다. 자연의 재생은 통상적인 건설사업과는 달리, 공사종료시점이 재생의 종료가 아니고, 그 후의 기나긴 세월에 걸쳐 육성되어지면서 재생되어가는 것이므로, 관리단계가 특히 중요하며 주민의 참가가 커다란 의미를 가진다.

4) 인간과 자연과의 '구조' 재구축

자연재생사업을 진행할 때는, 인간과 자연에 관한 '구조'를 재구축 할 필요가 있다. 잡목림은, 일찍이 인간에 의해 지속적으로 관리되어 온 자연이었지만, 땔감수요가 없어짐과 동시에 방치되어, 이차적으로 자연환경에 적응되었던 동식물의 다양성이 상실되었다.

임업계에서는 2차 세계대전 이후, 천연림을 침엽수의 인공림으로 전환하는 확대조림이 추진되어 왔지만, 그 후 외국산 목재의 수입증가를 원인으로 간벌(間伐)이 이루어지지 않는 인공림이 증가하고 풍성했던 산림이 쇠퇴하였다. 또한, 고령화에 의한 수렵인의 감소가 야생동물을 자연의 수용한도에 맞는 서식개체수를 관리할 수 없게 되어, 사슴 등이 증식하고 식생의 빈곤화가 진척되는 지역도 나타나고 있다.

어업에서는 내수면(근해)의 어업조합이 어업권어종의 알과 치어를 방류하는 비용을 입어자로부터 징수하여 충당하는 방식의 유지를 목적으로 외래종의 도입을 용인한 결과 희소종에 대한 대응이 불충분하였다. 이러한 농림어업의 생산이 쇠퇴하는 것이 요인으로 전통적인 농림어업의 시스템이 붕괴되어지고 있다.

이 지점에서, 장래를 고려해서, 종래의 마을산과 그 생산방식을 대신하는 새로운 '구조' 재구축의 필요성이 있다. 그 '구조' 재구축의 사회적 계기마련을 위해 방치된 마을산, 손질이 이루어지지 않고 있는 인공림, 교란되는 내수면 등에 있어서, 자연재생사업을 실시하는 것이 효과적이라는 견해를 제시한다.

5) 자연재생기술의 개발

자연재생을 진척시키기 위해서는, 자연재생에 관한 새로운 기술의 개발이 필요하다. 종래의 개발행위에 있어서 자연의 위치는 사업에 의해서 자연에 미치는 영향을 경감시키는 사고방식의 기술이 개발되어 왔지만, 자연재생은 이러한 대응책으로서의 기술뿐만 아니라, 다양한 수단으로 잃어버린 자연을 재구축 하는 것이므로, 새롭고 독창적인 생태공학적 기술의 개발이 필요해진다.

6) 환경영향평가의 필요성

자연재생사업을 진행하기 위해 새로운 환경영향평가제도의 도입이 필요하다. 환경에 미치는 영향을 최소화 하기위해, 제정된 환경영향평가제도로는 환경에 플러스효과를 부여하고자 하는 자연재생사업은 대상으로 하기 어렵다. 더욱이, 환경에 플러스효과를 목적으로 하는 이상, 그것이 진정 플러스효과가 있는가에 대한 사업의 필요성을 판단하기 위해서라도 시급한 문제이다. 사업을 진행함에 있어서 대규모 토목공사를 수반하는 경우 등도 상정하여, 지형이나 수환경을 비롯한 주변 환경에 영향을 미치는 것도 생각해야 한다. 자연의 시스템, 그 자체에 개입하는 자연재생사업에서는 마이너스의 영향이 발생하지 않는다고 단언하기 어렵다.

그러므로, 계획 · 구상의 단계에서부터 환경영향을 예측 · 평가하는 전략적 평가제도를 빠른 시일 내에 검토하여 도입할 필요가 있다. 계획 · 구상의 단계에는 다양한 선택의 폭이 검토가 가능하며, 그 중에는 사업을 실시하지 않는 대안을 포함시키는 것도 가능하리라 본다.

영향평가는 의사결정의 과정에 주민이 참여하는 것에 의해서 더 좋은 환경을 조성하려는 합의형성의 장으로서의 기능이 중요하다. 특히, 조사 · 계획의 단계에서부터 완료 후의 유지관리의 단계에 이르기까지 다양한 주체가 참가하는 자연재생사업에 있어서는 영향평가를 통하여 사회적 합의형성을 도모하는 것이 필요불가결하다.

7) 제도화의 검토

자연재생을 실시하기 위한 제도로서 자연재생추진법이 2003년에 제정되었다. 하지만, 이 법률만으로는 사업의 구체화는 불충분하고, 이후에도 사업을 효과적으로 추진하기 위한 제도의 정비가 필요하다. 특히, 환경이 공공관심소재라는 점을 고려한다면, 자연재생은 공공사업으로 실시되는 것이 바람직하고, 사전조사에서 계획책정 · 시공 · 관리까지의 일련의 사업프로세스와 많은 관련기관이나 자치단체가 관계하는 사업을 원활하게 추진하기 위한 자연재생사업추진회의 등의 설치를 제도화하여, 자연을 취급하는데 장해가 되는 1개년 예산제도의 예외조항으로 하는 등, 제도의 정비가 커다란 과제로 등장하게 될 것이다.

자연재생사업은 종래의 공공사업과는 달리, 공사완료 후에도 끈임 없이 변화하는 자연을 대상으로 하고 있다. 자연은 미지의 특성을 지닌 관계로, 당초의 계획과 대조하여 상시, 궤도수정을 필요로 하므로, 그것을 가능케 하는 제도가 요구되어진다. 따라서, 목적으로 하는 자연이 재생되고 있는가를 확인하여, 방향수정을 명확히 하기 위해서는 모니터링조사도 제도화하는 것이 바람직하다.

8) 관리의 중요성

자연재생사업에 있어서, 공사의 준공으로 생태계가 완성되는 것이 아니고, 준공과 함께 생물의 성장과 번식이 시작된다. 그러므로 자연재생사업은 정비는 물론, 이후의 관리가 중요한 역할을 하게 된다. 관리에 대한 체제, 예산, 인재 등을 적절히 투입할 필요성이 있다.

관리의 단계에서는 생태계의 상태를 관찰 · 조사 하면서, 그 상태에 따라 대응하는 순응적인 관리를 필요로 한다. 관리를 위한 기술축적이 충분하지 않음으로 관리기술을 적극적으로 개발해 가는 것이 요구된다. 관리의 진행에는 관리계획의 책정이 필요불가결하다. 관리기록과 모니터링의 결과로부터 관리의 기법의 개선이 가능하므로, 순응적인 관리의 프로세스정보를 축적하여, 금후의 관리계획의 책정에 이용하는 것이 바람직하다.

– 카메야마 아키라(龜山 章)

인용문헌

1) 日本造園學會生態工學硏究 委員會(2002): 自然再生事業の在り方に關する提言, ランドスケープ硏究 66(2), 156~159

Chapter 02

자연재생의 방법론

본 단원은 자연재생의 광역계획, 목표설정, 계획 · 설계 및 시공, 모니터링 등을 실제의 자연재생사업의 진행순서에 준하여 서술한다. 현재, 많은 자연재생사업이 계획과 실시 단계에 있어 이하에 서술하는 프로세스가 완결되어진 사례는 그리 많지 않다.

자연재생사업은 일종의 장대한 야외실험이라는 의견도 있다.[1] 이는 계획과 설계가 가설이고, 사업실시는 실험이며, 모니터링은 가설검증에 해당하여, 가설이 검증결과를 기본으로 하여 수정되는 것으로, 더욱 효과적인 사업의 실시를 가능케 하는 개선의 순환이 목표가 됨을 시사한 것이다. 본서의 각론에서 소개되는 다양한 사례도 사업으로서 완성되어진 것이라기보다는 실험의 중간단계 보고라는 성격이 강하다. 또한, 자연재생은 많은 요소가 복잡한 상호관계를 지니는 자연시스템으로써 생태계의 재구축을 목표로 하고 있고, 더욱이 그것이 야외에 있어서의 다양한 환경변화 속에서 행해지는 것임으로, 불확실성이 극히 높고, 실내실험과는 달리 그 재현성이 아무래도 낮을 수밖에 없다. 이후로 서술하는 방법은 결코 확립된 것이 아니고, 금후 보완이 요구되어지는 것이지만, 현시점에서 생각할 수 있는 자연재생사업이 최소한 충족해야 할 방법론을 제시하려 했다.

2.1 자연재생의 광역계획

자연재생을 하려면 먼저 그것이 어느 장소를 대상으로 이루어지는가를 제시하는 광역계획이 필요하다. 자연환경의 그랜드디자인(Grand Design)에는 현존하는 자연환경의 보전계획과 회복되어야 할 자연환경에 관한 연구, 즉 자연재생계획이 포함된다. 보전과 재생은 서로 보완하는 관계에 있다. 그 일례로 '소규모의 너도밤나무가 자생하는 상록광엽수림의 인접지에 동일 숲을 재생할 때에 일정 면적의 군락을 확보하는 것으로 야생동물의 서식처로서의 기능을 담당' 하게 하는 계획을 세우는 것이 요구되어진다. 이러한 계획의 필수사항은 자연환경의 질(質: 생태계의 종류나 자연도), 양(量: 면적), 배치(配置: 형상이나 인접관계)가 있고, 이것들은 패치(Patch)나 코리더(Corridor)의 질과 양의 배치를 고려하는 경관생태학적인 내용의 계획이다. 생태계 네트워크계획을 책정 · 실행하고 있는 국가로서 잘 알려져 있는 것이 네덜란드이다.[2] 네덜란드의 생태계 네트워크 계획은 1990년도에 입안되어져, 생태계 전체의 수치목표와 축척 1/250,000의 도면으로 계획이 제시됐다. 이 계획은 2000년의 시점에서 진척상황을 검토하여 계획의 일부가 수정되었고 개략 2020년을 목표로 실시되고 있다. 검토에 의해 수정된 계획을 (그림 2-1)과 〈표 2-1〉에 제시하였다.[3] 현재, EU의 많은 국가들에서 네덜란드와 같은 맥락의 생태계 네트워크 계획이 입안되어 있다. 뿐만 아니라 전 유럽을 대상으로 한 국제적 생태계 네트워크 계획안도 책정되어 있어 유럽대륙 – 국가 – 주 – 지방행정단위의 공간 스케일에서 각각의 단계에 대응한 자연환경 그랜드디자인이 묘사되고 있다.

일본국내에서도 이러한 그랜드디자인이 몇 건 제안되어 있으나, 아직까지는 계획단계에 머물고 있어 본격적으로 실시 된 사례는 적은 실정이다.

국토단위의 계획은 아직 존재하지 않으나 지방단위의 계획사례로서 '수도권 도시환경 인프라의 그랜드디자인',[4] 도도부현(都道府縣)레벨의 사례로 토쿠시마(德島)현의 '토쿠시마 비오톱 · 플랜',[5] 사이타마(埼玉)현의 '사이노쿠니 풍성한 자연환경만들기 계획',[6] 시정촌(市町村)레벨의 사례로 마치다(町田)시의 '마치다 에코플랜'[7] 등을 들 수 있다.

이 중에서 수도권 도시환경 인프라의 그랜드디자인에서는 수도권정비법의 적용구역 안에서 비교적으로 군락을 이루는 자연환경이 잔존하는 지역을 25개소 추출하여 '보전해야 할 자연환경' 으로 제시하고 있다(그림 2-2). 그러나, 보존해야 할 존(Zone)으로 제시된 지역의 내부에서도 실질적으로는 난개발이라 할 수 있는 점적상태로 개발이 진행되고 있어(그림 2-3) 군락을 이루는 자연환경의 조성을 추진하기 위해서는 개개의 지역 내에서 보전과 재생을 조합하여 실시하여 가는 것이 검토되어지고 있다.

또한, 토쿠시마 비오톱 플랜에서는, 다음과 같은 순서로 수림지역의 '비오톱 네트워크 방침도' 가 작성되었다(그림 2-4).[8]

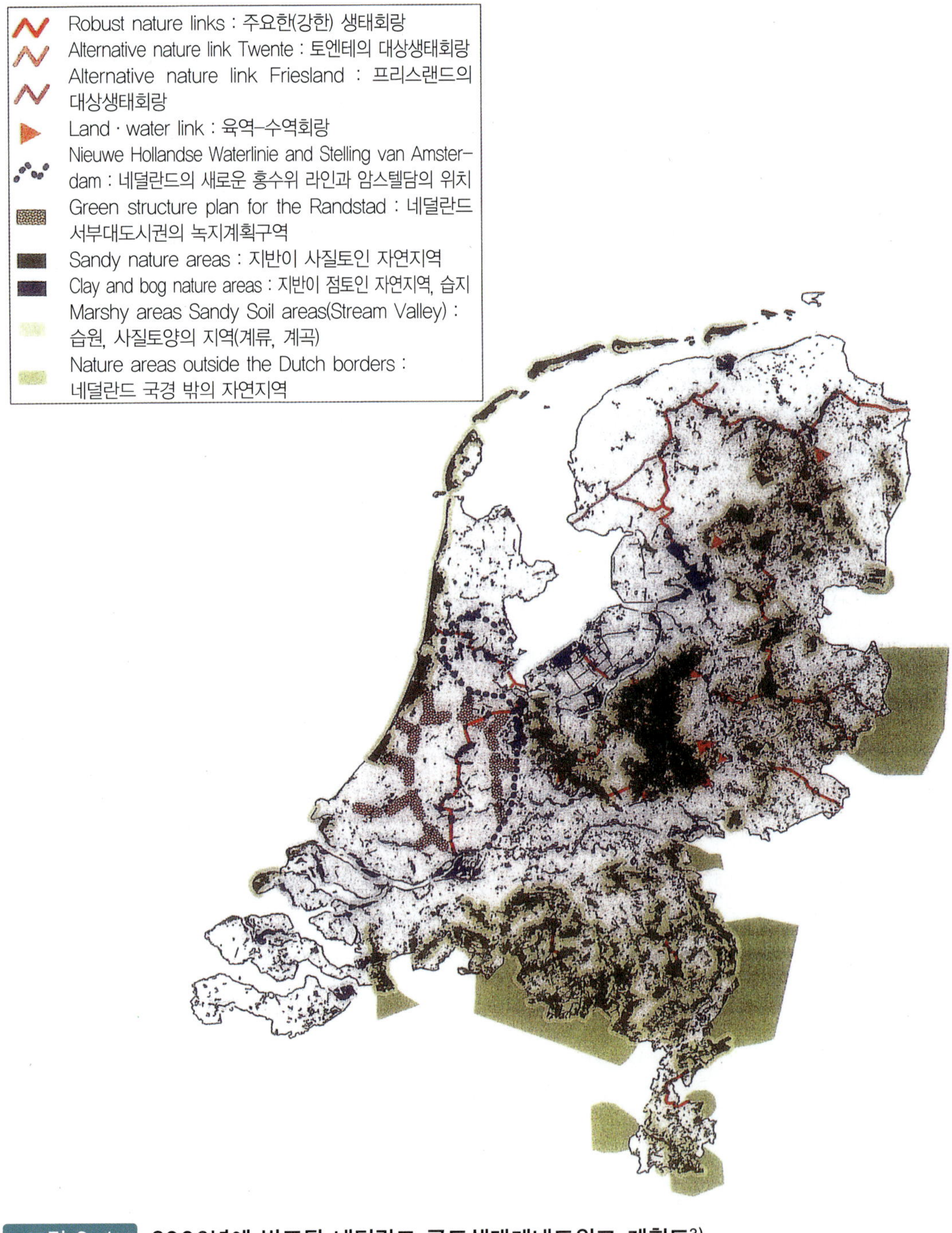

그림 2-1 2000년에 발표된 네덜란드 국토생태계네트워크 계획도[3)]

1990년에 입안되어 2020년을 목표로 진행되고 있는 네덜란드 생태계네트워크 계획은 기존의 자연환경을 보전함과 동시에 분절화가 진척된 장소에서 적극적인 자연재생사업을 행하여 생태계의 수평적인 연속성을 회복시키는 계획이다. 2000년에 진척 상황의 점검이 이루어지며 계획이 일부 수정되었다.

표 2-1 네덜란드의 국토생태계네트워크 계획의 수치목표[3)]

	육역(ha)	수역(ha)
대규모의 자연지	125,000	71,000
1 유로 및 사질토의 수림지(樹林地)	51,000	–
2 하천경관영역	12,000	–
3 습지경관영역	22,000	–
4 사구경관영역	25,000	–
5 넓은 개방수면	15,000	71,000
상처받기 쉬운 자연지	102,000	102,000
6 유로(流路)	500	–
7 증기(蒸氣)수역	1,000	–
8 빈영양습성초지	25,000	–
9 습성히스(濕性 heath) 및 고층습원	15,000	–
10 사주	4,000	–
11 석탄암초지	500	–
12 농업유산지	500	–
13 염성초지	3,000	–
14 소택지(沼澤地) 및 점질토양 수림지	10,000	–
15 빈영양 수림지	20,000	–
16 부영양 수림지	20,000	–
17 계곡림	2,500	–
다기능의 자연지	468,000	6,229,000
18 야생종의 초지	20,000	–
19 멸종위기에 처한 조류를 위한 목초지	70,000	–
20 멸종위기종이 아닌 조류를 위한 목초지	50,000	–
21 월동조류를 위한 초지	50,000	–
22 건성히스(乾性 heath)	30,000	–
23 기타 자연지	30,000	–
24 혼효림지역 및 잡목/버드나무류의 하천부지	4,000	–
25 다기능 수림지	189,000	–
26 특별한 자연적 가치를 지닌 수림지	25,000	–
27 북해 및 기타 넓은 수역	–	6,229,000
생태계네트워크 면적 합계	695,000	6,300,000

출전 : Nature for People for Nature–Policy document for nature, forest and landscape in the 21st century (2000) : Ministry of Agriculture, Nature management and Fisheries, The Netherlands

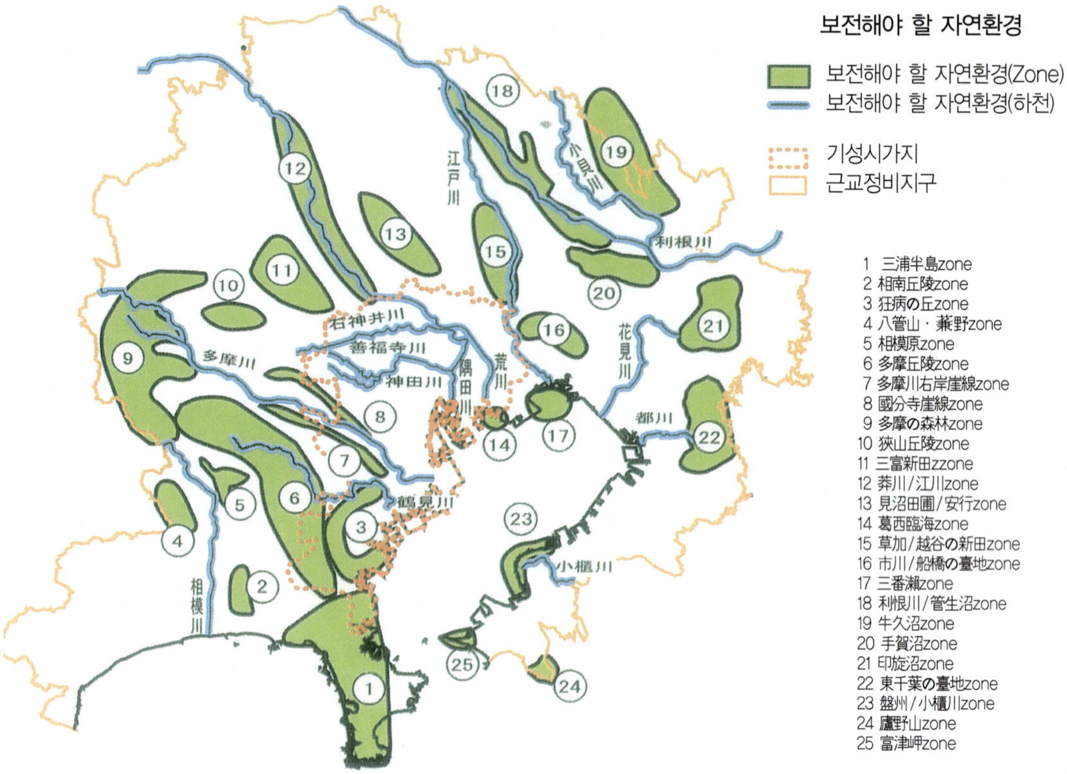

그림 2-2 **수도권에 있어서 보전해야 할 자연환경**[4)]

수도권에서, 어느 정도 자연환경이 군락으로 잔존하는 Zone 25개소는, ① 시가지의 주변부를 대규모로 감싸는 자연환경, ② 시가지를 거점으로 존재, 또는, 쐐기상으로 들어서 군락을 이루는 자연환경, ③ 시가지에 존재하는 자연공원, ④ 호소, 수전, 수림지, 하천 등의 서로 다른 형태가 혼재돼는 자연환경, ⑤ 연안지역의 자연환경이라는 관점에서 유출되었다. 실제적으로는 각각의 Zone 안에는 부분적 개발이 이루어지고 있어, 상기의 Zone은 보전대상임과 동시에 중점적인 자연환경의 재생을 실행해야 하는 장소이다.

① 환경성(環境省)의 디지털현존식생도에서 면적 1ha 이상의 수림 패치(Patch)를 추출

② 패치의 간격이 50m 미만의 것을 통합

③ 대거점(산간지대에서 7,000ha 이상, 저지대에서 500ha 이상의 이차림을 포함하는 군락의 천연림으로서, 반달곰, 여우 등의 고차소비자가 생육가능한 자연지), 중거점(50ha 이상의 군락을 지닌 자연림으로 왕새매(맹금류) 등의 고차소비자가 생육가능한 자연지), 소거점(1ha 이상의 수림지로, 수림서식 소형조류나 소동물의 생육지가 될 수 있는 장소)을 추출하여 비오톱 네트워크현황도(1/100,000의 상세도 및 1/350,000의 광역도)를 작성

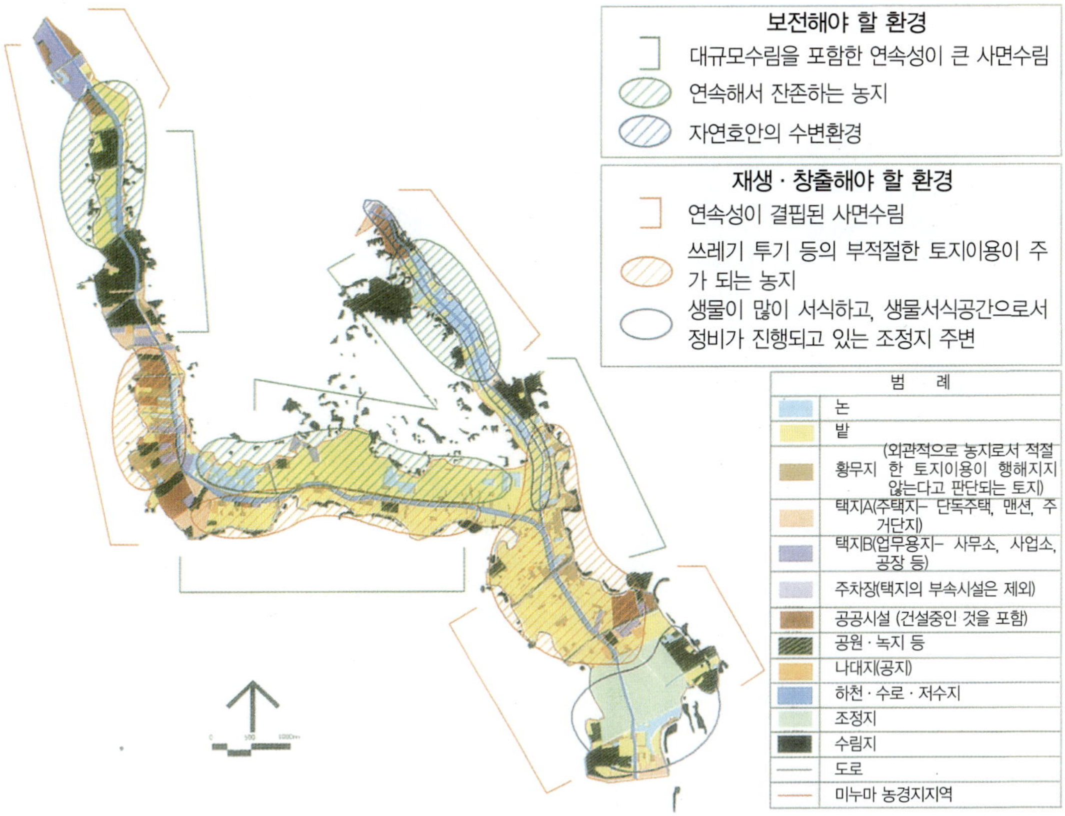

그림 2-3 미누마(見沼)농경지지역에 있어서의 자연환경의 보전 및 재생의 과제[4]

미누마 농경지는 (그림 2-2)에 제시된 수도권에서 보전해야 할 군락을 형성하는 자연환경 Zone(13번)의 하나이다. Zone 내부에 농지, 수림지, 수변의 개발이 진행되고 있어 그 행보를 저지함과 동시에, 불연속화된 장소에서 자연재생사업을 행하는 것이 과제로 되고 있다.

④ 소거점 간의 간격이 200m 미만의 패치를 통합하여 그 면적이 50ha 이상이 되는 지역을 추출

⑤ ④에서 추출한 지역의 주변에 250m의 완충지대(Buffer Zone)를 확보

이러한 순서에 의해서 군락을 이루는 자연림의 확보에 유효한 재생후보지를 정하고 있다. 개별적인 자연재생사업 부지는, 상기의 사례와 같이 광역적인 자연환경의 그랜드 디자인을 책정한 후에 결정하는 것이 바람직하다.

사업지의 결정에 있어 토지소유 또한 중요하다. 국유지나 공유지 등의 공적소유의 토지를 취득할 수 있다면 자연재생사업은 하기 쉽다. 다만, 국공유지라 하더라도 자연재생

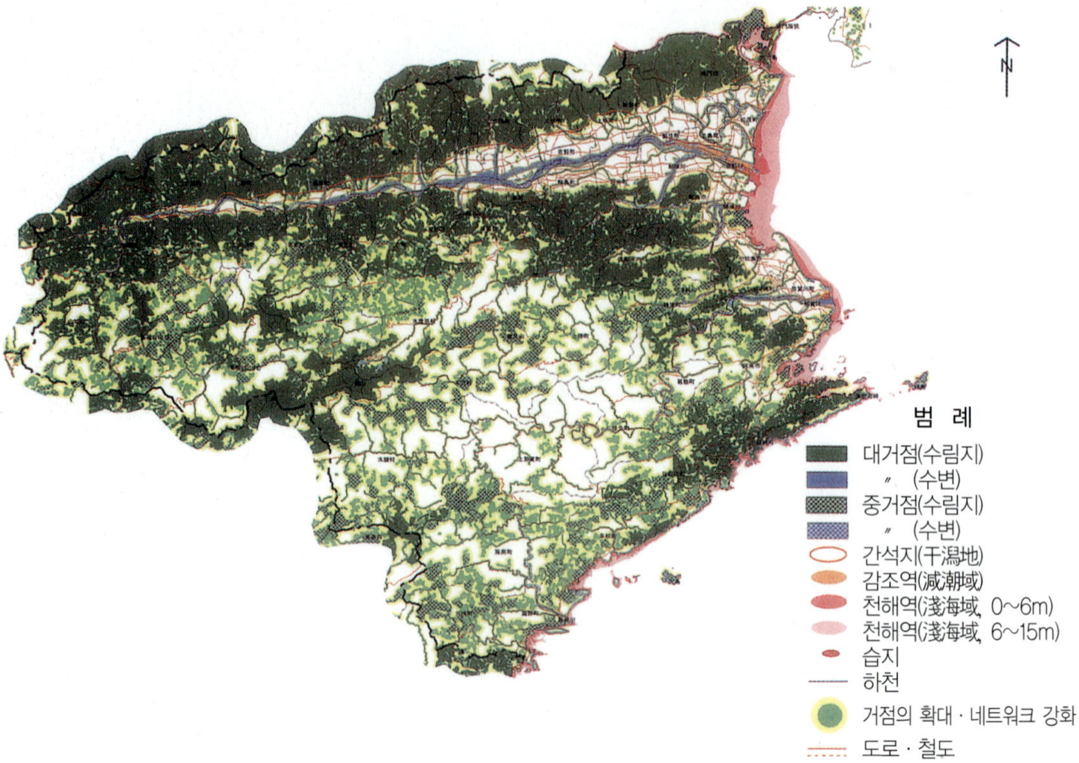

그림 2-4 토쿠시마현의 비오톱 네트워크 방침도[5)]

수림지의 거점유출과 확대 · 네트워크 강화개소의 책정은 본문에 기술된 방법으로 이루어졌고 수변에 대해서도 동등한 방법으로 그림화 되었다.

과는 다른 사업목적으로 취득된 토지는 관할부서의 전환 등의 수속을 필요로 한다.

더욱이, 자연보호와 무관한 부서로부터 자연재생에 대한 이해를 얻어야 할 필요가 있어, '그 토지는 꼭 필요하다' 라는 충분한 설명이 요구된다. 사유지의 경우에는 용지를 매입 할 필요가 있다. 용지교섭의 상대가 많아질수록 그만큼 사업의 착수까지 장시간이 소요되므로, 여타 조건이 같으면 대규모의 면적을 소유하는 상대를 선택하는 것이 유리하다. 또한, 특별히 의도적인 토지이용이 없는 유휴지의 경우는 일반적으로 취득이 용이하다. 그 후보지로 휴경농지, 불량조림지, 미이용매립지 · 간석지, 공장이전부지, 리조트사업 철회부지 등이 있다.

2.2 자연재생사업의 과정

자연재생사업은, ① 목표설정, ② 계획과 설계, ③ 시공(사업실시), ④ 모니터링과 관리의 프로세스로 진행된다(그림 2-5).[9, 10] 또한, 이 모든 단계에서 필요에 따라 각종의 조사가 이루어지며, 그 중에서도 사업부지의 현재 상태를 파악하기 위한 조사가 특히 중요하다. 다음으로 이 프로세스의 각 단계에 대해서 기술하려 한다. 더 나아가 조사와 그 분석방법에 대해서는, 본서의 각론의 각장 및 관련서적[10]에 자세히 설명되어 있으므로 이를 참고하기 바란다.

1) 목표의 설정

(1) 목표설정의 방법

자연재생사업에 있어서는, 목표를 명확하게 설정하는 것이 중요하다. 목표설정은 모

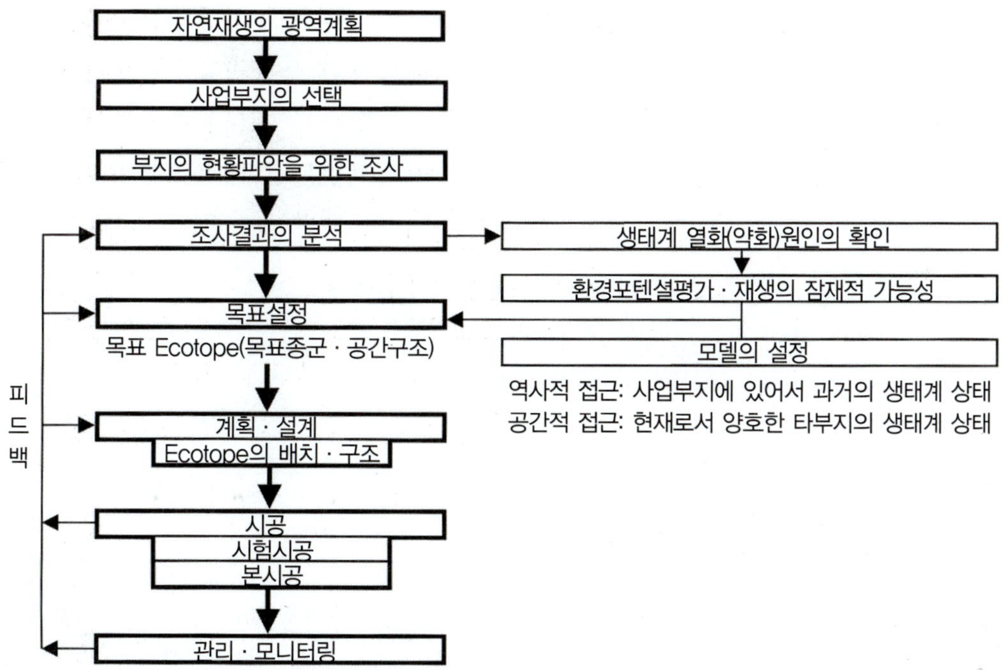

그림 2-5 **자연재생사업의 프로세스(문헌9, 10을 참고로 작성)**

수림지의 거점유출과 확대 · 네트워크 강화개소의 책정은, 본문에 기술된 방법으로 이루어졌고, 수변에 대해서도 동등한 방법에 의해 그림화 되었다.

델의 설정과 환경포텐셜평가에 의해 이루어진다.

A. 모델의 설정

모델은, 알기 쉽게 말하면 자연재생의 '지침(Guideline)' 이라 할 수 있다. 단지 이 지침은 인위적인 관여가 전혀 없는 상태의 생태계에 국한되지는 않는다. 일본국내에서는 전통적인 토지이용이 원인으로 이차적 자연의 소실이 생물다양성 감소의 주요요인의 하나가 될 수 있고[11] 종다양성의 높은 이차초원이나 이차림이 재생의 모델로 되는 경우도 많다.

모델의 설정시에 아래와 같은 정보를 응용한다.

첫째, 과거에 생태계가 건전한 상태의 시대에 있어서의 자연재생사업부지의 상태다. 이것은 역사(시간)적 접근(historical approach)이라고 말할 수 있는 방법으로 과거의 생태계의 상태를 정보적으로 복원하여, 그것을 목표설정에 참고하는 방법이다. 역사적 접근을 취하려면 과거의 생태계나 경관의 상태에 관한 데이터가 필요하다. 지형, 식생, 토지이용에 대해서는 과거의 항공사진 지도, 경관사진 등을 활용하여 전국에서 동일한 과거의 상태를 알 수 있다. 또한, 생물상에 있어서도 과거의 문헌수집, 고령자에 대한 청취와 같은 방법이 동원된다. 하지만, 과거의 생물상에 대한 정확한 데이터를 얻는 것은 극히 한정된 경우일 뿐이다. 〈표 2-2〉에 과거의 생태계상태를 조사하기 위한 정보원을 제시했다.

둘째, 잔존하고 있는 건전한 생태계의 현황이다. 이것은 살아있는 모델이 되는 것[12]으

표 2-2 과거의 생태계상태를 조사하기 위한 정보원

자 료	입수 가능한 시대	입수처
과거의 지도	1890년대(명치시대 중기) ~	국토지리원 · 일본지도센터
항공사진	1945년경 ~	평야부 : 상동/산간부 : (재)일본삼림기술협회
인공위성(Landsat)	1972년 ~	(재)리모트센싱기술센터(RESTEC)
토지대장	1890년대(명치시대 중기) ~	법무국
임반도/삼림보		국유림 : 각 삼림관리서 민유림 : 도도부현 삼림 · 임업부국
경관사진	1860년대(명치시대 초기) ~	각지의 향토자료관 · 도서관 등
각종문헌	1930년대 이후라면 비교적 정확한 생물상 문헌이 존재하는 경우가 있음	각지의 향토자료관 · 도서관 등
개인의 기억	1930년대 ~	개인별 청취조사가 필요함

로 목표설정의 공간적 접근(spatial approach)이라 명명 할 수 있는 방법이다. 이 모델은 자연재생의 부지에서 가능한 가까운 장소에 존재하며, 될 수 있으면 사업이 구상하는 생태계에 유사한 것이 바람직하다. 하지만, 현재 모델이 될 수 있는 생태계가 잔존하지 않을 경우, 특히 평야부에는 그다지 존재하지 않는다. 다행히 그것이 존재한다 하더라도, 구체적으로 조사하여 생태계의 기반, 구조, 생물상 등을 명확히 하는 것으로 모델을 구체적으로 제시할 수 있다. 그리고 이러한 모델은, 자연재생에 필요한 생물재료의 공급원으로서 이용하는 것이 가능하다.

실제의 경우, 상기의 두 가지 방법을 병행하는 것이 바람직하다.[13] 역사적 접근으로 경관, 식생, 토지이용, 한정된 몇 가지 종에 관한 과거의 상태 등에 대해서, 또는, 공간적 접근으로 식물군락의 입지, 구조, 생물상 등에 대해서 인지함으로써 더욱 명확한 모델의 제시가 가능하리라 본다.

재생부지의 생태계현황과 모델을 비교하는 것으로, 생태계의 열화(劣化, 저하)정도와 열화원인을 명확히 하는 것이 가능하다. 열화의 정도는 생물적인 지표와 물리화학적인 지표의 양면에서 평가한다. 생물적 지표는 식물군락의 구조, 생태계구성종의 종류 및 개체수가 대표적이다. 또한, 물리화학적 지표로는 강수량이나 지하수위 등의 수문데이터, 전기전도도와 용존산소량 등의 수질데이터, 토양의 층압과 경도 등을 들 수 있다.

열화원인은 재생부지에 따라서 직접적인 토지개변에 국한된 원인으로부터의 직접·간접적인 원인이 결부된 복합적인 양상의 것까지 존재한다. 환경영향평가로 장래의 영향예측을 하는 것과는 반대로, 과거로 되돌아가면서 어느 원인이 어떤한 영향을 끼쳐 왔는가를 추정해 가는 것이 된다. 시간을 역으로 올라가면서, 어느 지점에서 어떠한 개발행위가 있었고 그 시기에 어느 종이 멸종했는가? 라는 견지에서 분석하는 것이 유효한 방법이라 할 수 있다. 다음에 현시점에서 제거 가능한 원인과 제거 불가능한 원인을 정리해 볼 필요가 있다. 현실에서 제거 가능한 원인을 최대한 제거했을 때, 어느 정도의 생태계가 재생 가능한가가 목표설정에 크게 관여한다. 이 점에 대해서는 다음 항목인 '환경포텐셜' 에서 제기하도록 하자.

목표 설정에 관해서는 '잠재자연' 이라는 개념도 제안되어 있다. 이것은 '인위적으로 정지했을 때에 그 장소에 성립되는 가장 자연성이 높은 생태계를 지칭한다' [14]고 하며, 잠재자연식생의 개념을 확대하는 것으로 식생에만 한정하지 않고 그 장소의 동물군집이나 물리적 환경을 포함한 개념으로 이해된다. 물리적 환경의 개변이 현저하게 이루어진 장소에서의 잠재자연은, 예전부터 존재한 양호한 생태계와는 다른 것으로 되어 있다. 예를 들면 상류에 댐이 들어선 하천에서는 토사공급이나 홍수범람과 같은 자연교란의 빈도가 줄고 강도가 약화되어 자갈하원의 성립이 어려워진다. 또한, 이러한 하천에서는 침략적 외래종의 침입이 많아지고 그로 인한 재래종의 생존이 압박되고 있다. 구체적인 그림으로 잠재자연을 그리기 위해서는 어느 정도 인위성을 배제하는가를 명확히 하지 않으면 안 된다. 이것은 다음에 설명할 환경포텐셜평가와 근접한 내용이다.

B. 환경포텐셜평가

모델을 설정하는 것은 자연재생의 이상형이지만, 그것이 뜻대로 실현된다는 보장은 없다. 모델의 명확화가 이뤄지면, 그 다음에는 그 실현가능성을 평가할 필요성이 있다. 실현가능성은 환경포텐셜평가에 의해 이루어진다. 환경포텐셜평가란, 생태계의 성립이나 종의 서식·생육의 잠재적인 가능성[15]이다.

환경포텐셜은 다음의 내용으로 구성된다.

첫째는, 입지포텐셜으로, 기후, 지형, 토양, 수환경 등의 토지적인 조건이 어느 생태계의 성립에 있어서 허용범주인가, 아닌가로 나타내게 된다. 예를 들면 식생군락의 성립가능성은 온도지수 등으로 표현되는 기후적인 포텐셜과 지형, 토양, 수환경 등의 토지적인 포텐셜, 그리고 인위적 교란의 정도에 따라 결정된다. 식생은 동물생육기반이 되므로 식물군락의 성립가능성은 동물군집의 성립가능성을 규정하는 것이 된다.

둘째는, 종의 공급포텐셜로, 식물의 종자나 동물의 개체의 분산 가능성을 말한다.

이는 개개의 종의 분산·이동능력과 서식지 간의 거리와 연속성에 의해 결정된다.

셋째는, 종간관계의 포텐셜로, '먹고, 먹히는' 포식관계, 자원을 쟁취하는 경쟁관계, 생물간의 상호작용에 의한 공생관계 등이 있다. 이것은 종의 수적 팽대이며 그것이 서로 얽힌 관계에 있으므로 평가하는 것이 매우 어렵다.

넷째는, 천이의 포텐셜로, 생태계의 시간적 변화가 어떠한 길을 따라서 어느 정도의 빠르기로 진행되어 최종적으로 어떠한 형태를 보이는가의 가능성이다. 이것은 상기의 세 개의 항목에 의해 결정된다.[16]

환경포텐셜을 평가하면 생태계의 성립가능성과 특정의 종·종군의 서식가능성을 개략적으로 알 수 있다. 환경포텐셜의 평가는 야외실험, 모델링, 시뮬레이션 등에 의해서 이루어진다. 다만, 모델링이나 시뮬레이션에 사용되는 변수는 야외에서의 조사 및 실험자료를 필요로 한다는 것이다.

환경포텐셜은 많은 경우에 일정의 범위에 대한 지도화한 형태로 출력된다. 토지적인 환경조건에서부터 식물군락의 성립가능성을 평가한 도면, 현존식생도 등을 사용한 동물의 생육가능성평가도(그림 2-6)[17] 등이 작성되고 있고 기술면에서는 아직 발전도상에 있지만, 그 수준은 항상 일보에 있다.

C. 모델과 환경포텐셜평가에 의한 목표 설정

자연재생의 목표는, 모델과 환경포텐셜평가를 통합함으로써 설정이 가능하다.[18] 양자를 통합하면 다음과 같은 이점이 있다.

첫째는, 목표의 방향과 한계의 명확화에 있다. 이것을 벡터 값(vector, 방향량)으로 표현하면, 모델은 방향을 제시하고 환경포텐셜은 벡터 길이의 최대치를 의미한다. 모델이 되는 생태계의 구체적인 사항이 명확한 경우에는 벡터의 방향도 명확하게 정해지지만, 그렇지 않을 경우에는 방향에 오차가 발생한다. 이와 같이 환경포텐셜평가의 정확도에 따라 벡터의 길이도 변화할 수 있다. 하지만, 대략적인 방향과 길이가 제시되는 것은 재생목표의 설정에 있어서 유익할 수 있다.

둘째는, 환경포테셜의 열화(劣化, 저하라고도 함)하는 경우에 모델에 의한 그 개량의 방향지표를 제시하는 것이다. 열화한 상태의 환경포텐셜을 전제로 하면 자연재생의 목표도 낮아지기 쉽다. 하지만, 모델이 있으므로 그와 비교하는 것에 의해 단계적인 환경포텐셜, 그 자체를 개선하는 재연재생계획을 입안하는 것이 가능해진다. 그 예로 저층습지 재생부지의 지하수위가 낮은 경우에는 지하수위의 인위적 상승이나 지표수의 공급을 도모하는 것과 같은 조치는 환경포텐셜의 개선에 해당한다. 또한, 뒤에 기술하는 카스미가우라(霞ケ浦)의 노랑어리연꽃 프로젝트와 같이 장고의 시간을 투자하여 단계적으로 환경포텐셜을 끌어 올림으로써 최종목표에 도달시키는 방법을 고려할 수 있다.

(2) 목표의 제시방법

자연재생의 목표는 생태계의 구조, 기능, 성립과 유지의 프로세스 등에 의하여 제시된다.

생태계의 구조는, ① 생태계의 구조요소인 생물종군, ② 지형, 토양, 표층지질, 수문환경과 같은 기반환경, ③ 상관, 우점종, 군락고 등 식물군락의 구조의 셋을 내포하고, 재생목표는 이 셋의 조합으로 제시된다. 영문표현으로는 ①을 target species, ②와 ③을 합쳐서 target type라고 표현하지만, 본서에서는 target type를 목표 에코톱(Ecotope)이라는 표현을 쓰기로 한다.

목표종군은 과거의 자연재생사업의 부지나 그 근방에 서식하였던 종 안에서 선택되어야만 한다. 목표종군의 선택에 있어 과거의 생물상데이터가 중요한 자료가 되지만, 이미

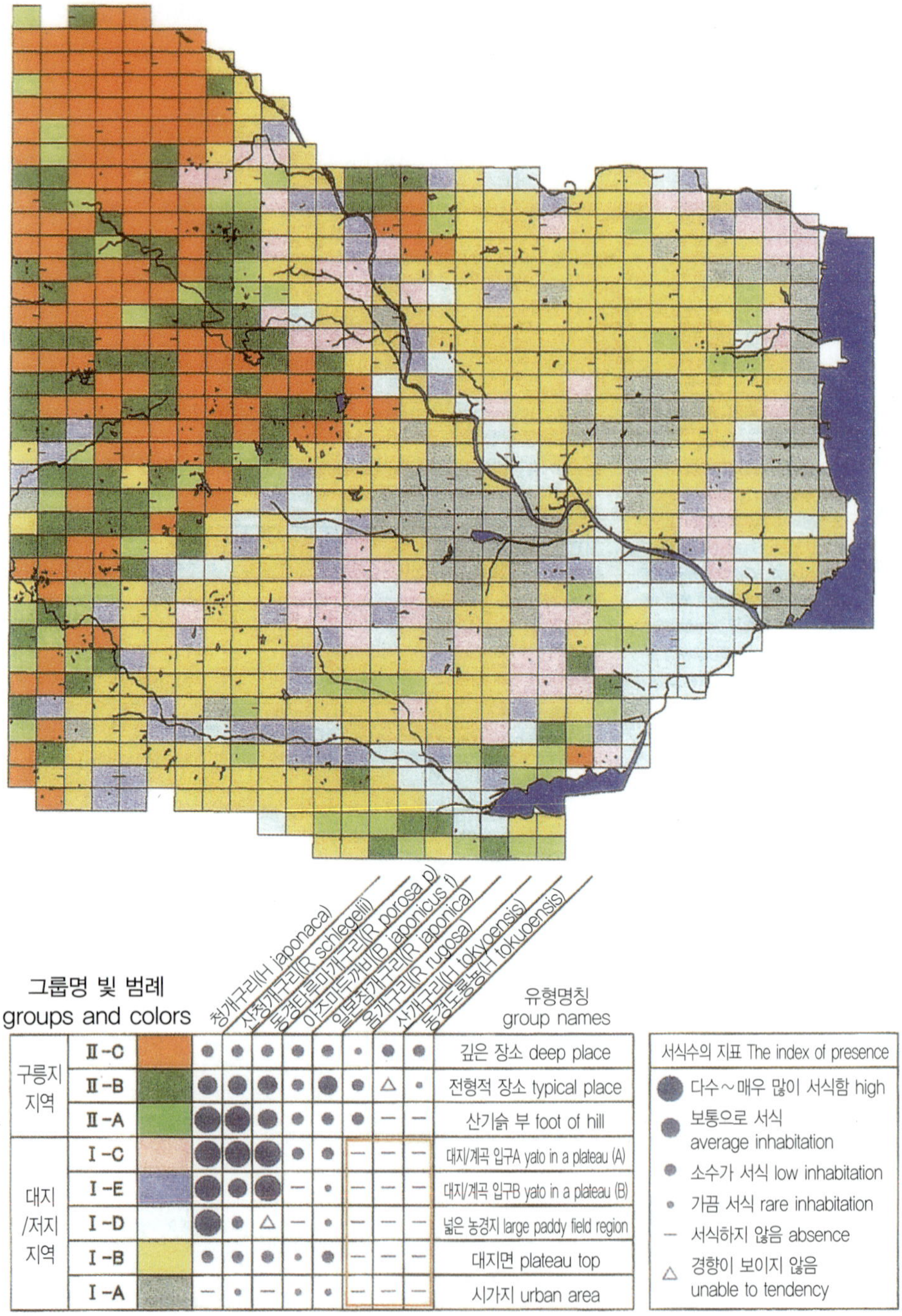

＊붉은 선은 대지/저지지역과 구릉지지역을 구분하는 지표
＊The red frame is an index which divides plateau/lowlands areas and hilly areas.

그림 2-6 미토(水戸)지역 양서류의 예측 서식지역도[17)]

지형분류도와 현존식생도에서 작성된 미토지역에 있어서의 양서류 예측서식지역도와 같은 그림을 도입함으로 어떠한 장소에 습지를 재생하면 어떠한 양서류 생물상이 성립하는가를 예측할 수 있다.

표 2-3 자연재생에 있어서 목표종의 분류

분류	설명	해당종
희소종 稀少種 rare species	일본 환경성 또는 지방판 red data book에 등재된 종 등, 멸종위기종, 자연재생사업으로 희소종이 목표종일 경우에는 2개의 방법이 있다. 그 하나는, 해당부지에 아직 그 종이 생존하고 있을 경우로, 이 경우에는 그 개체군의 확대를 도모한다. 다른 하나는 이미 해당 사업부지에서 소멸한 종으로 다른 지방에 생존하는 종을 목표종으로 하는 경우이다. 이 경우는 도입에 있어서 유전적 교란을 피하기 위한 사전평가가 요구된다.	투구게
상징종 象徵種 flagship species	아름다운 꽃이나 귀여운 자태의 동물 등, 친근하고 환경보전의 의의를 일반인에게 어필하기 쉬운 종, 이러한 종은 상징성이 있어 채택하면 자연재생의 의의와 목적을 대중에게 전달하기 쉽게 하는 역할이 기대된다.	앵초 반딧불이
우산종 雨傘種 umbrella species	먹이사슬의 상위에 위치하여, 서식에 넓은 면적을 필요로 하거나, 복수의 다른 환경을 필요로 하는 종. 이러한 종을 목표로 자연재생을 실천하는 것에 의해 필연적으로 넓은 면적의 자연환경이 조성되고, 경관레벨에서의 자연재생을 의도할 수 있게 된다.	왕새매 참매
중심종 中心種 keystone species	생물군집 안에서 다른 구성종의 존재에 커다란 영향을 주고, 종의 조성, 에너지의 흐름 등 군집특징의 결정에 현저한 역할을 하는 종, 중심종은 자연재생에 있어서, 목표생태계 그 자체에 크게 관여하기 때문에 개체수와 분포를 포함한 정량적인 목표설정이 요구된다.	일본사슴

주) 중심종은 1969년 Paine에 의해 제창되었을 때 '생태계에 있어서 먹이사슬의 상위에 위치하고 다른 종의 존재에 커다란 영향을 미치는 종'이라 정의 되어졌다. 하지만, 1980~90년대 이후, 육식성 포식자뿐만이 아닌 포식자 · 피식자 · 공생 · 기생자 등도 포함한 다른 종에 커다란 영향을 미치는 종이 중심종으로 명명되게 되었다. 그러므로 포식자가 중심종의 역할을 담당하고 있을 경우에는 keystone포식자라 칭하고 광의의 중심종과는 구별되는 경우도 있다.[18]

기술한 것과 같이 과거의 생물상의 전모를 명확히 하는 것은 용이하지만은 않다. 그러므로 공간적 접근도 병행하여 유사하면서 양호한 생태계를 참고로 하여, 먼저, 목표종군의 후보를 선택해서 전문가나 시민의 의견을 청취하여 선정한다. 목표종군으로 자주 선택되는 종으로는 희소종, 상징종, 우산종, 중심종 등이 있다(〈표 2-3〉).

목표로 하는 에코톱(Ecotope)은, 먼저, 역사적 접근에 의해서 과거에 존재하였던 생태계의 공간구조를 파악한 후에 선택한다. 토지개변이나 수질오염 등에 의해 토지적인 환경포텐셜의 저하가 있는 경우, 그 원인의 완전한 제거가 이루어지지 않으면 과거의 생태계를 복원할 수 없을 것이다. 그러하므로 과거와 현재의 환경포텐셜의 비교가 중요한 부분을 차지한다. 실현가능한 범위 내에서 모델에 가장 가까운 생태계가 당면의 재생목표가 된다.

목표생태계의 구조는, 개개의 목표종군과 에코톱의 조합에 의해서 제시된다. 복수의 에코톱을 도입하는 목표종군에 대해서는 그 취지를 분명히 명기해야 한다.

생태계의 기능은, 물질순환과 에너지의 흐름으로 나타나는 물리화학적 특성이다. 생태계의 기능의 일례로 수질정화나 지구온난화방지를 위한 이산화탄소흡수의 근원지 조성을 목적으로 자연재생을 실시하는 경우에 매우 중요한 역할을 한다. 지금까지의 경우, 구체적인 자연재생사업의 목표로 설정된 사례는 적은 편이나 지금부터 그 중요성이 크게 대두되어 갈 항목이다.

생태계의 성립과 유지의 프로세스는, 생태천이의 단계, 천이에 소요되는 시간, 해당생태계에 지속에 필요로 하는 인위성의 종류나 강도 등으로 제시되는 생태계의 변화와 그 요인이다. 자연재생에 소요되는 시간은 목표로 하는 에코톱에 따라 크게 다르다. 삼림군락, 특별히 자연림의 재생은 최소한 극상구조종의 개체가 충분한 크기의 성목에 도달할 때까지의 많은 시간을 필요로 한다. 잘 알려져 있는 메이지진구(明治神宮)의 경내 조림지에서는 후박나무나 센달나무와 같은 조엽수림 구성종(照葉樹林 構成種)으로 일정 크기 이상의 묘목이 식재되어 목표로 하는 삼림의 형성까지 100년 정도를 예상했지만 실제로는 70년에 목표가 달성되었다.[19]

이에 비해 건조초원이나 저층습원의 경우에는, 생태계를 구성하는 종의 개체의 수명이 짧아 단기간에 재생이 가능하므로 일반적으로는 10년 정도가 기준이 된다. 최근에는 표토의 활용기술에 대한 연구가 활발하게 전개되고 있어 일정 기간의 단축 가능성도 있다.

장기간에 걸쳐 단계적으로 목표를 끌어올리려는 사고방식도 있다. 카스미가우라(霞ケ浦)의 자연재생사업인 아사자프로젝트에서는 '10년 후에 개개비, 20년 후 백조, 30년 후 큰기러기, 40년 후 황새, 50년 후 학, 100년 후에는 따오기가 서식할 수 있도록 한다' 라는 목표가 선정되어 있다.[20] 광역적 자연재생에서는 먹이사슬의 상위에 위치하고 있는 종과 현 상태에서 멸종위기에 처해 있는 종이 목표로 되는 경우가 있다. 이러한 목표종의 서식을 가능케 하기 위해서는, 경관레벨에서의 자연재생과 단계적인 환경포텐셜이 향상되는 것을 보아야 하므로, 필연적으로 장기적 계획이 된다.

이차림이나 이차초원 등의 목표 에코톱(Ecotope)의 경우에는, 목표를 달성한 후에 어느 정도의 인위적 간섭을 필요로 한다. 또한 일정빈도의 자연교란이 목표종의 생육 · 서

표 2-4 자연환경의 유지, 복원의 기본형 및 각 형식별의 목표자연과 정비, 관리[21]

유지/복원 타입		자연상태		정비·관리방침
		현재	목표	
유지	보존형	A	A	β
	보전형	A	A	$\alpha+\beta+\gamma$
	보호형	A or A'	A+B	γ
복원형	보존형	A	B	α or β
	보전형	A	B	α
	보호형A	A' or A	C	α or β

A : 현존자연(특히 식생이 없음 A')　　α : 천이촉진
B : 잠재자연　　β : 천이억제
C : 창조자연　　γ : 천이순응

식에 필요불가결인 경우에는, 자연교란이 일어나는 조건의 유지와 지연교란을 대체하는 인위교란을 자연재생의 프로그램에 도입할 필요가 있다. 자연재생의 목표와 과정과의 관계를 정리한 것이 〈표 2-4〉이다.[21]

2) 계획과 설계 및 시공

(1) 계 획

광역계획에서 사업실시부지가 결정되면, 더욱 구체적인 부지 내의 계획을 하는 단계로 들어선다. 부지계획에는 다음과 같은 내용이 포함된다.

A. 부지 전체의 면적과 형상

개개의 자연재생사업지의 면적은 어느 정도의 크기가 좋고 평면형상은 어떠한 모양으로 취해야 하는가의 문제이다. 이는 목표종에 따라 크게 다르고 행동권이 큰 동물종이나 먹이사슬의 상위에 위치하는 종의 서식을 목표로 한다면, 넓은 면적을 필요로 한다. 단일종을 목표종으로 한 경우, 하나의 개체의 생존에 필요한 면적에 개체군의 유지를 위한 최저개체수를 곱하여 총면적을 산출한다. 그 일례로 일본다람쥐(Sciurus lis)의 경우, 암컷이 평균 10ha, 수컷이 20ha의 행동권을 보이므로[22] 암컷 10개체, 수컷 5개체의 개체군이 서식 가능케 하기 위해서는, 100ha정도의 수림면적을 확보할 필요가 있다.

부지의 형상은 일반적으로 주위의 영향이 미치지 않는 코어(core)부분을 확보하기 위해 원형에 가깝게 하여야 하고 장방형으로 하는 것을 될 수 있으면 피해야만 한다. 단지, 장방형이 지형적인 필연성을 지니는 계곡부의 경우에는 원지형에 순응한다.

복수의 목표종을 설정하는 경우나 복수의 다른 에코톱을 이용하면서 서식하는 종을 목표로 하는 경우에는, 다른 종류의 에코톱을 조합하는 것과 같은 경관 재생이 요구되어진다. 이러한 경우에는 더욱 세밀하게 계산하는 면적산출방식이 요구된다.

B. 주변환경

자연환경 재생사업의 부지와 그 주변부 사이에는 쌍방의 영향이 상정된다. 도로, 공항, 시가지, 공장 등에 인접하고 있을 경우, 오수, 소음, 진동, 빛 등 생태계를 교란하는 다양한 영향이 발생한다. 같은 정도의 영향이라도 영향을 받기 쉬운 정도는 식생, 동물의 종군 등에 따라 다르다. 그 예로, 소음이나 진동은 조류에 있어서는 커다란 영향을 미치지만, 많은 곤충류에 있어서는 그다지 큰 서식교란으로 이어지지 않는다. 이 때문에, 목표종군에 따라서 교란원인의 발생원과 거리설정의 방법도 달리해야 한다.

일반적으로 주변으로부터의 영향을 완화하기 위해서는 완충지대(buffer zone)를 설치한다. 완충지대의 폭과 그 곳에 존재해야만 하는 식생 등은 전술한 바와 같이 영향의 종류와 미치는 정도, 그리고 영향에 대한 감수성에 따라 달라지지만, 완충지대의 적합성에 관한 연구는 지금까지의 상황에서 충분하다고 볼 수 없으며 네덜란드의 생태계 네트워크에 있어서도 완충지대의 폭에 관한 구체적인 수치는 제시되지 않고 있다. 완충지대에 대한 구체적인 수치가 제시된 사례로 미국에서 수변환경림지대의 보전 · 정비에 관한 지침 등이 소개되고 있다.[23] 수변환경림지대란 ① 수질보전, ② 하천의 안정화, ③ 수역의 서식지 보전, ④ 육역의 서식지 및 생태적 회랑의 보전 등의 기능의 발휘가 기대되는 하천연안부의 수림지대로, 주변의 육역에서 수역으로 유입하는 인 등의 영양염류(營養鹽類)에 대한 수질보전기능에 대해서 미국 농무부에 의하면 수림지대 폭원을 15m~22.5m로 하는 수치가 제시되어 있다.

한편, 재생된 자연환경이 주변의 주민이나 경제활동에 끼치는 영향에 대해서도 배려가 필요하다. 일반적으로 상정되는 것으로 야생동물에 의한 농작물의 피해, 도로상에 동물의 침입으로 인한 교통사고(Road Kill), 수림에 의한 일조장애 등이 있다. 이러한 인간생활에의 영향을 완화하기 위해서는 완충지대가 필요하다. 한 예로 재생하는 수림지대의 주변에 줄기가 낮은 초목군락의 띠를 두루는 것으로 사전에 일조장애를 완화하는 장치를 고려할 수 있다.

또한, 서로 다른 생태계나 토지이용의 장소 사이에서 발생하는 물리 · 화학 · 생물적인 상호작용은 자연재생의 계획과 사업에 있어서 필수적이므로, 향후의 연구과제로서 그 중요성이 대두된다.

C. On Site & Off Site

자연재생은, 기존에 목표로 하는 생태계가 존재했던 장소에서 이루어지는 On Site를 원칙으로 하지만, 해당지점의 토지개변이 현저한 경우이거나 토지취득이 곤란한 경우에는 원래와 다른 장소에서 사업을 행하는 Off Site형의 자연재생을 해야 할 경우도 상정된다. 또한, 부지가 원래의 장소와 그렇지 않은 장소에 걸쳐있는 중간적인 경우도 있다.

일반적으로 On Site인 경우에는 목표생태계와 같은 물리적 환경을 얻기 쉽다고 생각하기 쉬우나, 필히 그렇게 된다는 보장은 없다. 토지조성, 매립, 간척 등에 의해 토지적인 환경포텐셜이 현저하게 떨어진 경우는 On Site의 자연재생이 곤란하다. 이러한 경우에는 역으로 Off Site에서 목표생태계로서 적당한 환경포텐셜을 유지하고 있는 장소를 찾는 것이 생태계재생의 성공가능성이 클 수도 있다. 만약 On Site에 구애된다면, 그것은 '토지의 기억' 이라 언급할 수 있는 무언가가 사람들의 무의식 중에 존재하기 때문이다. '이곳에 있었던 습지는 역시 이곳에 재생하고 싶다' 라는 의지가 있을 경우에는 다양한 물리적 수단을 동원해서라도 On Site에 자연재생을 실시할 필연성은 있다고 본다.

각론 11. '용수지(湧水池)' 편의 '스가타미노이케(姿見の池)' 가 그 사례라 할 수 있다. 자연재생의 부지는 단순한 기술적 문제뿐만이 아닌 지역주민의 의향에 따라서 좌우되어진다.

D. 자연재생에 있어서 인위적 관여의 방향성

자연재생에 있어서 인위적 관여의 방향은 크게 둘로 분류되어 능동적 재생과 수동적 재생의 사고방식이 있다. 능동적 재생(Active restoration)이란, 생태계재생 프로세스에 적극적으로 인간이 관여하면서 자연재생을 진행하는 방법으로 지형조성이나 토지개량 등에 더해 식재기반을 정비하여, 그 위에 식물을 식재하는 것과 같은 일련의 장치가 조합되어 실행된다. 이에 반하여 수동적 재생(Passive restoration)이란, 어느 정도의 환경정비는 인간이 행하지만 이후는 식생의 천이 등, 생태계가 자율적으로 재생하는 것을 기다리는 방법이다. 예를 들면, 지형조성만을 행하고 식생의 성립은 천이에 맡기는 것이 수동적 재생이다. 또한, 오염물질의 존재 등의 재생을 방해하는 요인이 있을 경우, 그 영향을 제거하는 것에 의해서 재생을 촉진하는 수동적 재생이다.

능동적 재생의 일반적 사항은 목표생태계로의 유도가 강하게 작용하여 빠른 시일 내에 목표로 하는 생태계를 재생할 수 있지만, 비용이 많아진다. 또한, '더 빨리' 하면 좋을 것이라는 사고로 행하면 무리가 따른다. 식재공사의 경우를 예로 보면, 다른 지역에서 도입한 묘목에 의해 발생하는 유전적 교란과 같이 마이너스로 작용하는 경우도 적지 않다. 한편, 수동적 재생은 비용은 절감되지만 목표생태계에의 도달까지 많은 시간을 필요로 한다. 시간적 제약이 적다면 수동적 재생이 생태계의 '자연스러운' 형성이라는 면에서도 비용면에서도 바람직하다.

하지만, 능동적 재생과 수동적 재생은 어디까지나 방법의 선택일 뿐, 어느 쪽을 선택해야 한다는 성질의 것은 아니다. 상황에 따라서 그 둘을 혼용하는 것이 요구된다. 특히, 종의 공급 포텐셜이 낮게 나타나는 재생부지에서는 능동적 재생에 의해 어느 정도 이상으로 높여야 하는 필요성이 있어 성목의 식재나 동물개체의 인위적 이입이 행해지는 경우도 있다.

E. 에코톱(Ecotope)의 배치계획

한정된 면적의 부지 내의 어느 곳에 어떠한 규모의 에코톱을 배치할까를 목표와 조건하여 고려하는 것이 에코톱 배치계획이다. 즉, 에코톱은 패치(Patch)의 최적배분계획이라 할 수 있다.

이러한 계획을 입안에는 먼저, 목표종의 서식에 필요한 에코톱의 종류와 면적을 명확히 할 필요가 있다. 이에 대해서는 'A. 부지 전체의 면적과 형상'의 항목에서 설명하였다. 목표종과 에코톱의 관계가 파악되면 그 다음으로, ① 각각의 에코톱의 적정장소는 어디인가?, ② 서로 다른 에코톱의 상호간에 종과 물질의 움직임은 어떠한가?를 명확히 한다. 이상형은 ①과 ②에 관한 데이터가 충분히 얻어진 다음에 배치계획이 입안되는 것이지만, 대부분의 경우, 한정된 데이터에 의존하여 계획하는 경우가 많을 것이다.

오리지널 데이터를 활용하여 에코톱의 배치를 결정한 예로서 실잠자리의 개체군 회복을 도모한 사례가 있다(구체적으로는 각론 '11. 용수지(湧水池)'의 도표를 참조). 이 곳은 저수위 천수역의 습성식물과 수초가 생육하는 에코톱으로서 이들 번식에 적합하다는 것이 밝혀졌고, 그러한 에코톱의 조성에 적합한 장소를 GIS상에 도면화하기에 이르렀다. 또한, 종의 공급포텐셜이 충분한지를 확인하기 위해 포획 · 재포획법에 의해 성충의 이동거리를 조사하였다. 이러한 조사결과에서 연못의 폭원을 20m 이하로 제한하고 지하수위가 높은 장소에 연못을 설치 · 조성했던 것이다.[24] 또한, 필히 이러한 오리지널 데이터를 수집하지 않아도 기존의 식견(識見)을 취득할 수 있는 종에 대해서는 같은 사고로 배치계획을 입안할 수 있다고 본다.

복수의 목표종(군)이 있어서 그들의 서식처(Habitat)가 되는 에코톱의 최적배치를 하고자 하는 경우에는, 다음과 같은 방법을 취한다. 먼저, 생육에 적합한 에코톱이 한정된 입지적 특성 하에서만 성립되는 종을 목표종으로 할 경우에는, 그것이 가장 우선시되어야 한다. 용수(湧水)에 의존하는 생물 등이 이에 해당한다. 또한, 처음부터 전혀 다른 입지적 조건에 성립하는 에코톱에 의존하는 목표종군은, 공간적 경쟁관계가 성립하지 않으므로, 각각의 장소에 생육을 도모할 수 있도록 계획하면 된다.

문제는 몇 개의 목표종이 동일한 입지환경에 성립이 가능하며 서로 다른 타입의 에코톱에 의존하는 경우이다. 그 예로 지하수위가 높은 충적지(沖積地)에서는 오리나무군락이나 버드나무군락과 같은 습성목본군락, 갈대군락 등의 고경(高莖)의 습성초본군락, 그리고 저경(低莖)의 습성초본군락 등이 성립되기도 하고 굴착에 의한 수역의 조성도 가능하다. 이는 같은 장소에 다양한 타입의 서식지로서 잠재적인 성립가능성이 있다는 것이다. 만약, 버드나무를 식이목(食餌木)으로 하는 좀작살나무, 갈대군락에 둥지를 트는 개개비, 저경습성초본군락의 구성종인 좁쌀풀, 그리고 저수위수역에서 번식하는 물방개를 자연재생사업의 목표종으로 한다면, 일정면적의 부지 안에 어떻게 상기의 목표종이 서식지로서 합리적으로 배치하는가를 과제로 설정하여 검토한다. 우선 에코톱의 성립에 걸리는 시간을 배려하는 것이다. 버드나무군락은 다른 3종과 비교하여 성립까지 많은 시간(통상 10~20년)이 소요된다. 버드나무군락이 현존하는 경우에는 그것을 유지한 상태로 하고 남은 장소에 다른 3종의 목표종에 배분하면 된다. 다음으로, 남은 3개종 중에서 개개비는 비교적 넓은 지역을 서식 및 행동영역으로 이용하므로 갈대군락을 일정규모 이상 확보하여 배치하고, 남은 부지를 좁쌀풀 등이 생육되는 습성초원과 물방개의 연못으로 한다. 이러한 방법으로 배치계획을 입안해 나아간다. 이상의 논리를 좀 더 계산된 방법으로 진행하려면 부지를 그리드로 구분하고 각각의 목표종이 필요로 하는 에코톱 성립의 포텐셜을 점수화하여 점수가 높게 나타나는 에코톱을 우선적으로 배치하는 방법도 있다.[25]

(2) 설 계

자연재생사업에 있어서 설계대상은 지형과 재생하는 생태계 및 시설의 세 가지로 크게 분류된다. 설계에 있어서 중요한 두 가지는 준공형(竣工型)과 완성형(完成型)이 다르다는 것을 인식해 두는 것과 자연이 그려내는 디자인에 위탁하는 부분을 가능한 많게 하는 것이다.

A. 설계고려사항

일반적으로 설계란, 완성형의 3차원적인 구성을 도면 등에 표현하는 것이다. 하지만, 자연재생사업의 경우, 공사의 준공형과 완성형에 따라 크게 달라진다. 자연재생사업에

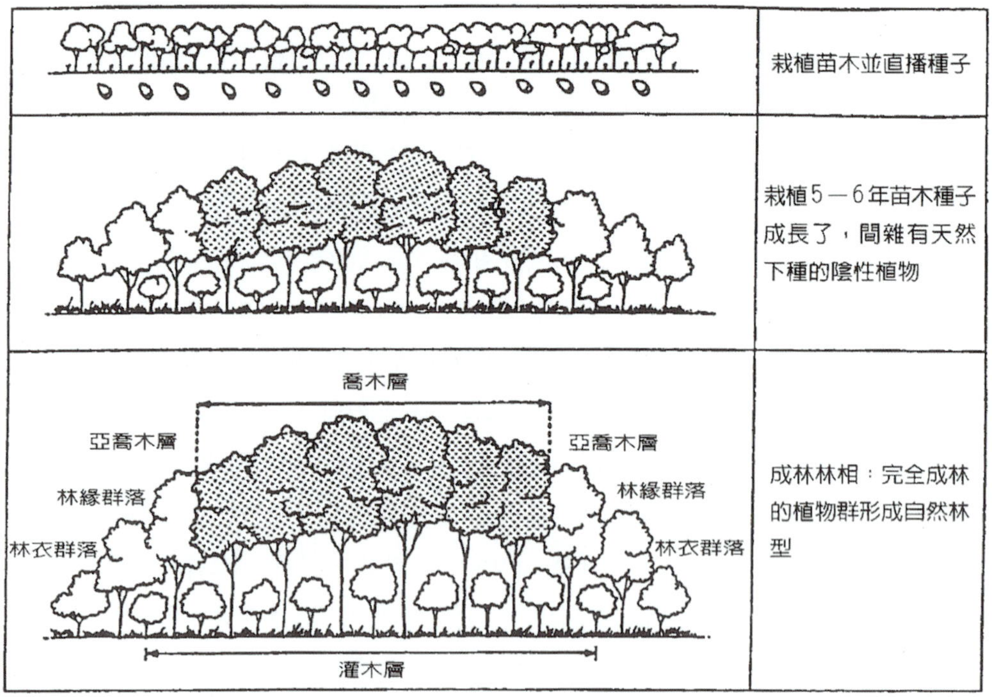

그림 2-7 대만 고웅시(高雄市) 고웅도시공원에 있어서 자연림복원을 위한 식재설계도[26)]

통상 성림에 70년 정도를 소요하는 음수주체의 고목림을 묘목의 식재와 종자의 파종에 의해 20년 정도로 단축할 수 있다는 전제로 그려진 설계표준단면도이다. 의도대로 성림이 된다는 보장은 없지만, 위의 그림이 준공형, 아래가 완성형이다.

있어서 완성형이란, 목표로 하는 에코톱의 구조에 대한 것으로, 이것이 실현되기까지는 공사완료후로부터 일정한 시간이 흘러, 식재한 식물의 성장과 천이가 진행된 후를 말하는 것이다. 그러므로 자연재생사업에 있어서 설계는, 준공형과 완성형의 두 가지 측면을 그려내야 할 필요가 있으며 될 수 있으면 완성형에 이르는 과정에 대해서도 설정해 두는 것이 바람직하다(그림 2-7).[26)] 공사발주에 필요한 것은 준공형이지만, 사업의 합의형성이나 인지도의 면에서는 완성형을 배재할 수 없다.

자연에 의한 디자인에 위탁하는 사고방식은 자연재생에 있어서 대단히 중요하다. 자연에 의한 디자인이란, 침식 · 운반 · 퇴적에 의한 지형변화와 생태천이에 의한 식물군락과 동물군집의 시간적인 변천 등에 의하여 생태계가 형성되거나 변화되는 것을 전제로 한다. 이러한 자연의 힘은 때로는 입지 그 자체를 변화시켜 발생한 입지에 새로운 생물군집을 성립시킨다. 이러한 자연의 동태에 의해서 '더욱 자연스러운 자연'이 조성되어진다. 설계에서는 시간적인 변화와 공간적인 유연성을 고려사항으로 도입하여 어느 정도의 변화를 허용한 구조의 설정이 바람직하다.

B. 지형의 설계

지형의 설계란, 토목공사에서 일반적으로 말하는 토공설계에 해당한다. 지형조성은 굴삭에 의하여 상대적으로 지하수위를 상승시키거나, 표토를 걷어 내고, 수로를 조성하는 등 여러 방면에서 필요로 한다. 지형은 에코톱의 기반이 되기 때문에 목표 에코톱에 맞추어 그 성립에 필요한 조건이 충족되도록 설계한다. 조성지형은 주변의 자연지형에 순응하도록 한다. 물론, 현 상태의 지반으로 충족될 경우에는 조성의 필요성이 없으며, 토공량을 최소한으로 억제하는 것을 원칙으로 한다. 또한, 표토의 확보와 적출 시에는 표토 내의 생물자원, 즉, 매토종자나 근경, 토양동물 등이 생존한 상태로 토양의 이동이 가능하도록 하는 충분한 배려가 필요하다.

C. 생태계의 설계

생태계의 설계란, 에코톱의 구조를 그려내는 것을 말한다. 에코톱의 구조는 준공형과 완성형을 묘사하며, 준공형에는 지형, 토양, 수환경 등의 물리적 기반의 조성도와 식재설계도와 같은 생물재료의 배치도 · 구조도를 작성한다. 또한, 완성형으로 기반구조에 더하여 목표로 하는 식물군락의 구조를 그려냄과 동시에 목표종의 동물리스트를 첨부한다. 에코톱의 구조도는 개략적인 그 형상과 치수를 제시하면 되고 극히 상세한 형상 · 치수는 필요로 하지 않는다.

D. 시설설계

구조물적인 시설은, 자연재생사업에서 생태계의 형성을 촉진하기 위한 협력체로서의 역할을 한다. 시설에는 ① 물리적 환경을 보호하기 위한 시설(수변의 소파(消波)시설, 하천 · 수로의 수충부(水衝部)에 있어서의 호안시설, 사면의 토류(土留)시설 등), ② 물리적인 환경의 개선을 도모하기 위한 시설(지하 댐, 수로 등), ③ 직접적으로 생물의 서식환경을 형성하기 위한 시설(새집, 동물이동용 생태통로 · 에코브리지)이 있다.

이러한 시설에는, 그 구조가 표준화 되어 있는 것은 적고 대부분의 경우는 그때그때 현장에서 고안하지 않으면 안 된다. 시설의 재료는 될 수 있으면 자연소재가 바람직하나 기능의 발휘가 제일목표임으로 필히 자연소재를 사용할 필요는 없다. 또한, 수제나 토류의 전통적인 공법 중에는 자연재생에 어울리는 것이 있으므로 채용해 봄직하다.

E. 자연체험시설

자연체험시설은, 재생한 자연을 견학 또는 체험하기 위한 시설이다. 이러한 시설은 일반인들에게 자연재생사업의 의미를 계도하는 역할을 수행하므로, 필히 설치해야 할 시설이다. 시설의 종류로서 보도, 부지안내도, 해설판(sign board), 벤치 등의 휴게시설이 나 화장실 등의 편익시설이 있고, 이를 재생부지의 규모에 상응하도록 설치한다. 해설판에는 자연재생을 필요로 한 배경, 재생의 의의와 경위, 재생의 방법, 환경과 생물의 상황 등을 알기 쉽게 기재하는 것으로 계몽한다. 특히 대규모의 사업에서는 방문자 센터를 설치하는 경우도 있다. 설계고려사항은 자연공원이나 도시의 생태공원(Eco-park)으로 조성된 것과 유사하므로 그를 참고로 하면 좋다.

F. 생태의 미학

지금까지 다수 조성된 에코파크나 미티게이션(mitigation)의 설계에 있어 경관의 아름다움이 강조된 경우는 거의 없었다. 하지만, 이러한 사업에서 결과로서 살아있는 생물이 서식하는 아름다운 경관이 형성된 사례는 적지 않다. 생물이 서식하는 경관특징은 자연스러운 비탈면에 순응하며 수변을 따라 식물군락이 나타나서 생태적 질서가 형성되고, 조류나 곤충 등을 가까이에서 보고 체험할 수 있는 경우가 해당한다. 이러한 것을 생태미(生態美, Ecological aesthete)라고 할 수 있으며, 자연을 감상하는 인간의 측면에서 중요한 효용가치가 있다. 자연재생의 과정에 조경설계를 어떻게 도입하는가는, 자연재생에 대한 이해를 넓히고 사업의 추진에 있어서 어떠한 생태미를 형성하는가에 대한 방법론이 확립된 것은 아니지만, 지금부터의 관련 사업이 증가일보에 있는 것을 감안하면 중시해야만 하는 사항이다. 적어도 상기한 자연체험시설 중에서 생물에의 영향을 경감시키면서 가능한한 생물을 접하기 쉬운 지점이나 장소를 설정하는 배려가 요구되어진다.

G. 설계의 제시방법

자연재생사업에서도 일반적인 건설공사와 같이 설계도서가 작성된다. 공사의 도달목표와 그에 다다르는 방법을 제시한 것으로 도면과 사양 및 시방서로 구성된다. 다시 말하자면, 자연재생은 준공형과 완성형으로 달리하고 있어 기본설계에서는 이 두 가지를 제시하고, 전문가가 아닌 일반인도 이해할 수 있도록 투시도(Perspective), 일러스트 등도 필요에 따라 제시한다. 공사의 목적이 생태적인 구조의 형성과 기능의 회복에 있으므로, 공사관계자가 목적을 확실히 파악하고 공사에 있어서 무엇이 본질적인가의 이해를 도모하기 위함이다.

(3) 시공(사업실시)

시공과 재료에 대해서는 다음장인 3. '자연재생의 재료와 시공' 에서 취급하므로 여기서는 기술하지 않지만, 그 개요는 다음과 같다.

A. 시공에 의한 영향 저감

자연재생사업에서는, 사업부지 내나 그 근방에 목표로 하는 생물이 서식하는 경우가 많다. 번식기의 공사는 피하고, 피난처나 완충지대를 설치하는 등, 현재 존재하는 생물에 대한 영향을 최소한으로 억제하는 것이 요구된다.

B. 재료의 선택

유전적 교란을 방지하기 위해서 외래종이나 국내 외래종의 사용을 피한다. 생물재료는 현지조달을 원칙으로 한다. 현장인근에서 생물재료를 조달하기 위해서는 계획적으로 표토를 채취하거나 지역에 자생하는 종묘를 육성하기도 한다.

C. 발주와 검사

자연재생사업에 관계하는 공사의 검사는 통상적인 조경 · 토목공사 등에서 중시되는 마감처리나 형상치수 등에 있어서의 약간의 차이는 그다지 중요하지 않다. 오히려 그러한 관점에서의 세세한 감리보다는 생물의 서식지로서 기능을 하고 있는가, 또는 장래에 기능을 할 수 있는가의 측면이 더욱 중요하다. 또한, 기존의 암석이나 수목을 살려두면서 시공하는 것이 요구되므로 설계변경은 필수적 요소라 할 수 있다. 그러므로 실시상세도를 다수 작성하는 것보다 개략적인 형상과 수량으로 발주하여 준공 시에 청산하는 것이 좋다.

3) 모니터링과 관리

자연재생사업에 있어서 모니터링과 관리는 하나로 통합되어야 한다. 모니터링의 주요 목적은 자연재생사업의 평가와 관리로의 반영(Feed back)에 있다.

(1) 모니터링

모니터링의 디자인으로 BARCI(Before–After–Reference–Control–Impact) Design이 제창되고 있다.[28] 여기에 하나 더하여 실시사업부지에 있어서의 과거의 상태(P, Past)를 추가하면 (그림 2-8)에 제시된 모니터링 디자인이 된다.

자연재생사업 그 자체는 BARCI Design에 있어서는 Impact에 해당하고 그 Impact를 가하기 직전의 사업부지의 상태는 Before에 해당하며, 사업종료 후의 상태는 After에 해당한다. 여기서 주의해야 할 사항은 Impact가 '자연재생을 실행 함' 이라는 좋은 뜻으로 사용된다는 점이다. After에 대해서는, 공사완료 직후부터 가능한 한 장기에 걸쳐 모니터링을 실시하고, 재생된 생태계의 상태를 감시해 나갈 필요가 있다. 모니터링은 공사종료

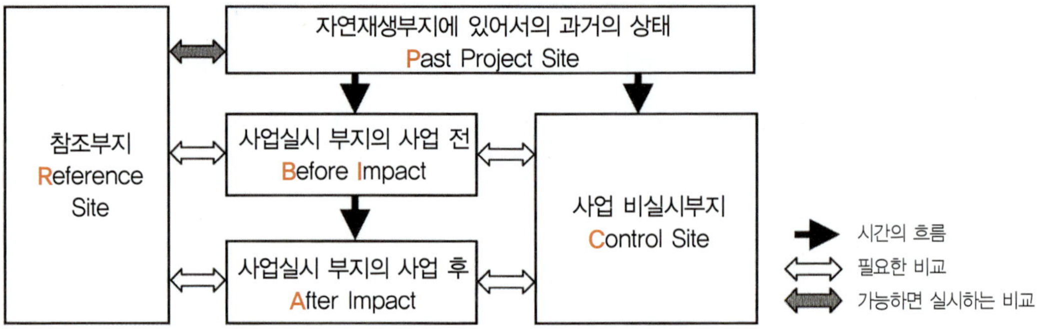

그림 2-8 자연재생사업에 있어서의 BARCI Design

수도권에서, 어느 정도 자연환경이 군락으로 잔존하는 Zone 25개소는, ① 시가지의 주변부에 대규모로 감싸는 자연환경, ② 시가지에 거점으로 존재, 또는, 쐐기상으로 들어서는 군락을 이루는 자연환경, ③ 시가지에 존재하는 자연공원, ④ 호소, 수전, 수림지, 하천 등의 다른 양태(樣態)가 혼재하는 자연환경, ⑤ 연안지역의 자연환경의 관점에서 유출되었다. 실제적으로는 각각의 Zone 안에는 부분적 개발이 이루어지고 있어, 상기의 Zone은 보전대상임과 동시에 중점적인 자연환경의 재생을 실행해야 하는 장소이다.

직후는 빈번하게 실시하여 점점 그 실시빈도의 간격을 넓히도록 한다. 일반적으로는 시공직후, 1년후, 3년후, 5년후, 20년후와 같은 간격으로 실시한다.

Control은 사업부지 중에서 자연재생을 실시하지 않은 장소, 즉 대조구를 의미한다. 대조구를 설정 해 두는 것으로 '적어도 자연재생을 실시하지 않은 경우와 비교해서, 어느 정도 자연환경이 재생되었는가?' 를 평가할 수 있다.

모니터링 항목은 생물과 물리화학적 환경으로 대별된다. 생물에 대해서는 식물군락의 조성과 구조, 분류군별의 종수, 주요종, 특히 목표종의 개체수, 분포, 개체의 크기 등을, 또한, 물리화학적 환경에 대해서는 기상, 지형, 토양, 수문, 일조 등을 조사한다. 조사항목은 될 수 있으면 BARCI으로 통일하여, 상호비교가 가능하게 한다. 중요한 목표종에 대해서는 필요에 따라 조사항목을 증가시켜 목적에 맞추는 섬세한 모니터링을 한다.

(2) 관 리

재생부지의 관리는 모니터링데이터를 근간으로 하여, 상황의 변화에 유연한 대응을 하면서 실시한다. 이는 재생된 생태계는 불확실성이 높은 시스템이라는 것을 전제로 한 관리로서, 순응적 관리(adaptive management)라 불려진다.[29]

재생을 의도한 생태계는 시간과 함께 천이하여 간다. 그러므로 설정한 목표에 접근해 가면서 편향천이가 일어나고 있는가에 대한 판단이 중요하며, 편향천이가 발생한 경우에는 편향천이의 원인이 되는 식물을 제거하고 정상적인 천이를 촉진시킬 필요가 있다.

또한, 이차초원이나 이차림이 목표일 경우에는, 목표에 도달한 후에 그를 지속시키기 위한 제초와 정기적인 벌채갱신 등의 관리를 실시한다.

태풍에 의한 홍수나 강풍이 있을 경우에는, 자연에 있어서 플러스로 작용하는 경우와 마이너스로 작용하는 경우가 있다. 그 예로 홍수에 의한 범람과 같은 자연교란에 의해서 퇴행천이가 발생하고 나대지를 선호하는 종의 서식적지가 출현하는 경우 나지선호종이 목표일 경우는 플러스가 되므로 모니터링을 지속하면서 그 결과를 관찰하면 된다.

이에 반해 소규모의 연못이나 수로는 홍수시의 토사유입으로 단번에 매립되고, 육역화(陸域化) 하는 경우가 있다. 목표가 수변의 식물군락이나 수생곤충 등의 경우에는 그 상태로 방치하는 것은 바람직하지 않으므로 준설 등을 실시한다. 일반적으로 재생부지가 광대한 경우 변화 후에도 인위적인 회복을 도모할 필요가 없으며, 소규모의 재생부지에서는 회복을 필요로 하는 경우가 많다.

외래종의 침입의 예방이나 제거도 관리상 중요하다. 외래종은 목표종의 생존을 위협하는 요인이며, 특히 침략적 외래종은 경계가 필요하다. 예방조치로 위에서 언급하였던 것처럼 생물재료로서 외래종을 도입하지 않는 것이 중요하다. 단지, 아무리 주의해도 표토의 매토종자나 인근의 군락에서 종자산포 등에 의해 침입하는 경우가 있어 완전한 침입방지는 기대하기 어렵다. 그러므로 재래종이나 목표종의 생존에 관계하는 위험한 종에 대해서 선택적인 제초나 포획에 의해 철저한 제거를 하지 않으면 안 된다. 외래종의 침입이 발생한 경우에는 조기대응이 가장 효과적이다.

– 히오키 요시유키(日置桂之)

인용문헌

1) Holling C. S. (1978) : Adaptive Environmental Assessment and Management. Wiley. London.

2) 日置桂之 (1999) : オランダの生態系ネットワーク計劃, ランドスケープ大系第5巻, ランドスケープエコロジー (社團法人日本造園學會編) p.211-237. 技報堂出版.

3) Nature for People-People for nature -Policy document for nature, forest and landscape in the 21st century (2000) : Ministry of Agriculture, Nature management and Fisheries, The Netherlands.

4) 自然環境の總點檢等に關する協議會 (2004) : 首都圏の都市環境インフラのグランドデザイン～首都圏に水と緑と生き物の環を～國土交通省國土計劃局.

5) 德島懸 (2003) : とくしまビオトープ・プラン第-2版自然と共生をめざして-.

6) 埼玉懸 (1999) : 彩の國豊かな自然環境づくり計劃.

7) 町田市 (2000) : まちだエコプラン「人と生きものが共生するまちづくりをめざして」.

8) 鎌田磨人 (2004) : 戰略的な自然林再生-研究と施策と事業と人の關聯, 日本綠化工學會誌 30(2), 394-395.

9) 中村太士 (2004) : 釧路での實踐から得れれた教訓, 自然再生 釧路から始まる(環境省・社團法人自然環境共生技術協會編), p.9-19. ぎょうせい.

10) 日置桂之 (2001) : ミティゲーションの手段, ミティゲーション(森本幸裕・龜山 章編) p.21-42. ソフトサイエンス社.

11) 環境省自然環境局 (2002) : 新・生物多樣性國家戰略.

12) 鶯谷いづみ (2001) : 生態系を蘇れせる, 日本放送出版協會.

13) 日置桂之 (2002) : 生態系復元における目標設定の考え方, ランドスケープ研究 65(4), 278-281.

14) 玉井信行 (1999) : 河川の自然復元に向け, 應用生態工學2(1), 29-36.

15) 日置桂之 (2003) : 濕地生態系の復元のための環境ポテンシャル評價に關する研究, ランドスケープ研究 67(1), 1-8.

16) 日置桂之 (2002) : 環境ポテンシャル評價, 生態工學(龜山 章編), p.97-110, 朝倉書店.

17) 大澤啓志・日置桂之・松林建一・藤原宣夫・勝野武彦 (2003) : 種組成を用いた解析による両生類の生息域豫測に關する研究, ランドスケープ研究 66(4), 1-10.

18) 嚴佐 庸・松本忠夫・菊澤喜八郎 日本生態學會編 (2003) : 生態學事典, 共立出版.

19) 龜山 章 (1996) : 明治神宮の林, 天然林をつくりだした技術と維持管理, 綠の讀本第38巻, p.57-60, 公害對策同好會.

20) 飯島 博 (2003) : 公共事業と自然の再生-アサザプロジェクトのデザインと實踐, 自然再生事業(鶯谷いづみ・草刈秀紀編), 築地書館.

21) 中村俊彦 (1998)：自然保護と自然復元, 沼田 眞編自然保護ハンドブック, p.229−238, 朝倉書店.

22) 矢竹一穗・田村典子 (2001)：ニポンリス保全ガイドラインづくりに向けて, ニポンリス保全に關わる生態, 哺乳類科學41, 149−157.

23) 高橋和也・土岐端子・中村太士 (2004)：米國における水邊緩衝林帶保全・整備のための指針, 法令等の整備狀況, 日本綠化工學會誌20(3), 423−437.

24) 日置桂之・半田眞理子・岡島桂一郎・裏戸秀幸 (2003)：繼續的なモニタリングによるオオゼイトンボの個體群の 滅絕危機回避, 造園技術報告集2002.

25) 日置桂之 (2002)：濕地生態系の復元のための環境ポテンシャル評價に關する研究, 東京農工大學學位請求論文.

26) 洪欽勳 (2000)：生態系綠化實踐−高雄都會公園植栽特色, 公園綠地季刊, 6−31, 臺灣公園綠地協會.

27) 宮城俊作 (2004)：空間の形態からパターンを經てシステムとプロセスへ −ランドスケープデザインが自然再生に寄與できること−, 日本綠化工學會誌30(2), 399−401.

28) 中村太士 (2003)：河川・濕地における自然復元の考え方と調査・計劃論 −釧路濕原および漂津川における濕地, 汎濫原, 蛇行流路の復元を事例として, 應用生態工學5(2), 217−232.

29) 鶯谷いづみ (1998)：生態系管理における順應的管理, 保全生態學研究3, 145−166.

Chapter 03

자연재생의 재료와 시공

자연재생은, 생물학과 생태학의 지식을 기반으로 하여 과학적 · 기술적인 프로세스에 의해 진행될 필요가 있으며, 자연재생에 사용되는 재료는 인공적인 재료를 될 수 있으면 줄이고, 생물이나 토양 등의 유기적 요소를 많이 활용하는 것이 바람직하다. 자연재생을 행함에 있어서는 이러한 재료의 특수성과 시공 시의 배려사항에 대해서 충분히 이해해 둘 필요가 있다.

3.1 자연재생의 재료

1) 식물재료

식물재료는 대상지역이나 주변지역에서 채취한 재래종(자생종)을 활용하는 것을 원칙으로 한다.

재래종은, 그 지역의 자연과 생태계를 구성하는 것으로 생태적 침입이나 생태적 교란을 발생시키지 않으므로 자연재생에서는 재래종을 활용한다.

하지만, 이러한 재료는 시장성이 작아 생산량이 적고, 생산되었다 해도 필요한 수량을 확보할 수 없는 경우가 많다. 그러므로 사전에 종자로부터의 육묘 등의 대응을 필요로 한다. 또한, 계획이나 설계에 있어서 한 가지 개체종이나 치수규격이 아닌 다양한 종과 다양한 규격의 식물재료를 도입한 디자인 기술을 검토하는 것도 필요하다.

재래의 식물을 활용하는 방법에는 개체를 그대로 이식하는 방법에서부터 종자채취에

표 3-1 식물재료의 조달방법

이 식	생육하고 있는 식물개체를 굴취하여, 그대로 식재하는 장소로 이동하는 방법. 최근에는, 중장비(백호 등)를 활용하여 대근경을 지니는 수목의 이식도 용이하게 이루어진다.
근주이식	수목을 근원부근에서 벌채하여, 그 근주(根株)를 이식하는 방법, 맹아력이 강한 수목을 이식할 때에 활용한다.
묘목재배	목본류의 종자를 채취한 후, 묘목을 재배하여 심는 방법.
종자채취	대량의 종자를 채취하여 식재할 장소에 파종 또는 흡착시키는 방법.
매트이식	중장비를 활용하여 매토(埋土)종자나 근경을 포함한 표토층을 매트상으로 박피하여, 식재장소에 깔아주는 방법. 원래의 장소와 유사한 식생을 복원한다.
표토채취	매토종자를 포함한 표토를 채취하여 식재장소에 산포하는 방법. 주로 습지나 이차림 등의 복원에 활용한다.
소스이식	종자를 맺는 모수(母樹)가 되는 식물개체를 이식하여, 그로부터 종자를 자연에 파종하는 것으로, 그 종의 개체수를 증가시키는 방법. 주로 군락 내의 개체수가 적은 수종의 이식에 활용.

사진 3-1 **재래종의 종자를 채취하여 재배한 묘목은 지역생물다양성에 영향을 끼치지 않는다.**

사진 3-2 **반딧불이는 지역에 의한 변이가 있으므로 다른 지역에서의 도입을 피한다.**

의한 재배법, 매토종자의 발아를 기대하며 표토를 산포하는 등의 다양한 방법이 있다. 〈표 3-1〉은 식물재료를 조달하는 방법을 표로 정리한 것이다.

2) 동물류의 도입

동물류의 도입은 원칙으로 자연이입에 의한 방법으로 한다. 단지 수생생물이나 토양동물 등은 자연이입이 불가능 하므로 인위적 도입을 추진한다.

인위적으로 종을 도입하는 경우에는, ① 도입된 지역의 생물적 침입이나 유전적 교란의 발생을 피할 것, ② 그에 의해서 생태계에 다양성이 발생하는 종에 해당할 것, ③ 도입을 위해서 채집된 지역의 개체군이 멸종하지 않을 것 등의 배려가 필요하다.

3) 표 토

표토는 물리적으로는 생물의 생육 · 서식에 필요한 통기성과 보수성을 유지하고 화학적으로는 성장에 필요한 영양염과 유기물을 포함하며, 생물적으로는 식물의 종자나 근부, 지하경, 곤충의 알이나 유충, 토양동물, 미생물 등 그 지역의 생물상 및 생태계를 형성하는 기반이 되는 생물이 포함되는 귀중한 자연자원이다. 그러므로 자연재생에서는 표토를 보전하여 이용하는 것이 바람직하다.

표토에 대해서는, ① 침략성이 높은 외래종의 종자나 뿌리의 혼입이 없을 것, ② 가식지의 용지를 확보하기 위해, 새로운 벌채나 토지의 개변이 이루어지지 않도록 하기 위한 사전확인을 하는 것 등의 과정이 요구된다.

4) 현장발생재

자연재생의 대상지에 생육하고 있는 식물과 공사에 의해 발생하는 암석과 조각돌은 그 지역을 형성하는 자원이므로 될 수 있으면 재이용(Reuse)이나 재활용(Recycle)한다. 〈표 3-2〉는 기존림의 효과적인 이용의 사례다.

5) 신소재

최근에 녹화재료로서 다양한 신소재가 개발되고 있다. 자연재생에 있어서도 자연분해 플라스틱이나 탄소섬유 등을 이용하는 실험이 이루어지고 있다(〈표 3-3〉).

하지만, 자연재생의 재료는 외래종의 도입에 수반되는 생물적 교란, 타 지역으로부터

표 3-2 기존수목의 유효이용사례

용 재	간재(幹材)를 이용한다. 목책, 나무말뚝, 벤치, 차음벽 등의 표층재료로 사용.
가지역기용 재료	나뭇가지를 가지역기용 재료로 사용.
칩(chip)	간재와 가지역기용 재료를 분쇄한 칩을 원료, 멀칭, 토양개량재 등에 사용.
배양토 (Compost)	나무줄기, 가지, 잎 등을 잘게 썰어 배양토 재료로 이용. 배양토로 사용 후, 토양개량제나 퇴비 등으로 활용.
활성탄 (活性炭, 숯)	나무줄기와 가지를 탄화 처리하여 숯을 제조. 목초액이 생성됨. 숯은 토양개량제, 목초액은 소독제로 대용된다.

표 3-3 자연재생에 활용하능한 신소재사례

자연분해플라스틱

미생물합성계 · 화학합성계 · 천연물계 및 그것들의 복합물에 의하여 생성되는 플라스틱은 토양 중의 미생물에 의해 분해되어, 최종적으로는 수분과 이산화탄소로 분해됨. 멀칭용재, 육묘포트, 보수시트, 흙 부대, 토목공사의 거푸집, 토류재 등으로 사용되며, 그 외에 철사나 철망 등에 피복하여, 수간이나 근계의 잠식방지 등의 이용을 고려할 수 있다.

탄소섬유

탄소섬유는, 생물친화성이 우수하고, 미생물이나 활성오니 등을 강력하게 고착시키는 기능을 소유함.
그러므로, 연못이나 하천의 수질정화, 정화장치의 접촉재, 인공해조류서식처나 인공어초 조성, 조류의 산란처 등에 이용이 가능하다.

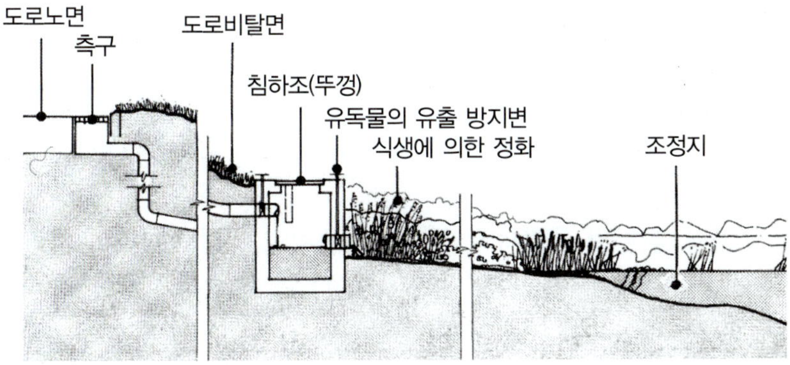

그림 3-1 노면배수를 조정지에 도입한 정화시스템의 사례(문헌2)를 개정)

의 재료에 혼입되는 식물 및 동물에 의한 유전적 교란, 현장발생재의 폐기물화의 방지 등의 관점에서 대상지역 혹은 그 주변에 있는 것을 도입하는 것을 원칙으로 한다.

6) 우수(雨水, 빗물) 등의 이용

부지 내에 내린 비는 부지 외로 흘려보내지 않고 관거나 집수정 등에 저류하여 식생 등에 의한 수질정화를 실행하고 조정지(調整池)에 도입함으로써 생물의 생육 · 서식환경으로 이용하는 것을 검토한다. (그림 3-1)은 노면배수를 조정지에 도입한 정화시스템의 사례이다.

3.2 공사중 환경에 미치는 영향

자연재생에 있어서 공사는 생물이 생육 · 서식하는 환경을 실제로 시공하는 것이다. 하지만, 토지의 개변(改變)이 수반되기 때문에 새로운 문제가 발생되기도 하고, 예측되지 않은 영향이 출현하여, 계획지역의 지역생태계에 영향을 미치는 경우가 발생한다. 또한, 최근 토목중기계의 대형화로 인해 공사의 규모가 대형화 되는 경향이 있다. 자연재생에 있어서는 대체지(代替地)환경의 구조 등에 주력하는 경우가 많지만, 공사기간 중에 환경이 일순간에 변화하는 것으로 생물이 사멸하는 경우가 있다. 공사기간 중에는 환경에 주의하여 생물에게 부가되는 영향(Impact)을 경감시키는 것으로 생물에게 미치는 영향이 완화되도록 배려할 필요가 있다.

자연재생에 있어서는 일반적인 토목공사와는 달리, 다음과 같은 배려가 요구되어진다.

1) 생물의 생활 및 생활사에 맞춘 시공계획의 책정

생물은 발생에서부터 유체, 성체, 번식까지에 이르는 생활사(lifecycle)가 있다. 생물에게 있어서 중요한 번식 등의 시기에 공사가 실시되어 환경이 변화하면, 생물에게 커다란 영향을 끼칠 가능성이 높다.

그 예로, 지수성(止水性)의 도룡뇽류는 알과 유년기는 수중에서 생활하고 성체는 상륙하여 수림의 낙엽이나 고사목의 밑에서 서식하는 생활사로 이어진다. 그렇기 때문에 공사에 의하여 산란지를 개변시키거나 대체지를 조성하는 등의 경우에는, 봄에서 여름까지의 수중생활기간을 피해서 실시할 필요가 있다. 또한, 맹금류 등은 번식기에 가장 큰 민감도를 보이기 때문에, 이 시기에 공사를 실시하게 되면 둥지를 틀지 않거나 새끼를 키우는 것을 포기할 가능성이 있다.

자연재생의 공사에서는 대상지역이나 그 주변에 생육 · 서식하는 생물의 생활사를 명확히 하여 가장 영향이 적은 시기나 기간에 공사를 실시할 필요가 있다.

2) 공사장소의 한정 · 제한

일반적인 공사에서는 작업장, 자재 등의 반입을 위해 공사용도로의 건설, 가시설이나 자재의 가적장 등이 설치된다.

이러한 용지는 공사에 의한 일시적인 개변일지라도 최소한으로 할 필요가 있다. 또한, 불필요한 접근을 피하고 작업 등의 영향이 주변지역에 미치지 않도록 하기 위해 공사범위나 작업장소를 한정한다(사진 3-3).

공사에 의해 개변된 장소는 자생종을 도입한 식재를 실시하는 등, 복원을 위한 대책을 강구한다.

공사단계에 있어서 생물을 대상으로 한 각종 작업은 인력과 소형의 기계를 사용하여 될 수 있으면 주위를 기울여 행하여야 한다.

사진 3-3 공사용차량이 통행 가능하도록 눈을 다져서 만든 'Ice Bridge'에 의해서 주변환경에 미치는 영향을 경감한 사례(북해도 쿠시로, 환경성 자료)

3) 피난처의 확보

가장 영향이 적은 시기나 기간 중에 공사를 실시하는 경우에도 공사기간 중에 생물들의 일시적인 피난장소를 확보한다.

이러한 장소는 소동물이 몸을 감추거나 이동시에 이용가능하다. 또한, 벌채하는 계획부지에 있어서도 실시시기를 조정하거나 단계적으로 실시하는 것에 의해 이용하는 생물에게 집중적인 영향을 주지 않도록 하는 것이 필요하다.

피난처를 확보하는 것은 사업이 실시되는 지역의 생물들을 존속시키므로, 공사 후의 생물상 · 생태계의 조기회복을 가능케 한다.

피난처는 사업이 실시되는 지역 내에 설치되어 유지관리가 되는 것이 바람직하다. 피난처로 주변의 양호한 환경을 찾는 경우에는, ① 그 곳이 대상종의 서식조건을 만족할 것, ② 기존에 생육 · 서식하고 있는 생물종에 영향을 미치지 않을 것, ③ 확실한 이동가능환경이 확보되어 있는가를 확인해 둘 필요가 있다.

4) 시험시공의 실시

자연재생에서 취급하는 생물의 대다수는 생육 · 서식환경, 생활사, 동태, 인위적인 이식이나 이동을 행할 경우에 발생하는 번식불가 등에 대한 정보가 부족하다. 또한, 자연은 복잡한 시스템이므로, 지역의 고유한 관계 및 알려지지 않은 요인이 관여하고 있을 경우도 있을 수 있다.

그러므로 본 시공에 앞서, 미리 소규모의 시험시공을 실시하여 그 결과를 모니터링하여 습득한 지식을 기반으로 본 시공을 더욱 확실한 것으로 하는 등 예방적인 리스크관리가 필요하다. 자연에 관한 정보나 지식은 쉽게 얻을 수 없는 것이므로, 가설을 정하여 시험시공을 반복하여 지식을 얻거나 구체적인 방법을 책정하는 것과 같은 자세도 중요하다.

3.3 외래종에의 대응

지역의 경관이나 문화는 기나긴 시간에 걸쳐 인간과 자연과의 상호관계에 의하여 성립되어 왔다. 자연재생을 행하는 경우에는, 지역의 경관과 문화를 파괴하거나 변질시킬 수 있는 외래종에 대처해 나아 갈 필요가 있다.

'신 · 생물다양성국가전략' (2002년)에서는 국내의 생물다양성의 현상과 과제에서 외래종에 기인한 문제제기로서, 인간의 활동에 의해 국외 또는 일본국내의 다른 지역에서 다수의 생물종이 이입된 결과로 인하여 자생종의 포식, 교잡, 환경의 교란 등의 문제가 발생하는 것이 일본 내의 생물이나 생태계에 영향을 미칠 가능성에 대한 지적을 하고 있다. 이러한 외래종문제를 해결하기 위해 일본은 2004년에 '특정 외래종에 의한 생태계 등에 관계하는 피해방지에 관한 법률(외래생물법)' 을 제정하고 외래종 피해방지에 대한 노력을 강구하고 있다.

1) 외래종 · 침략적 외래종

종은 상호가 교배하여 자손을 남기는 집단으로 다른 집단과는 교배하지 않는 생물의 집합체이다. 하지만 동일종이라도 지역에 따라서는 개체의 크기나 체외부의 색이 다를 경우는 유전자의 레벨에서 다른 것으로 판단하고 있다. 그 예로 기후나비(Luehdorfia japonica)는 하나의 종으로 구분되지만, 날개의 문양이 다른 개체군은 다른 집단으로 취급한다. 다른 유전자형을 가진 집단 간에 교배가 이루어지면, 유전자가 다른 조합의 또 다른 집단이 형성되어 유전적 교란이 발생한다. 또한, 근친의 이종 간의 교배에서는 쌍방의 형질이 나타나는 잡종이 형성된다. 유전적 교란이나 잡종의 형성은 종의 고유성을 잃기 때문에 생물다양성이 감소하는 원인이 된다.

종은 자연분포로서 생육 · 서식하는 종, 아종, 또는 그 이외의 분류군을 지칭하여 자생종 혹은 재래종이라 한다. 이에 반하여, 과거나 현재의 자연분포지역 외의 지역에 인위적으로 도입된 종, 아종, 또는 그 이외의 분류군을 통칭하여 외래종(alien species), 또는 이입종이라 한다. 외래종에는 생존하고 번식이 가능한 모든 기관(器官), 배우자(세포), 종자, 알(卵), 무성적번식자 등을 포함한다.

사진 3-4 **초원에 나타난 국외 외래종인 큰금계국**

종의 도입에는, 직접적인 도입과 간접적 도입이 있다. 직접적 도입에는 감상이나 애완, 원예나 녹화, 생물농약 등으로 의도적으로 도입되는 것과, 의복에 부착하거나 수입된 물품에 혼입되는 등의 비의도적으로 도입되는 것이 있다. 그리고 간접적 도입에는 도시화에 의한 기후변화 등에 의해 말매미가 그 분포지역을 확대하는 것과 같은 사례가 있다.

외래종은 편의상, 국내 외래종과 국외 외래종으로 구분된다. 국내 외래종은 국내에 자생 · 서식하는 종을 분포지역 이외의 지역에 이입시킨 경우를 말한다. 국외 외래종은 문자 그대로 국외에서 이입된 종을 말하며, 대만 다람쥐, 제주광나무, 큰금계국(사진 3-4) 등이 그 사례이다.

특히 지역에 생존하고 번식하여 자생종을 피복하거나 압박하여 지역의 생물다양성을 위협하는 외래종을 침략적 외래종(invasive alien species)이라 한다. 전형적인 침략적 외래종에는 아카시아, 큰김의털, 회색망구스, 미국너구리(raccoon), 큰입배스(large mouth bass) 등이 있다. 이것들은 현저히 번무 · 증식하여 지역의 식생을 파괴하거나 정상적인 식생천이를 저해하고 자생종을 포식하여 개체수를 감소시키는 등의 문제를 발생시키고 있다. 외래종 문제의 대부분이 침략적 외래종이 원인이 되어 발생한다.

2) 기본적인 사고

(1) 외래종 문제의 기본

외래종이 국내의 생물다양성이나 생태계에 미치는 영향에는 〈표 3-4〉와 같은 것이 있다.

외래종이 초래하는 영향은 불가역적인 것으로 전부 제거하지 않으면 원래의 환경으로 되돌아 갈 수 없으며, 한번 멸종된 자생종은 영원히 잃게 된다. 외래종은 지역의 생태계

표 3-4 외래종이 생물다양성과 생태계에 미치는 영향

- 경쟁, 번무나 포식, 역병의 감염 등에 의하여 자생종의 생존 그 자체를 위협
- 지리적인 격리에 의해서 독자적으로 진화해 온 자생종과 교잡하여 잡종을 형성하여 자생종이 유지해 온 고유의 유전자원을 소실시킴
- 생태계의 기반환경을 변질시킴

나 생물다양성에 커다란 영향을 야기시킨다.

외래종문제는 그 전모가 명확히 밝혀지지 않은 관계로 예방원칙의 사고에 따라 대처할 필요가 있다.

원인과 결과의 관련이 과학적으로 완전히 증명되지 않았어도 예방적 조치가 취해지지 않으면 안 되는 것[9]이므로, 구체적으로는 의혹이 가는 외래종은 제거하는 것이다.

또한, 외래종대책으로 종의 처분 · 구제를 행할 시에는 대책에 대한 사회경제적, 문화적 측면에 있어서의 사회적 수용(public acceptance)을 얻을 필요가 있다.

(2) 외래종대책의 기본적 사고

자연재생에 있어서 외래종문제에 대한 기본적 고려사항은 ① 외래종 침략의 위험성에 대한 평가를 할 것, 다음으로, ② 침략적 외래종의 침략을 예방할 것, ③ 이미 침략한 침략적 외래종을 근절하거나 다른 지역으로 확대되지 않도록 봉쇄하거나 대책을 강구하는 것이다.

외래종문제는 그 대부분이 명확하게 밝혀지지 않은 관계로 예방원칙에 준하여 대응한다. 그러기 위해서는 처음에 현상을 파악하기 위한 조사를 실시하고, 각종 정보 등을 활용하여, 외래종에 의한 영향의 정도와 정착가능성을 판단한다. 북미, 호주, 뉴질랜드 등에서는 지역의 자연식생에 대한 침략위험성을 예측하는 시스템으로 식물침략성평가(WRA ; weed risk assessment)가 고안되어졌다. 식물침략성평가는, 대상종의 생활사의 특성을 기반으로 평가하는 방법이다.

외래종의 침략성에 대해서는 종의 특성뿐만 아니라, 도입된 지역에 있어서 생물다양성의 특성이나 생태계의 취약성에 따라서 다르다. 그 예로 외래종이 차지하는 비율이 낮은 지역에서는 외래종의 발현가능성이 크다고 볼 수 있기 때문에, 가능하면 외래종을 도입하지 않는 것이 바람직하다. 또한, 다수의 멸종위기종 등이 생육 · 서식하는 지역에서는 보전상의 중요성이 높으므로 외래종은 제외시켜야 한다.

3) 외래종문제에의 대응

외래종문제의 구체적인 대응책의 책정과 실시는 조사, 계획 · 설계, 시공, 유지관리 순으로 실시한다.

외래종대책에는 종의 벌채나 포살(捕殺) 등이 수반되므로, 생물 · 생태계 측면뿐만 아니라 특히 그 대책이 사회적으로 수렴되기 위한 합의형성이 필요하다.

(1) 조 사

조사 과정은 계획대상지와 그 주변지역에 있어서 종의 생육 · 서식상황을 조사하여 출현한 생물의 리스트를 작성한다. 이 때, 외래종에 대해서는 항목을 설정하고 별도로 정리하여, 그 리스트에 기반한 제거 · 검토로 침략적 외래종을 유추한다. 침략적 외래종의 유추에는 기존의 보고나 문헌 등을 참고해서 WRA 등의 방법에 의한 리스크 평가를 실시하지만, 현재로서는 일본 환경성의 '특정 외래종리스트' 나 일본생태학회편 '외래종핸드북'[3] 등을 이용한다. 또한, '북해도 블루리스트[4]' 등과 같은 지역에서 외래종의 리스크평가를 실시한 문헌이 있을 경우에는, 그도 포함시켜 이용한다.

유추된 침략적 외래종에 대해서는 제거대책의 방침을 책정한다. 주변지역에서 침략적 외래종이 침입할 우려가 있을 경우에는, 그 분포, 개체수 등 생육 · 서식상황에 대해서 파악함과 동시에 자생종에의 영향을 문헌자료와 현지조사에 의해서 명확히 밝혀둔다.

또한, 충분한 지식이 없고 자생종에의 영향이 불명확한 동식물의 도입이 예측되는 경우에는, 조사단계에서 자료수집이나 전문가의 의견청취를 실시하여, 유전적 교란의 발생, 포식이 우려되는 도입종의 평가를 실시하여 취급상의 유의점을 명확히 한다.

(2) 계획 · 설계

계획 · 설계에서는, 침략성이 있는 외래종을 사용하지 않고 비의도적인 도입을 피하는 배려가 필요하다.

A. 재료선택시의 배려사항

재료를 선택할 때는 침략성이 있는 외래종의 사용을 피한다. 또한, 침략성이 없다 할지라도 외래종은 가능하면 계획부지에 도입하지 않도록 한다. 어쩔 수 없어 도입하는 경우는 지역을 한정하여 다른 지역에 나타나지 않게 할 수 있는 관리환경 하에 실시한다. 재료를 선택할 때에 재료의 자생지나 생산지를 명확히 밝혀둘 필요가 있다.

사용하는 식물재료를 반입할 시에는, 침략성이 있는 외래종이 함께 할 가능성이 있다. 그 예로, 식재하려는 수종을 생산지에서 계획부지에 반입할 경우 근부의 토양 중에 침략성이 있는 식물, 매토종자, 동물, 미생물 등이 운반되는 경우가 있다. 가지나 잎에는 침략성이 있는 곤충류가 착생하고 있는 경우도 있다. 그러므로 사용하는 재료에 따라 올 수 있는 외래종을 제거하거나, 그 가능성이 적은 재료를 사용하는 것이 요구된다. 식물의 생산지에 침입적 외래종이 다수 확인될 경우에는 반입 시에 충분한 주의를 할 필요가 있다.

B. 설계시의 배려사항

설계할 때는, ① 배제해야 할 침략적 외래종에의 대응에 대해서 구체적 검토를 행할 것, ② 준공 후, 비의도적으로 도입될 가능성이 있는 외래종이 새로운 문제를 일으킬 가능성에 대해 예측할 것, ③ 그에 상응하는 설계를 하는 것이 요구되어진다. 예를 들면, 연못 등의 수변환경을 설계할 경우에는 침략성이 높은 어류나 수생식물의 인위적 도입을 저지하기 위한 조치로 수변에 인간이 접근할 수 없도록 하는 공간이나 제방 등을 조성하여 외래종이 역상(逆上, 어류가 상류로 거슬러 올라감)하여도 침입할 수 없는 구조를 유지하는 등의 조치를 취할 필요가 있다.

(3) 시 공

시공 시에는, 사람과 자재 등의 출입이 있고 또한, 환경의 개변에 수반되는 외래종이 비의도적으로 도입될 가능성이 높으므로 주의할 필요가 있다.

시공 시의 비의도적 도입에는 다음과 같은 것이 있다.

A. 재료 및 자재 등에 부착 · 혼입

재료 및 자재 등에 부착 · 혼입되어 외래종이 도입되는 경우가 있다. 특히, 토양에는 매토종자와 소동물과 그 알 등이 포함되어 있는 경우가 많음으로 주의를 기울여야 한다. 다른 장소에서 사용되어졌던 작업화나 중장비 등을 그대로 사용하면, 부착한 토양에 포함된 침략적인 외래종을 이입시키는 우를 범할 가능성이 높다. 따라서 현장을 이동할 시에는 기자재나 중장비 · 기계의 세정, 작업화를 갈아 신는 등의 철저함이 요구된다.

B. 환경개변에 의한 외래종의 침입

대형 중장비시공에 의한 대규모의 환경개변에 의해 발생한 공지에는 양미역취, 개망초 등의 외래종이 침입하기 쉽다. 시공에 임할 때는 한 번에 대규모개변(大規模改變)을 행하지 않는 등의 배려를 할 필요가 있다.

(4) 유지관리

외래종의 관리는 생태계의 동태에 유연하게 대응 할 수 있는 순응적 관리방법으로 실

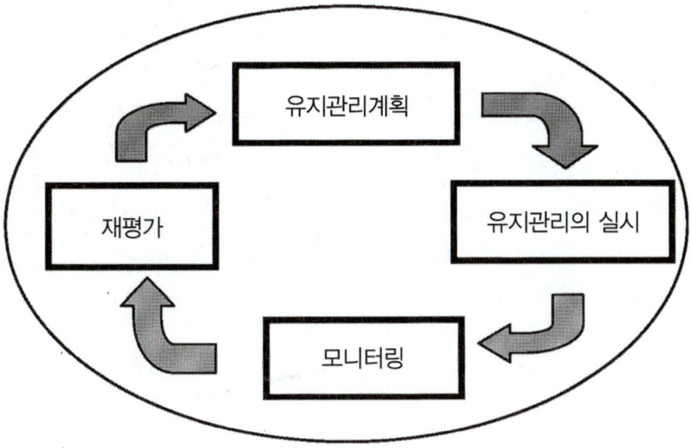

그림 3-2 **유지관리의 개념**

외래종에 대응하는 관리는 생태계의 동태에 유연하게 대응 가능한 순응적 관리의 방법에 의해 실행한다. 그러므로 유지관리의 계획, 실시, 모니터링, 재평가를 계속하여 실행한다.

행한다.

유지관리에는, 외래종에의 대응을 고려한 유지관리방침을 책정한다. 이 유지관리방침을 기준으로 하여 모니터링에 의한 생태계 파악을 실행한다. 관리방침에 대한 문제가 되는 사안 등이 발생한 경우는, 재평가를 실시하여 개선을 위한 유지관리를 계획하여 실시한다. 그 후, 재차 모니터링을 실시하여 파악하는 사이클을 계속하여 순환하는 것으로 실행한다(그림 3-2).

(5) 사회적 수용

외래종문제의 다양한 측면에 있어서, 여타의 주체와의 합의형성이 매우 중요하다. 특히, 외래종의 제거 및 처분 · 구제에 관계하는 측면에서 필요로 한다. 이러한 주장의 배경에는 동물적 관점, 식물적 관점, 생물적 관점, 자연적 관점에 대한 견해의 차가 반영되기 때문에 합의 조정은 쉽지만은 않다. 합의형성은 다양한 입장의 사람들이 연대하여 그 결과로 얻어지는 것임은 많은 경험에서 알 수 있다. 외래종 대책에서는 넓게 의견을 모으는 자세가 필요하다. 이러한 방법으로는 공동연구회(work shop)를 활용하는 방법이나, 관계하는 볼런티어 등의 의견을 관리자에게 다시 전하는(feed back) 방법 등이 있다.

합의형성의 성공여부는 외래종의 문제를 해결하는 열쇠가 되기 때문에 충분한 노력을 경주하지 않으면 안 된다.

– 하루타 아키히로(春田章博)

인용문헌

1) 龜山章 編 (2002)：生態工學, 161pp, 朝倉書店.

2) The Department of Transport UK (1992)：The Good Roads Guide, HMSO.

3) 日本生態學會 編 (2002)：外來種ハンドブック, 地人書館, 390pp.

4) 北海道 (2004)：北海道の外來種リスト (北海道ブルーリスト2004).

5) 森本幸裕・龜山章 編 (2001)：ミティゲーション, 354pp., ソフトサイエンス社.

6) 日本造園學會生態工學研究委員會 (2004)：造園分野における外來種問題に對する提言, ランドスケープ研究68(2), 142–149.

7) 日本造園學會生態工學研究委員會 (2004)：造園分野における外來種問題に對する緊急提言, ランドスケープ研究67(4), 341–34.

8) 日本造園學會生態工學研究委員會 (2003)：移入種問題と造園, ランドスケープ研究67(2), 167–174.

9) 日本造園學會生態工學研究委員會 (2002)：自然再生事業のあり方に關する提言, ランドスケープ研究66(2), 156–159.

10) 日本綠化工學會 (2002)：生物多樣性保全のための綠化植物の取り扱い方に關する提言, 日本綠化工學會誌27, 481–491

11) ウィングスプレット會議 (1998)：豫防豫測に關する1998年ウィングスプレット聲明.

Chapter 04

주민참가와 정보공개

4.1 자연재생에 참여하는 주체

자연재생추진법에 정의된 지연재생이란 '과거에 훼손된 자연환경을 회복시키는 것을 목적으로 하고 외국에 파견된 정부기관 등의 관계행정기관, 도도부현(都道府縣) 및 시정촌(市町村) 등의 관계지방공동단체, 지역주민, NPO(Non Profit Organization, 비영리단체) 및 전문가 등, 그 지역의 다양한 주체가 참여하여 자연환경 보존, 재생, 창출하는 등의 유지관리가 이루어져야 한다.' 고 기술하고 있다. 지역의 다양한 주체가 참여하기 위해서는 자연재생사업 실행자가 지역주민, NPO, 전문가, 관계행정기관 등과 함께 협의회를 조직하고, 자연재생 기본방침 및 협의회의 협의결과에 의거하여 자연재생실시계획을 작성한다. 참고로 본서에서는 원칙적으로 '주민' 이라는 용어를 사용하고 인용개소의 일부에만 '시민' 이라는 용어를 사용한다.

일본조원학회 생태공학연구위원회[1]의 '자연재생사업의 본연의 자세에 관한 제언' 에서는 지역의 환경 주체인 시민을 중심으로, 행정, NGO(Non Government Organization, 비정부단체) 또는 NPO, 기업, 연구기관, 조성단체 등의 다양한 주체가 관련한다. 각각의 주체가 자신있는 분야에서 역할을 발휘하는 유기적인 연대가 필요하다. 그리고 많은 주체가 관련된 사업이라지만 지역의 환경주체는 어디까지나 지역주민을 전제로 해야 하고, 이는 지역환경이 지역주민의 소유물이라는 개념을 넘어 주민 자신들이 사업에 관련하는 것이므로 재생된 자연환경에 관한 '관심' 을 갖게 되고, 나아가서는 주민이 자연환경과의 관계를 재구축하는 것으로 이어지기 때문이다.

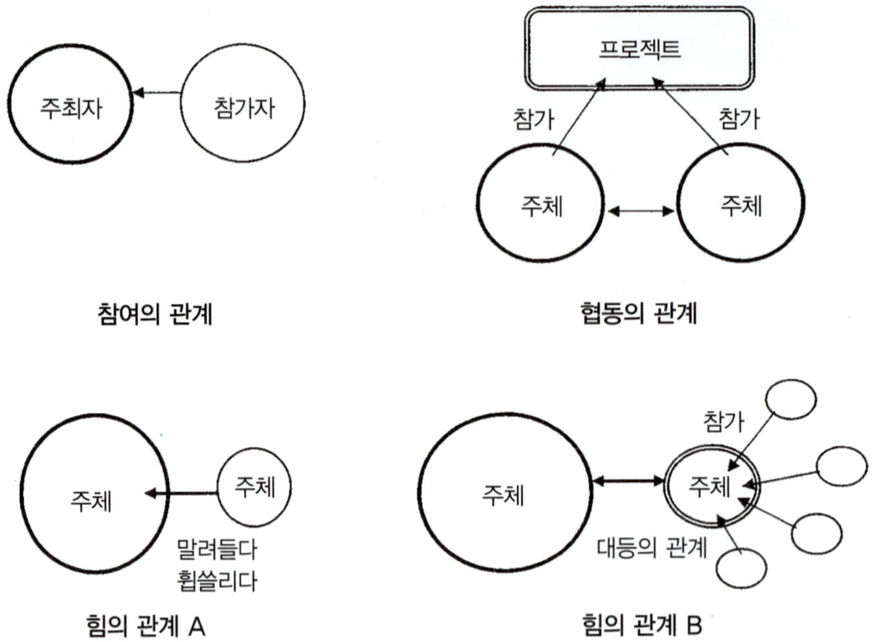

그림 4-1 시민참여와 협동(문헌2)을 일부 개정

본 4장에서는 많은 주민이 협동하는 것과 함께 주민이 주체가 되기 위한 자세에 관하여 논하는 것이지만, 우선 주민참여와 협동에 관하여 생각해 두고 싶다.

참여라는 말에는 '○○에 참여한다.' 라고 하듯이 참여를 받는 주최자측과 참여자측이 존재한다[2]. 그것에 반하여 협동이라는 말에는 '○○와 협동한다.' 내지는 '○○을 협동한다.' 와 같이 함께하는 대상이 있어 누군가와 같이 움직인다는 뜻이다. 주체의 힘의 정도가 크게 다를 경우에는, 힘이 적은 쪽이 '이끌려간다' 고 본다. 참여나 협동에 있어서는 행정측의 노력에 뒤지지 않는, 주민공동체를 조직하고, 움직이는측에도 상당한 노력이 요구 된다(그림 4-1). 주민이 주체가 되기 위해서는 주민의 역량도 중요한 요소이다.

사이타마현(埼玉縣) 내 아라가와(荒川) 중류지역인 아라가와타로유에몽(荒川太郎右衛門)지구 자연재생협의회[3]는 다양한 주체의 계획에 참여할 필요가 있다는 인식을 기본으로 하여, 전문지식인 6명, 지방자치단체위원 7명, 공모위원 50명, 국가위원 1명으로 구성되어 있다. 그리고 사업실시에 있어서 역할분담을 환경관리, 환경모니터링, 자연환경학습, 보급계발 · 정보공개로 상세히 분류되어 있다(그림 4-2). 역할분담을 명확히 해두면 다양한 주체의 참여촉진에 유효하다고 판단된다.

4.2 정보수집

자연재생사업 추진에는 필요한 생물과 생태계에 관한 정보의 수집이 충분치 않는 경우가 많고, 어느 정도 있다고 해도, 사업에 직접적으로 활용할 수 있는 목적의식에서 수집한 것이 아니기 때문에 대부분은 사업 실행에 있어서 조사가 필요하다.

사업을 위한 조사는, 주로 전문가나 상담역할이 담당하고 있지만, 주민이 참여하여 조사하는 것도 가능하다. 주민이 참여하는 것으로 조사의 눈도 많아지고 다양한 성과를 차기에 활용하는 것도 용이할 것이다. 여기서는 주민이 주체가 되어 실행한 조사 사례를 두 가지 소개하기로 한다.[4]

1) 주민에 의한 생태 종류의 조사

1980년대에 무사시노(武藏野)대지의 북단에 위치한 동경도 이타바시구(東京都 板橋區)의 요츠바니쵸메(四葉二丁目)부근에서 토지구획정리사업(동경도 시공)이 실시되었다. '동경의 하코네(箱根)' 라고 불리는 요츠바(四葉)의 자연을 지키기 위해서 주민들은 여러 가지 조사를 하였다.

그간의 주민 활동은, 야마시타 준코(山下洵子)의 저서인 'ほたるこい(반딧불이여 오라)'[5]에 상세하게 묘사되어 있다. 요츠바의 자연을 지키기 위해 결성된 '이타바시 자연관찰회' 는, 자연관찰과 조사 활동을 시작했다. 이 자연관찰회 구성원의 대부분은 샐러리맨이나 주부였고, 최근에 들어서야 이타바시구의 구민이 많이 참여하게 되었다. 또 이 자연관찰화회를 모체로 해서 만들어진 '타카시마히라(高島平)내추럴리스트 클럽' 은 초등학생을 대상으로 한 자연관찰회도 실행하고 있고, 지도원은 대학생이나 대학원생이 담당하고 있다. 조사 중에 무사시노(武藏野)대지와 아라가와(荒川)저지 사이의 북향사면 잡목림에 한라바람꽃(그림 4-3)이 생육하고 있다는 것이 확인되었다.

마침 이타바시구(板橋區)에서는 구화(區花)의 선정 시기에 맞물려, 드물게도 들풀인 한라바람꽃이 이타바시구의 구화로 뽑혔다. 구화가 된 한라바람꽃을 지키기 위해 '이타바시 자연관찰회' 와 행정에서 위탁된 녹(綠)의 감시원이나 지주농이 '구화 "한라바람꽃(Anemone flaccida)"를 보존하는 모임' 을 결성했다. 세 개의 모임은 협동하여, 이타바시구(板橋區)의 한라바람꽃에 관한 생태학적 조사를 실시하였다.

행정 측에서는 동경도(東京都) 공원계획을 담당하고 있는 도시계획국, 도립아카즈카

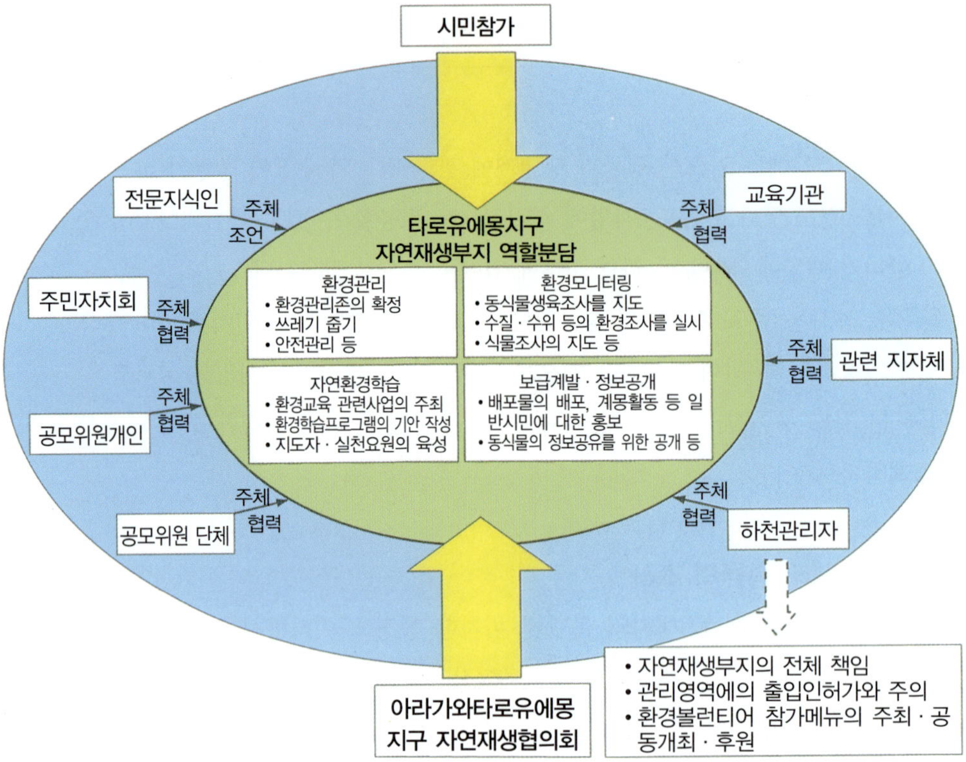

		협의회 참가주체					협력참가 요망주체	
		하천관리자	전문지식인	공모위원		관련지자체	주민자치회	교육기관
				개인	단체			
환경관리	환경관리존 설정	○	○	○ 협력	○ 협력			
	환경관리의 지도	○ 협력	○		○			
	식재 · 풀베기 등의 작업참가	○ 협력	○ 조언	○	○	○	○ 협력	○ 협력
	쓰레기 줍기	○				○		
	작업겨로가 수집된 쓰레기의 운반 · 처분	○				○		
	베어낸 풀 등의 운반 · 처분 · 활용	○						
	정기적 순찰 · 정보수집 · 보고	○		○	○			
	필요로 하는 기재 · 도구의 제공	○				○		
	안전관리			○	○			
환경모니터링	동물서식조사를 지도		○	○ 협력	○ 협력			
	동물서식조사에의 참가 · 보조		○ 조언	○	○	○ 협력	○	○
	식물조사를 지도		○	○ 협력	○			
	식물조사에의 참가 · 보조		○ 조언	○	○	○ 협력	○	○
	수질 · 수위 등 환경조사의 실시	○	○ 조언	○	○	○ 협력		○
	동식물의 서식 · 생육환경의 모니터링	○	○ 조언	○	○	○		○
자연환경학습	환경교육 관련사업의 주최	○	○ 조언	○	○	○ 협력		○
	환경학습프로그램의 기안 · 작성	○	○ 조언	○	○	○ 협력		○
	어린이 대상 또는 학교교육과 연계한 환경학습프로그램 기획	○	○ 조언	○	○	○ 협력		○
	일반시민을 대상으로 한 강좌 · 자연관찰회를 기획	○	○ 조언	○	○	○ 협력		○
	일반시민을 대상으로 한 강좌 · 자연관찰회에의 참가	○	○	○	○	○	○	○
	지도자 · 실천요원의 육성	○ 협력	○ 조언	○	○	○ 협력		
	교육행사 시에 지도담당	○ 협력	○ 조언	○	○	○ 협력		
보급계발 정보공개	배포물의 배포 · 계몽활동 등 일반시민에 대한 홍보	○		○	○	○	○ 협력	
	동식물의 정보를 공휴하기 위한 정보발신	○	○ 조언	○ 협력	○ 협력	○ 협력		○ 협력
	환경관리 · 교육행사에의 지원 · 후원 등	○	○ 조언			○		○
	활동에 필요한 자제 등의 제공 · 빌려주기	○ 협력		○	○	○ 협력		

그림 4-2 아라카와타로유에몽지구 자연재생에 있어서의 파트너십 계획과 역할분담[3)]

(赤塚)공원 정비를 담당하던 동경도(東京都) 북부 공원녹지사무소, '구화 "한라바람꽃"을 보존하는 모임' 과 몰래 채취해가는 것을 방지하기 위한 패트롤을 위탁한 이타바시구청이 협력하여, 한라바람꽃 보존에 나서게 되었다.[6]

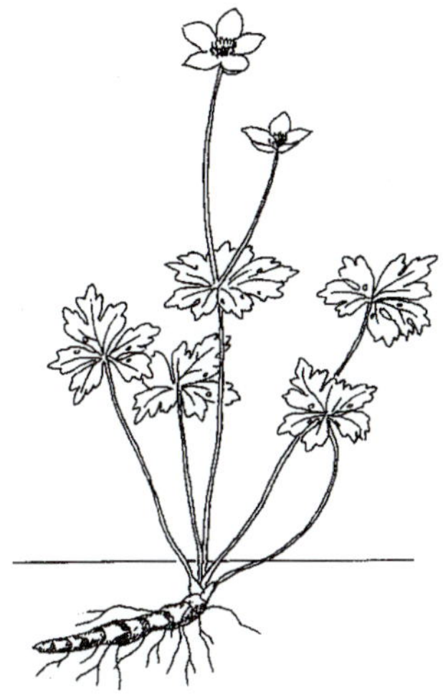

그림 4-3 한라바람꽃

처음에 한라바람꽃 분포조사를 진행했을 때는, 민유지(民有地)에도 그 분포가 확인됐지만, 최대의 자생지는 정비계획이 세워진 도립 아카즈카(赤塚)공원 오오몽지구(大門地區)였다. 그러므로 오오몽지구를 조사의 중심으로 하기로 했다.

한라바람꽃은 얼레지 등과 같은 봄 식물의 하나다. 봄 식물은 낙엽수림과 관계가 깊은 식물로 초봄에 숲의 바닥이 밝은 환경 속에서 생활주기를 유지하고 있다. 아러한 빛의 환경과 생육관계는 중요하므로 차광시설에 의해 빛을 제어한 포지에서 한라바람꽃을 재배해 본 결과, 빛이 부족한 환경에서의 한라바람꽃은 고사하였다.

오오몽지구의 잡목림은 상록수인 참식나무, 식나무, 여로가 증가해 숲 속은 초봄에도 어두웠다. 임상 빛의 밝기와 한라바람꽃의 표피온도는 밀접한 관계가 있어 어두운 장소에서 한라바람꽃은 생육할 수 없었다. 숲 전체를 보면 상록수의 증가로 인해 숲 속이 어두워져 한라바람꽃은 임연부(林緣部)에만 생육하는 현상을 보였다(그림 4-4).

아카즈카(赤塚)공원의 이미 정비된 지구에는 한라바람꽃의 생물은 거의 찾아볼 수 없었다. 정비를 담당했던 부서에 의하면 한라바람꽃을 채취해 가는 것을 막기 위해서 임연부에 상록저목을 식재해 왔다는 것이다. 잡목림의 상록수림화가 진행되고 한라바람꽃이 임연부에 겨우 살아남아 있지만 상록저목(低木)을 식재하는 것으로 인해 임연부의 빛이 도달하지 않아 한라바람꽃이 생육할 수 없게 되었다고 생각한다.

그래서 이것들의 데이터를 기준으로, 이후 정비한 지구는 임연부에 상록저목을 식재하지 않고 철책을 설치하기로 했다. 무단채취방지는 이타바시구(板橋區)의 지원을 받은 '구화 "한라바람꽃"을 보존하는 모임' 이 패트롤을 맡는 것으로 대응하기로 했다, 그 후도 이 모임에서는 한라바람꽃의 증감이나 생물계절(그림 4-5)에 관해서 반복해서 조사를 실시해 왔다. 한라바람꽃을 계기로 조사에 참여한 주민은 매년 기상 변동을 이해하게 되었고, 식생의 변화도 알 수 있게 되었다. 또 많은 주민이 관계하고 있어 필요에 따라서 조사 매뉴얼을 만들거나 보고서를 복사해서 발행하기도 하면서 정보의 공유화에 힘쓰게 되었다. 현재에 이르기까지 오오몽지구의 한라바람꽃은 큰 규모로 유지되고 있고 한라

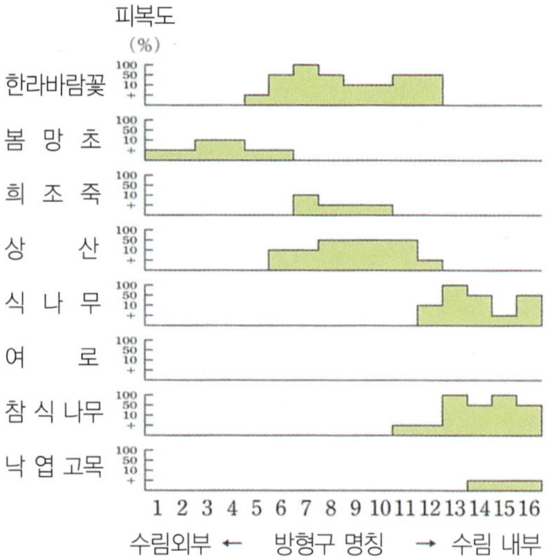

그림 4-4 **낙엽수림 내 식물의 생육지**

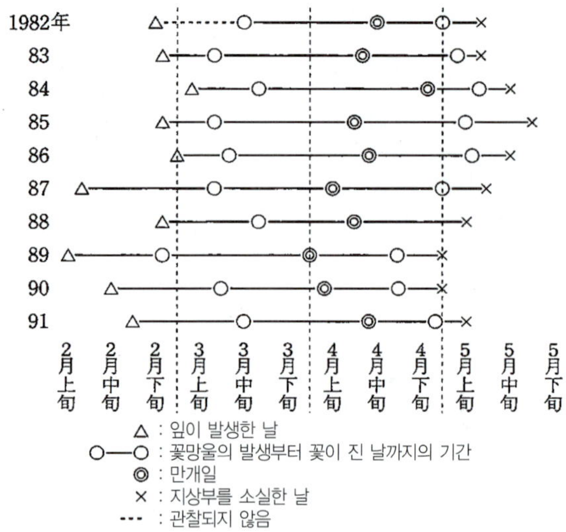

그림 4-5 **한라바람꽃의 생물계절**

바람꽃의 보존을 위해 실시한 주민 활동의 유효성이 나타나고 있다.

단지, 이 사례에서는 비탈면의 잡목림을 농업이나 농민의 생활과 관련된 상목수림화가 진행되지 않았던 낙엽수림시대의 상태로 되돌려 놓지는 못했다. 앞으로 그렇게 유도하기 위해서 도시공원 속의 다양한 생물의 보전을 위한 협의형성과, 주민과 잡목림과의 관계를 되돌리고, 오랜 시간을 통해 계획적인 식생관리를 실시해 갈 필요가 있다.

이 활동의 실태는, 주민에 의해서 편집위원회가 편집하고, 이타바시 구청에 의해서 보고서로 발행되어졌다. 활동성과를 인쇄물 등으로 공유한다는 것은, 다음을 기약하기 위해서 결과를 살려나가는 중요한 역할을 한다.

2) 주민에 의한 조사단

생물의 생육 · 서식환경 보전에 중점을 두고 녹의 기본계획을 정책으로 할 때, 필요한 생물의 정보를 얻기 위해 주민이 조사단을 결성한 사례가 있다. 동경도 구니다치시(東京都 國立市)는 면적이 8㎢라는 협소한 지자체로, 확연한 자연으로 남아있는 곳은 북부의 히토츠바시(一橋)대학 캠퍼스, 남부의 단구애(段丘崖)와 타마가와(多摩川) 하천고수부지이고, 각기의 자연의 중요성에 대해서는 주민들이 잘 인식하고 있었다. 그래서 녹(綠)의 기본계획을 책정할 때, 그 기초가 되는 생물조사를 위해, 2001년도에 녹의 기본계획책정위원회 중에서 동식물조사검토부회를 설치했다. 부회(部會)에서는 처음에 조사 방법을

표 4-1 구니다치시(國立市)의 중요한 자연과 주민이 희망하는 조사항목

〈하케(ハケ)를 대상으로 한 조사〉
① 식물 · 노거수 ② 거미류 · 곤충류 · 조류 · 양서류 · 파충류 · 저생동물
③ 수생곤충 ④ 나비류 ⑤ 개미류 ⑥ 번식조류의 행동반경의 그림화(territory mapping)

〈야가와(矢川)를 대상으로 한 조사〉
① 용수(湧水) · 수질(水質) · 수초(水草)

〈구니다치시(國立市) 전역을 대상으로 한 조사〉
① 지표성이 있는 생물 ② 까마귀의 방치 새집 ③ 무당거미의 분포
④ 흑백알락나비의 유충 ⑤ 잠자리류 ⑥ 식생도(植生圖)의 재검토 ⑦ 어린이가 참가 가능한 조사
⑧ 조류의 선적 조사(line census) ⑨ 눈에 띄는 식물

검토하고, 녹의 기본계획에 필요한 생물의 정보를 밝혔다. 다음으로 조사에 참여할 의사가 있는 주민을 모으고, 주민이 관심을 가지고 있는 조사항목을 〈표 4-1〉과 같이 정리하였다. 이것에 의해 필요한 동식물의 분류군을 망라할 수 있다는 것이 명확해졌다.

구니다치시(國立市)에서는, 1988년도에 주민에 의해 이미 동물 가이드북이 작성되어졌고 이때의 인적 네트워크가 토대가 되어 조사에 참여한 주민이 모여서 서로 이야기를 나눌 수 있는 장소를 만들고 '녹(綠)의 조사회' 라고 칭하는 조사단을 결성하여 생물의 조사를 주체적으로 실시하게 되었다. 주민이 조사의 대상이라 생각했던 점은, 확실히 자연으로 남아있는 지역의 하나인 단구애(段丘崖)에 집중되어 있었다. 시가지 안에 소규모의 자연지 또는 주택 정원의 조사는 시민의 자발적인 조사항목에 포함되어 있지 않았다.

이러한 것에 연유하여 책정위원의 제안에 의해 시내의 소규모 자연지 또는 정원에 정점조사지점(定点調査地点)을 만들게 하여 회원이 각 지점을 한사람씩 맡아 1년간 조사를 실시했다.

'녹(綠)의 조사회' 는 지금까지 조사활동을 실시해 온 다수의 단체와 개인, 그리고 활동 요청에 응하여 새롭게 참여한 주민들로 이루어졌다. 이 안에는 조사회사에서 곤충이나 야생조류의 조사를 담당하고 있는 전문가도 있어, 전문분야 조사의 지도자(Leader)가 되었다. 이 조사회에서는, 당초는 외부의 전문가에게 조사 지도를 의뢰해야 한다고 생각했었지만 실제로 조사를 시작해 보니 외부의 전문가의 지도가 필요한 조사가 적었고, 거의 주민만으로도 조사를 실시할 수 있었다.

3) 코디네이터의 역할

한라바람꽃의 사례에서는, '이타바시구(板橋區) 자연관찰회' 실질적인 지도자로서 코디네이터로 있는 Y씨와 '구화 "한라바람꽃"을 보존하는 모임' 의 사무국장 K씨의 공헌이 컸다. Y씨는 이 활동을 시작했을 당시 많은 관계자에게 요청해 네트워크를 만들었고, K씨 모임의 사무와 이타바시구(板橋區)와의 연대를 이어주는 역할이었고, 조사도 담당했다. 이 두 사람의 코디네이터로서의 활동이 대학원생이나 학생에 의한 조사도 가능하게 했다.

녹의 기본계획책정을 위한 생물조사를 행한 '녹(綠)의 조사회' 사례에서는, 조사 그 자체를 즐겁게 참여하는 일반인 회원과 활동의 연계자인 코디네이터로 그 역할이 둘로 나뉘었다. 코디네이터는 4명의 주민을 담당하고, 그 역할에 참여한 주민이 조사활동을 무리 없이 적절하게 진행하기 위해 필요한 정책위원회, 시의 공무원, 전문가와의 중개역할, 조사일정의 조정역할, 조사기자재의 수배, 회계, 홈페이지 작성, 메일이나 시정보고에 의한 회원 또는 비회원에의 연락 등이 추진되었다. 이와 같이 코디네이터는 주체나 자원의 연계자이다. 사업을 성공적으로 이끌어내기 위해서는 코디네이터의 역할이 중요하다.

자연보전의 분야에서는 전부터 지도자(Leader)의 존재가 중시되어 왔다. 이는 많은 지자체가 지도자양성강좌를 실시하고 있다는 사실로부터도 알 수 있다. 분명히, 상황에 따라 지도자의 역할 또한 필요하다. 또 활동을 촉진시키는 역할을 하는 퍼실리테이터(Facilitator, Facilitation Lives, 합의형성촉진담당)의 역할이 필요한 때도 있다. 그러나 이 두 가지의 사례와 같이 지금까지 중시되지 않았던 코디네이터의 역할이 확실히 중요하게 된 것을 알 수 있다. 이들의 사례에서는 코디네이터를 주민이 맡고 있지만, 상당한 시간을 필요로 하는 점에서도 무급이 아닌 적절한 대가를 받을 수 있게 할 필요가 있다. 그러므로 시의 공무원이나 상담역할이 코디네이터가 되는 것도 가능하다고 할 수 있다. 단 행정 직원이 코디네이터가 될 때에는, 행정적 감각이 아닌 주민으로서의 감각을 지닌 직원을 선택하는 것이 매우 중요하다.

4.3 정보의 공유화

1) 환경 커뮤니케이션

일본국내에서 '참여' 나 '협동' 에 대한 관심은 아직 맹아기(萌芽期)에 있고 자연재생사업도 예외는 아니다. 맹아기에 머물러 있는 원인 중의 하나는 각 주체가 커뮤니케이션의 매너나 방법에 있어서 익숙하지 않다는 문제가 있다. 자연재생사업은, 절차를 어떻게 구성해야 하는지 시책으로서의 과제와 함께 커뮤니케이션이 원만하게 이루어지고 있는가가 중요하다.

그러나 이 부분은 지금까지 개인의 재능과 노력 여하에 따라 달라졌기 때문에 참가와 협동의 기회를 살리지 못한 적이 많았다.

환경 커뮤니케이션은 유지 가능한 사회 구축을 향해 각 주체의 연대 · 협동을 확립하기 위하여 환경부하나 환경보전활동에 관한 정보를 일방적으로 제공하는 것만이 아닌, 긍정적 · 부정적 견해(見解)를 주장하는 관계자의 의견의 청취 · 검토에 의해 서로의 이해와 납득을 깊이 있게 나누는 것이다. 환경 커뮤니케이션의 효과에는 다음의 세 가지의 예를 들 수 있다.[2)]

① 각 주체의 환경의식을 향상하고, 자주적 관심을 촉진시킨다.
② 주체간의 상호이해의 심화와 신뢰관계의 향상에 힘쓴다.
③ 파트너십 형성에 의한 환경보전 활동계획에 참여해 발전해 간다.

이와 같은 효과를 얻기 위해서는 쌍방향성의 어떤 대화가 중요하고 그로부터 상호이해와 배려가 생기며 행동으로 이어지는 것을 기대할 수 있다.

환경 커뮤니케이션에 있어서 설명과 책임을 요구하는 측의 담당자로서 마음가짐은 이하와 같이 정리되어 있다.[2)]

① 상대를 보고 이야기를 듣고, 이야기를 한다.
② 상대의 질문 · 의견에 대하여 먼저 부정하는 것이 아니라, 긍정적인 태도로 임한다.
③ 알고 있는 정보는 모두 공개한다.
④ 구체적으로 대처할 내용을 될 수 있는 한 밝힌다.
⑤ 정보가 부족하거나 그 자리에서는 판단하기 힘든 경우는 그것에 대해 솔직히 인정

하고 개선하거나 사후 대처할 내용을 밝힌다.

①과 ②는 사람과 사람과의 커뮤니케이션의 기본이다. ③에 관해서는 정보를 가지고 있는 쪽은 본심과는 관계없이 정보를 주지 않으려는 성향이 있어, 항상 유의할 필요가 있다. ④는 오해가 발생하지 않게 하기 위해서도 탁월한 대책을 마련하기 위해서도 중요하다. 관계행정기관 또는 지방공공단체는, 그 의사결정 방식으로 현장에서 의사결정이 어려울 때가 많다. ⑤와 같이 솔직하게 인정한 후에 개선하여 대책을 강구하는 것이 바람직하다.

1990년경에 타마지역(多摩地域)의 물과 녹음을 종합적 · 광역적으로 보전하고, 물 순환의 균형이 잡힌 마을 만들기를 목표로, 주민, 행정관계자, 전문가가 협동하여 활동해 온 'みずとみどり(물과 녹음) 연구회' 에서는 3가지의 원칙과 7가지의 룰을 기초로 한 열린 형태로 운영하고 있다.[7] 그 3가지의 원칙은, (Ⅰ) 발언의 자유, (Ⅱ) 철저한 논의, (Ⅲ) 합의형성이고, 7가지의 룰은 다음과 같다.

① 참여자의 견해는, 소속단체의 공적 견해로 하지 않는다.
② 특정 개인이나 단체에 대한 규탄 등의 행동을 하지 않는다.
③ 논의는 페어플레이의 정신으로 진행한다.
④ 논의를 진행함에 있어 실질적인 데이터를 존중한다.
⑤ 문제의 소재를 명확하게 한 다음에 합의를 모색한다.
⑥ 현재 논쟁중의 문제는, 객관적 입장으로 사례로서 취급한다.
⑦ 프로그램 만들기에 있어서 장기적으로 취급할 것과 단기적으로 취급할 것을 구분하여 실현가능한 제안을 목표로 한다.

원칙(Ⅰ)에는 룰 ①, ②가, 원칙(Ⅱ)에는 룰 ③, ④가, 원칙(Ⅲ)에는 룰 ⑤, ⑥, ⑦이 각각 해당된다.

위의 사례는 다양한 주체가 한 곳에 모여 협동하기 위한 매너를 명문화(明文化)한 것이다.

더 나아가, 요코하마시(横浜市)는 협동원칙 내용을 명확히 했다. '요코하마시(横浜市)에 있어서 시민활동과의 협동에 관한 기본방침(요코하마(横浜)코드)'[8] 시민활동과 행정이 협동함에 있어서 이하의 6가지의 원칙을 세우고 있다.

① 대등의 원칙 : 시민활동과 행정은 대등한 입장에 있어야 할 것.

② 자주적 존중의 원칙 : 시민활동의 자주적인 실시를 존중할 것.

③ 자립화의 원칙 : 시민활동이 자립화 되는 방향으로 협동하여 진행할 것.

④ 상호이해의 원칙 : 시민활동과 행정이 각각의 장단점이나 입장을 서로 이해할 것.

⑤ 목적 공유의 원칙 : 협동에 관한 시민활동과 행정이 그 활동의 전체 또는 일부에 관하여 목적을 공유할 것.

⑥ 공개의 원칙 : 시민활동과 행정과의 관계를 공개할 것.

상기의 원칙은, 자연재생사업에 관련된 주민과 행정에도 해당되는 것이다. 주민참여나 협동은 자립한 주민과 다른 주체와의 관계이고 이때, 시민활동의 자립을 촉구한다는 기본자세가 행정에는 요구된다.

2) 공동연구회(Workshop)

공동연구회(Workshop)는, 강의 등의 일방적인 지식전달을 하는 스타일이 아니며 참여자가 스스로 참여 · 체험하고 그룹 내의 상호작용 속에서 무언가를 배우고 창출해내는 쌍방향적인 배움과 창조의 방식으로 되어있다.[9] 공동연구회(Workshop)와 작업을 체험함으로서, 긴장을 완화하고 대화가 원활하게 되고, 상호작용을 통해 창조적인 논의가 이루어지기를 기대한다. 1회의 공동연구회(Workshop)는, 도입(Ice breaking) → 화제(話題) 제공 → 그룹작업 → 발표와 나눔 → 정리와 같은 흐름으로 진행한다. 이 흐름을 나카노(中野)씨는 제기(起) → 본체(承 · 轉) → 고찰(結) 로서 (그림 4-6)에 그림으로 나타내어 프로그램 · 디자인 · 만다라로 요약해 놓았다. 이것은 전체의 흐름이나 시간배분을 표현하는 수법이다. 공동연구회(Workshop)의 모든 참여자는 뜻있는 정보를 가지고 있다는 입장에서 참여자 전원으로부터 의견이나 정보를 얻어 어떻게든 의사결정에 반영하려는 목적이 있다.

공동연구회(Workshop)는 수단이고 목적은 아니다. 더욱이 또 공동연구회(Workshop)만으로 의사결정을 모두 하는 것도 현실적이지 않다. 의사결정을 정하는 기관과 룰 및 결정에 이르는 프로세스를 명확하게 하고, 그 안에서 공동연구회(Workshop)에 어떠한 수행방향을 부여하여 채용할 것인가를 명확히 해둘 필요가 있다. 주최자와 퍼실리테이터(Facilitator, Facilitation Lives, 합의형성촉진자, Workshop의 운영자)는 동기설정과 목적을 명확하게 공통 인식하여 참여자 전원에게 설명할 수 있어야 한다. 퍼실리테이터가 존재하는 것으로 참여자는 자유롭게 주최자에 대한 의견을 말할 수 있고 참여자 간의 의견교류를 도모할 수 있기 때문에 주최자(의사결정의 주체)와 퍼실리테이터는 구별하는 것이 좋다.

공동연구회(Workshop)를 구성하는 것은 참여자와 주최자, 그리고 퍼실리데이터이다. 각각의 마음가짐은 다음과 같다.

• 참여자의 마음가짐은,[2]

① 편하게 작업이나 대화를 즐긴다.

② 다른 참여자와의 이야기에 귀를 기울인다.

③ 하기 싫은 일는 무리하게 하지 않는다. 다른 참여자가 하고 있는 것을 부정하지 않고 의견을 개진하고, 정리할 때에 감상이나 의견으로서 진술한다.

• 주최자의 마음가짐은,

① 논의를 지켜보고 참여자의 의견에 귀를 기울인다.

② 공동연구회(Workshop) 중에는 방관하지 않고 한사람의 참여자로서 작업에 참가한다.

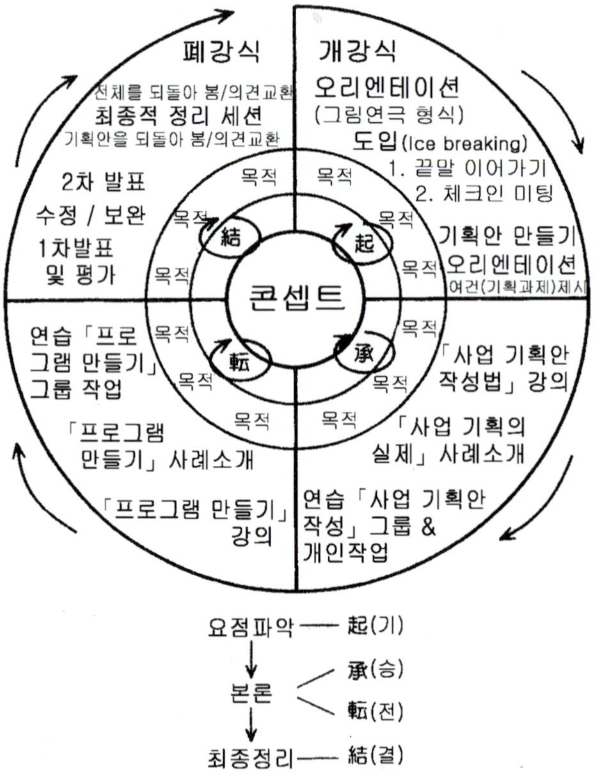

그림 4-6 **프로그램 · 디자인 · 만다라**[9]

• 퍼실리테이터의 마음가짐은, 나카노(中野)씨가 다음과 같이 퍼실리테이터 8개의 안으로 정리하고 있다.

① 소리없이 나타나 말없이 일한다. 우리들은 보조자 역할, 녹(綠)을 위한 일꾼이다.
② 있어야 할 것은 있어야 할 곳에 있다. 그 장소를 지켜라.
③ 사전 준비는 철저하게, 할 수 있는 일에 최선을 다하고 천명을 기다린다.
④ 긴장을 풀면 모두 안심 하지만 옳고 그름의 판단은 확실히한다.
⑤ 한사람 한사람의 다양성을 존중하고 세심히 귀를 기울인다.
⑥ 가장 중요한 '분위기' 를 파악할 줄 아는 능력, 늘 개인과 전체를 배려한다.
⑦ 시간배정은 철저하게, 무리하지 않고 자연스럽게, 그리고 실행에 있어서는 확실하게 한다.
⑧ 즐기는 마음과 편안함, 그리고 무조건의 사랑과 신뢰를 잃지 않도록 한다.

한편, 퍼실리테이터는 협동 코디네이터라고도 불리며 협동 코디네이터와 사회자의 역할 차이는 〈표 4-2〉와 같이 정리되었다.[10]

주최자의 일부가 공동연구회(Workshop)를 방관하거나, 퍼실리테이터가 참여자를 잘못 지도하는 경우도 자주 볼 수 있다. 필자도 조언자로서 공동연구회(Workshop)에 참여했으나 만족하지 못한 경우도 많다. 공동연구회(Workshop)에 참여할 때는 역할에 따라 마음가짐을 확실히 하고 참여해야만 한다.

표 4-2 사회자와 코디네이터와의 차이

	협동 코디네이터	사회자
프로듀스	프로듀스능력을 지니고, 참여의 기획을 한다.	프로듀스된 역할의 하나이다.
입장	중립, 스폰서의 의향이나 권력에 좌우되지 않는다.	스폰서의 의향을 중시
방침	방침을 제시하는 역할	방침을 따르는 역할
문제의 유추	문제점을 유추, 조정, 분석한다.	둥글게 처리한다.
조정능력	리더쉽을 발휘한다.	제시된 문제점을 확인하여 전달한다.
대화의 진행방법	시나리오 없이, 임기응변으로 실행한다.	시나리오가 있다.

(世古一 穗 : 協同のデザイン(2001), 學藝出版社刊, p.121, 〈표 6-1〉에서 인용)[10]

4.4 정보의 공개와 발언

자연재생사업은 지금까지는 없었던 새로운 타입의 사업이며 '건전한 생태계는 시민의 재산이고 건전한 생태계 속에서 생활하는 것은 시민의 권리이다'[11]라는 의식을 주민이 가지고 적극적으로 사업에 관여하는 것이 바람직하다. 이를 위해서는 정보의 공개가 주축이 된다.

정보를 많이 가진 주체는 다른 주체에 정보를 공개한다고 해서 충분한 것은 아니다. 정보가 공개되어도 주민이 알고자 하는 정보가 어디에 있는지 찾지 못하거나, 주민이 정보를 입수한다 해도 그 정보를 판독하지 못할 때가 많이 있다. 자연재생의 대상이 되는 생태계에 관한 이해는 아직 시작에 불과하여 생물명도 모르는 주민이 이해하는데 있어서 어려움이 많기 때문에, 주민과 같이 상세하게 정보를 분석하는 NPO(Non Profit Organization)나 전문가가 필요하다.

쿠시로(釧路)습원에서는 기존 정보가 거의 공개돼 있지 않은 상태를 고려해 습원에 관한 여러 가지 정보를 가능한 범위에서 GIS(지리정보시스템)를 활용하여 지도데이터화를 진행, 자연환경정보를 알기 쉽게 그림으로 정리하고 있다.[12] 그것을 WEB-GIS라는 기구를 사용해 인터넷상에서 공개하고 있다. 열람자는 자기 자신이고 지도화면상의 조작이 가능하다. 또 홈페이지도 개설되어 있어 소식지를 발행하고, 심포지엄 개최도 이루어지고 있다.

현재는 IT화의 진전에 의해 인터넷상에서 정보 검색이나 입수가 편리하게 되었다. 메일리스트 등을 활용해 양질의 정보가 필요한 주체에게 적절하게 보내지고, 게다가 대등한 관계도 구축할 수 있다. 그러나 그 정보의 기초가 된 데이터의 취급방법이나 의미에 관한 충분한 해설이 부족할 때가 많다. 자연재생사업이 진정으로 주민의 것이 되기 위해서는, 정보제공의 노력이 아직도 많이 필요하다. 또한 진취적인 주민들의 노력도 간과할 수 없다. 특히 주민은 일방적인 정보접수의 창구가 아닌 생활자로서 환경인식을 가지고 있는 경우가 많다.[13] 이러한 지혜를 자연재생사업에 활용하는 것 또한 중요한 과제이다.

– 구라모토 노보루(倉元　宣)

인용문헌

1) 日本造園學會生態工學研究委員會 (2002)：自然再生事業のあり方に關する提言, ランドスケープ研究66(2), 156−159.
2) 傘木宏夫 (2004)：地域づくりワークショップ入門−對話を樂しむ計劃づくり−, 156pp. 自治體研究社.
3) 荒川太郎右衛門地區自然再生協議會 (2004)：荒川太郎右衛門地區自然再生事業自然再生全體構想, http://www.ktr.milt.go.jp/arojo/05html
4) 倉元 宣 (2001)：市民による生きもの調査, グリーンエージ334, 6−11.
5) 山下洵子 (1983)：ほたるこい , 286pp, 野草社.
6) 區の花「ニリンソウ」保護活動報告書刊行委員會 (1992)：區の花「ニリンソウ」保護活動報告書, 104pp., 板橋區.
7) みずとみどり研究：http://www3.tky.3web.ne.jp/sarahh/intro.html
8) 倉阪秀史 (2004)：海邊とかかわるための仕組, 小野佐和子・宇野 救・古谷勝則編, 海邊の環境學−大都市區海邊部の自然再生, p.186−211, 東京大學出版會.
9) 中野民夫 (2003)：ファシリテーション革命, 岩波アクティブ新書69, 195pp., 岩波書店.
10) 世古一穗 (2001)：協同のデザイン, 223pp. 學藝出版社.
11) 倉元 宣・春田章博・中尾史郎・井上 剛 (2002)：平成14年度日本造園學會全國大會分科會報告自然再生事業のあり方に關する提言, ランドスケープ研究66(2), 136−143. (コメンテーター樋渡達也氏の發言).
12) 環境省自然保護國・自然環境共生技術協會 (2004)：自然再生−釧路から始まる−, 279pp., ぎょうせい.
13) 嘉田由紀子 (2000)：身近な環境の自分化, 水と文化研究會,みんなでホタルダス −琵琶湖地域のホタルと身近な水環境調査, p.192−220, 新曜社.

column

칼럼

자연재생과 홈페이지의 활용

인터넷 '홈페이지' 를 통한 자연재생사업의 정보 공개는, 자연재생 추진에 크게 유효하다.

자연재생을 목적으로 한 사업은, '자연을 재생하는 기술' 을 중심으로 한 관심과 수용에서 그치지 않고, 자연을 적절히 재생하기 위해서는 '절차', '합의 형성', '매니지먼트 시스템' 으로서 받아들이는 것이 중요하다. 자연재생추진법 시행 이전에는 자연재생에 관한 의사결정은 일부 전문가와 행정으로 진행되는 케이스가 많았다. 최근 들어 지역주민 등이 폭넓게 계획에 참여하여 진행하는 것이 바람직하다는 것이 일반화되고 있다. 그러기 위해서 매니지먼트의 적절한 실행으로 대량의 관련정보의 공개 · 공유화, 투명한 의사결정 프로세스가 불가결하지만 대량의 정보를 리얼타임으로 제공하고, 리얼타임으로 의견교환을 하여 리얼타임으로 의사결정을 실시하는 것이 용이한 것은 아니다. 이와 같은 문제 해결의 한 가지 방법으로, 인터넷 '홈페이지' 활용을 제안할 수 있다.

자연재생사업 선진사례의 하나인 '쿠시로(釧路)습원재연재생사업' 에서는, 홈페이지 특성을 최대한으로 살려 큰 성과를 나타내고 있다. 아래에 홈페이지의 주요한 콘텐츠를 소개한다.

- 사업실시에 이르기까지의 경위, 사업의 목적, 계획, 예정 등
- 다양한 관련회의 의사록, 자연재생협회의 비디오영상의 송신(시작부터 종료까지)
- 신착정보(토픽, 뉴스, 행사정보 등)
- 쿠시로(釧路)습원에 관련된 문헌 · 연구논문 등의 일람(一覽), 검색 · 열람시스템
- GIS을 활용한 여러 가지 다년대의 지도(지리)정보: 지형, 토양이용, 식생, 동물 · 식물, 법규제, 항공사진, 위성이미지 등(열람소프트가 있어, 컴퓨터로 쉽게 화상을 볼 수 있다)
- 사업관계자나 회의 멤버 소개
- 관계자나 일반주민이 참여한 의견교환의 게시판 시스템

http://www.kushiro.saisei.gr.jp/saisei/top.html

홈페이지에서는 상기와 같이 다량의 정보를 공개하고 있어, 일반주민이나 관계자는 사업의 전반과 진척상황을 대부분 실시간으로 파악할 수 있어, '자연재생 추진협의회' 에 관해서도 의견을 말할 수 있다. 이와 같이 홈페이지는 커다란 도서관, 회의실, 사업의 매니지먼트로 유효하고, 비용절감 효과도 크다. 한편, 정보지로서 시민들에게 자연재생 뉴스지도 수시로 발행하고 있지만, 정보량에는 한계가 있다. 그렇다고 인터넷에만 너무 의지하면, 그 수단을 가지고 있지 않은 시민이 혜택을 얻지 못한다는 것이 문제이다.

– 헨미 이치로(逸見 一郎)

Chapter 05

자연재생 관련제도와 사업

일본의 자연재생 관련법은 2002년 12월 4일, 자연재생추진법이 의원입법에 의해 성립되어 2003년 1월 1일부터 실행되었다. 같은 해 4월 1일, 동법을 기초로 자연재생기본방침이 각료회의에서 결정되어 이를 토대로 자연재생추진법의 본격적인 운용이 처음으로 시작되었다.

자연재생 관련의 시도로 2001년 7월 '21세기 "환(環)의 국(國)" 만들기 협의' 보고에서 '자연재생형 공공사업'이 제창되었고, 2001년 3월 '신 · 생물다양성국가전략'에 자연재생사업의 이념이나 추진방법이 제시된 이후, 각 성(省)이나 지방자치단체에 의해 추진되어 왔다. 또한, 이전부터 NGO(Non Government Organization)나 NPO(Non Profit Organization) 등 시민 단체가 중심이 된 지역의 자연 되돌리기 활동이 각지에서 추진되어 왔다. 자연을 위한 시도가 다양한 레벨로 활성화되는 과정 중에 자연재생추진법은 국가의 기관이나 지방자치단체, 민간단체도 지역의 다양한 주체의 하나라는 시점에서 지역고유의 자연환경을 되돌리는 자연재생사업의 틀이나 절차를 나타낸 것이다.

자연재생사업을 진행함에 있어, 자연재생추진법에 기초를 둔 실시여부는 실로 임의적인 것이다. 자연재생추진법을 적용해 자연재생사업을 실시하는 것에 이득이 없는 경우, 실행자는 동법을 적용하지 않고 자연재생을 실시하려 할지도 모른다. 그러나 동법이 요구하고 있는 자연재생의 이념이나 그 진행방법은, 동법을 적용하느냐 안하느냐에 상관없이 자연재생 사업추진에 있어 중요한 식견으로서 활용이 가능이다.

생태 공학적 접근에서 자연재생의 진행방법에 관하여, 이 책에서는 많은 페이지를 할애하여 설명하고 있지만, 여기서는 주로 자연재생추진법이라는 법률을 근거로 하여 동법에 기초를 둔 자연재생사업의 진행방법에 대해 소개하려 한다.

5.1 자연재생법 성립까지의 경위

1) 일본정부에 의한 움직임

위원입법에 의한 자연재생추진법 제정에는, 일본정부에 의한 자연재생사업추진 움직임이 그 배경에 있다.

2001년 5월, 고이즈미총리(小泉總理)는 소신연설에서 '21세기를 살아갈 자손에게 풍부한 자연환경을 확실하게 이어주어 자연과 공생이 가능한 사회를 실현하고 싶다' 라고 표명하였다. 총리가 국회에서의 소신표명연설에 자연과 공생이라는 말이 등장한 것은 이것이 처음이었다.

뒤를 이어 7월, 총리가 주최한 '21세기 "환(環)의국(國)"만들기 협의' 에 있어 '순응적 관리의 기법을 도입해 적극적으로 자연을 재생하는 공공사업, 즉 "자연재생형 공공사업의 추진"이 필요' 하다고 제언하였다. 또, 같은 해 12월에는 통합규제개혁회의 '규제개혁추진에 관한 제1차 답신' 에서도 '자연의 재생, 회복을 위한 유력한 기법의 하나로 지역주민, NPO 등 다양한 주체의 계획참여에 의한 자연재생사업이 있고, 주관관계기관 간의 연대 · 역할분담의 조정이나 주관관계기관에 의한 공동사업실시 등, 주관기관의 틀을 넘어 자연재생을 효과적 · 효율적으로 추진하기 위한 조건정비가 필요' 하다고 보고되었으며 2002년 3월에는 같은 취지의 내용, '규제개혁추진 3개년 계획(개정)' 이 각의에서 결정되었다.

또, 국가의 자연환경 보존과 재생을 위한 총체적 계획(Total plan)으로서 2002년 3월에 지구환경보전에 관한 관계각료회의에서 결정된 '신 · 생물다양성 국가전략' 에도 앞으로 전개해야 할 시책의 커다란 3가지 방향의 하나로서 '자연재생' 이 '보전의 강화', '지속가능한 이용' 과 함께 자리 잡고 있다. 이 시책에서는, 그 구체적인 방안으로 '과거에 손실된 자연을 적극적으로 되돌리기 위한 생태계의 건전성을 회복하는 것을 직접적인 목적으로 한다' 라는 자연재생사업을 규정하고 쿠시로(釧路)습원에서 직선화된 하천을 다시 사행화(蛇行化) 하는 등에 의해 건조화가 진행된 습원의 재생을 목표로 하는 사업이 예시되고 있다.

2) 일본국회에 의한 움직임

이상과 같이 일본정부의 움직임에 입각해 자민당 · 공명당 · 보수당의 여당 3당에 설치된 '환경시책에 관한 프로젝트팀' 에 의하여 2001년 10월, 공명당에서 자연재생을 추진하기 위한 법안 검토가 이루어졌다. 그 후, 각 당내와 여당 프로젝트팀에서 관련 논의가 진행되어 각 주관관계기관이나 NGO로부터의 청취를 근거로 합의를 위한 십 여회의 협의를 거쳐, 2002년 5월말에 여당의 안으로 정하였다. 이 과정에서 자연재생 기본방침안은, 환경성대신이 주체가 되어 작성하고 농림수산성대신, 국토교통대신과 협의하는 등 환경성대신의 권한 강화와 주관관계기관의 연대확보를 위한 주관관계기관이 되는 '자연재생추진회의' 의 설치가 포함되었다.

2002년 6월부터 7월에는, 독자적으로 검토를 진행하였던 민주당이 여당 3당과 법안수정을 위해 협의하여 법안의 목적 · 정의 · 기본이념에 '생물다양성의 확보' 의 사고방식이 명시된 것 외에도 중앙에 '자연재생전문가회의' 가 설치되도록 한 점 등, 몇 가지의 수정안이 합의되었다. 이들을 받아들여 자연재생추진법안은, 여당 3당 및 민주당 관계의원에 의해 7월 24일 국회에 제출되었다.

2002년 10월 18일부터 시작된 임시국회에서는 중의원 환경위원회에서 자유당의 요청에 의해 주무대신이 자연재생사업의 실행자에게 자연재생전문가회의의 의견을 듣는 것을 의무화하여 11월 19일에 중의원 본회의를 통과했다. 참의원에서는, 환경위원회에서 산업폐기물처분장의 건설로 파괴된 사이타마현(埼玉縣) 상수리나무산 지구에서 잡목림 재생의 시도 등을 시찰하는 등, 소요량의 심의 · 시찰이 이루어져 12월 3일에 다수의 찬성으로 채택되었다.

그러는 동안 자연재생협의회의 조직 · 운영의 적정화나 NPO 등의 참가 공평성의 확보 등을 요구하는 부대결의가 전체회의의 일치로 이루어지고 있었다. 자연재생추진법안은 익일 4일, 참의원 본회의에서 자민당, 공명당, 보수당의 여당 3당과 민주당, 자유당의 다수찬성으로 성립되었다.

5.2 신 · 생물다양성 국가전략에 의한 '자연재생사업'

1) 생물다양성 국가전략에 의한 자연재생사업이란

국가에서는 1995년 10월 생물다양성조약을 기초로 하여, 국가의 생물다양성 보전과 지속 가능한 이용에 관한 국가적인 전략으로 '생물다양성 국가전략' 을 책정했다. 이 국

세 가지 목표

① 종 · 생태계의 보전
지역의 고유한 동식물이나 생태계 등의 생물다양성을 지역의 공간특성에 대응하여 적절한 보전

② 멸종의 방지와 회복
더 이상의 종의 멸종을 방지함과 동시에 현재 멸종위기에 처해있는 종의 회복을 도모

③ 지속가능한 이용
생물다양성의 감소를 초래하지 않도록 지속가능한 이용을 추진

시책의 커다란 방향

① 보전의 강화
보호지역제도의 강화, 지정면적의 확충
과학적 데이터를 근거로 한 보호 및 관리의 충실, 멸종방지대책, 이입종 대책 등

② 자연의 재생
지금까지의 자연자원의 수탈, 자연파괴에서 전환하여, 인간이 자연의 재생프로세스에 도움이 되어, 자연재생 · 복원을 진행함

③ 지속가능한 이용
고향마을 등 인간의 관리에 의해 지속되어 온 자연을 지키기 위하여 그 관리를 지원.
환경영향평가제도 등을 활용

그림 5-1 **신 · 생물다양성 국가전략-세 가지의 목표와 시책방안**

가의 기존 전략을 전면적으로 개정하여 2002년 3월에 책정된 것이 '신 · 생물다양성 국가전략' (이하, '신 국가전략' 이라 한다)이다 (그림 5-1).

이 신 국가전략은 '자연과 공생하는 사회를 실현하기 위해 자연환경의 보전과 재생에 관한 정부전체의 토탈플랜' 으로 자리 잡게 되었고 신 국가전략은 국가의 생물다양성 현상을 세 가지의 위기로 인식하여, 이에 대응하기 위하여 앞으로 중점화되어야 할 시책의 큰 틀로서 '보전 강화', '자연재생', '유지 가능한 이용' 의 세 가지 방향을 제시했다.

신 국가전략에서는, 자연재생사업은 '인위적 개변에 의해 손실된 환경과 같은 종의 것을 주변부에서 창출하는 대체(代替 or 代償)조치가 아닌, 과거에 잃어버린 자연을 적극적으로 되돌리는 것을 통하여 생태계의 건전성 회복을 직접적인 목표로서 실행하는 사업' 이라 규정하고 있다. 또 습원 내의 직선화된 하천을 다시 사행화(蛇行化) 하는 것 등에 의한 습원재생, 산업폐기물처리시설 집결에 의해 손실된 잡목림의 재생, 매립지에 철새가 찾아오는 간석지로의 재생, 대도시 내에서 대규모의 삼림 창출 등을 자연재생의 예로서 소개하고 있다.

이 신 국가전략이 기초가 되어 정부 내에서 조정이 실시되었던 2001년 연말부터 2002년 3월에 걸쳐 이미 '21세기 "환(環)의 국(國)" 만들기 협의' 나 통합규제개혁회의의 제1차답신이 공개되었고, 또 여당 내에서 자연재생을 위한 법안작성의 움직임도 있었기에 신 국가전략 내용은 여당에서 작업 중의 법안 내용을 의식한 동시에 법안심의에서 신 국가전략이 자주 인용된 것을 미루어보아 반대로 법안에도 영향을 주었다고 말할 수 있다.

2) 신 국가전략이 규정하는 자연재생사업의 추진방법

신 국가전략에는, 자연재생사업의 추진방법으로 '과학적 데이터를 기초로 한 신중한 실시' 와 '다양한 주체의 계획참여와 연대' 가 규정되어 있다. 이 두 가지 안은, 자연재생 추진법이나 동법을 기본으로 한 자연재생기본방침에 있어서도 특히 강조되는 점이다.

'과학적 데이터를 기초로 한 신중한 실시' 로는, '끝없이 변화하는 복잡한 생태계를 대상으로 한 사업이므로 생태계에 관한 사전의 조사를 충분히 실시하고, 사업 착수 후에도 자연환경의 복원상황을 항상 모니터링하여 그 결과에 과학적인 평가를 보태어 이를 사업에 피드백시키는 유연한 대응이 중요' 하다는 것을 명시하였고, '철이나 콘크리트가 아닌, 간벌재나 섶나무가지 등의 지역 자연자원 또는 전통적인 기법의 활용, 대형기계로 인력을 충분히 활용한 노동집약적인 작업 등, 아주 섬세하고 신중한 기법' 을 채용하는 것이 규정되어 있다.

또 '다양한 주체의 계획참여와 연대' 에서는, '각 주관관계기관의 연대에 의한 자연재생을 효과적 · 효율적으로 추진하는 것' 과 '지역 고유의 생태계의 재생을 목표로 하는 것에서부터, 그 실시에 있어서 조사계획단계에서 사업실시, 완료 후 유지관리에 이르기까지, 국가뿐만이 아니라 지방자치단체, 전문가, 지역주민, NPO(Non Profit Organization), 볼런티어 등 다양한 주체의 계획참여' 가 중요하다는 점을 명시하였으며, 목표설정에 있어서는 '생태계의 현황, 과거의 자연 상황, 지역 산업동향의 과학적이고 사회적인 정보를 지역주민, NPO 등을 포함한 지역의 관계자가 공유한 후에 사회적인 합의를 도모한다' 는 것을 요구하였다.

이를 근거로 하여, 조사, 계획에서 사업실시, 모니터링까지 포함한 일체적인 수순을 '자연재생사업 · 쿠시로(釧路)방식' 으로 명시하고 국내외로 그 정보를 나누는 것으로 하였다.

5.3 자연재생추진법의 내용

자연재생추진법에는, '신 · 생물다양성 국가전략' 에서 자연재생사업의 사고방식의 많은 부분이 도입되어 제도화되었다. 자연재생추진법의 개요는 다음과 같다.

1) 법률의 목적

자연재생추진법의 목적은, '자연재생에 관하여 기본이념을 정하고 실시자 등의 채무를 명확히 하는 것과 함께 자연재생기본방침의 책정 그 밖의 자연재생을 추진하기 위한 중요한 사항을 정하는 것으로, 자연재생에 관한 시책을 통합적으로 추진하고, 더욱이 생물의 다양성 확보를 통해 자연과 공생하는 사회의 실현을 도모하며, 지구환경 보전에 기여한다' 는 것으로 되어 있다. 간단히 말하자면, 자연재생사업의 이념과 추진방법의 틀을 정하자는 것이다.

2) 정의

이 법률에 있어 '자연재생' 이란, '과거에 손실된 생태계 그 밖의 자연환경을 되돌리는 것을 목적으로, 외국에 파견된 정부기관 등의 관계행정기관, 도도부현(都道府縣)이나 시정촌(市町村) 등의 관계지방자치단체, 지역주민, NPO, 전문가 등, 그 지역의 다양한 주체가 계획에 참여하여, 자연환경의 보전, 재생, 창출과 유지관리를 실행하는 것' 이라고 정의되어있고, 그 자연재생을 목적으로 실시된 사업이 '자연재생사업' 이라고 명시되어 있다.

3) 기본이념

자연재생사업에 또한 사고방식은 신 · 생물다양성 국가전략에 기술되어져 있고, 자연재생추진법은, 법률로는 처음으로 자연재생의 기본방침의 기본이념을 명확하게 했다. 구체적으로 볼 때,

① 생물다양성의 확보를 통해 자연과 공생하는 사회의 실현 등을 취지로 할 것
② 다양한 지역 주체와의 연대 · 투명성의 확보 · 자주적이고 동시에 적극적인 시도에 의할 것
③ 지역의 자연환경 특성, 자연의 복원력, 생태계의 미묘한 균형에 근거한 과학적인 식견을 기본으로 할 것
④ 자연재생사업 착수 후에도 자연재생 상황을 감시(모니터링)하고 그 결과에 과학적 평가를 더하여, 이를 사업에 반영하는 방법(순응적 관리)에 의해 실행되도록 할 것
⑤ 자연환경학습의 장소로서 활용 가능하도록 배려할 것

이 규정되어 있다.

'지역의 자연환경을 어떻게 할 것인가' 라는 관점에서 자연재생사업은 국가가 주체적이고 일방적으로 관여하는 Top Down 형식으로 실행하는 것이 아니라, 지역주민이나 NPO 등 지역의 의견에 따라 진행해 가는 Bottom Up 형식의 사업이여야 한다는 것을 특히 ②의 항목에서 명확하게 하고 있다. '21세기 "환(環)의 국(國)"만들기 협의' 의 보고가 자연재생형 공공사업의 추진을 지적한 점이 자연재생추진법에서는 공공사업에 국한되지 않고, 지역에서 Bottom Up으로 다양한 주체가 추진하는 자연재생의 시도를 대상으로 한 것이 큰 특징이다.

4) 자연재생의 기본방침

일본정부는 자연재생에 관한 시책을 통합적으로 추진하기 위한 기본방침 '자연재생 기본방침' 을 책정하였다. 환경부대신은 자연재생 기본방침안을 작성하여, 농림수산부대신 및 국토교통부대신과의 협의를 통해 각료회의 결정을 따르는 것으로 되어 있다.

이 자연재생기본방침에는,

① 자연재생에 관한 기본적 사항
② 자연재생 협의에 관한 기본적 사항
③ 자연재생 전체구상 및 실시계획에 관한 기본적 사항
④ 자연환경학습 추진에 관한 기본적 사항

등이 명시되어 있으며, 법 규정에 의해 이 기본방침은 주기적으로 5년 후에 수정되는 것으로 되어 있다.

5) 자연재생협의회

자연재생사업을 실시하려는 사람(실시자)은 지역주민, NPO, 전문가, 토지소유자 등이고 자연재생사업이나 이에 관련되어 실행되는 자연환경학습 등의 활동에 참가하려는 사람 등이 함께 관계지방자치단체, 국가의 관계행정기관에서 '자연재생협의회' 를 조직한 것으로 되어 있다. 실시당사자에게는 당연한 것이지만, 적어도 관계지방자치단체와 국가 관계행정기관의 자연재생협의회의에 참가는 필수이고, 지역에서 자연재생을 추진하려는 NPO 등에 있어 항상 협력적인 위치가 아닌 행정기관을 협의회 자리에 끌어내는 방편으로서 자연재생추진법을 적용하는 것은 메리트가 있다. 또한, 자연재생사업이 실행되는 지역 이외에 본거지를 두는 단체라도, 그 지역에서의 자연재생의 활동에 참가하려는 의사가 있으면 협의회의 참가는 막을 수 없다.

이 협의회에서는,

① 자연재생의 전체 구상을 작성
② 자연재생사업 실시계획안의 협의
③ 자연재생사업의 실시에 관계하는 연락 및 조정을 수행하는 것으로 되어 있다.

6) 자연재생의 전체구상

자연재생협의회에서 정한 '자연재생의 전체구상' 은 자연재생기본방침에 의거하여 자연재생의 대상구역, 자연재생의 목표, 협의회 참여자와 그 역할분담, 그 외 자연재생 추진에 필요한 사항을 정하도록 되어 있다. 그 전체구상은 각각의 실시자가 자연재생사업에 있어서 제각기 실시되지 않도록 전체적인 방향성을 가지고 이들을 총괄하고 관계자의 합의형성에 의해 재생하는 자연환경을 목표로 정하는 것이다.

7) 자연재생사업 실시계획

각각의 지역에서 자연재생사업을 실행하는 경우, 실시자는 자연재생기본방침에 기준하여 '자연재생사업 실시계획' 을 책정해야 한다(그림 5-2). 이 실시계획에는, 실시자의 명칭과 소속한 협의회의 명칭, 사업대상구역과 사업내용, 주변지역과의 관계 및 자연환경보전상의 의의 · 효과, 그 외 자연재생사업의 실시에 필요한 사항을 정해야만 한다.

이 실시계획은 자연재생전체구상 안에서 위치 부여 및 다른 실시자가 실행하는 사업과의 관계를 감안하여 작성해야 하고, 이 관점에서 전체구상과의 일치하고 있는가를 확인 할 것과 자연재생협의회에서 충분한 협의를 통해 작성 해야 할 것이 규정되어 있다.

실시자가 실시계획을 책정할 경우는 실시계획의 사본을 전체계획의 사본과 함께 주무부서장(환경성의 장, 국토교통성의 장 등) 및 관계도도부현(都道府縣)지사에게 송부도록 되어 있고, 주무부서장 및 관계도도부현지사는 실시계획에 관하여 필요한 조언을 할 수 있다. 또한 조언을 할 때, 주무부서장은 자연재생전문가협의의 의견을 청취해야만 한다.

8) 자연재생추진협회의와 자연재생전문가회의

일본정부는 환경성, 농림수산성, 국토교통성 등 관계행정기관에서 구성한 '자연재생추진회의' 를 조직하게 되어 있다. 자연재생의 통합적, 효과적 동시에 효율적인 추진을

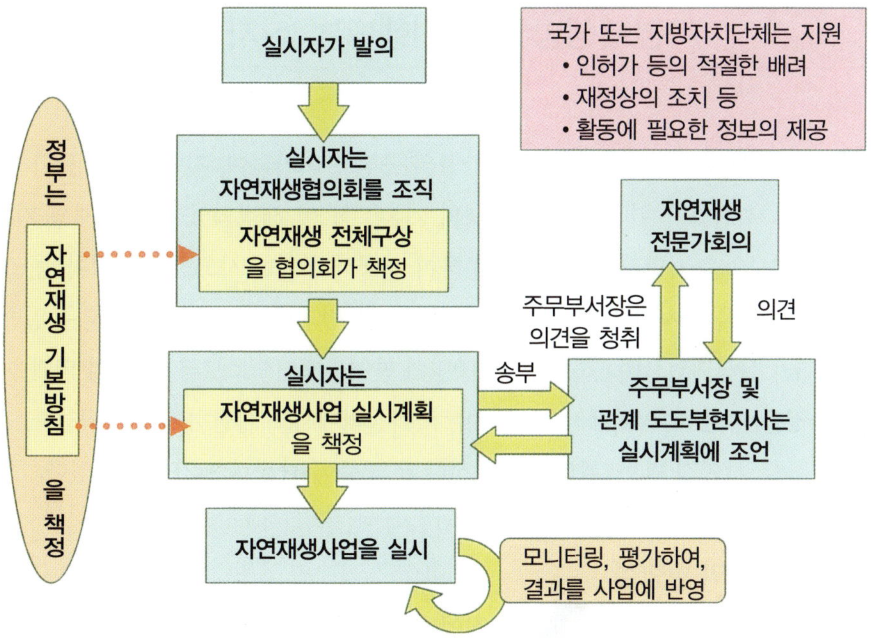

그림 5-2 **자연재생추진법을 근거로 한 자연재생사업 실시의 흐름**

모색하기 위해 실무적인 연락조정의 장소로서 동 추진회를 설치함으로써 관계각부서간의 연대 강화를 도모하자는 것이다.

제1회 자연재생추진회의는 2003년 10월16일에 개최되었다. 구성은 환경성 자연환경국장을 의장으로 하고, 농림수산성의 관방기술총괄심의관, 농촌진흥국장, 임야청 차장 및 수산청 차장 그리고 국토교통부의 통합정책국장, 도시 · 지역정비국장, 하천국장 및 항만국장 등의 주요업무 담당의 세부서 관계국장급 외, 환경교육추진의 관점에서 문교과학성 생애학습정책국장이 계획에 참여하고 있다.

또, 환경성, 농림수산성, 국토교통성, 자연환경에 관한 전문적인 지식인으로 구성된 '자연재생전문가회의' 를 조직하여, 자연재생추진회의에 있어서 자연재생의 추진을 모색하기 위해 연락정비를 하고자 할 때는 동 전문가회의의 의견을 청취하도록 되어 있다. 제1회 전문가회의는 추진회의와 같은 날에 개최되었다. 동 전문가회의에는 자연재생사업의 실시자로부터 제출된 자연재생사업 실시계획에 대해 주무부서장이 필요한 조언을 할 때도 사전에 전문가회의의 의견을 청취하도록 되어 있고, 주무부서장이 실행하고자 하는 의견을 체크하는 역할도 담당하고 있다.

5.4 자연재생방법의 진행방법 ~자연재생 기본방침~

2003년 4월 1일 자연재생추진법 제7조의 규정에 의거하여, 자연재생에 관한 시책을 통합적으로 추진하기 위하여 '자연재생의 기본방침'이 책정되었다. 자연재생 기본방침은 자연재생사업을 자연재생추진법에 준하여 진행하기 위한 사고방식과 절차 등 그 구체적인 진행방법을 제시한 것이다. 그 자연재생 기본방침안에 관해서는 폭넓은 일반인의 의견청취가 실시되었으며 그 결과 약 100명의 단체 · 개인으로부터 330건의 의견을 얻어 많은 수정을 거쳐 각 의회에서 결정되어, 국회심의에서도 활발하게 논의되었다. 과학적인 평가 실시, 투명성 확보, 협의회의 공정한 운영 등에 관해서도 기술되어 있다.

1) 자연재생의 방향성

기본방침에서는 '1. 자연재생 추진에 관한 기본적 방향' 중, 자연재생의 이념 및 목적을 명확하게 하기 위해 '자연재생의 기본방침'을 제시하고 있다. 이 중에서 자연재생의 3가지 시점을 들어, 자연재생 추진에 관한 기본적인 6가지사항을 제시하고 있다.

(1) 자연재생 시점

① 과거의 사회적 경제적 활동 등에 의해 손실된 생태계, 그 외의 자연환경을 되돌리는 것을 목적으로 하고, 건전하고 풍부한 자연을 후세에까지 이어질 수 있도록 하는 것과 지역 고유의 생물다양성 확보를 통하여 자연과 공생하는 사회 실현을 도모하고 나아가서는 지구환경 보전에도 기여하는 것을 취지로 할 것.

② 지역 고유의 생태계 그 외의 자연환경 재생을 지향하는 관점에서 지역의 자주성을 존중하고 투명성을 확보해 나가며, 지역의 다양한 주체의 참여 · 연대에 의하여 진행할 것.

③ 복잡하고 끝없이 변화하는 생태계 및 그 외의 자연환경을 대상으로 하는 것을 충분히 인식하여, 과학적 식견을 토대로 장기적인 시점에서 순응적으로 모색할 것.

(2) 자연재생 추진에 관한 기본적 방향

A. 자연재생사업의 대상

자연재생사업의 대상을 볼 때, 이 사업이 개발행위 등에 의해 훼손된 환경과 같은 종류의 것을 그와 유사하게 창출하는 것을 목적으로 하는 대체조치(Mitigation)는 자연재생사업에 해당하지 않는다는 것을 명확히 하고 있다. 자연재생사업은, 과거에 손실된 자연환경을 되돌리기 위한 것이어야만 한다.

또한, 자연재생사업에 해당되는 행위로서 법률 제2조제1항에 규정되어 있는 보전, 재생, 창출, 유지관리에 관하여, 양호하게 자연환경이 현존하고 있는 장소에 있어서 그 상태를 적극적으로 유지하는 행위로서의 '보전', 자연환경이 손실된 지역에 있어서 손실된 자연환경을 되돌리는 행위로서의 '재생', 대도시 등 자연환경이 거의 훼손된 지역에 있어서 대규모의 녹지 공간의 조성 등에 의해 그 지역의 자연생태계를 되돌리는 행위로서의 '창출', 재생된 자연환경의 상황을 모니터링하고 그 상태를 장기간에 걸쳐서 유지하기 위해 필요한 관리를 실행하는 행위로서의 '유지관리'를 제시하고 있다.

B. 지역의 다양한 주체의 참여와 연대

자연재생사업에는 지역의 자주성 · 주체성이 중요하다. 지역고유의 생태계 및 그 외의 자연환경 재생을 목적으로 하기 때문에, 자연재생사업 구상정책과 조사 설계 등, 초기단계에서 사업실시, 실시 후의 유지관리에 이르기까지 관계행정기관, 관계지방자치단체, 지역주민, NPO(Non Profit Organization) 등 민간단체, 전문가 등 지역의 다양한 주체가 참여 · 연대하여, 상호 정보공유를 하는 것과 함께, 투명성을 확보해 가며 자주적이며 적극적인 모색의 중요성을 지적하고 있다.

C. 과학적 식견을 기초로 한 실시

더 큰 하나의 관점은, 과학적인 식견을 토대로 실시하는 것이고, 과학적 식견을 충분히 집대성 하여 그를 기초로, 자연재생 필요성의 검증을 실행하는 것과 동시에 자연재생 목표 및 목표달성에 필요한 방법을 정하는 것이다. 또, 이때의 전제로서 공사 등으로 실행되는 것이 아닌 자연 복원력에 맡기는 방법도 고려하여, 재생된 자연환경이 자율적으로 존속 가능하도록 하는 방법도 포함해, 자연재생 실행방법을 충분히 검토할 필요가 있다고 지적하고 있다.

D. 순응적인 진행방법

자연재생사업의 특징의 하나는, 순응적 진행과정의 중요성이다. 자연재생사업은, 복잡하고 끝없이 변화하는 생태계 및 그 외의 자연환경을 대상으로 한 사업이기 때문에 지역의 자연환경에 상세한 전문가의 협력을 얻어 자연환경에 관한 사전의 충분한 조사를 하고, 사업 착수 후에도 자연환경 재생상황을 모니터링하여 그 결과를 과학적으로 평가해서 자연재생사업에 반영하는 순응적인 방법으로 실시하는 것이 필요하다.

E. 자연환경학습의 추진

자연재생은, 자연환경학습의 기회를 부여하는 유효성이 있다. 지역에 있어서 자연환경 특성을 포함해 과학적 식견을 토대로 실시된 자연재생은, 자연환경학습 대상으로서 적절하고, 자연재생사업을 실시하고 있는 지역 사람들이 그 지역의 자연환경 특성, 자연재생의 기술 및 자연 회복과정 등 자연환경에 관한 지식을 배우는 장소로서 충분히 활용되도록 배려하는 필요성이 명시된다.

F. 그 외, 자연재생 실시에 있어서 중요한 사항

상기의 A~E 5가지의 사항 이외에 자연재생 실시에 있어서 중요하다고 사료되는 사항을 제시하고 있다. 구체적으로, 전국적인 사례 등 정보제공의 필요성, 보급 계발활동의 적극적인 추진, 필요한 재정상의 조치를 강구하고 지역 환경과 조화를 이룬 농림수산업의 추진, 지구온난화 대책의 배려 등을 제시하고 있다.

2) 자연재생협의회의 조직과 운영

기본방침 '2. 자연재생협의회에 관한 기본적 사항'에서는, 자연재생협의회 조직 및 운영에 관한 사항이 제시되어 있다.

(1) 자연재생협의회의 조직

우선, 제1, 자연재생협의회를 조직할 때 실시자는 실시하고자 하는 자연재생사업의 목적과 내용 등을 명시해 협의회를 조직하는 취지를 널리 공표하고, 폭 넓고 공평한 계획에의 참여 기회를 확보하는 것이 요구되고 있다. 이때 거주지와 단체의 본거지를 이유로 하여 계획에의 참여 기회를 제한하는 것은 적절하지 못하며, 자연재생에 동참하여, 실제로 적극적으로 활동이 가능한 주체라면 누구라도 계획에의 참여를 인정할 필요가 있다.

제2, 실시자는 자연재생협의회에 지역의 다양한 주체의 참여가 이루어지도록 하는 노력이 필요하지만, 특히 과학적인 식견을 토대로 하는 협의가 이루어져야 하므로, 지역 자연환경에 관한 전문가적인 지식인의 참여 확보가 요구되고 있다. 또한, 토지 소유자 등의 관계자에 관해서도 자연재생 취지를 이해하여 자연재생에 참여자로서 협의회에의 참여를 유도하는 것이 중요시 되고 있다.

제3, 관계행정기관 및 관계지방공공단체는 협의회의 조직에 관련되어 필요한 협력을 실행하는 것과 동시에 그 구성원으로서 협의회에 참여하여 자연재생을 추진하기 위한 조치를 강구하도록 노력하는 것이다.

(2) 자연재생협의회의 운영

자연재생협의회의 운영에 있어서, 다음의 5가지 사안에 유의할 필요가 있다.

제1, 협의회의 운영은, 자연재생사업의 대상이 되는 구역에 있어서 자연재생에 관한 합의형성을 기본으로 하여, 협의회의 통합된 의견에 의해 공정하면서 적절한 운영을 도모하는 것이다.

제2, 협의회에 있어서 전문가의 협력을 얻어 객관적이면서도 과학적 데이터를 토대로 한 협의가 이루어지도록 지역의 실정에 맞는 체제를 정비하는 것이다.

제3, 투명성의 확보와 외부로부터의 의견청취에 관한 것이다. 협의회는 희소종의 보호차원, 또는 개인정보 보호차원에서의 문제가 있는 경우 등을 제외하고 공개를 원칙으로 하며, 협의회 운영에 관계된 투명성을 확보하며 필요에 따라 외부로부터 의견청취도 실행한다. 외부로부터의 의견청취란, 자연재생사업에 반대하는 입장의 사람으로부터 의견을 청취하는 것이다. 자연재생사업에 처음부터 반대하는 사람은 자연재생협의회에 참여할 수 없기 때문에 필요에 따라서, 의견을 듣는 기회를 갖는 것이 중요하다고 지적한 것이다.

제4, 순응적인 진행방법을 담보로 하기 위한 사항이다. 협의회는 자연재생사업 실시에 관련된 연락조정을 계속적으로 실시하기 위한 방법과 해당 자연재생사업의 모니터링 결과의 평가 및 평가결과를 사업에 적절하게 반영하기 위한 방법에 관하여 협의하는 것이다. 자연재생사업은 사업 착수 후에도 모니터링을 실시하고, 그 결과를 평가해, 필요에 따라 사업내용을 수정할 수 있는 유연성과 순응적인 진행방법이 중요하고, 미리 그 실시방법에 대해 정해두는 것이 요구된다.

제5, 협의회 사무국에 관한 사항이다. 협의회 운영 등의 사무 담당자는 협의회의 합의 아래 협의회에 참여자로부터 선임되며 협의회에 참여자는 적극적으로 운영에 협력해야 한다.

3) 자연재생 전체구상 및 자연재생사업 실시계획의 수립

자연재생협의회에서는 자연재생 전체구상을 책정하여 그것을 근거로 각 실시자가 협의회에서 충분한 협의 결과에 입각하여 자연재생사업 실시계획을 책정하는 것이다.

자연재생 전체구상은, 자연재생 기본방침에 의거하여 자연재생 대상이 되는 구역, 자연재생 목표, 협의회 참여자의 명칭 또는 성명 및 그 역할분담, 그 외 자연의 재생 추진에 필요한 사항을 정하는 것이고, 지역 자연재생의 전체적인 방향성을 제시하는 것이다.

자연재생사업 실시계획은, 자연재생 기본방침을 토대로 각각의 자연재생사업의 대상이 되는 구역 및 그 내용, 해당구역 주변지역의 자연환경과의 관계 또는 자연환경의 보전상의 의의 및 효과, 그 외 자연재생사업 실시에 관하여 필요한 사항을 정하는 것으로서, 전체구상 아래, 각각의 자연재생사업 내용을 명확하게 하는 것이다.

전체구상 및 실시계획의 수립에 있어서는 다음의 사항에 유의할 필요가 있다.

(1) 과학적인 조사 및 그 평가 방법

자연재생 전체구상과 자연재생사업 실시계획 책정을 할 때에도, 과학적 식견을 토대로 실행할 필요가 있다. 그러기 위해 자연재생협의회는, 필요에 따라 분과, 소위원회 등을 설치하여, 지역의 자연환경에 관한 전문적 지식인의 협력을 얻어가며, 사전 조사와 그 결과 평가를 과학적 식견을 토대로 실행되어야 한다. 이때, 실행 가능하고 보다 나은 기술과 방법이 도입되었는가의 여부를 검토하여, 전체구상 및 실시계획의 타당성을 검증하고, 이것들의 검증 결과를 명확하게 할 수 있도록 정리할 필요가 있다.

(2) 전체구상 내용

전체구상은 지역의 자연재생 대상이 되는 구역과 그 구역에 있어서 자연재생의 전체적인 방향성을 정하는 것으로, 대상지역에서 복수의 실시계획이 진행되는 경우는 각각 실시계획의 내용을 묶을 필요가 있다.

전체구상에서는, 자연재생의 대상이 되는 구역과 그에 해당하는 구역에서의 자연재생의 목표를, 지역에 있어 객관적일 것이며 그에 추가적으로 과학적인 데이터를 기초로 하는 것으로 구체적으로 설정하는 것과 함께, 그 목표달성을 위해 필요한 자연재생사업의 종류 및 개요, 협의회 참여자에 의한 역할분담을 정한다.

(3) 실시계획 내용

자연재생사업의 대상이 되는 구역과 자연재생사업 내용에 관해서는, 지역의 자연환경에 관한 전문적인 지식인의 협력을 얻어 사전에 지역의 자연환경에 관계되는 객관적이고 과학적인 데이터의 수집과 함께 때에 따라서는 상세하게 현지조사를 실시하고, 그 결과를 근거로 하여 지역에 있어서 자연환경의 특성에 맞는 적당한 내용이 되도록 충분한 검토가 요구된다.

또, 실시계획에는 자연재생사업의 대상이 되는 구역과 그 주변에 있어서 자연환경 및 사회적 상황에 관한 사전조사의 실시 및 자연재생사업의 실시기간 중 또는 실시 후의 자연재생 상황의 모니터링에 관하여, 그 시기, 빈도수 등 구체적인 계획을 기재하고, 그 내용에 관해서는 협의회를 통하여 협의해야 한다.

자연재생사업의 대상이 되는 지역에 서식 · 생육하지 않는 동식물을 도입하는 것에 의해 지역의 생물다양성에 나쁜 영향을 주지 않도록 충분히 배려할 필요가 있다.

또, 하나의 전체구상 아래서 복수의 실시계획이 수립되는 경우에는, 각 실시자는 협의회에 있어 정보교환 등을 통해, 자연재생에 관해 기술되는 정보를 서로 공유하고, 자연재생 효과가 전체적으로 발휘되도록 배려하는 것도 필요하다.

(4) 정보 공개

전체구상 및 실시계획의 수립에 있어서, 그 수립과정에 있는 실시안의 내용에 관한 정보의 공개를 원칙으로 하여 투명성 확보를 도모할 필요가 있다.

(5) 전체구상 및 실시계획의 수정

실시자는 자연재생사업의 모니터링 결과에 관하여, 전문가의 협력을 얻어 과학적으로 평가한 다음, 때에 따라서는 자연재생사업의 중지도 포함하여, 해당 자연재생사업에 모니터링 결과의 반영에 있어서는 유연하게 대처하고, 필요에 응하여 전체구상에 관해서는 협의회가, 실시계획에 관해서는 실시자가 유연하게 수정하고, 그 실시계획의 수정도 협의회에서 충분히 협의한 결과를 근거로 실행할 필요가 있다.

5.5 자연재생 관련법제도와 사업제도

자연재생사업의 실시에 관계하는 관련법령은 많다. 또 각 부청이 자연재생사업을 추진하기 위해 마련한 예산조치도 다양하다.

자연재생추진법을 기초로 한 자연재생사업은, 지역에서 Bottom Up에 의해 진행된 사업이지만 실시자가 행정기관이고, 어떠한 이유로 시공에 관여되는 경우 그 자연재생사업은, 어떠한 형태로의 공공사업의 하나로 실행되는 경우도 있다. 여기서는 주로, 자연재생사업을 실행하기 위해 관련하는 주요법률과 사업제도에 대해서 소개한다.

1) 국립 · 국정공원관계(자연공원법)

신 · 생물다양성국가전략에 있어서, 국립 · 국정공원의 자연재생사업을 우선적으로 실행할 장소와 위치를 정하여, 자연공원법 제2조 제6호에 정의된 공원 보호를 위한 시설에 관한 사업, 즉 공원사업의 일종으로서 동법 시행령이 개정되어, 2003년 4월부터 '자연재생시설사업' 이 추가되었다. 보호를 위한 공원사업으로는, 예전부터 식생복원시설사업, 동물번식시설사업 등이 규정되어 있지만, 보다 적극적인 자세로 자연재생의 추진을 도모하고, 동시에 종래의 사업종류에는 대상으로 포함되지 않았던 해역에서의 자연재생을 진행하는 관점에도, 새로운 공원사업종류로서 추가된 것이다.

공원사업은, 환경성대신의 인가를 얻으면 누구라도 실행이 가능하지만, 사전에 환경성대신에 의해 공원계획의 자연재생시설계획 추가, 계획 범위 등을 정하는 사업결정의 실행이 필요하다. 예를 들어 국립공원에서 환경성 이외의 사람이 사업을 실행하는 경우에는, 환경성대신과 사전에 협의를 한다거나, 인가를 얻는 등 인허가 수속을 해두어야 한다. 그러기 위해서는 충분한 시간적 여유를 가지고 공원관리자와 조정을 해야 되고, 자연재생협의회에 처음부터 공원관리자를 계획의 참여하도록 하는 것이 중요하다 (국립 · 국정공원 내에서의 자연재생사업을 공원사업으로서 수속을 밟지 않고 실행하고자 하는 경우는, 별도, 행위의 허가가 필요하다).

환경성에서는 국립공원에서 보호 또는 이용을 위해 시설 정비를 하기 위한 공공사업 예산으로서 '자연공원 등 사업비' 를 보유하고 있고, 그 중에서 자연재생 관계 예산으로서, 자연재생 추진계획 조사비 자연재생 정비 사업비를 보유하고 있다.

2) 농업농촌관계(토지개량법 등)

농업 · 농촌에 있어서 자연재생사업을 진행할 때 중심이 되는 사업제도로는 농업 · 농촌 정비 사업을 들 수 있다. 이 사업은, 국가, 도도부현(都道府縣), 시정촌(市町村), 토지개량구 등이 실행하는 것으로, 자연재생을 직접적인 목적으로 하는 것은 아니지만, 시정촌이 책정한 '전원환경정비 마스터플랜' 을 토대로 생태계를 배려한 농업용수로와 저수지의 정비가 실행되고 있다. 국가가 아닌 사업체가 실행하는 경우는 보조 사업이다. 더구나 농지의 대부분은 사유지이고, 이 경우 사업실행에 있어서 농가의 부담이 발생하기 때문에 지역과의 합의형성이 특히 중요하다. 또, 황폐한 산간 · 산지의 재생을 위해서도 자연재생사업이 활용되는 것도 상정할 수 있다.

3) 삼림관계(삼림법)

자연재생사업이란, 어떠한 형태의 시공을 동반하는 사업을 이미지로 떠올리기 쉽지만, 자연재생추진법에서 규정하는 자연재생 중에는, 현존하고 있는 양호한 자연환경에 대해 그 상태를 적극적으로 유지하는 행위로서의 '보전' 도 포함되어 있다. 국유림에서는 원시적인 천연림과 야생동식물의 서식 · 생육지 등을 삼림생태계보호지역 등의 보호림으로서 보전하고 있지만, 더 한층 이것들의 보호림을 연결시켜, 네트워크화를 도모하는 '녹지의 회랑(回廊)' 의 설정을 진행하고 있다. 앞으로 이 녹지로 구성된 회랑의 연속성을 개선하기 위해 삼림재생이 필요하게 될 것이다. 공공사업인 삼림정비사업, 치산사업을 자연재생 목적으로 실행하는 것도 가능하다.

또, 민유림 등에서 행해지는 산간삼림 등의 정비 · 보전, 국민 참여의 숲 만들기 등의 활동에 대한, 국가 차원의 지원제도가 준비되어 있다.

4) 도시관계(도시공원법, 도시녹지보전법)

도시에 있어서 자연재생을 진행하기 위한 사업으로서, 공공사업인 도시공원 · 녹지사업 중의 '자연재생 녹지정비사업' 을 들 수 있다. 자연재생추진법이 규정하는 자연재생 중에는, 대도시 등 자연환경이 거의 손실된 지역에 있어서 대규모 녹지 공간조성 등을 통해, 그 지역의 자연생태계를 되돌리는 행위로서 '창출' 이 포함되어 있다. 본 사업은 주로 이 창출에 해당되는 것이고, 매립조성과 공장 등의 대규모적인 토지전환으로 자연창출, 폐기물 매립처분으로 인해 양호한 자연환경이 손실된 장소에서 자연재생을 도모하기 위해, 양호한 녹지의 정비를 실행하는 것이다. 본 사업은, 지방자치단체에 의해 실행되지만, 사업계획의 책정, 용지취득, 정비에 관한 것은 국토교통성의 보조대상이다.

5) 하천관계(하천법)

하천관계에서는, 종래부터 자연형하천만들기 사업이 진행되어 왔지만, 2002년부터 자연재생사업이 하천공공사업의 일부로서 실행되고 있다. 종래의 자연형하천만들기와 자연재생사업의 차이는, 자연재생사업이 하천환경 정비와 보전을 주목적으로서 유역의 시점에서 실행한다는 측면에 비해, 자연형하천만들기 사업은 특정의 지점을 두고 하는 사업이라는 점이 크게 다르다.

이 자연재생사업에서는, 국가, 도도부현 등의 하천관리자에 의해 습지의 재생, 자연하천의 재생(구 하도를 사용한 사행하천의 재생, 하반림의 재생 등), 하구 간석지의 재생 등이 실행되고, 특히 NPO 등과의 연대 강화를 도모하고 있다.

6) 연안지역관계(어항어장정비법, 항만법, 해안법)

연안지역에 있어서 해조류번식지, 간석지 등의 자연재생사업은, 수산진흥의 일환으로서 수산자원의 회복을 도모하는 관점에서 중요한 사업이기도 하다. 수산관계에서는, 수산 기반 정비사업 중에서 수산물의 서식에 적당한 해조류번식지, 간석지의 조성 등이 '풍부한 바다 숲 만들기 사업'을 실행하고 있다.

한편, 항만구역 등에 있어서는, 항만환경정비사업에 의해 해안지역의 간석과 해조류번식지의 재생 · 창출 등이 실행되고 있다. 또, 매립지 등을 이용한 해안부는 대규모의 녹지 조성도 실행되고 있고, 물새의 서식지로서의 기능을 하고 있는 예도 있다.

7) 기타, 유의사항

자연재생사업의 대상지역에, 과거, 국가 보조로 정비한 시설이 현존하고 있어, 해당시설을 철거할 필요가 있을 경우, 보조금 등에 관련예산의 적정화에 관한 법률의 수속이 필요한 경우도 있다. 또한, 국가직할정비시설의 경우에는, 국유재산법상의 수속도 필요할 것이다.

또, 각 법률에 의거하여 지정된 지역 내에서는 일정의 행위규제가 있어서 자연재생사업의 실행시 입목의 벌채, 토석 채취 등의 행위를 동반하는 경우에는 각 법률에 의거하는 허가 등을 얻어야 하는 경우도 있기 때문에 주의할 필요가 있다.

이상 1)부터 7)까지의 항목에서, 국비보조제도 등에 관해서도 일부 언급했지만, 보조금의 개혁, 지방 교부세금의 개혁, 세원이양을 포함해 세원배분의 수정을 세 가지 점을 내용으로 하는 '국가와 지방의 세정 개혁', 즉 '삼위일체 개혁안'에 의해, 크게 제도가 변경되는 경우도 있을 수 있다. 또, 앞으로도 제도의 개정 등도 있을 수 있기 때문에, 사업실행에 있어, 이것들의 사업 도입을 검토할 경우에는 각각 소속관청에 문의할 필요가 있다.

5.6 자연재생추진법의 의의와 과제

1) 자연재생추진법의 의의

자연재생추진법은, 지역에서 Bottom Up에 의해 자연재생사업의 진행방법을 명확하게 한 법률이다. 법률의 소관부서인 환경성, 농림수산성 및 국토교통성에서는 지역에서 모색되는 사안에 대처하기 위해 각 지방 블록마다 파견기관에 자연재생사업에 관한 상담창구를 설치하였다. 이 창구는 일상적으로 정보교환을 하고, 연대해서 지역 발전을 위해 지원하기로 하였다.

자연재생추진법에 관해서는, 국회에서 법안심의의 단계부터 환경, 농림수산, 국토교통의 3개성의 본부관서에서의 밀접한 연대를 도모하는 동시에 하위기관인 정부파견기관과의 연대도 진행되고 있다. 자연과 국토를 대상으로 행정을 실행하는 3개성이 다양한 레벨에서 밀접한 연대와 정보교환을 도모하게 된 계기는 자연재생추진법이 가져다준 이차적 효과라고 볼 수 있다. 이것도 자연재생추진법이 의원입법이라는 방법으로 국회주도로 진행된 것, 그리고 제도적으로 국가가 정한 계획을 기초로 하여 자연재생사업을 실행한 것이 아닌, 지역의 발의 · Bottom Up에 대처하는 필요성에서 비롯된 것이다.

2) 자연재생추진법의 과제

이 자연재생추진법은, 새로운 규제와 직접적인 재정조치를 포함하지 않는 온건한 법률이다. 그러나 ① 지역주민과 NPO(Non Profit Organization) 등이 사업의 초기단계부터 계획에 참여하는 등 지역의 자주성을 존중한 구조, ② 지역에 있어서 협의회와 각 관련 관계기관으로부터 자연재생추진회의 등 횡적 연대를 확보하는 구조, ③ 사업 착수 후에 있어서도 자연재생의 상황을 모니터링하고, 그 결과를 사업에 피드백(Feedback)하는 등 오랫동안 모색이 필요한 구조를 마련한 것이 특색이다.

이 법률을 기초로 국가 등의 행정기관이 자연재생사업을 실행하고자 하는 경우에 있어서도, 초기의 조사와 계획입안의 단계부터 지역의 주민과 NPO 등의 계획에 참여가 필요하고 명확한 재생 목표와 역할분담의 자세로 합의형성에 의해 결정해 나가는 것이 바람직하다. 또, 지역의 주민 등의 발의에 의한 자연재생의 모색에 행정기관이 계획에 참여하고, 지역의 발의에 의해서 자연재생사업이 진행되는 것도 기대할 수 있다.

그러나 다수의 주체가 관련되어, 과학적인 조사와 평가를 실행해가며, 합의형성을 하면서, 장기간에 걸쳐 지역의 자연을 재생해 가야 한다는 어려운 과제를 수반하는 법률이다. 그래서 실제의 운용에서는, 다수의 시행착오가 발생하고, 제도적인 측면에서 개선이 요구되는 점도 많을 것으로 사료된다. 이 법률에는 5년 후의 수정규정이 추가되어 있다. 운용실태를 고려해 유연하게 제도를 수정해 가는 것이 필요할 것이다.

– 노리히사 마사시(則久 雅司)

인용문헌

1) 環境省・農林水産省・國土交通省(2003) : 地域の和, 科學の目, 自然の力, 自然再生推進法のあらまし.

2) 谷津義男・田端正廣編著(2004) : 自然再生推進法と自然再生事業, ぎょうせい.

Part_ 2

각 론

1. 습원(濕原)
2. 반자연습지(半自然濕地)
3. 이차림(二次林)
4. 전원(田園)
5. 도시자연(都市自然)
6. 호소(湖沼)
7. 고산초원(高山草原)
8. 자연림(自然林)
9. 반자연초원(半自然草原)
10. 저수지(貯水池)
11. 용수지(湧水池)
12. 대하천(大河川)
13. 중소하천(中小河川)
14. 간석지(干潟地)
15. 해안사구(海岸砂丘)
16. 해조류번식지(藻場)
17. 산호초(珊瑚礁)

Chapter 01

습원(濕原)

1.1 습원생태계의 특징과 현상

1) 생태적 특징

습원생태계의 가장 기본적인 특징은 토양이 습한 상태이고 그에 적응된 특유의 식생분포가 나타난다는 점이다. 따라서 습원의 유지 및 발달 과정에 대한 이해를 도모하려면 수문환경특성과 식생분포의 관계에 대한 정보를 파악하는 것이 중요하다. 가령 지표면의 굴곡이나 습원의 전체적인 지형변화(습원의 중심부로부터 산림까지의 표고변화 등)를 토대로 지하수위와 수위변경특성은 다양하게 변할 수 있다. 이처럼 대부분의 습원의 경우 식생분포 패턴은 그 수문환경변화와 긴밀한 대응관계를 이루고 있다.[1] 이러한 변화는 상시 습한 토양환경에 놓인 습원의 식물에게는 혐기스트레스에 대한 내성 또는 회피가 무엇보다도 중요한 분포전략의 하나를 이루고 있기 때문에 일어나는 것으로 사료 된다.[2), 3)] 그 특징은 습지생태계의 일반적인 특징으로 특수한 습지로 분류되는 습원생태계의 특성은 물론, 수질과의 관계의 맥락에 의하여서도 이해할 수 있다.[1] 한편, 습원의 토양수는 양분이 불충분하고, 광물성 용존 물질이 적으며, 산성인데, 이 중의 하나에 해당되거나 몇 가지 성질들을 내재하고 있을 수 있다. 그러므로 습원은 습지생태계 중에서도 식물에게 있어서 특히 험한 수질환경이고, 군락 생산성은 비교적 낮으며, 대형 목본류는 거의 볼 수 없다. 이러한 습원의 수질특성은, 수원이 되는 우수나 용수 · 하천수 · 지하수의 수질에 의존할 뿐만 아니라, 습원토양인 이탄(泥炭) 자체의 수질형성작용(특히 산성화나 빈영양염환경의 유지)에 의한 영향을 강하게 받는다. 습원에 분포하는 식물은, 이러한 산성 · 빈영양염환경에 대해서도 적응 가능한 특수한 종의 군으로서 과습환경으로 인한 혐기스트레스 뿐만 아니라, 산성환경에 의한 스트레스와 빈영양 스트레스 등 다양한 환경자극의 변화에 따라서 그 식생분포가 변화 한다.[4), 5)]

이처럼 습원식물의 분포는 특수한 수문화학환경에 강한 규제를 받고 있기 때문에 습원생태계의 보전, 재생을 위해서는 먼저 수문화학환경의 건전성을 유지, 회복시키는 것이 상당히 중요하다. 그러므로 습원을 함양하는 우수, 용수, 지하수, 하천수의 수량 및 수질을 유지하고, 습원에서 그 외부로의 배수를 될 수 있는 한 저감시키려는 배려가 가장 기본적인 대책으로 실행되어질 필요가 있다. 더욱이 습원은 하천유역의 하류부에 형성되는 경우가 많고, 집수역의 영향을 누적적으로 받으므로, 지속적인 보전과 자립적인 재생에는 습원 내부만이 아닌 유역이나 지역 등의 커다란 스케일 내의 대책수립이 바람직하다. 또한 이토토양(泥炭土壤)은 습원 내의 수질형성에 있어서 매우 중요한 역할을 수행하여 이탄이 이미 소실된 상태에서는 자립된 습원생태계의 재생이 현저하게 곤란해지므로 토사의 혼입방지와 이탄토양의 확보에 대해서도 각별한 배려가 필요하다.

2) 습원의 현상

습원생태계가 열약(劣弱)해지는 현상은 지구적 규모로 급속히 진행되고 있다. 특히 20세기 초부터 인간 활동이 급격하게 활발해지면서 평야부에 한 때 넓게 분포했던 저지습원의 대다수가 소실되었다.[6), 7)] 이에 더하여, 현존하는 습원들도 부영양화와 건조화, 산성화 등 다양한 형태의 인위적 영향을 적지 않게 받고 있어 서구에서는 심각한 식생변화나 그 보전과 재생에 관한 조사 및 연구가 증가하고 있다.[6), 8~10)]

일본에서도 습원생태계의 열악성향이 심각한 상태이며, 습지의 면적이 명치(明治) · 대정(大正)시대에 전국적으로 2,111㎢를 차지하였던 것이 현재에는 821㎢로 감소되었다.[11)] 현 단계에서 이렇게 열악해진 습원생태계에 대한 체계적인 보전 및 재생기술은 거의 전무한 상태이고, 각지에서 다방면에 걸친 시범적 대책들이 강구되는 상황에 있다. 또한 습원생태계의 훼손정도와 훼손메커니즘에 대한 정량적 데이터에 의한 객관적 평가나 과학적 해석이 이루어진 사례는 극히 적은 상황이다.[12, 13)] 습원생태계에 있어서 훼손의 정도나 그 질적 특성은 다양하며, 그 원인과 대책 또한 다양하다. 이러한 상황 하에서 우선적으로 현존하는 개개의 사례에 대한 데이터와 해석을 기본으로 한 훼손평가, 원인해석, 대책평가에 대한 자료축적이 요구된다.

1.2 쿠시로(釧路)습원의 훼손경위와 재생사업의 배경

1) 쿠시로습원의 발달 소사(小史)

북해도 쿠시로습원 유역은 명치시대에 정부에 의한 이주로부터 개척의 역사가 시작되면서 인구의 증가와 함께 유황 · 탄광업 및 임업이 발달했다. 하지만 농업의 경우, 기후와 토양조건이 논과 밭의 경작에 부적합하였기 때문에, 소규모로 행해지는 정도였다. 그 후로 1920년에 발생한 대홍수 및 재해의 영향을 받아 방재 · 농지개발을 목적으로 신수로(신 쿠시로천)의 굴착 및 제방의 건설이 시작됐다. 이를 기점으로 쿠시로습원을 관류하는 하천의 분절화, 습원의 배수공사가 토대가 되어 습원의 농지화가 본격적으로 진행됐다. 그 후, 1961년에 농업기본법이 제정되었고, 기계화가 진행된 토목기술의 발전에 의해 대규모의 배수로 정비가 습원주변에서 내부로 전개되어, 습원의 대부분은 가속적으로 농경지 · 목초지로 전환되어갔다. 이 시대의 북해도 동부는 특히 낙농중점지구로 선정되어 농지의 대부분이 목초지로 이용되면서 젖소가 급격히 증가했다. 이러한 동향으로 쿠시로습원은 개발되어져 왔지만 최근에 와서는 탄광의 폐쇄, 고령화에 의한 임가(林家)와 농가(農家)호수의 감소가 발생하고 있다. 습원내부에서는 방치된 농가가 증가하여 사회적

사진 1-1 쿠시로(釧路)습원

문제로 발전하고 있다.

2) 쿠시로습원의 훼손과 보전 · 자연재생을 위해 가야할 길

이러한 개발의 역사로 인해 다음과 같은 변화가 나타났다. 먼저, 농지 · 택지개발에 의한 습원면적의 축소 이후로 유역에서 집적되는 영양염과 토사 등에 의한 호소(湖沼)나 하천수질의 오탁이 확인되었고 더불어 습원과 호소의 식생이 변화한 경우가 있다.[14] 특히, 쿠시로천의 지류 주변에는 상류지역의 농림지개발에 의해 증가한 부유모래(浮遊砂)가 범람 시 하류지역인 습원내부에 침전 · 퇴적되어 다음과 같은 문제를 야기시켰다.[15, 16] 저층습원의 오리나무 수림은 맹아형태를 유지하면서 정체수와 빈영양환경에 견뎌내는 것이 일반적이나, 토사가 범람 · 퇴적된 입지에서는, 맹아형태에서 해방된 단간화(單幹化)와 교목림화(喬木林化)가 진척 된다.[17] 또한, 1970년 후반에서 20년 동안 습원 전체적으로 오리나무림의 면적이 급격히 확대되었고,[11] 상대적으로 사초와 갈대군락의 면적은 축소되었다.[18] 이는 하천에서 습원으로의 토사유입이 주요 원인이라고 지적되었으나, 토사유입이 전혀 없는 지역에서도 수림화의 진행이 보고되고 있어, 그 메커니즘의 전모는 아직도 밝혀지지 않고 있다.[19] 또한 이러한 수림화의 폐해로서 사초나 갈대군락 등의 습성초원에 집을 짓고 산란하는 두루미나 도롱뇽 등의 번식지가 제한되는 것이 우려되고 있다.[20, 21]

습원의 훼손이 급격히 진행되고 있지만 그동안 습원의 보전활동이 전혀 없었던 것은 아니다. 멀게는 러일전쟁 이후(1920년 대), 두루미 보호를 중심으로 한 야생생물보호활동을 시작으로 하여 1960년대 후반부터는 자연보호에 대한 관심이 높아지면서 습원 자체의 보호활동이 활발하였다. 1967년에 천연기념물 지정에 이어, 1980년의 "물새서식지를 주기능으로 하는 국제적 중요성을 띠는 습지에 관한 조약"인 통칭 "람사조약"에 등록되었고 계속해서 1987년에는 국립공원지정 및 법적 보호정책이 설정되어 지역주민 및 국민의 관심은 물론 국제적으로 주목받기 시작했다. 그 후, 1992년의 지구서미트개최에 의해 국민의 환경문제에 대한 관심과 자연환경보전에 대한 요구가 일거에 높아지고 환경을 배려한 공공사업 추진방안을 검토하게 되었다. 이러한 당대의 동향을 반영해 쿠시로습원에서는 2001년에 "쿠시로습원의 하천환경보전에 관한 검토위원회"가 발족되었고, 당면한 20~30년 이내에는 2000년 현재의 쿠시로습원의 상황을 유지, 보전하는 것을 목표로 하는 12항목에 이르는 시책이 제안되었다.[22] 그 항목은 ① 수변림 · 토사조정지에 의한 토사유입의 방지, ② 식수 등에 의한 보수, 토사유입 방지기능의 향상, ③ 습원의 재생, ④ 습원식생의 제어, ⑤ 하천의 사행복원, ⑥ 수환경의 보전, ⑦ 야생생물의 서식 · 생육환경의 보전, ⑧ 습원경관의 보전, ⑨ 습원의 조사와 관리에 관한 시민참여, ⑩ 보전과 이용의 공통인식, ⑪ 환경교육의 추진, ⑫ 지역연계 · 지역진흥의 추진으로 구성된다. 그 이후, 관계부서에 의한 구체적인 습원의 보전과 재생에 관한 사업이 검토되기 시작한 것이 2003년의 자연재생추진법의 시행에 의해 박차가 가해지며, 사행하천의 복원과 습원주변의 방치농지에 대한 습원재생사업이 실시되었다.

위와 같이 습원과 하천의 생태계 훼손의 많은 부분은 유역 · 지역 스케일에서 발생한 수환경과 물질 환경의 변화에 기인하고 있다고 추정된다. 그러므로 유역 · 지역 스케일에서 현재 발생하고 있는 문제를 정리하지 않으면 때로는 잘못된 보전과 재상사업으로 유도될 수도 있다. 하지만, 유역 스케일에 대해서는 복잡한 토지이용 또는 각각의 관계부서의 관할구역의 종적관리라는 사회적 제약과 그에 더하여 과학적으로 밝혀지지 않은 현상이 많다. 그러므로 유역 전체에서 일거에 사업을 전개하는 것은 곤란하며, 재생사업의 대상은 적어도 지역 · 국지적인 스케일에 한정될 수밖에 없는 상황이다.

쿠시로습원의 재생사업에서는 습원을 둘러싼 25만ha의 유역 전체를 대상으로 하여 생태계의 훼손이 현저한 지역, 특히 대처의 긴급성이 요구되는 지역을 중심으로 대상을 정리하여 5개소의 사업지역이 유추되었다(그림 1-1). 그리고 5개소의 사업대상지역에서 얻어진 재생사업의 대처법과 최선의 재생방법을 유역 전체에 확대 · 전개하는 것으로 계획하고 있다.[11] 위의 사업대상지역 중에서 특히 선행 사업이 진행되었던 히로사토(廣里)지역에 초점을 맞춰, 기본적인 사업운영방법과 지금까지의 조사결과 및 2004년 현재 검토되고 있는 장래의 사업전개에 대해서 소개하기로 한다.

3) 히로사토(廣里)지역의 자연재생사업

히로사토지역은 신 쿠시로천의 하류부에 위치하며, 신 쿠시로천의 좌안축방 · 구 세쯔리천(舊 雪裡川) 및 12호 지선천에 의해 삼방향이 위요된 총면적 260ha의 지역이다(그림 1-2). 현재 구 세쯔리천 및 12호 지선천은 1921년에서 1931년까지 행해진 쿠시로천 유로변경공사의 일부인 신 쿠시로천 좌안제방 축조로 분단되어(그림 1-3) 하천유량 · 수위가 크게 감소 · 저하됐다.

1960년대 후반에는 구 세쯔리천과 그 우안에 명거배수로에 둘러싸인 약 80ha의 지역에서 농지개발이 실시되어(이후, 구 농지구역으로 칭함) 표토를 긁어내고 명거 · 암거배수로의 설치가 실시됐다(그림 1-3). 농지개발 직후는 목초지로서 이용되어졌으나 현재는 방치농지로 되어 서식지를 잃은 두루미의 생활 거점으로 활용되고 있다.

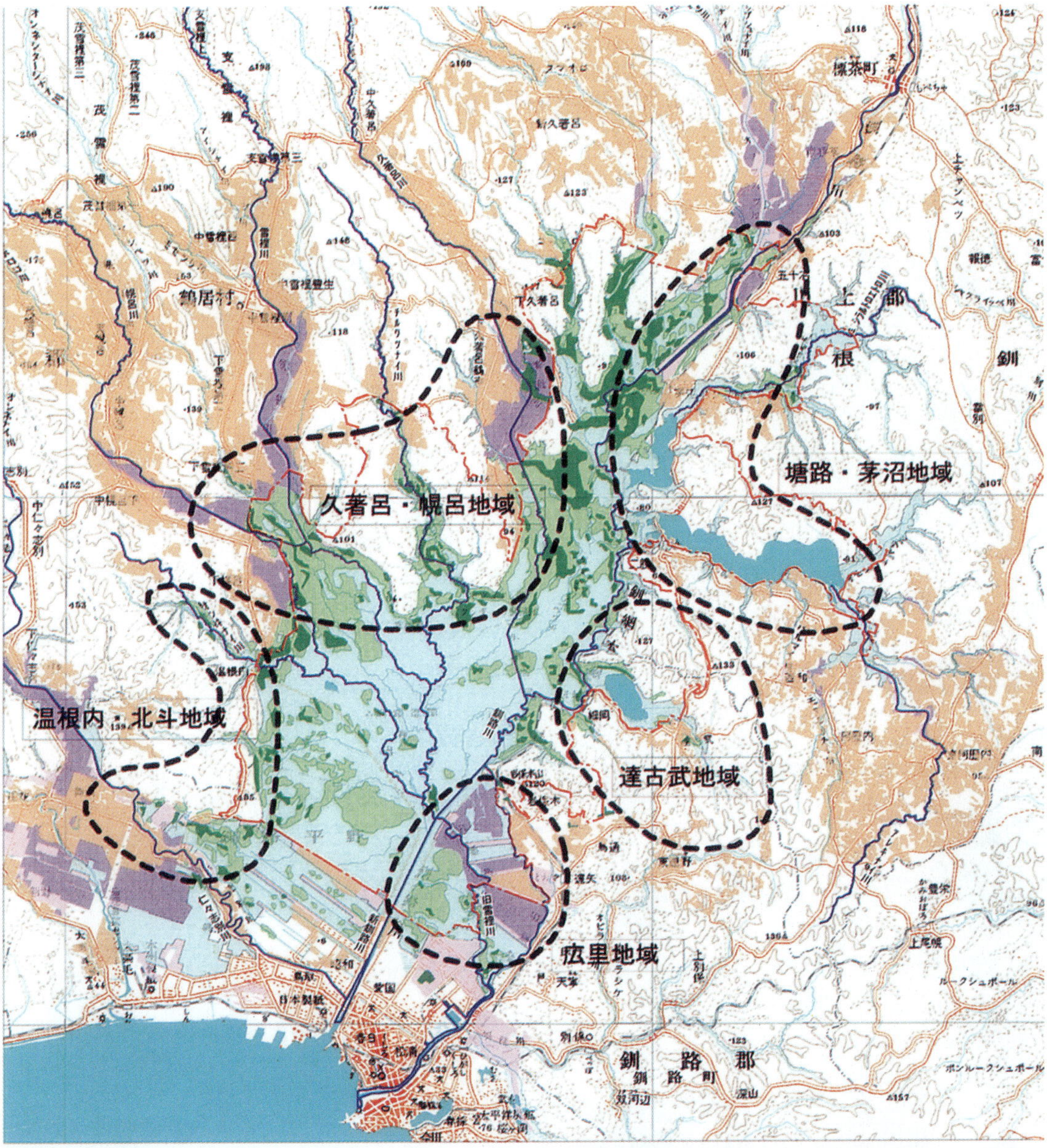

그림 1-1 **쿠시로습원 재생사업대상인 5개소의 완충지대(환경성 동북해도 자연보호사무소 : 제공)**

이 지역의 표고는 0~3m 정도이며, 12호 지선천에서 구 세쯔리천을 향해 완경사를 이루고 있다. 사질토로 구성되는 구 세쯔리천 부근을 제하고 토양은 사초 · 갈대를 주요 구성 종으로 하는 저위이탄(低位泥炭)으로 되어 있다. 구 농지구역의 서측에 위치하는 직접적인 인위적 교란을 받지 않은 구역(이후, 습원구역으로 칭함)의 중심부에는 오리나무가

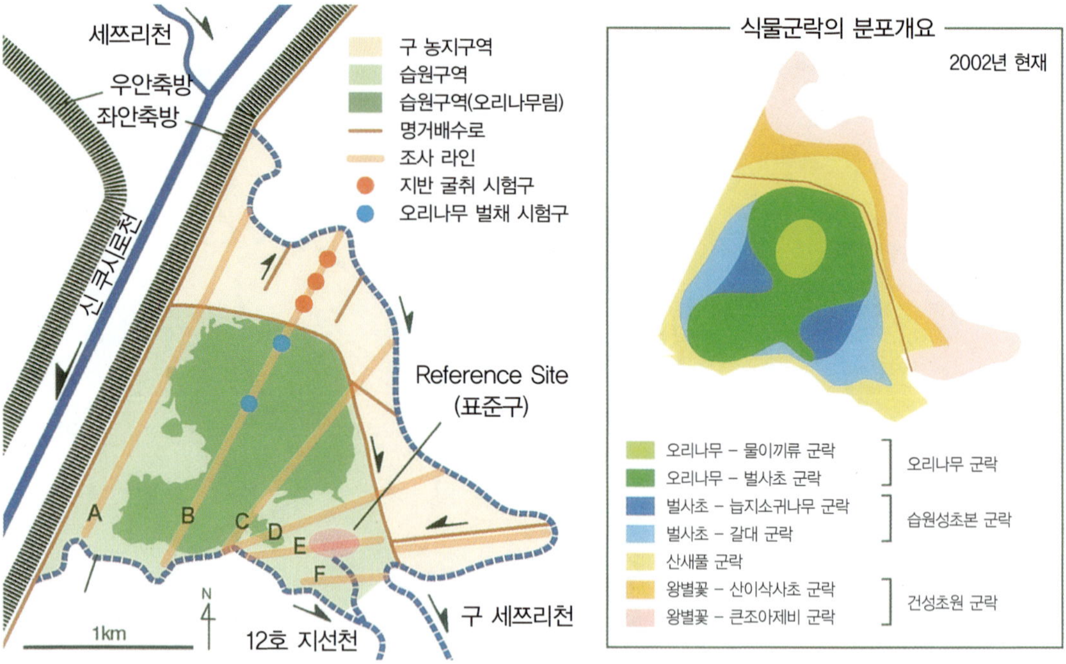

그림 1-2 히로사토지역의 개요

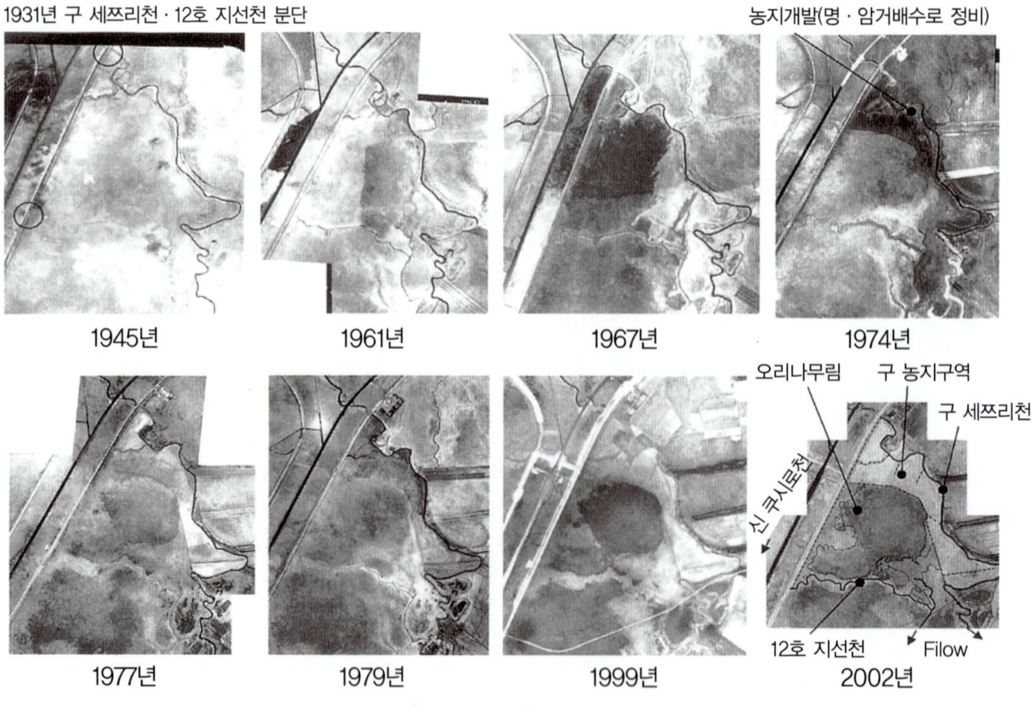

그림 1-3 히로사토지역의 경년변화(1945년 사진안의 원은 하천분단지점)

주종을 이룬 습성관목림이 넓게 분포하고, 벌사초와 갈대, 산새풀, 산이삭사초 등으로 구성된 습성초원이 관목림을 둘러싸듯이 분포하고 있다(그림 1-2). 또한, 구 농지구역에서는 큰조아제비 등의 목초종이 출현하는 건생 초원도 넓게 분포하고 있다. 이 오리나무 관목림은 1970년 이전의 항공사진으로는 거의 확인할 수 없으므로, 이전에는 갈대 또는 사초류가 우점하는 초원초본식생이 펼쳐져 있었을 것으로 추정하고 있다. 현재는 오리나무림이 원형상으로 분포하고 있는 형태가 명확하게 나타난다(그림 1-3). 그 분포지역은 1993년에서 2000년까지의 7년 동안에 약 13ha 확대되었고, 그 일부에는 수간(樹幹)밀도의 증가도 확인되었다.[23]

이처럼 히로사토지역에는 쿠시로습원 전체에서 문제시 되고 있는 방치된 농지와 오리나무의 확대라는 두 가지의 열악한 요소가 집약되어 있다. 그러므로 방치농지의 습원으로의 재생과 증가한 오리나무림의 처치라는 두 가지의 과제를 목표로, 효과적인 재생방법의 확립을 위한 시험적 사업운영을 실시하는 파일럿사업지로 설정되었다.

1.3 히로사토(廣里)지역에 있어서의 재생사업시 고려사항

히로사토지역의 재생사업에서 중요한 키워드가 되는 것은 ① 건전성평가와 열악성의 원인, ② 구체적 재생 목표, ③ 수동적 재생, ④ 순응적 관리, ⑤ BARCI Design[24]이다. 여기서는 각각의 구체적 사례에 대해서 해설하기로 한다.

1) 건전성의 평가와 열악성의 원인 추정을 위한 조사계획

생태계의 재생에 있어서 중요한 것은 무엇이 건전한 상태이고 무엇이 비 건전한 상태인가를 검토하는 것이다. 왜냐하면, 생태계가 비 건전한 상태인 것처럼 보일 지라도 실질적으로는 그 지역이나 국지적 환경에 대응하여 형성된 생태계, 또는 자연에서 있을 수 있는 천이과정의 형태일 수도 있기 때문이다. 특정 데이터를 기준으로 한 건전성의 평가에 있어서 확연히 열악해지고 있다고 판단되는 경우에는, 열악성의 원인을 추정하는 작업이 시작된다. 이러한 프로세스를 거쳐 열악성의 원인을 배재하는 사업을 계획해야만 한다. 건전성의 진단이나 열악성의 원인의 유추에 있어서 충분한 신뢰성을 확보하기 위해서는 대상이 되는 생태계에 대한 다각적이고 상세한 조사연구가 요구된다. 특히, 열악성의 원인관계에 있어서 근간이 되는 생물과 환경과의 대응관계의 파악을 가능케 하는 조사계획을 설정하는 것이 바람직하다. 이를 통해 열악성의 메커니즘을 이해하고 재생을 위해서 무엇을 어떻게 제어해야 하는가를 검토할 수 있게 된다.

이러한 사고방식에 준하여, 히로사토지역에서는 열악성의 원인검토를 통해 생물과 환경과의 대응관계에 관한 해석이 최대한 가능해질 수 있도록 조사를 실시했다. 조사계획의 책정과 조사측점의 설정 시에는 구체적으로 아래의 항목을 염두해 두었다.

① 대상지역 전체의 상황에 관한 면적인 해석을 실시할 것
② 지하수류의 이동 상황을 추측하기 위한 수치해석이 실시 가능할 것
③ 사업의 평가를 사업 전 · 후의 비교에 의해 통계적으로 해석할 것
④ 생물과 다양한 환경(지하수위 및 토양수의 수질)과의 대응관계가 다변량해석에 의해 정리될 것
⑤ 장기간의 모니터링이 가능할 것
⑥ 대상지역에 분포하는 전형적인 식생타입을 가능한 커버할 수 있을 것
⑦ 열악성이 예상되는 장소만이 아닌, 비교를 위하여 자연 상태가 양호하게 유지되고 있는 장소도 대상으로 할 것
⑧ 주변의 하천과의 관련성을 고찰할 수 있을 것

이것들을 고려하여 약 150개소의 조사측점을 포함한 6개의 조사라인을 설정했다(그림 1-2). 조사대상 항목으로 동식물에서 무기 환경까지 다방면으로 포함하였으나, 그 중에서도 식생(종, 식피도)과 무기환경(지하수위, 토양수 · 지하수의 수질, 지질특성)에 중점을 두고 조사를 실시했다.

그 결과로 얻어진 건전성의 평가와 열악성의 원인에 대해서는 다음에 논하기로 한다.

2) 구체적인 목표의 설정

자연재생의 최종적인 목표는, 특정 수준으로 정해놓은 생물(희소종 등)의 개체수나 수질기준 등이 아닌, 인위적인 영향이 미치기 이전의 생태계로 돌아가는 것이다. 그러나 인위적인 영향이 미치기 이전의 데이터가 남아 있는 경우는 극히 드물다. 또한, 생태계의 평가에 대한 명확한 기준이 확립되지 않은 상태이므로 구체적인 평가를 실시하는 데에 어려움이 있다. 그러므로 과거의 자연사나 사회사를 검토하여 생태계가 정상적으로 기능하고 있었다고 생각되는 시대의 상황을 목표로 하여 자연의 재생(복원)이 실시되는

경우가 많이 있다. 이 때 특히 기억해야 할 점은, 인간의 활동을 일절 배재한다는 것과 같은 비현실적인 목표가 되지 않기 위해서라도, 지역의 합의에 의한 지속가능한 목표를 설정하는 것이다.

히로사토지역의 재생사업을 검토함에 있어 전술한 현황조사에 병행하여 과거의 항공사진 등의 자료를 가능한 수집하여 개발의 경위와 경관 및 환경조건의 변화과정을 정리하였다. 이러한 현지답사 및 기존데이터 · 자료수집, 관계자와의 재차의 논의를 통하여 습원경관이 크게 변화하기 이전인 1960년대 후반을 최종적인 목표로 설정했다. 또한, 보다 구체적인 목표를 설정하기 위해 아래 항목을 배려하여 재생의 목표상이 되는 표준구를 설정했다.

① 재생예정구(구 농지구역)와 가까울 것
② 현재까지 직접적인 인위적 교란이 적을 것
③ 재생예정구에 있어서 1960년대의 식생타입과 수문조건이 유사하게 나타날 것

이상의 이상적 조건에 가장 근접하다고 보이는 벌사초-갈대군락 분포지역을 표준구로 설정하고(그림 1-2), 이 곳의 식생, 지하수위와 수질 등의 환경조건을 구체적인 목표로 설정했다.

3) 재생기법의 검토와 그 평가법

전술한 것과 같이 히로사토지역의 재생사업에는 "수동적 재생", "순응적 관리"라는 두 가지의 기본이념에 의해 재생기법이 모색되고 있다. 수동적 재생이란, 생태적으로 열악성을 일으킨 인위적 요인을 제거하고, 그 이후는 가능한 한 생태계의 지기회복력에 의한 재생을 지향하는 방식을 의미한다.[25] 적극적인 토목공사, 식재와 같은 능동적 재생수단은 생태계에 바람직하지 않은 부작용을 초래할 가능성이 높기 때문에 우선순위가 낮은 선택지로서 남겨둔다.

순응적 관리는 사업 · 실험 착수 후로 계속적 모니터링에 의해 실제의 성과와 예상 효과(가설 또는 목표)의 비교를 통하여 기법과 수순의 평가 및 재조정을 실시하며, 더욱 효과적인 재생기법을 도입하기도 하는 등 유연하게 사업과 실험을 진행시키는 프로세스를 의미한다.[25]

본 프로세스에서는 재생수단이 투입된 재생구와 어떠한 수단도 동원되지 않은 대조구, 또한 재생의 목표종이 되는 표준구를 설정한다. 그리고 각 구를 객관적 지표(식생 ·

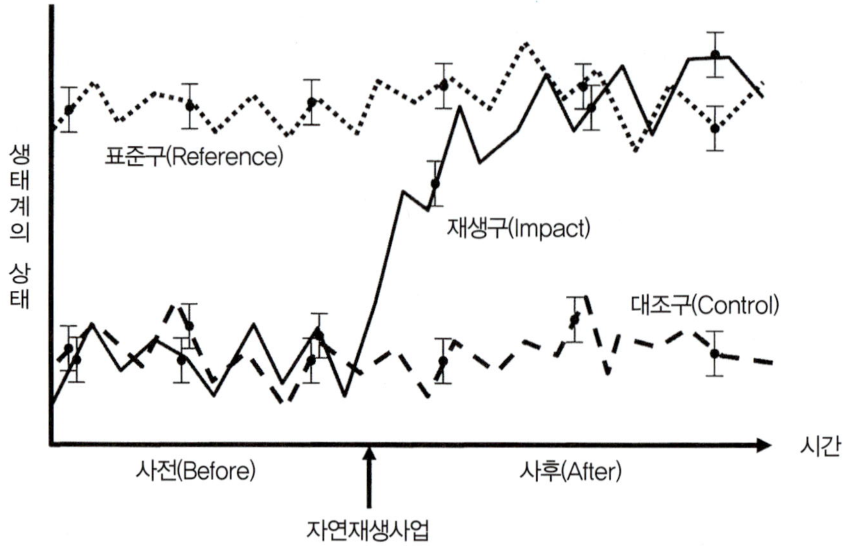

그림 1-4 BARCI Design에 의한 자연재생사업의 평가기법 모식도(나카무라, 2003a로부터)

환경데이터 등)를 통해 비교하는 재생 성과 평가를 지향한다. 이 평가 시스템은 "BARCI (Before, After, Reference, Control, Impact) Design"를 사용하며, 재생수단 적용 전(Before)에서 후(After)에 이르는 시간 축에 있어서의 표준구(Reference)와 대조구(Control)에 대한 재생구(Impact)의 생태적 위상을 과학적으로 표현해 냄으로써 성과의 평가 및 가설의 검증을 실시하는 것이다(그림 1-4).

히로사토지역의 현재 진척 상황은 현지조사 · 평가를 토대로 복수의 유효적인 재생수단과 기대되는 효과를 제시하고, 그 수단들 중 기술적, 정치적, 사회적으로 가능한 것부터 소규모 현장시험(지반 굴착시험, 오리나무 벌채시험)을 실시하고 있는 단계이다. 이 프로세스에는 전술한 기본이념과 BARCI Design을 활용한 평가시스템이 적용되어 있어 통계해석에 의한 평가가 가능하도록 항상 피드백이 있는 조사 · 시험설계가 활용되고 있다. 이상의 경위와 현 단계의 실험결과에 대해서는 이후에 상세하게 설명한다.

1.4 현장파악과 훼손원인의 검토

지금까지의 보고에 의하면, 습원생태계의 열악성의 원인은 물의 순환과 물질순환의 변화에 기인하고 있는 경우가 많다.[26~28] 그러므로 수문화학환경에 관한 정보를 될 수 있는 한 집적하는 것이 중요하다. 더욱이, 생물과의 대응관계를 파악하는 것은 생태계가 열악하게 진행되는 메커니즘에 관한 이해의 심화에 연계되는 것으로, 이에 관한 정보에 대한 상세한 수집이 필요하다.

여기서는 1.3에서 전술한 바와 같은 접근에 의해 얻어지는 조사결과를 근본으로 수문화학환경의 건전성평가나 식물과 환경요인과의 대응관계를 해석하고, 생태계 열악성 원인에 대해서 검토하였다. 또, 수문화학환경에 대해서는 열악성 원인의 검토뿐만이 아닌 시뮬레이션에 의한 검증을 시도하였고, 식물과 환경요인의 대응관계에 대해서는 습원보전상의 커다란 문제요소인 "농지개변"과 "오리나무림의 증가"라는 측면을 주로 정리했다.

1) 지하수환경의 건전성 평가와 열악성 원인의 검토

히로사토(廣里)지역 전역에 걸친 지하수조사 결과, 전체의 지하수위(지하수위표교) 분포는 습원구역 중앙부를 정점으로 마운드의 형태를 보였다. 습원구역에서는 지표면수위(지표면을 기준으로 한 지하수위)가 지표면 근방에 나타나 지하수위 변동도 적고 범람이 적은 안정된 습원, 즉 일반적으로 볼 수 있는 수문상태가 제시되었다(그림 1-5). 하지만 구 농지구역에서는 지하수위의 변동이 크고 지하수위가 구 세쯔리천(舊 雪裡川)을 향하여 급격하게 저하되고 있는 것이 명확해졌다(그림 1-5). 나아가 습원지역에서의 지표면수위가 0~0.4m 정도인 것에 반하여, 구 농지구역의 지표면수위는 구 세쯔리천을 향하여 -2.0m 정도로 크게 저하됐다. 이렇게 구 농지구역은 지표면수위가 낮고 건조하므로 습원구역의 수문상태와는 전혀 다른 경향을 보였다. 그와 동시에 구 농지구역에서의 수위저하는 구 농지구역에 잔존하는 명거배수로 주변보다는 오히려 구 세쯔리천 주변에서 현저하게 나타난다는 것을 알 수 있었다(그림 1-6). 따라서 분단된 수위가 현저하게 저하된 구 세쯔리천으로 구 농지구역의 지하수가 빠르게 배수된다는 것이 원인이 되어 구 농지구역의 건조화가 진행되고 있다는 판단이 가능하다.

한편, 히로사토지역 전역에 걸친 지하수 수질의 분포 특성을 조사한 결과 습원구역에 나트륨이온, 염화물이온, 마그네슘이온 농도가 높았으나, 구 농지구역에서는 현저하게 낮은 경향을 볼 수 있었다(그림 1-7). 그 원인은 구 세쯔리천으로의 일방적인 배수가 구 농지구역에 있어서 탁월하기 때문에 염류가 지하수와 함께 배출되기 때문이라는 판단을 하였다.[29] 또한, 구 농지구역은 습원구역에 비하여 칼슘이온농도가 높다. 이는 탄산칼슘

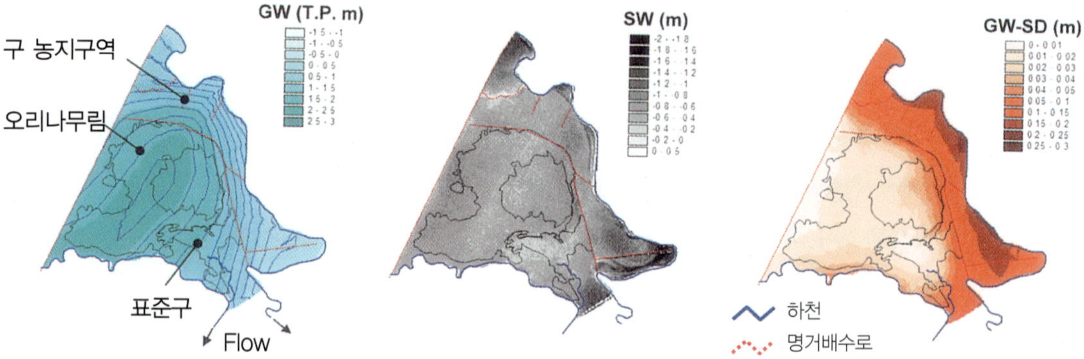

그림 1-5 지하수위평균치(GW), 지표면수위(SW), 지하수위표준편차(GW-SD)의 분포

등고선은 0.2m간격임. (야마다 외, 2004년에 가필)

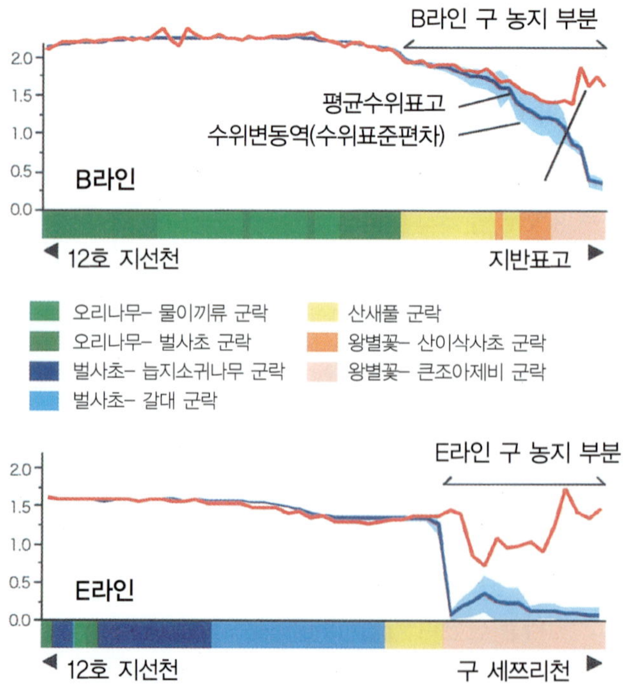

그림 1-6 B라인 및 E라인에 따른 지하수위 · 표고 · 군락분포

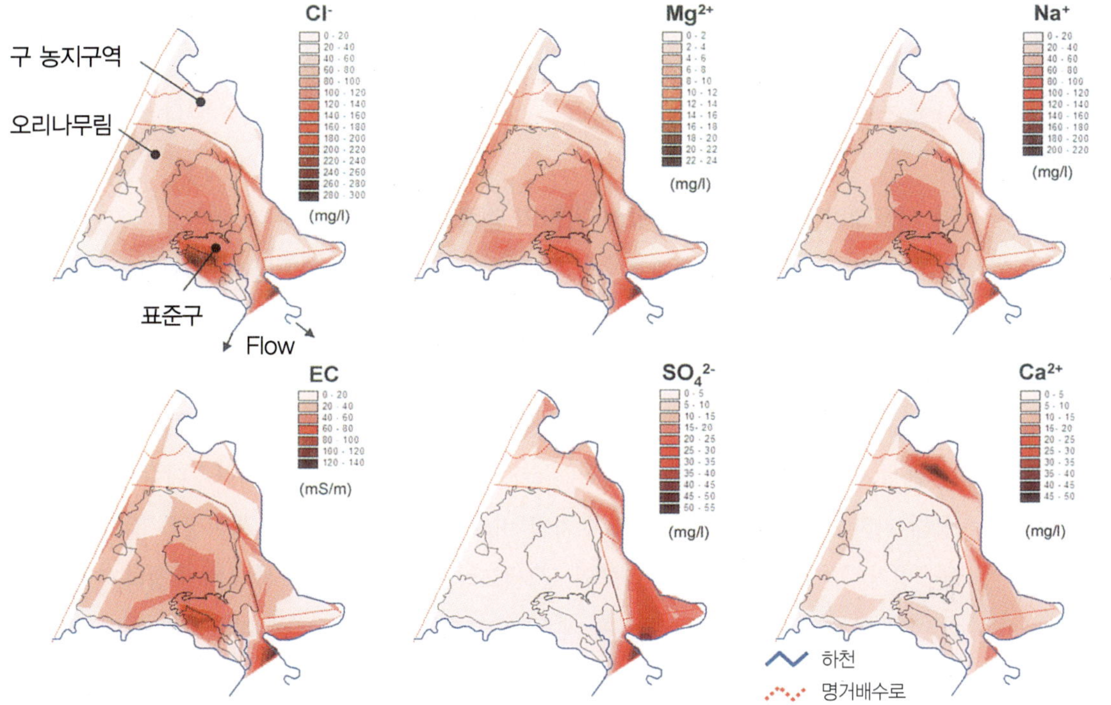

그림 1-7 **지하수 수질성분의 농도분포**(야마다 외, 2004년에 가필)

그림 1-8 **현황모델의 재현결과(2002년 6월 시점)와 1960년대 · 1920년대에 있어서의 지하수위의 시뮬레이션 결과**

청색의 망점은 지하수위가 지표면위치에 있는 범위를 표시함, 등고선은 0.1m간격(야마다 외, 2004년에 가필)

등의 토양개량제가 토양 중에 다량으로 잔류하고 있기 때문으로 보여진다.

이렇게 구 농지구역에는 농지개발이 행해진 후 약 30여년이 경과했지만, 현재도 토양 개량제의 산포영향이 잔존하고 있다. 또한, 약 70년 전에 행해진 구 세쯔리천의 분단영향이 하천수위 저하에 의한 수문조건의 변화를 통하여 구 농지구역의 지하수 수질의 변화로 나타난 것을 볼 수 있다. 이로부터 하천의 분단이 구 농지구역에 있어서의 환경열악성의 주된 원인이라는 판단을 하였다.

2) 시뮬레이션을 도입한 열악성 원인의 검증

지금까지는 현황 조사결과로부터 수문환경의 열악성 평가와 함께 그 원인을 검토하였으나, 이 장에서는 구 세쯔리천의 분단 이전, 명거배수로 설치 이전의 각각의 상태를 지하수유동 시뮬레이션을 통해 추정하는 것으로 열악성 원인을 재검토한 사례를 제시한다.

현재 히로사토지역의 준-삼차원(guasi-three dimensional)의 지하수대수층모델을 작성해 지하수위의 실측치와 해석 수치의 비교에 의해 그 모델의 재현성을 검토했다. 또한, 명거배수로 설치 이전의 상태와 구 세쯔리천 분단 이전의 상태를 추정하기 위하여, ① 현재의 모델에서 명거배수로를 제외한 모델, ② ①의 모델에 분단되기 전의 구 세쯔리천 수위의 추정치를 부여한 모델의 해석을 실시했다.[29]

명거배수로 설치이전의 구 세쯔리천 수위를 추정한 결과, 구 농지구역에서는 현재의 상황과 비교하여 지하수위가 대략 20cm정도 높아지는 경향을 보였다(그림 1-8). 여기에 구 세쯔리천의 분단이전의 상태를 추정한 결과, 구 농지구역에서는 현재의 상황에 비교해서 지하수위가 약 60cm 높고 지하수위가 지표면에 나타나는 범위가 구 세쯔리천 및 12호 지선천을 향하여 넓어지는 경향을 확인하였다(그림 1-8). 이 범위에 착안하면 명거배수로 설치전후와 비교해서 구 세쯔리천의 분단전후의 변화가 크다는 점에서 1960년대의 명거배수로의 설치 보다 더 1920년대의 구 세쯔리천의 분단에 의한 수위의 저하가 현재의 구 농지구역에 있어서의 지하수위의 저하와 건조화를 도모한 주원인이라는 점이 재확인 되었다.

3) 식물과 환경과의 대응 - 농지개발 잔존토지의 평가 -

습원구역에서 구 농지구역으로의 식생변화는 우점종이 습원성(濕原性)에서 건성초원성(乾性草原性)으로 커다란 변화를 일으켜(그림 1-2, 그림 1-6) 습원식생의 범주(範疇)를 벗어날 정도로 현저한 질적 상이가 나타나고 있다. 반면 농지개발이전의 항공사진에서는 두 구역 간의 현저한 경관적 상이는 인정되지 않고(그림 1-3) 현재 건성초원이 분포하는 장소에도 이탄토양이 존재하고 있다는 특성[13]에서 구 농지구역에는 일찍이 습원식생

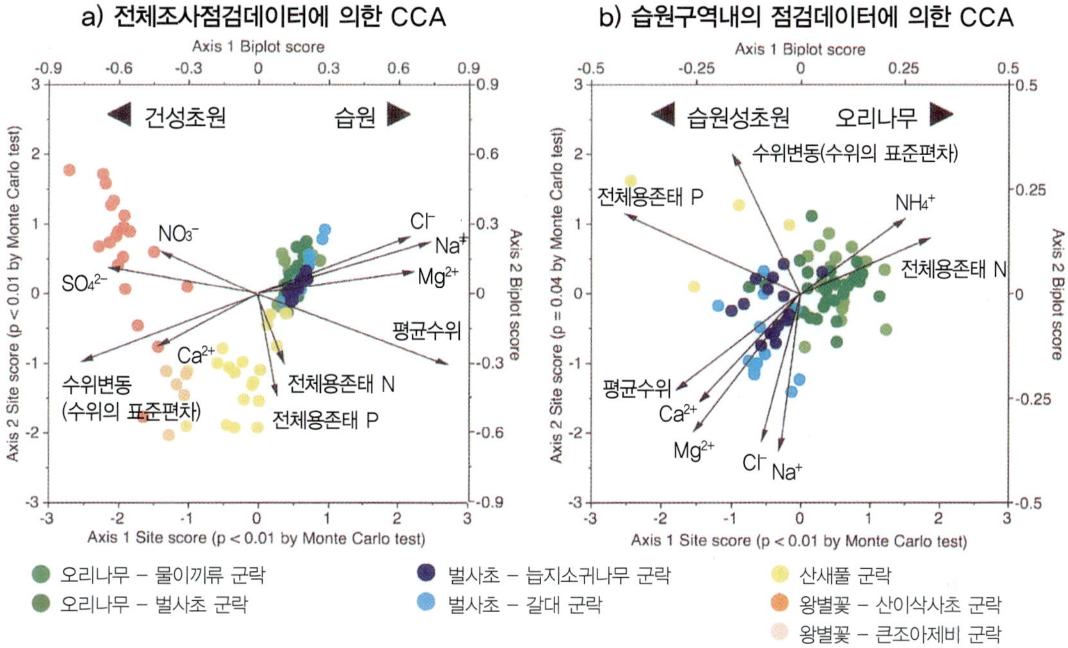

그림 1-9 **CCA(Canonical Correspondence Analysis : 정준대응분석)에 의한 각 조사측점의 서열화**

도상에는 biplot score가 높은 환경요인 만을 추출하여 화살표로 표현했다. (나카무리 외, 2004년에 가필)

이 넓게 분포하였다고 추정하고 있다.[30] 따라서 현재의 구 농지구역에 있어서의 식생 이질성은 습원식생에서 건성초원식생으로의 커다란 경년적 변화의 결과를 시사하는 것으로, 이는 습원으로서의 심각한 식생적 열악화를 나타낸다.

이러한 상황에 있는 히로사토지역의 식생분포에 대응하는 환경요인을 해석하기 위해서 전체 조사측점의 식생 · 환경데이터를 활용하여 CCA(Canonical Correspondence Analysis)에 의한 다변량해석을 실행했다(그림 1-9a). CCA에서는, 활용한 데이터의 집단에서 주요한 식생경도(植生傾度)와 그에 대응하는 환경경도(環境傾度)가 통계적으로 추출되었다.

가장 주요한 경향으로, 추출한 CCA 제1축 상에는, 습원구역에서 구 농지구역에 이르는 현지의 식생이행(그림 1-2, 그림 1-6)과 거의 일치하는 식생배열패턴이 제시되었다. 이 배열패턴에 대한 평균수위와 수위변동, 토양수의 염류농도(Na^+, Mg^{2+}, Cl^-)가 커다란 벡터로 작용했다. 이러한 결과는 습원구역에서 구 농지구역으로 향하는 식생의 변화와 그에 연동하는 수위, 수위변동, 염류농도에 의해서 발생하는 환경구배가 이 지역생태계에 있어서 가장 주요한 특성변화임을 의미하는 것이다.

CCA(그림 1-9a)에 있어서, 구 농지구역으로의 식생이행에 반응한 환경요인 가운데 평균수위, 수위변동은 특히 강하게 대응하고 있어 이들은 히로사토지역에 있어서의 구 농지구역의 환경적 이질성의 가장 큰 요인으로 작용하고 있다는 점이 확인되었다. 전술한 바와 같이, 습원구역 측의 군락에서는 지표면부근의 안정된 수위환경이 유지되고 있는 것에 반해 구 농지구역의 군락에서는 극히 수위가 낮고 수위변동이 크며 두 구역의 상태에서 현저한 차이를 나타내고 있다(그림 1-6). 습원식물의 존속에는 충분한 수분공급이 유지되는 것이 최저한의 조건이므로[31] 구 농지구역에서 볼 수 있는 지하 2m(최저치)까지 저하하는 지하수위는 습원식물의 분포를 극히 어렵게 하는 원인이라 볼 수 있다. 또한, 구 농지구역의 토양수 염류농도는 습원구역 보다 낮으며, 북해도 내의 다른 저지습원과 같은 레벨의 정상적인 수치이므로[32, 33] 구 농지구역의 식생열악성과의 관계는 매우 낮은 수준으로 판단된다. 이상으로 보아, 구 농지구역에 있어서 식생의 건조 초원화, 즉 식생적 열악성은 현저히 낮은 지하수위에 의하여 초래된 것이라는 결론에 이르렀다.

전술한 바와 같이, 수문화학환경의 건전성평가에서는 구 농지구역 부분이 구 세쯔리천의 분단에 의한 건조화와 토양개량제의 투입에 의한 수질변화 등의 많은 인위적 교란을 받은 지역임을 나타내었다. 그리고 CCA를 통하여 그 인위적 교란 중에서도 특히 건조화에 의한 영향이 식생의 열악성으로 이어지고 있다는 점이 분명해졌다.

이러한 점으로 미루어 볼 때, 구 농지구역에 있어서 식생열악성의 근본적인 원인은 구 세쯔리천의 분단이라는 것이 판명되었다.

4) 식물과 환경간의 대응 – 오리나무림의 평가 –

습원구역의 오리나무 군락과 습원성초본 군락은 오리나무의 존재 유무에 따라 경관적으로 크게 달라지지만 어느 쪽이라도 습원종군에 의해 구성되는 식생타입으로서, 주요 출원종으로 갈대와 벌사초 등 많은 공통분모를 볼 수 있었다.[12] 그러므로 현상만을 보았을 때 습원식생이 어떠한가의 기준에 있어서 오리나무림이 열악성의 요소로 작용하지는 않는다. 하지만, 이 오리나무림은 주변의 활발한 인간 활동과 함께 급격하게 그 분포가 확대되는 식생으로서, 그 수림화 속도는 자연상태의 습원에 있어서 습생천이로서 자발적으로 진행되는 수림화 보다 현저히 빠른 속도를 보인다. 생태계의 보전·유지의 시점에서 보면 인위적 교란에 의해 본래의 식생에서 변화함으로써 생성된 식생은 변화 후 식생유형과는 관계없이 열악성의 요소로서 취급될 필요가 있다. 그 이유는, 자연 상태에서는 일어날 수 없는 속도로 급증한 히로사토지역의 오리나무림은 본래의 식생이 어떠한 것인가에 대한 기준에서 보면 적어도 식생의 열악성을 보여주는 것으로 판단되기 때문이라는 점을 통해 유추해 볼 수 있다.

습원구역 내의 조사데이터로 한정된 CCA에서는 오리나무림이 초본습원으로써 그 생태계계열이 습원구역 내에서 가장 주요한 특징인 것으로 나타났고, 그 계열패턴에 대한 평균수위와 토양수의 전체 용존태인 농도 및 전체 용존태질소의 농도에 의한 환경구배가 강하게 대응한다는 점이 판명되었다(그림 1-9b). 또한, 오리나무 군락에서 습원성초본군락보다 더 낮은 평균수위, 낮은 인 농도 및 높은 질소농도가 나타나는 경향이 특징적으로 나타났다.

오리나무 군락의 토양수에서 질소농도가 높게 나타나는 경향은 오리나무 근부의 공생균이 공기 중의 질소고정을 행하기에 오리나무 군락 내에 더 많은 질소가 축적, 유통되는 결과라고 사료된다. 또한, 낮은 인 농도를 보이는 경향에 대해서는 오리나무에 의한 질소부화(富化)가 군락생산량을 증가시킴과 동시에 인의 요구량도 증가시켜 계열 외의 공급이 없는 인의 유통량이 저하했기 때문으로 추정된다. 즉, 질소와 인의 거동은 오리나무의 존재여부에 크게 의존하며 이는 동시에 오리나무림 증가의 원인을 시사하고 있는 것으로 볼 수 있다.

오리나무 군락에서 평균수위가 낮게 나타나는 경향은 습원성초본 군락에 대해 약 5cm 이내의 수위차로 표현되는 미미한 것이었다

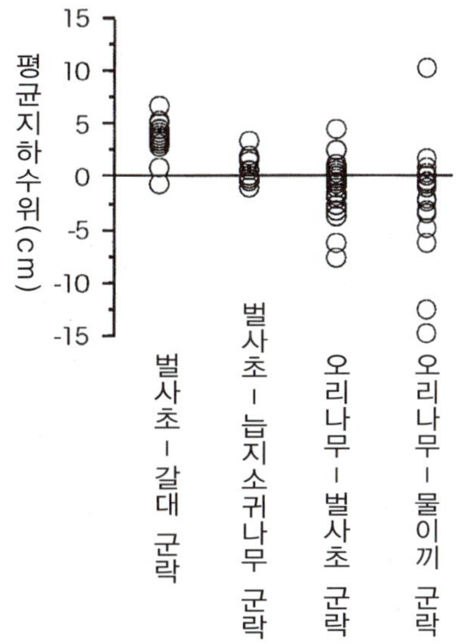

그림 1-10 습원구역내 각 군락의 평균지하수위

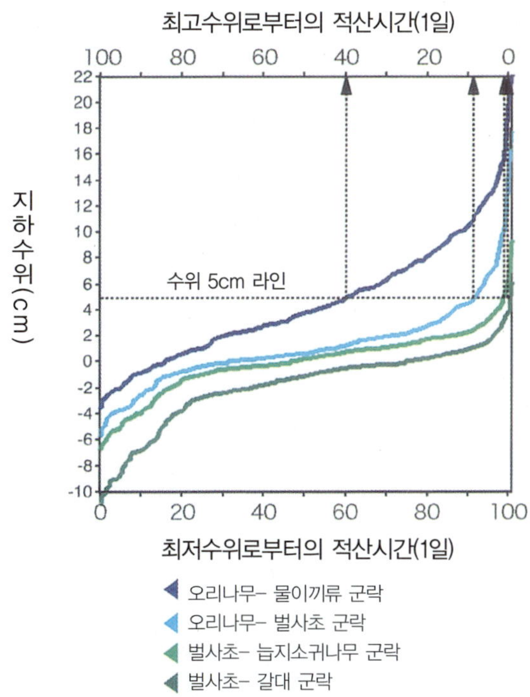

그림 1-11 습원구역의 주요군락에 있어서의 지하수위의 연속측정데이터에서 산출된 수위의 적산 체제시간(나카무라 외, 2004년에 가필)

(그림 1-10). 하지만, 일반적으로 습원식물의 분포와 평균수위의 관계는 이러한 작은 수위차로도 변화하는 경우가 많고 특히 지표면 부근에 있어서의 수위의 차이는 식물의 분포와 생육에 있어서 강한 영향력을 행사한다.[3, 34] 더욱이 자기수위계의 연속측정데이터에 의한 상세한 해석에서 약간의 평균수위의 차이에 내재하는 커다란 거동특성의 상이점이 나타났다(그림 1-11). 약 100일 간의 연속수위계측기간 중에서 수위가 5cm 이상의 비교적 깊은 관수상태가 되는 기간은 오리나무 군락에서는 대부분 인정할 수 없으나, 습원성초본 군락에서는 약 10~40일이 되고 최고수위에 대해서도 오리나무 군락이 10cm이상 낮은 결과를 보였다.

요컨대, 오리나무림에서 확실히 수위가 낮고 게다가 고수위 상태에 있는 기간이 매우 짧다는(커다란 증수가 없음) 사실이 밝혀졌다. 이로써 습원구역에 있어서 오리나무림의 분포는 수문특성의 차이에 의해 커다란 영향을 받고 있다고 보여지며, 증수기간과 그 정도가 적고 혐기스트레스를 받기 어려운 입지환경의 존재는 오리나무림의 분포를 가능하게 하는 커다란 요인으로 판단되었다.

이러한 수문특성을 오리나무림 부분에서 유지시키는 배경은 습원구역의 지형적 특징이 관여하고 있기 때문이다. 오리나무림이 위치하는 B라인 상의 입지는 약간의 기복이 있는 지형임과 동시에 습원성초본이 우점하는 E라인 보다 더 표고가 높기 때문에(그림 1-6) 극단적인 증수나 장기간의 관수상태는 형성되기 어렵다고 볼 수 있다. 이 때, 오리나무림의 증가 원인은 어떠한 경년적 환경변화에 있다고 추측되어 제방조성에 의한 히로사토지역 일대의 극도로 큰 수문환경의 변화와 지반침하 등의 지형변화를 통한 수문환경변화에 의해 현재의 오리나무림이 출현하게 하는 수문특성이 형성되었을 가능성도 있다. 하지만, 현 단계에서 이를 판단할 수 있는 데이터는 확보하지 못했다. 따라서 최고수위가 낮고 증수기간이 짧은 수문환경이 오리나무림의 분포에 영향을 미치는 요인의 하나임은 밝혀졌으나 증가의 기폭제가 된 환경변화에 관해서는 아직까지 특정할 수 없는 상태이다.

1.5 대책안과 진행 중인 실험에 대해서

1) 방치농지를 어떻게 할 것인가

구 농지지역의 수문화학환경이 열악해진 것은 구 세쯔리천의 분단에 의한 하천수위의 저하와 토양개량제의 잔류가 원인이라 할 수 있다. 그 중에서 하천수위의 저하에 의한 건조화는 구 농지구역에 심각한 식생적인 열악성의 원인이라는 것은 전술한 바와 같다. 그러므로 습원의 근본적인 재생을 지향하기 위해서는 이러한 원인이 되는 요인을 제거하기 위해 구 농지지역의 수위상승을 목적으로 한 구 세쯔리천의 수위상승을 검토할 필요성이 대두된다. 이는 히로사토지역만을 대상으로 한 재생사업의 실시는 곤란하다는 점을 시사한다.

여기서 근본적인 재생을 검토하기 위해서 ① 홍수에 대한 안정성 등 하천관리상의 문제, ② 하천유량의 확보에 따른 수리권(水利權)의 문제, ③ 하천유량의 변화에 따른 하천생태계의 변화와 그것이 어업에 미치는 영향, ④ 구 세쯔리천 좌완 측에 펼쳐지는 경작지에 대한 지하수위상승의 영향 등 해결해야만 하는 과제는 많아진다.

한편, 습원환경의 재생(복원), 또는 대상(代償, Mitigation)을 실시 할 경우는 저하된 지하수위를 상승시킬 목적으로 지반의 흙깎기에 의한 상대적인 수위상승,[35, 36] 주변의 하천이나 지하수의 도입, 제방을 올리거나 Pumping up에 의한 급수가 활용되는 경우가 많다.[37]

또한, 쿠시로습원에는 세립토사가 포함된 하천수의 범람에 의해 습원 내에 토사가 퇴적되어 지표면의 비교고가 높아지고 건조화 하는 것이 보고되었던 사례도 있어[17] 방치농지를 습원으로 재생하는 데에 상대적인 지하수위상승을 기대한 지반의 흙깎기에 의한 재생방법이 제안되었다.[22]

이러한 경위를 바탕으로 친환경적 쿠시로습원 재생에 관한 실무회의 등에서 히로사토지역의 구 농지구역의 재생 기법으로서 다음의 세 가지 방법이 검토되어지고 있다.

① 분단된 주변의 소하천을 연결하여 자연스러운 하천수위의 회복과 함께 지하수위를 상승시키는 방법
② 구 세쯔리천을 막고 하천수위의 인공제어를 실시하여 습원의 지하수위를 상승시키는 방법

③ 지반의 흙깎기에 의해 상대적 지하수위를 상승시키는 방법

이 중에서 ①, ②에 대해서는 전술한 문제점을 해결하기 위한 이해관계자나 관계기관과의 조정을 진행시키고 있는 단계이다. ③에 대해서는 이 방법에 의한 효과가 인정된다 하더라도 이를 구 농지구역 전체에 전개하려면 지형의 대폭적인 개변이라는 커다란 부하가 발생된다. 특히, 히로시토 지역 주변은 이탄층이 엷기 때문에 지금까지 축적되어 온 이탄이 소실될 우려가 있다. 그리고 습원의 열의 균형과 물의 균형이 변화할 가능성도 있으므로 생태계가 열악하게 변모할 가능성이 있다. 그러므로 최종적으로 채택할 "능동적인" 재생기법이라는 인식하에, 2003년부터 구 농지 일부 구역에 흙깎기구역이 설정되어 실질적인 시험이 개시되어져 수문 환경요인을 포함한 무기 환경과 식생 모니터링과 함께 그 효과가 검토되고 있는 중이다.

이 흙깎기 시험에서는 표준구인 벌사초-갈대 군락이 우점하는 생태계로의 회복을 최종적인 목표로 하고 있다. 시험에서의 구체적인 목표는 먼저, 지하수위를 표준구와 동일한 레벨로 하는 것이고 그 환경에서 어디까지 표준구의 식생(종조성(種組成) · 녹피도(綠被度))에 근접할 수 있을지 조사하며, 그 재생에 걸리는 시간에 대한 식견(Barometer)을 얻는 것이다. 시험구는 구 농지구역에 있어서 지하수위환경이 다른 3개 구획(각각 0.1ha)으로 설정하고 각각 지반의 흙 깎아내기를 실행한 처리구와 무처리의 대조구를 설치하고 있다. 또한, 각각의 흙깎기구에는 갈대종자의 파종을 실시한 파종구가 포함되었고 다양한 수위를 재현할 수 있는 경사 흙깎기 구간도 설정되어 흙깎기의 효과를 다면적으로 평가할 수 있도록 설정했다(그림 1-12). 흙깎기 깊이의 설정은, 흙깎기 처리 후의 연평균지하수위(여기서는, 지표면을 기준으로 한 지하수위를 의미한다)가 표준구의 연평균지하수위와 같아지게 하기 위해 전년도까지 얻어진 표준구와 대조구의 지하수위데이터를 기준으로 산출되었다.

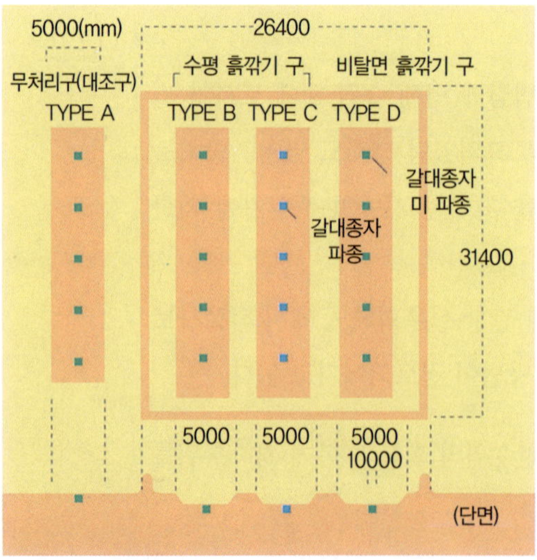

그림 1-12 **흙깎기 시험지의 개요**

(환경성/ (사)자연환경공생기술협회, 2004[11]에서 인용)

2003년도의 모니터링조사결과에서는, 흙깎기 시험구의 평균수위가 표준구와 거의 같아졌으며 지하수위를 표준구와 일치시키고자 한 목표가 달성되었다. 하지만 지하수위변동은 표준구에 비하여 커다

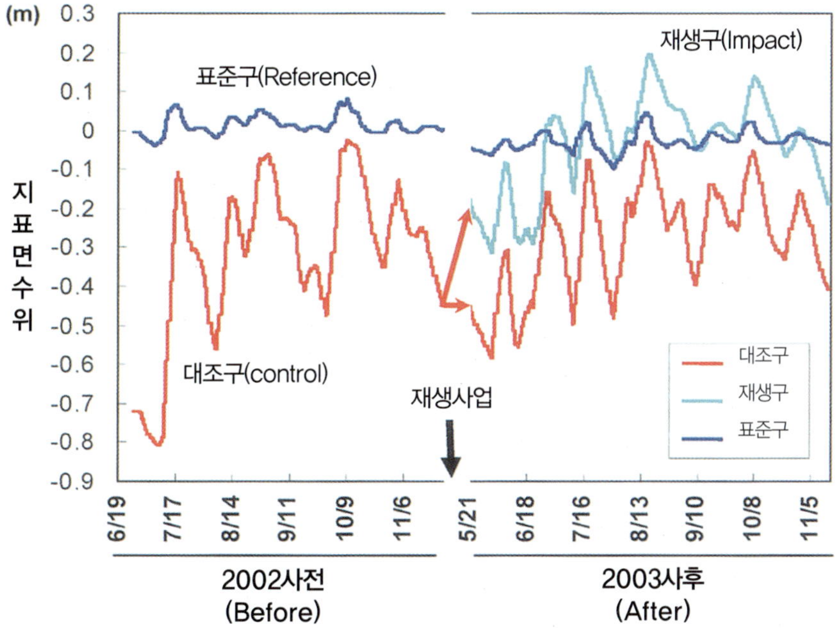

그림 1-13 **BARCI Design을 활용한 흙깎기 기법의 평가예**

지표면수위는 지표면을 기준으로 지하수위의 7일간 이동평균을 나타냄

란 수치를 나타냈고(그림 1-13), 토양수의 칼슘이온, 암모니아이온, 전체 용존태질소농도가 매우 높은 수치를 기록하였다. 그리고 비파종구에서는 갈대가 전혀 발생하지 않고 파종구에서도 갈대 실생의 생존률이 낮다는 것과 초기생육이 나쁜 것을 확인할 수 있었다.

현재로는 흙깎기구와 표준구의 식생적 공통점은 거의 없고, 식생재생에 관한 평가에는 장기간에 걸친 모니터링을 필요로 한다는 점이 시사되었다. 이러한 점에서 흙깎기에 의해 지하수위를 상승시키는 방법은 그 부작용으로써 수질악화, 식생회복이 현저하게 늦어지는 점 등 다양한 문제가 발생한다는 것을 알 수 있었다.

2) 오리나무를 어떻게 할 것인가

오리나무림의 분포에 수문환경특성이 밀접하게 관계하고 있다는 것이 밝혀졌지만 오리나무의 증가를 촉진한 결정적인 환경변화와 구체적인 인위적 교란과의 관련성은 아직 밝혀지지 않고 있다. 쿠시로습원의 각지에서 진행되는 오리나무림의 증가는 식생변화의 규모로 보았을 때 향후 보전활동에 커다란 문제로 남기 때문에 다양한 스케일에 의한 증가메커니즘의 증명이 빠른 시일 내에 이루어져야 한다. 그러므로 증가한 오리나무림에

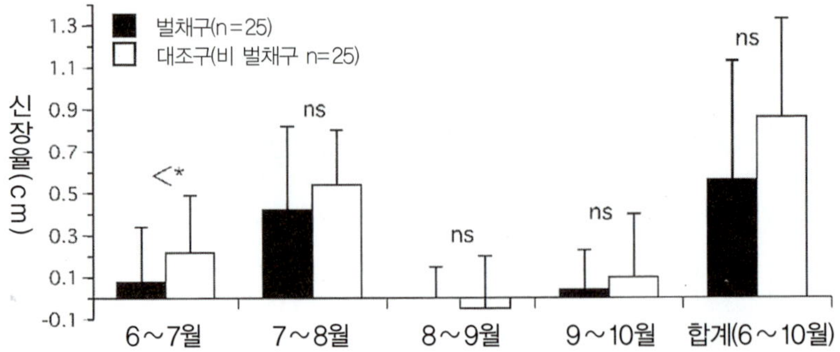

그림 1-14 오리나무 벌채시험구 및 대조구(비벌채구)에 있어서의 물이끼류의 신장율

도면상의 수치는 평균치±표준편차를 나타내고, 두 개구의 비교는 Mann-Whitney U-test를 활용했음

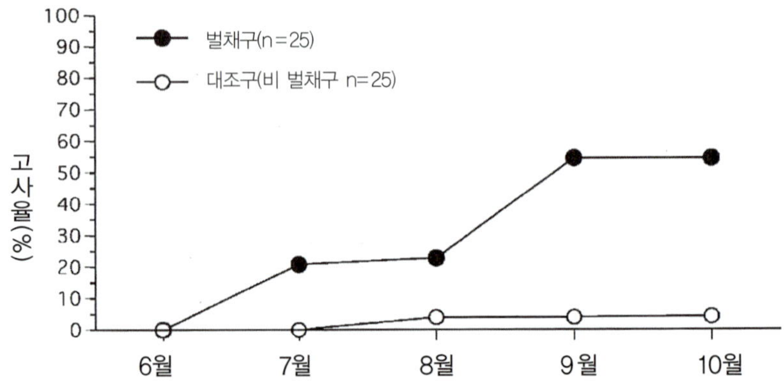

그림 1-15 오리나무 벌채 시험구 및 대조구(비벌채구)에 있어서의 물이끼류의 고사율

대한 재생사업의 대응책으로 그 증가를 촉진시킨 원인을 찾아 제거하는 것이 당면과제로 등장했다. 이에 더하여, 습원에서의 오리나무의 증가가 생태계에 어떠한 영향을 미치는 지에 대한 과학적 데이터를 토대로 한 시나리오 구축에 대해서도 보전관리 및 보전방침을 세우는 것이 지금 필요하리라 본다.

증가한 오리나무에 대한 재생 및 관리수단으로 기본적인 것으로는 원인배제에 의한 수동적 재생수단이 최우선이 되지만 때에 따라서 능동적 수단과 조합할 수 있는 가능성도 염두에 둔다. 그 능동적 수단의 하나로 오리나무의 벌채에 의한 재생 및 관리방법이 계속 제안되어 왔지만 벌채에 의한 생태계의 반응은 전혀 알려져 있지 않고 예상외의 부작용에 대해서도 강한 우려가 개진되고 있다. 그러므로 히로사토지역에서의 오리나무의 소규모 벌채 시험을 통해 벌채 후에 일어날 수 있는 현상을 알기 위한 식생, 토양, 수질,

미기상 등의 다각적인 시점에서의 조사가 이루어지고 있다.

아직 모니터링이 시작 단계이므로 충분한 데이터를 얻지는 못했지만, 지금까지 밝혀진 벌채의 주요한 영향으로서 오리나무 하부 임상(林床)에 생육하는 물이끼류의 신장억제와 고사율의 증가가 인정되고 있다(그림 1-14, 그림 1-15).

1.6 자연재생사업의 향후전망

히로사토지역의 재생사업은 건전성의 평가와 열악성의 원인파악을 염두에 두고 현상을 상세하게 조사하는 과정을 통하여 그 열악성의 요인파악 및 구체적인 목표설정이 가능해졌다. 또한, 소규모였지만 시험적인 사업의 실시로 인해 활용된 재생기법의 효과와 문제점이 점점 명확해지고 있다. 습원생태계가 점점 열악해지는 원인과 그 메커니즘을 해석하려 하는 조사연구는 습원의 생태적 · 수문적 기능에 대한 이해를 도모하였다. 이제부터는 이러한 식견을 토대로 최적의 재생기법에 대한 논의를 지역주민 · 관계기관과 함께 진행시킬 예정이다.

– 나카무라 도시다카(中村俊隆), 야마다 히로유키(山田浩之)

인용문헌

1) Wheeler, B. D. and Proctor, M. C. F. (2002) : Ecological gradients, subdivisions and terminology of north-west European mires, Journal of Ecology 88, 187-203.

2) Yabe K. (1985) : Distribution are formation of tussocks in Mobara-Yatsumi marsh, Japanese Journal of Ecology 35, 183-191.

3) Nakamura T., Yabe K., Komatsu T. and Uemura S. (2002c) : Reduced soil contributes to the anomalous occupation of dwarf community in N-richer habitats in a cool-temperate mire, Ecological Research 17, 109-117.

4) Malmer, N. (1986) : Vegetation gradients in relation to environmental conditions in northwestern European mires, Canadian Journal of Botany 64, 375-383.

5) Nakamura, T., Uemura, S. and Yabe, K. (2002) : Variation in nitrogen-use traits within and between five Carex species growing in the lowland mires of northern Japan, Functional Ecology 16, 67-73.

6) National Research Council (1992) : Restoration of Aquatic Ecosystems: Science, Technology, and Public Policy, National Academy Press, Washington DC.

7) Vermeer J. G. and Joosten J. H. J. (1992) : Conservation and management of bog and fen reserves in the Netherlands. In: Fens and Bogs in the Netherlands: Vegetation, History, Nutrient Dynamics and Conservation(ed J. T. A. Verhoeven), pp.433-478, Kluwer Academic Publishers, Dordrecht.

8) Beltman B., Van Den Broek T., Bloemen S. and Witsel C. (1996) : Effects of restoration measures on nutrient availability in a formerly nutrient-poor floating fen after acidification and eutrophication, Biological Conservation 78. 271-277.

9) Verhoeven J. T. A., Keuter A., Van Logtestijn R., Van Kerkhoven M. B. and Wassen M. J. (1996) : Control of local nutrient dynamics in mires by regional and climatic factors: a comparison of Dutch and Polish sites, Journal of Ecology 84, 647-656.

10) Budelsky R. A. and Galatowitsch S. M. (2002) : Effects of water regime and competition on the establishment of a native sedge in restored wetlands, Journal of Applied Ecology 37, 971-985.

11) 環境省自然管理局・(社)自然環境共生技術協會 (2004) : 自然再生-釧路から始まる-, 279pp., ぎょうせい.

12) 中村隆俊・山田浩之・仲川泰則・笠井由紀・渡邊綱男 (2004) : 自然再生事業區域釧路濕原廣里地區における濕原環境の實態 -植生と環境の對應關係から見た影響評價-, 應用生態工學7(1), 53-64.

13) 山田浩之・中村隆俊・仲川泰則・神谷雄一朗・中村太士・渡邊網男 (2004) : 自然再生事業區域釧路濕原廣里地區における濕原環境の實態 −酪農草地化および河川改修が濕原地下水　環境に及ぼす影響−, 應用生態工學7(1), 37−51.
14) Takamura N., Kadono Y., Fukushima M., Nakagawa M. and Kim B. (2003) : Effects of aquatic macrophytes on water quality and phytoplankton communities in shallow lakes, Ecological Research 18, 381−395.
15) 水垣 滋・中村太士 (1999) : 放射性降下物用いた釧路濕原河川流入部における土砂堆積厚の推定, 地形20, 97−112.
16) Nakamura F., Sudo T., Kameyama S. and Jitsu M. (1997) : Influences of channelization on discharge of suspended sediment and wetland vegetation in Kushiro Marsh. northern Japan, Geomorphpology 18, 279−289.
17) Nakamura F., Jitsu M., Kameyama S. and Misugaki S. (2002b) : Changes in riparian forests in the Kushiro Mire, Japan, associated with stream channelization, River Research and Applications 18, 65−79.
18) Kameyama S., Yamagata Y., Nakamura F. and Kaneko M. (2001) : Development of WTI and turbidity estimation model using SMA − Application to Kushiro Mire, eastern Hokkaido, Japan −, Remote Sensing of Environment 77, 1−9.
19) 中村太士・中村隆俊・渡邊 修・山田浩之・仲川泰則・金子 正美・吉村暢彦・渡邊網男 (2003) : 釧路濕原の現像と自然再生事業の概要, 日本生態學會保全生態學研究 8, 129−143.
20) 佐藤孝則 (1998) : 稀少野生生物種とその生息地としての濕原生態系の保全に關する研究報告書, (財)日本鳥類保護聯盟, 117−152.
21) 正富宏之・大石麻美 (2001) : 濕原生態系及び生物多様性保全のための濕原環境の管理および評價システムの開發に關する研究調査報告書. (財)日本鳥類保護聯盟釧路支部, 3−4.
22) 釧路濕原の河川環境保全に關する檢討委員會 (2001) : 釧路濕原の河川環境保全に關する提言, 國土交通省北海道開發局.
23) 松原健二・山田浩之・中村隆俊・宮作尙弘・神谷雄一朗・渡邊網男・中村太士 (2003) : 航空機レーザー測量を用いた釧路濕原ハンノキ林の樹高推定と分布域の環境條件, 第114回日本林學會大會學術講演集, 160.
24) 中村太士 (2003a) : 河川・濕原における自然復元の考え方と調査・計劃論 −釧路濕原および標津川における濕地. 氾濫原, 蛇行流路の復元を事例として−, 應用生態工學 5(2), 217−232.
25) 中村太士 (2003b) : 自然再生事業の方向性, 土木學會誌 88, 20−24.
26) Conway V. M. and Millar A. (1960) : The hydrology of some small pest−covered

catchments in the N. Pennines, Journal of the Institute of Water Engineers 14, 415–424.

27) Burke W. (1975) : Effects of drainage on the hydrology of blanket bog, Irish Journal of Agricultural Research 14, 145–162.

28) Nicholson I, A., Robretson R. A. and Robinson M. (1989) : Effects of drainage on the hydrology of a peat bog, International Peat Journal 3, 59–83.

29) 山田浩之・中村隆俊・仲川泰則・濱 裕人・中村太士・渡邊綱男 (2003) : 釧路濕原廣里地區における地下水環境の實態および濕原再生手法の檢討, 應用生態工學會第7回研究發表槪要集, 55–58.

30) 中村隆俊・中村太士 (2003) : 釧路廣里地區における植生分布と無機環境要因, 環境省自然環境局北海道地區自然保護事務所平成14年度自然再生事業廣里地區自然環境調査(その1)業務報告書.

31) Wheeler B. D. and Shaw S. C. (1995) : A focus on fens–controls on the composition of fen vegetation in relation to restoration. In: Restoration of Temperate Wetlands(eds. Wheeler B. D., Shaw S. C., Fojt W. J. and Robertson R. A.), pp.49–72, John Wiley & Sons Ltd. Ontario.

32) Hotes S., Poschlod P., Sakai H. and Inoue T. (2001) : Vegetation, hydrology, and development of a coastal mire in Hokkaido, Japan, affected by flooding and tephra deposition, Canadian Journal of Botany 79, 341–361.

33) Nakamura T., Uemura S. and Yabe K. (2002b) : Hydrochemical regime of gen and bog in north Japanese mires as an influence on habitat and above–ground biomass of Carex species, Journal of Ecology 90, 1017–1023.

34) Yabe K. and Numata M. (1984) : Ecological studies of the Mobara–Yatsumi marsh: Main physical and chemical factors controlling the marsh ecosystem, Japanese Journal of Ecology 34, 173–186.

35) Farrell C. A. and Doyle G. J. (2003) : Rehabilitation of industrial cutaway Atlantic blanket bog in County Mayo North–West Ireland, Wetlands Ecology and Management 11, 21–35.

36) Price J. S., Heathwaite A. L. and Baird A. j. (2003) : Hydrological processes in abandoned and restored peatlands: An overview of management approaches, Wetlands Ecology and Management 11, 65–83.

37) Bardsley L., Giles N. and Crofts A. (2001) : The wetland restoration manual, 250pp., The Wildlife Trusts, UK.

column

칼럼

두루미의 분포지역 확대와 자연재생

◆ 두루미의 분포지역 확대 ◆

일본에서 번식하는 최대의 조류인 두루미는 자연재생사업이 실시되는 쿠시로습원을 중심으로 한 북해도 동부에 유조(留鳥), 텃새로 서식하고 있다. 해외에서는 극동러시아에 번식하고 중국남부나 한반도에서 월동하는 철새로서, 약 1,000~1,500마리 정도가 분포한다. 일본의 두루미는, 과거에는 북해도 전역~본토의 동북부, 관동지방까지 폭 넓게 분포하고 있었으나, 명치(明治)시대에 들어서서 극감하여 일시적으로 멸종한 것으로 연구되었다. 대정(大正)시대에 북해도 동부에서 33마리가 재발견 되어 보호활동 및 월동기의 인공급이(人工給餌, 인위적 먹이 공급)에 의해 서서히 그 개체수가 증가해 현재는 약 800마리를 넘는 수준이다. 하지만, 800마리라는 숫자는 안전한 마리수가 아니며 멸종의 위기에서 온전히 탈피한 것도 아니다. 또한 근년, 증가추세가 둔화되고 대륙에서도 서식지인 습지의 소실이 많아지는 관계로 개체수의 감소가 우려되고 있다. 월동지가 집중하는 쿠시로습원 주변에서 병원체가 발생할 시 멸종 가능성도 대두되고 있다.

한편, 지금까지 두루미는 쿠시로(釧路), 도카치(十勝), 네무로(根室) 등의 북해도 동북부에만 서식하였지만 근 수년간은 번식기의 일부는 북해도의 중앙 · 북부에도 출현하는 개체를 볼 수 있게 되었다.

하지만, 동부 이외지역의 번식사례는 확인되지 않았고 그 분포개체도 월동기에는 쿠시로습원 주변의 급이장으로 돌아오고 있어, 월동기의 인공급이가 없는 개체수의 유지에는 도달치 못하고 있다. 이러한 증가의 둔화와 개체의 분포지역 확대는 동부의 번식적지의 개체수 수용력이 한계에 다다르고 있다는 점을 암시하며, 번식지의 분포가 확대되는 것은 보전 상 바람직한 것이라 할 수 있다. 이러한 상황 하에서, 2004년 6월에 북부의 사로베츠습원에 어림잡아 백년하고 몇 년 만의 두루미의 번식이 확인되었다. 사로베츠에 도래한 것은 비단 1마리이고 알은 2개 확인되고 있으나, 부화하여 어느 정도 성장한 새끼두루미는 1마리뿐이다. 이 두루미는 2002년부터 사로베츠에 매년 도래하였고 2004년에 처음으로 번식에 성공하였다. 하지만, 그 후 이 새끼두루미를 관찰할 수 없게 되었다.

◆ 분포지역 확대에 앞선 대응을 ◆

사로베츠습원에서는 금후에도 이 새끼두루미가 번식활동을 지속할 가능성이 높고 다행히도 지자체 · 환경성 · 북해도개발국이 협력하여 사로베츠습원자연재생사업을 진행하고 있어 그 일환으로 보호 관리와 모니터링 하는 것을 검토하고 있다.

과거, 북해도에서는 거의 전역에 걸쳐 두루미가 서식하였다. 번식에 적합한 갈대밭이 많은 관계로 번식지역의 확대가 진행되면 많은 지역에서 두루미가 확인될 가능성이 크다. 그러므로 조기에 대응하는 것이 중요하다. 일본에는 멸종을 방지하기 위해 광역적 서식환경의 보전이나 재생이 필요한 생태계의 상위종인 조류가 많이 서식한다.

본래, 국가와 도도부현(都道府縣)이 이들 종에 대한 광역적 서식환경평가를 실시하여 장래에 일어날 가능성을 상정하고 그 위에 자연재생부지 등을 선정하는 것이 바람직하다. 그러기 위해서는, 그 잠재적 서식적지를 도면화 하여, 보호관리 · 자연재생은 어떻게 할 것인가에 대한 선행주자가 되어 검토해두는 것이 "자연재생의 시대"의 기본적인 자세로서 필요할 것이다.

– 헨미 이치로(逸見 一郎)

Chapter 02

반자연습지(半自然濕地)

– 후쿠이현 츠루가시 나카이케미(福井縣 敦賀市 中池見) 사례를 중심으로 –

2.1 반자연습지의 생태적 특징

여기서는 인위적 영향을 받아 발달하는 습지를 "반자연 습지"라고 칭한다. 그 대표적인 장소인 논에서는 생산을 목적으로 한 물 관리와 경작과 같은 작업이 매년 규칙적으로 행해진다. 이 같은 인위적 물가의 환경은 "시공간적으로 안정된 일시적인 수변"으로 정리될 수 있다. 논으로 유지되고 있는 곳은 농경과 다양한 담수생물에 의해서 서식지 및 생육지로 이용된다는 것이 연구를 통해 밝혀졌다. 그러나 최근에는 전답의 방치가 진행되면서 논의 경작방치와 식생변이에 따른 육화(陸化)에 의한 생물다양성 저하가 염려되고 있다. 반자연습지에는 논이나 물을 담아둔 연못 외에도 개발에 따른 보상조치로 인공적으로 조성된 습지도 포함되어 있으나 이 장에서는 방치된 논의 자연재생 사례로써 나카이케미(中池見)의 구조를 소개한다.

2.2 나카이케미(中池見)의 개요와 자연재생의 실시

나카이케미는 후쿠이현 츠루가시의 시가지 동부에 위치하는 약 25헥타르 면적의 산간분지이다. 1955년 전후의 나카이케미는 전역이 진흙이 많은 논으로 뒤덮여 추수에는 폭이 넓은 나막신을 신었다. 그러나 1965년을 전후로 쌀의 생산조정과 작업이 곤란한 논의 입지가 재조명되어 점차 경작방치가 진행되었다. 그 결과, 예전에 전답경작을 하였던 대부분의 공간은 갈대와 줄풀 등에 의한 습지가 되었다.

그 후 1992년에 츠루가시(敦賀市) 의회는 나카이케미(中池見)에 액화천연가스(LNG) 기지를 유치할 것을 결정하고 이로 인해 1993~1994년의 기간에 환경영향평가 조사가 이루어졌다.

환경영향평가가 실시되는 가운데 나카이케미(中池見)의 다양한 수생, 습생식물과 수변동물이 확인되었고 여기에는 다양한 희귀종도 포함되어 있어 본 사업예정지 일부에 환경보전구역을 설정하고 필요한 정비를 실시하여 자연환경을 보전하는 계획이 환경영향평가서에 명기되었다. 또한 후쿠이현(福井縣)지사는 환경보전구역 정비에 있어서 다음 사항에 배려하도록 하는 의견을 제시하였다.

① 사전에 생물과 환경조건에 대한 충분한 조사를 할 것.
② 착공 시에는 이들 조사결과를 충분히 반영할 것.
③ 지역민이 자연친화적인 장소, 환경학습 및 조사연구의 장으로서 이용할 수 있는 시설로 정비할 것.
④ 환경보전구역의 적절한 유지관리와 생물의 변화에 대한 과정을 기록할 것.

이와 같은 과정을 거쳐 1997년부터 환경보전구역 정비가 시작되었다. 사전조사를 포함한 정비기간은 3년을 목표로 하였으며, 그 환경보존구역 중 일부는 2000년 5월에 "나카이케미(中池見), 사람과 자연과 함께하는 마을"로 일반에 공개되었다. 2002년, 나카이케미의 LNG기지건설계획은 중지되었지만 2004년 현재에도 자연환경보전을 위한 유지관리

사진 2-1 **환경보전구역 전경**

작업과 모니터링은 계속되고 있다. 사진 2-1에서는 나카이케미(中池見)의 정비된 환경보전구역 전경을 보여주고 있다.

필자는, 환경보전구역의 정비에 있어서 정비계획과 모니터링 등에 참여해 왔다. 그 정비에 입각한 사업실시의 대상(代償)조치로 정비된 환경보전구역의 정비과정, 그리고 그 성과와 과제를 소개한다.

2.3 환경보전구역에 있어서의 자연재생의 목표설정

1) 보전목표에 대한 생각

환경보전구역 정비에 참여하면서 물부추, 네가래, 나자스말 등의 식물 24종, 개구리, 잠자리, 중백로 등 동물 16종의 동식물종(〈표 2-1〉)이 보전대상종으로 설정되었다.

이들은 Red data book에 기재되거나 후쿠이현 내에서 희소가치가 있는 것을 기준으로 선정된 종들 가운데 사업실시에 따른 영향을 받을 것으로 평가되는 종들이다. 이들 종 중에서, 네가래, 생이가래, 물옥잠 등은 논 잡초로 알려져 있다(사진 2-2). 이처럼 보존대상 종의 대부분은 멸종위기에 있는 희귀종이면서 동시에 논경작지에 의존하고 있는 종이다. 또한, 보존대상종은 논에 서식 · 생육하는 것, 수로와 연못 등의 개방수역에 서식하는 것, 갈대밭 등의 고산초본 군락에 서식, 생육하는 것 등 필요로 하는 환경조건이 다양하다.

이처럼 환경보전지역에서는 주로 이차원적 자연을 중요한 서식, 생육환경으로 하는 종군(種群)이 보전대상으로 설정되어 있다.

2) 보전방법에 대한 생각

위와 같이 이차원적 자연을 주요 서식 · 생육환경 기반으로 하는 종군을 보전하기 위해 환경보전구역 정비에서는 다음의 2가지 보전방침을 설정하였다.

(1) 영농작업에 준한 유지관리의 실시

보전대상이 되는 생물종(生物種)의 대부분은 논 경작이 이루어지고 있는 부지를 주요 서식 · 생육 기반으로 하고 있다. 유지관리가 이어지지 않으면 고경초본군락에서 식생

표 2-1 환경보전구역의 보전대상종 일람

구 분		종 명	
식물 (24종)	보존분급 Ⅱ	물부추 네가래 나자스말 물옥잠 흑삼릉 긴흑삼릉 여름새우란 생이가래 수련	헛가지말 애기마름 전주물꼬리풀 조름나물 자라마름 차전초(질경이) 제비붓꽃 꽃창포 만주겨이삭여뀌
	보존분급 Ⅲ	물고사리 고려엉겅퀴 망개나무	통발 꽃창포 잠자리난초
동물 (16종)	보존분급 Ⅱ	청개구리 꼬마잠자리	겐지반딧불이 왕잠자리
	보존분급 Ⅲ	물총새 중백로 쇠뜸부기사촌 덤불해오라기 애반딧불이 긴무늬왕잠지리	큰무늬왕잠자리 큰물자라 애물방개 검정물방개 물방개 열석점긴다리무당벌레
보존분급 Ⅱ~Ⅲ의 식물군락(5군락)		전주물꼬리풀 군락 조름나물 군락 물옥잠 군락	

주 : 보존분류 Ⅱ : 레드데이터북 기재 종과 후쿠이현 내에서 희소가치가 있는 종
보존분류 Ⅲ : 지역의 학식 경험자 등에 의해 주목되고 있는 종

천이가 진행되어 이들 종군(種群)의 대부분은 서식 · 생육이 이루어지지 않을 것으로 판단하기 때문에 필히 지속적인 유지관리가 요구된다.

(2) 새로운 서식, 생육 환경기반의 정비

환경보전구역은 경작되고 있는 논(현행 밭)과 갈대 등이 차지하고 있는 고경초본군락 등, 나카이케미(中池見) 전역의 대표적 환경유형들을 대부분 포함하고 있다. 그러나 보전대상으로 되어 있는 군락의 일부는 그 서식 · 생육환경이 환경보전구역 내에 부족하다고 여겨지고 있기 때문에 연못과 늪, 수로 등을 중심으로 보완적으로 환경기반 정비를 해야

사진 2-2 네가래, 물옥잠, 왕잠자리, 물방개

한다.

2.4 환경보전구역의 계획 과정(Process)

1) 사전조사

환경보전구역의 정비계획을 입안하기 위해 이미 실시된 환경영향평가 조사와는 별도로 계획부지 내의 자연환경조사를 실시하였다. 여기에서는 보전대상으로 하는 종의 상세한 분포상황과 서식 · 생육환경을 조사하였다. 보전대상으로 하는 종은 1/1,000의 지형도상에서 서식 · 생육범위를 구분하였다. 서식 · 생육환경 조사에서는 논(현행 밭, 방치된 곳)별로 수온, 수심, 수소이온농도, 전기전도율(EC) 등을 계측하였다. 또한, 계획부지 전역의 현존 식생도를 새롭게 작성하였다.

2) 조닝(zoning) 계획

(1) 제안조건의 정비

환경보전구역에서는 동식물종을 보전함과 동시에 지역주민이 자연과 함께하는 장소나 환경학습의 장으로 정비하는 것이 바람직하다. 즉, 보전과 이용의 양립적인 검토를 필요로 한다. 후자를 실현하기 위해서는 관찰로 또는 휴식 · 전시가 가능한 설비가 필요할 것으로 생각된다.

한편, 환경보전구역에서는 희귀한 동식물종이 서식 · 생육하는 2차원적 자원을 보전하는 것이 목적이다. 그러므로 자연환경보전에 대한 배려를 우선으로 하고 환경보전구역의 정비계획을 입안하도록 하였다.

(2) 환경보전구역의 조닝

위의 조건을 만족시키기 위해서 환경보전구역에서는 다음의 정보를 정리하여 조닝계획을 입안했다.

① 현지조사에서 얻은 보전대상 종의 분포도
② 논 한 필지별 환경특성도(수심, 수소이온농도, 전기전도율(EC) 등)
③ ②와 보전대상 종 서식 · 생육환경 데이터베이스에서 얻은 잠재적 분포가능지역도

환경보전구역의 평지부분은 본래 전면이 논이어서 보전대상종과 환경특성도는 10a/구획 정도의 방치된 논 한 필지(1구획별)별로 정리하였다. 일반적으로 논은 한 필지별로 유지관리가 실시되기 때문에 한 필지의 논에 있어서 환경조건은 비교적 균질한 것으로 본다. 따라서 환경보전구역의 정비검토에 있어서 자연환경의 공간적인 특징을 알아내기 위해서는 논 한 필지를 1그리드(grid)로 인식하고 환경특성을 정리, 해석하는 것은 합리적이다.

① 및 ③에서 정리된 보전대상종의 분포도(현존분포도 및 분포가능지역도)에 대해서 모든 분포도를 중복시켜, 보전과 이용을 공간적으로 배치하기 위한 방침이 되는 구역으

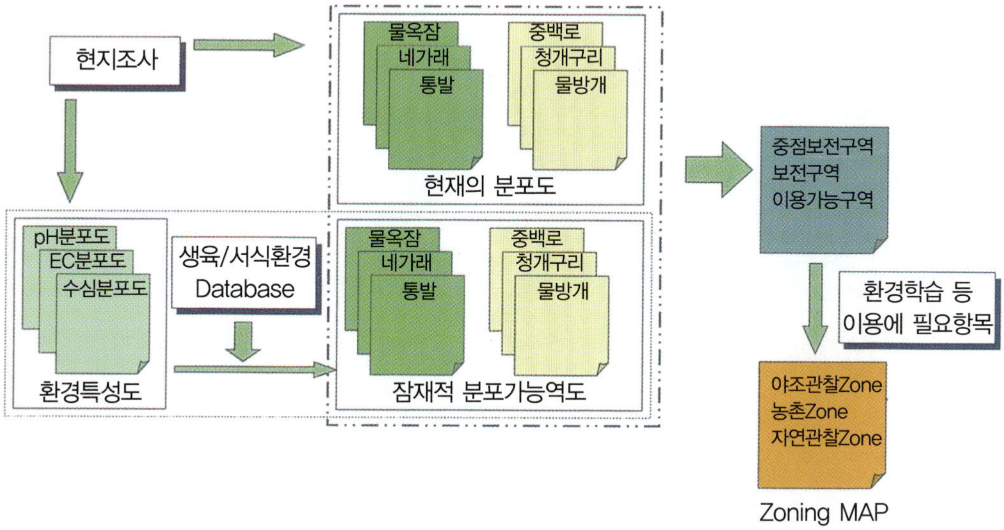

그림 2-1 환경보전구역 조닝계획의 프로세스

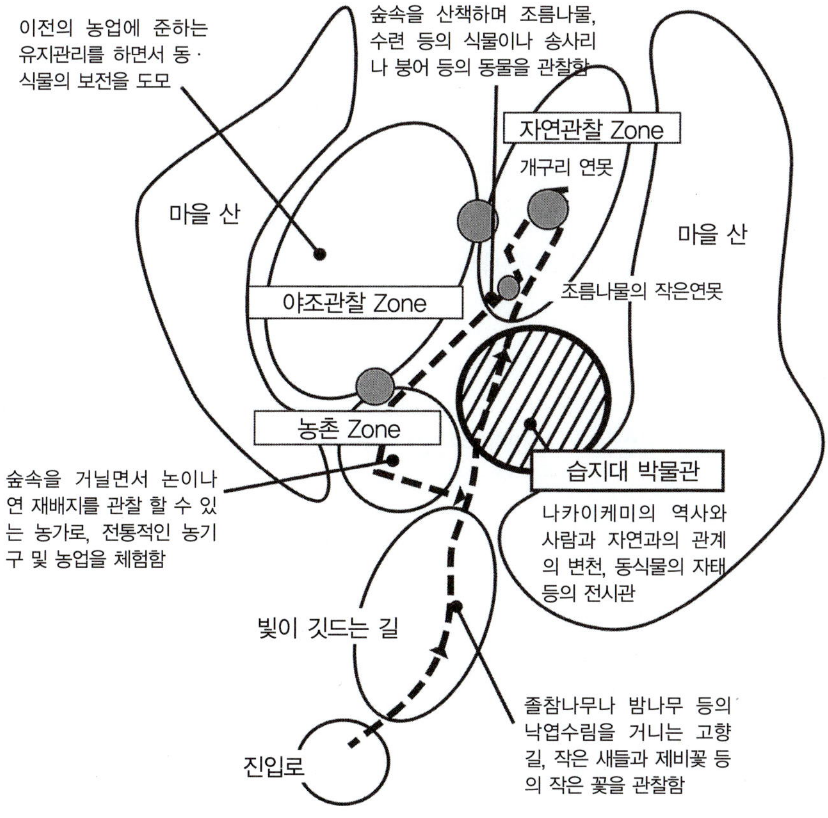

그림 2-2 환경보전구역 조닝도

그림 2-3 환경보전구역 계획평면도

로 구분하였다(그림 2-1).

그 위에 환경학습 등 이용에 필요한 사항(관찰로, 관리동 등의 정비)을 입력하여 최종적인 조닝도를 입안하였다(그림 2-2).

(3) 환경보전구역의 정비계획

조닝계획에서 검토한 내용을 토대로 최종적으로 그려진 환경보전구역의 정비계획 평가도를 (그림 2-3)에 나타냈다. 이 계획에서는 평균부의 서쪽에 보전을 우선적으로 실시하는 존을 배치하고 안전하면서 환경학습 등에 이용할 수 있는 존을 동쪽에 배치하였다. 또한, 환경학습 등에 활용될 주요시설로 관찰용 숲길, 관리동(습지대 박물관)과 2차적 자연보전의 상징으로서 농촌경관을 창출하기 위한 버섯 농가를 배치하기로 하였다.

더욱이, 보전을 우선으로 하는 존과 환경학습에 이용하는 존은 그 사이에 배치된 갈대밭에 의해 시선차단효과로 양자가 하나의 집수역(集水域)으로 존립할 수 있도록 배려하였다.

2.5 자연재생을 위해 취한 구체적 방법

1) 유지관리

보전을 우선하는 존은 영농작업에 따라 유지관리를 계속적으로 실시함으로써 보전 대상종의 보전을 꾀하였다. 유지관리작업은 다양한 환경유형을 현재의 논, 휴경지, 저경초원, 고경초원 등으로 분류하고 환경유형별로 각기 다른 유지관리작업을 실시하고 있다. 보전대상인 동식물은 논 경작에 의존하고 있는 종군(種群)이므로 기존 영농작업에 준한 유지관리사업의 도입이 필요할 것으로 생각된다. 환경보전구역에서 실시되고 있는 유지

표 2-2 **유지관리 공정표**

작업내용	월	3	4	5	6	7	8	9	10	11	12
물관리	수로파기/연못청소										
	물 관리 수로 등의 보수										
제 초	풀베기(기계)										
	풀베기(수작업)										
	갈대/부들 솎아내기										
	잡초/갈대 제거										
	퇴비 만들기										
경 작	둑만들기										
	논갈기										
	비료살포										
	둑의 보수										
수 확	모내기										
	벼베기										
	탈곡										

사진 2-3 **논 갈기, 모내기, 풀베기, 벼 수확**

관리사항(〈표 2-2〉)은 지금까지 나카이케미(中池見)에서 경작을 해온 농가청취내용을 참고로 하며, 한편으로는 보전대상종의 생태조사에서 얻은 정보를 활용하여 각각의 항목과 방법을 선택하였다.

유지관리 작업 중에서 가장 중요시되는 작업은 휴면상태의 농경지 관리이다. 휴면상태의 농경지 관리는 주로 1년생 초본으로 구성된 길이가 짧은 식생을 유지하는 것을 목표로 관리하고 있다. 그러므로 봄에 논을 갈고 고경초본이 진입할 때 선택적 제초와 봄에서 가을까지의 사이에 물 관리를 실시하고 있다(사진 2-3). 논을 가는 것은 토양상황에 따른 다년생 초본의 진입방지와 매토종자(埋土種子)에 의한 초본류의 출현을 기대할 수 있게 한다.

2) 생태계 기반 정비

환경보전구역에서는 보전목표로 하는 다양한 동식물의 보전을 위하여 유지관리작업의 도입과는 별도로 연못과 늪 등의 생태계 기반을 새롭게 창출하기로 하였다. 연못과 늪의 상세계획 입안은 보전목표종의 서식 · 생육에 필요한 구성을 담고 있다.

연못과 늪은 다양한 환경을 창출하기 위하여 영양상태가 나쁜 수질을 유지한 곳, 좋은 영양 상태를 유지한 곳의 2유형으로, 2곳씩 정비하였다. 하나의 유형을 2곳씩 정비한 것은 만약 1곳이 어떠한 영향으로 손상을 받았을 때 대안을 확보하기 위함이다(사진 2-4).

또한, 수로 및 연못과 늪의 정비와 그 밖의 시설을 정비하는 작업을 실시할 때에는 다음의 사항에 유의하였다.

① 탁수(濁水)를 하류에 흘려보내지 않는다.
② 콘크리트제품은 최대한 사용하지 않는다.
③ 나카이케미(中池見) 외부에서 식물 종과 흙을 가져오지 않는다.
④ 새로운 녹화가 필요한 경우에는 표토(表土)를 활용한다.
⑤ 보전대상이 되는 동식물의 서식 · 생육에 배려한 공정관리를 도입한다.

3) 환경기반정비 · 유지관리작업 실시 후의 성과와 과제

(1) 성과

환경보전구역정비와 관련하여 정비 전, 정비 중, 정비 후의 자연환경에 관한 모니터링을 계속적으로 실시하고 있다. 모니터링에서는 보전목표로 하고 있는 동식물종의 출현

사진 2-4 **연못 및 늪의 정비(정비 직후, 정비 후 3년)**

상황(보전대상종 각각의 확인위치와 개체수 또는 분포면적)을 조사하고 있다.

또한, 모니터링에서는 보전대상 뿐만이 아니라 수변에 연관성이 강한 곤충류인 잠자리류의 출현종에 대해서도 시간경과를 지켜보며 파악하고 있다. 그 밖에 식물에 대해서도 외래종(外來種)의 출현의 유무에 대해서도 기록하고 있다.

이 모니터링에 따라 보전목표로서 동식물종의 보전이 대부분 확보되고 다양한 수서 · 습생식물이 환경보전구역 내에서 출현하고 있는 것이 명확해졌다.

(2) 발생된 문제점과 대책

① 미국가재(Procambarus)의 발생 (사진 2-5)

환경보전구역 정비에 의해 전체적으로 양호한 보전상태를 확보하였지만 예상치 못한 과제도 발생하였다. 그 하나가 미국가재(*Procambarus*, 1930년경 미국에서 들어온 외래종)의 증식이다. 나카이케미(中池見) 전역에 있어서 미국가재는 환경영향평가의 조사 시에는 확인되지 않았으나 환경영향평가 이후에 폭발적으로 증가한 것으로 보여진다. 미국가재는 잡식으로 수서곤충의 유충이나 수서 · 습생식물을 포식하였다. 보전대상종 가운데 특히 식물의 피해가 눈에 띄었는데 연꽃, 수련과 통발 등의 부드러운 식물의 피해가 컸다.

2004년 현재, 환경보전구역에서는 모든 미국가재의 개체를 없애는 것은 어려울 것으로 보고 조성된 연못과 늪 일부에서 철저히 제거작업을 하여 미국가재의 서식밀도를 낮

사진 2-5 미국가재(*Procambarus*)에 의한 연꽃의 피해 실험

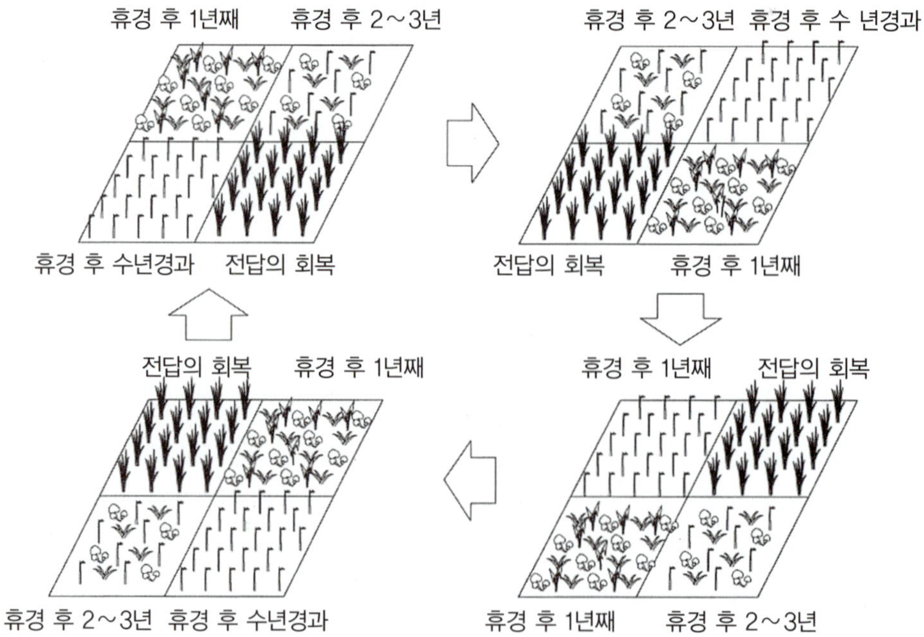

그림 2-4 전답의 회복에 의한 방치농지의 관리 모델

게 유지하려는 대책을 수립하고 있다.

② 경작관리식생의 다년생 초본 군락화

환경보전구역의 정비계획을 당초에 상정하지 못했던 또 하나의 이유는, 휴경 논 관리를 실시하고 있는 방치 논의 경우, 다년생 초본의 비율이 점차로 증가하고 있었기 때문이다. 휴경 논 관리는 1년생 초본을 중심으로 하는 초장이 짧은 식물로 구성되는 식물군락을 유지하기 위해서 실시하는 관리이지만 전답을 매년 갈아 엎어도 세모고랭이 등 다년생초본의 비율이 증가하는 경향을 보였다. 모니터링을 계속하는 가운데, 세모고랭이를 시작으로 하는 다년생초본이 우세해지면 희소한 1년생 초본은 생육하지 않는 것으로 나타났다. 이 시점에서 우리는 1년에 한번 논 복원을 실시하는 시스템을 도입했다(그림 2-4). 이로 인해 1년생 초본이 주체가 되는 초장이 짧은 식생을 재생하는 것이 가능하다는 것이 확인되었다. 그 중에서는 만주겨이삭여뀌 등의 보전대상종이 포함된 것을 확인하였다. 현재는 그 장기적인 효과에 대해서도 조사를 계속하고 있다.

2.6 모니터링과 유지관리의 중요성

2004년 가을 현재, 환경보전구역에 있어서 희귀한 동식물의 서식 · 생육환경을 유지하기 위해 일련의 추진을 시도한 후, 8년이 경과하였다. 환경보전구역의 정비를 시작한 당시는 논 잡초의 방제에 관한 연구 보고는 많이 있었지만, 주로 논 잡초로 구성된 식생을 재생하는 시도는 거의 이루어지지 않았다. 그렇기에 도전과 실패의 연속이었지만, 일을 추진함으로써 종래의 영농작업에 준한 유지관리작업과 다양한 환경기반정비가 수생 · 습생의 희귀한 동식물을 보전하는 것에 유효하다는 것을 알게 되었다.

환경보전구역에 유지관리작업을 도입하고 환경기반정비가 실시되고 있는 기간 중에 현지에서는 생물에 관한 전문직원이 상주하여 작업자와의 조정을 해왔다. 미국가재에 의한 식해(食害)와 휴경(休耕), 관리식생의 다년생초본 군락화 문제는 모니터링을 계속해 가는 가운데 확인할 수 있었다. 나카이케미(中池見)에 설치된 환경보전구역에서는 이러한 추진에 의한 2차적 자연보전에 돌입함에 있어서 보전에 관련된 사전조사와 빈틈없는 계획과 설계도 중요하지만, 한편으로는 모니터링을 계속해가면서 그 결과를 유지관리에 신속하게 반영시키는 것이 더욱 중요하다는 것이 명백해졌다.

사진 2-6 츠루가시 이케가와(敦賀市 池河) 내의 방치된 논의 식생변화(1997(좌)과 2003년(우))

필자는 환경보전구역에서 이 일을 추진한 1997년에 나카이케미와는 별도로 츠루가시 이케가와(敦賀市 池河) 내의 방치된 논에 있어서 극히 간단한 모니터링을 시작하였다. 그 중에서 이케가와의 방치된 논에서는 방치 후 3~5년에 오리나무가 우점하는 식생으로 변화하는 것이 확인되었다(사진 2-6).

이 식생 천이의 과정에서 방치된 후 얼마 되지 않았을 때 보였던 다양한 식생은 보이지 않게 되었다. 이 점을 보아도 방치된 논에 나타나고 있던 수생 · 습생의 식생변화에는 신속한 판단이 요구된다고 사료된다.

– 세키오카 히로아키(關岡裕明), 나카무라 마나부(中本 學)

인용문헌

1) 日高一雅 (2000) ： 水邊環境の保全－生物群集の視点から－; 水田における生物多様性とその修復 P.125～149. 朝倉書店

2) 藤井　貴(2000) ： 農村ビオトｰプ－農村生産と自然との共存. 農村ビオトｰプの保全・造成管理－敦賀市中池見での事例 P.83～107. 信山社サイテック

3) 大阪ガス株式會社(1996) : 敦賀LNG基地建設事業に係る環境影響評價書. 大阪株式會社

4) 下田路子(2003): 水田の生物をよみかえらせる. P.40～42. 岩波書店

5) 岡裕明, 下田路子, 中本 學, 水澤　智, 森本幸裕(2000) ： 水生植物および濕生植物の保全を目的とした耕作放置水田の植生管理, ランドスケｰプ研究63. P.491～494.

6) 中本　學, 關岡裕明, 下田路子, 森本幸裕(2002) : 復田を組み入れた休耕田の植生管理; ランドスケｰプ研究65. P.585～590.

Chapter 03

이차림(二次林)

3.1 이차림 재생의 접근방법

1) 이차림(二次林)

"이차림"이란, 인위적인 영향에 의해 이차적으로 성립된 숲으로 종 조성(種組成) 등에 의해 분류된다. 일본에서는 물참나무, 자작나무, 졸참나무, 밤나무, 상수리나무, 적송, 흑송, 메밀참나무, 떡갈나무류 등이 우점하는 군락이 있다. 관동지방의 대표적인 이차림은 이른바 잡목림이라 일컫는 기존의 신탄림(薪炭林)으로 정기적인 솎아베기, 잡초제거 등에 의해 유지되어 온 숲이다. 상수리나무와 졸참나무를 비롯해서 개서어나무와 산벚나무, 개벚나무 등 다양한 종류의 군락광엽수종으로 이루어져 있지만 그 구성은 하나의 연계된 숲에서도 지형과 토양에 의해 조금씩 다르고 특히 기후와 지형적 차이에 따라 다르다.[1] 예를 들면, 관동지방 이차림의 대표수종은 상수리나무, 졸참나무이지만 관서지방의 서쪽에서는 굴참나무, 졸참나무가 발견된다. 또한, 관동지방에서도 북부로 가면, 밤나무가 많이 혼생하게 되고, 남부가 되면 종가시나무 등의 상록수가 많이 섞이게 된다. 이들의 공통적 특징은 생육이 빠르고 땔감이나 숯으로 이용하기 적당한 수목이 우점하고 있어 신탄림(薪炭林)으로 뛰어난 성질을 지니고 있다. 또 다른 특징으로는, 관리에 의해 천이(遷移)가 일시적으로 정지된 상태에 있어 인위적 관리를 그만두면 그 지역의 극상림(極相林)으로 변화한다. 예를 들어 무사시노(武藏野)대지의 경우에는 자작나무, 붉가시나무 등이 증가하고, 건조지대(乾燥地帶)에서는 전나무가 침입하는 등, 상록수가 많아지는 식생변화가 진행되는 것이 관찰되었다.

이처럼 이차림에서는 인위적인 영향을 강하게 받고 있기 때문에 1975년에 발표된 자연환경보전기초조사에서도 자연도(自然度)가 7로 분류되어 자연림의 자연도 9보다 낮은 수치로 분류되었다.[2, 3] 더욱이 1970년대부터 80년대까지는 자연도가 높은 숲의 보전이 우선시되는 자연도 중시 풍조가 있어 이차림은 자연림보다 보전과 재생의 필요성이 낮게 평가되기 쉬웠다. 그러나 사토야마(里山, 마을에서 가깝고, 생활과 밀접한 낮은 산, 이후 마을산이라 칭함)라 불리는 낙엽관엽수림에 대한 다양한 분야로부터의 연구가 진행됨에 따라 다양한 동식물의 서식환경에 대한 생태적 중요성이 재검토되고 있다. 특히 전통적인 농촌생활을 지탱하고 있는 자연과의 공생시스템이 재인식되며, 민속문화보전의 장소 혹은 레크레이션 활동의 장소와 자연관찰 등의 학습의 장소로서도 이차림의 가치가 재검토되고 있는 실정이다.[6, 7, 8]

2) 이차림의 재생 배경

예전에 일본의 농촌과 마을산의 이차림은 별개로 생각할 수 없는 관계였다. 이차림에서 채취된 낙엽은 농경지의 비료로, 가지는 연료로, 두터운 가지는 숯과 땔감으로, 등나무나 으름덩굴의 덩굴은 광주리 등으로, 적송과 전나무는 용재(用材)로 이용되었다. 그 밖에 다양한 나무의 열매와 버섯, 식물 또는 동물이 음식과 약재로 생활에 필요한 다양한 자원으로서 이용되어 왔다. 그러나 1950년대를 마지막으로 농촌생활에서 연료와 퇴비의 필요성이 낮아져 마을산이 생활에서 멀어지고 말았다. 그 결과, 일본의 농촌과 산촌에서 산을 관리하는 기술과 자연을 이용하는 생활을 계승하는 사람들이 없어지고 마을산을 이용하는 문화 그 자체가 소실될 위기에 놓여있다. 이로 인해 대부분의 마을산은 이차림에 대한 정기적인 관리와 이용이 이루어지지 않아 대나무와 덩굴은 식생이 무성하게 되는 등 다양한 자연과 풍부한 산으로서의 매력이 소멸되어 가고 있다.

마을산의 이차림 재생이라는 과제는 이차림의 재생기술임과 동시에 옛날부터 내려온 산의 관리기술과 자연을 이용한 생활기술을 어떻게 하면 계승하여 다음 세대에 전승할 것인가로 귀결된다. 현대에 있어서는 이차림의 재생노력과 비용을 누가 어떻게 부담할 것이며, 시민생활 속에 산림의 관리와 이용이라는 것이 어떻게 자리매김 해야 하는가를 고려하지 않으면 안 된다.

또한, 이차림이 자연 동식물의 서식환경(habitat)으로서 중요하게 여겨지던 인식이 저하되면서 그 결과로 토지 개발로 인해 수림이 파괴되었다. 조성지와 비탈면 등의 인공적으로 만들어진 환경에 있어서도 이차림을 복원하는 기술을 필요로 하고 있다.

이 장에서는 이차림 재생에 대하여 "이차림을 만들고 키워나가는"것을 과제로 인식하고 시민과 연대한 사례를 포함한 예시를 소개하겠다.

3) 이차림의 재생과 숲의 천이(遷移)

이차림의 재생을 계획하는 경우, 그 지역에 있어서의 수림의 천이계열과 천이와 외적 요인과의 관계 및 이차림이 성립되고 있는 구조적 사항을 파악해 두는 것이 필요하다. (그림 3-1)은 관동지방 남부의 수림의 천이사례다.[9, 10] 이 그림에서는 졸참나무림과 적송림은 천이가 진행되면 임상(林床)에 가시나무 등이 자라고 가시나무와 모밀잣밤나무 등이 우점하는 수림으로 안정되어 있다. 이는 정기적인 관리에 의해 천이의 진행을 멈추게 함으로써 이차림이 유지된다고 할 수 있다. 또한, 1960년경까지는 졸참나무림을 벌채(伐採)한 후에 그 근주에서의 맹아에 따라 갱신하는 것과 벌채 후에 나타나는 붉나무와 예덕나무가 우점하는 수림에서 졸참나무의 실생을 선택해가면서 수림을 재차 생육하는 순환적인 시스템에 의해 숯과 땔감에 적합한 크기의 젊은 수령의 이차림을 신탄림(薪炭林)으로서 유지하도록 하고 있었다.

4) 이차림 재생과 목표설정의 접근

재생에 앞서 지역의 수림을 모델로 하면서 기초적인 항목을 조사한 후 목표로 할 수림을 설정하여 그 기능에 대해서 검토해야 한다(그림 3-2). 또한, 설정된 기능은 그 구조와 공간적인 배치, 정비/관리 방법의 바람직한 상태로서 피드백 되어 검토되어진다.[11]

예를 들어, 수림을 숯을 만드는 장소로 이용하는 경우에는 숯에 적합한 수목을 10~20년 벌채하여 갱신하지만 낙엽을 얻기 위해 이용한다고 하면 40~50년 혹은 그 이상의 수

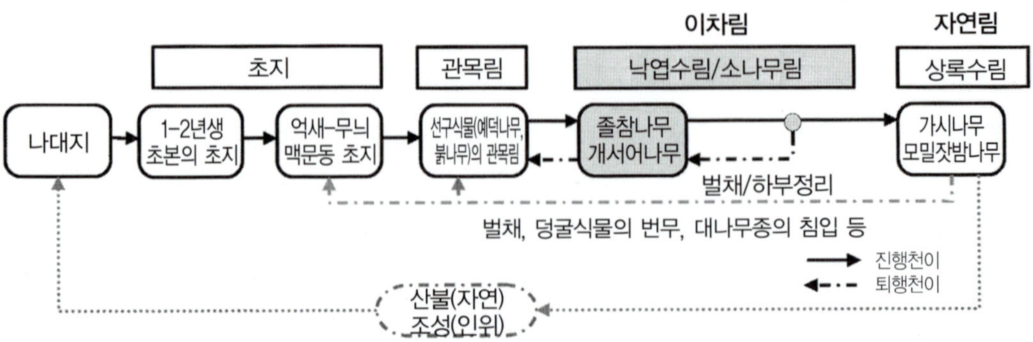

그림 3-1 수림의 천이와 이차림의 위치(치바(千葉)현의 사례)

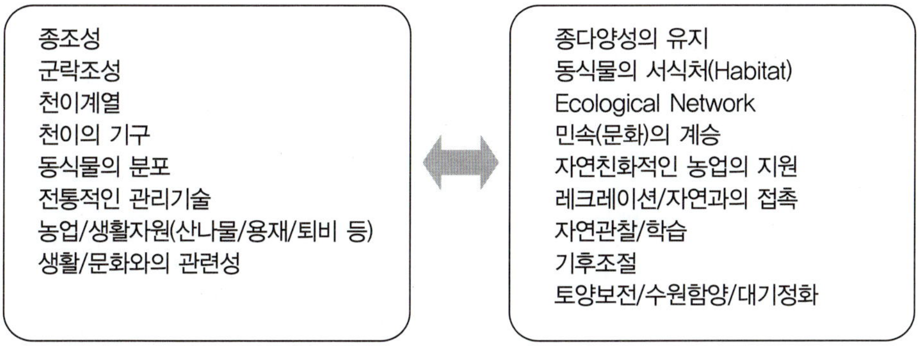

그림 3-2 **목표수림 설정과 수림의 기능에 관한 검토**

령 육성도 목표가 된다.

또한, 임상(林床)식물의 개화를 기대하는 경우와, 너구리와 들쥐(赤鼠)의 생활을 고려하는 경우에는 제초방법과 횟수를 바꿀 필요가 있다. 이처럼 이차림의 기능은 다양하고 그 관리와 유지방법에 있어서도 몇 가지 선택이 가능하다. 그러므로 실제 계획에 있어서는 가능한 한 많은 관리단계와 관리방식으로 수림을 모자이크 상태로 배치함으로써 다양화를 꾀할 수 있을 것으로 생각한다. 또한, 모니터링은 중요함으로 이에 따른 계획목표 달성과정과 예기치 않은 변화를 신속하게 인지하는 것으로 이러한 변화에 대해 적절한 대책과 계획 변화를 하는 것이 가능해진다.

3.2 도토리로 부터의 마을숲 만들기와 수림관리 – 츠루다누마(鶴田沼) 녹지 –

우츠노미야(宇都宮)시의 츠루타누마(鶴田沼) 녹지는 시가지의 서쪽 끝에 위치하고 도시화가 진행되고 있는 가운데 보전된 약 30ha의 면적과 내부에 습원(濕原)을 가진 골짜기로 주위의 수림지 또한 포함하는 보전과 재생이 과제인 녹지이다. 이차림의 재생은 연못과 흐름이 있는 수원림(水源林)으로서의 기능을 보전하는 것, 예전에 마을 숲의 삼림과 물과 수생의 연계인 생태계를 되돌리는 것, 남겨진 숲을 보강하여 동식물의 서식환경으로서의 면적으로 관련지우는 것 등을 목적으로 하고 있다.[12, 13)]

1) 목표 설정

자연재생에 있어서 시민의 폭 넓은 참여를 원하는 경우에는, 계획과 작업을 실시하기 전에, 어떠한 숲을 만들 것인가 내지는 목표를 어디에 둘 것인가에 대한 토론과 연구회를 거쳐 공통의 주제를 가지는 것이 중요하다. 예를 들면, 삼나무 숲에서 졸참나무 숲으로 수종 전환을 하는 경우에는 그 이유를 공유할 필요가 있다.

목표 설정에서는 대상이 되는 지역과 그 주변의 마을숲에서 미래의 이미지가 될 숲을 찾아 군락구조, 군락조성을 조사할 수가 있다. 이 같은 작업을 하여 이들 특징과 기능을 검토해보면 장래의 목표가 되는 수림으로서는 "이용을 위한 수림"과 "생물 상호보전을 위한 수림"의 두 가지 타입으로 크게 분류된다고 볼 수 있다(그림 3-3). 전자는 관리가 제대로 미친 임상(林床)에 빛이 들어와 초본식물층이 다양화한 안정된 군락이고, 후자는 관리 빈도가 낮은 계층구조로 발달한 숲속에 관목이 많은 수림이다(사진 3-1). 이들 2가지 타입의 목표수림을 부지 전체에서 사람들이 이용하는 관점으로 평가와 생물상(生物相)으로부터의 평가를 조합해가면서 균형을 맞춘 배치를 해나갈 것이 요구된다.

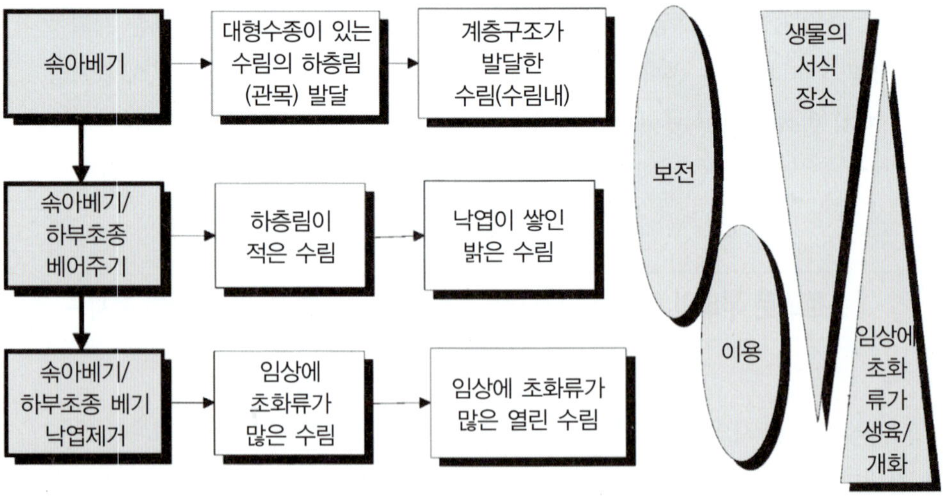

그림 3-3 이차림의 관리/기능과 목표 이미지

임상에 초화류가 많은 밝은 수림

기능 : 밝은 수림 내에 초본식물이 개화하는 장소가 된다. 또한 열린 공간은 조류의 비상, 채이(採餌)공간으로 이용된다. 산책이나 감상의 공간으로도 선호된다.

개황 : 솎아베기와 하부초종 베어주기, 그리고 낙엽 제거가 매년 이루어지고 있다. 밝은 임상에는 애기감둥사초가 카펫처럼 펼쳐진다. 마, 치아백합, 단풍취 등 초화류의 개체수가 많다. 관목은 관리되고 있기 때문에 30cm 이하의 소자양화, 산철쭉, 인동덩굴류 등을 볼 수 있다. 졸참나무의 실생 개체가 많다.

수목밀도 교목(수고 18～20cm) 4/100㎡
아교목(수고 3～8m) 2.2/100㎡
실생 등 2,200의 개체

생물의 서식처(Habitat)를 보존하기 위한 수림

임상에 관목류가 많은 수림

기능 : 수림 내 임연부의 환경은 너구리와 일본다람쥐 등의 야생동물, 박새와 멧새 등의 수림이나 임연부를 즐겨 찾는 조류의 은신처, 휴식터, 번식터 등으로 이용될 가능성이 높다. 야생동식물을 위한 보전환경으로서의 기능이 높다.

개황 : 이용과 관리가 이루지지 않는 수림에서는 관목류가 번무하여 어두운 임상이 되기 쉽다. 출현종수는 비교적 많은 편이다. 임상에 생육하는 식물의 피복도는 낮고, 개화하는 개체도 적다.
수림 내는 어둡고 실생 개체도 적다. 가막살나무와 졸참나무 등이 많다.

수목밀도 교목(수고 12～14cm) 6/100㎡
아교목(수고 4～8m) 2/100㎡
실생 등 590의 개체

사진 3-1 이차림의 관리목표가 되는 2개의 타입

2) 재생 방법

츠루타누마(鶴田沼) 녹지에서는 현재의 수림에서 육성과 동시에 삼나무림과 초지를 이차림으로 전환하여 육성해가는 것이 과제가 되었다. 그러나 대상지에는 맹아(萌芽) 갱신도, 시드소스(seed souce)에서의 갱신도 기대하지 못하는 것이 예측되었다. 이 때 우리는 이차림을 만드는 방법으로 주변에 현존하는 숲에서 모은 도토리 등의 종자에서 묘상을 만드는 것을 계획하였다. 이것은 다른 지역과 다른 계통의 유전자를 들여오지 않는다는 점에서 선택된 방법이다. 실제로는 묘상을 만들어 정식(定植)하는 등의 스테이지별로 몇 개의 선택사항이 있을 수 있지만(그림3-4) 이들은 주어진 시간과 비용, 장소, 관리체제 등의 조건에 따라 가능한 범위에서 적절한 방법을 선택하였다.[14, 15, 16]

또한, 한편에서는 현재의 낙엽광엽수림을 어떻게 유지관리하여 가는 것에 대한 것도 수림과 병행하여 생각해야만 하는 중요한 과제이다. 도토리를 만든 수풀도 장래에는 다른 수림과 마찬가지로 관리하고 동시에 갱신해 가야만 한다.

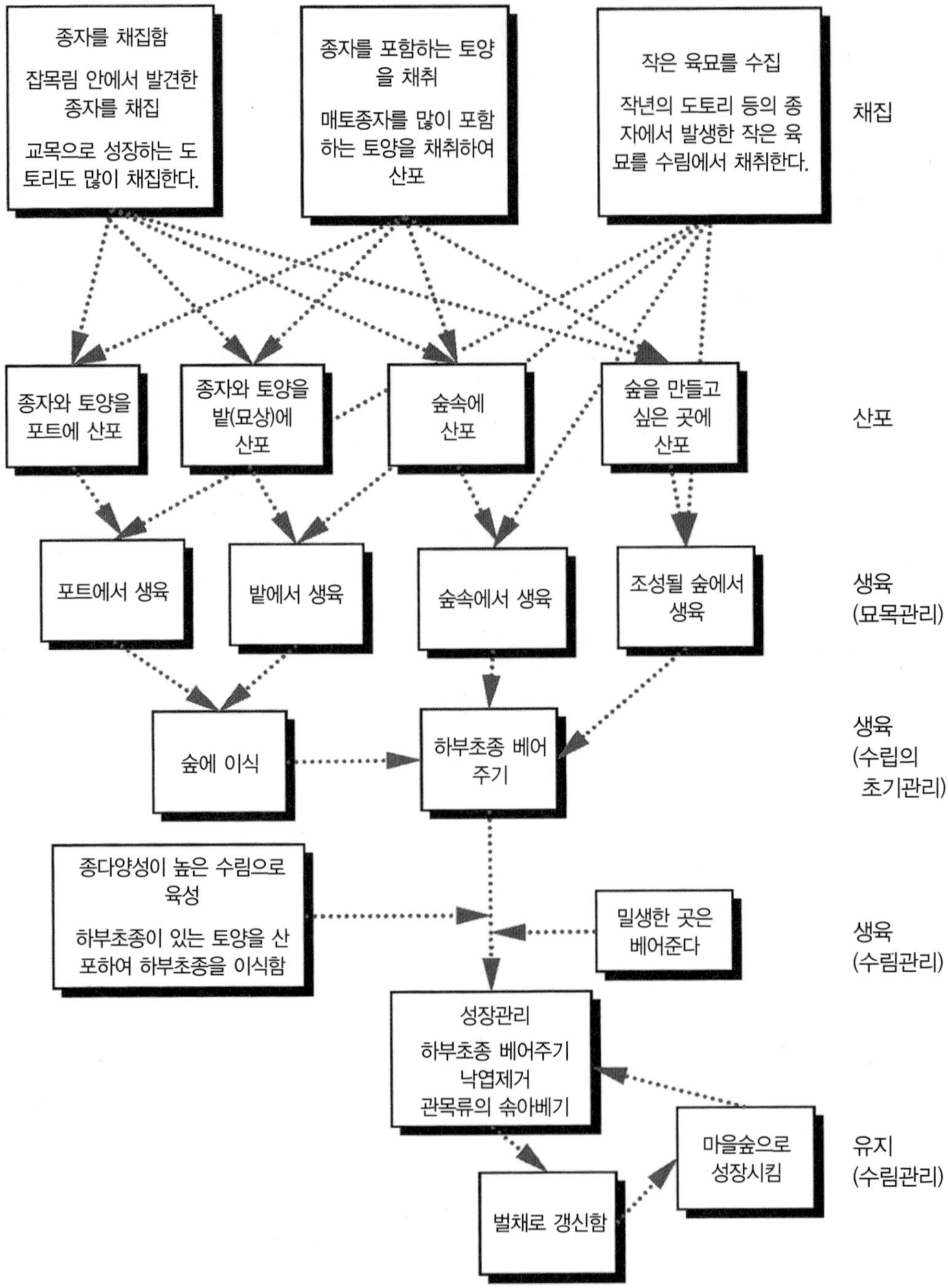

그림 3-4 시민과 함께 마을숲을 기르는 방법

(1) 종자와 묘목를 채집

채집은 종자와 묘목으로 하였다(그림 3-5). 도토리를 모으는 것은 작은 어린이도 할 수 있는 것으로 초등학교 학습으로도 이용하기 쉽다. 도토리 이외에도 여러 가지 종자가 있기 때문에 그것들을 채집하여 함께 씨를 뿌려보는 것을 목표로 설정하였다. 그러나 실제로는 도토리보다 작은 종자는 찾는 것도, 모으는 것도 특히 어린이에게는 어려운 일이었다.

숲속의 도토리

- 도토리란 무엇인가?
- 숲에는 이러한 도토리가 있습니다.
- 봄이 되면, 도토리에서 작은 입새가 자라납니다.

그러므로… 우선, 도토리를 채집합시다.

- 도토리는 광택이 있는 신선한 것을 주웁시다.
- 깨진 것이나 썩은 것, 속이 빈 것, 벌레먹은 것은 안돼요.
- 뿌리가 나오기 시작한 것은 더욱 좋겠지요.

도토리를 언덕 위에 심어봅시다.

●묘상만들기
- 도토리를 산포하는 장소의 풀과 돌을 제거합니다.
- 흙을 손가락으로 2~3cm 정도의 구멍을 내어, 도토리를 넣고 흙으로 덮습니다.
- 베어 온 갈대나 억새를 도토리 위에 깔고(방한대책), 끈으로 바람에 날리지 않도록 묶어주고 싹이 트는 것을 기다립시다.
- 물은 주지 않아도 됩니다.
- 잘 자라면 1년에 70cm정도 됩니다만, 어느 정도크기까지는 풀베기를 해 줍니다.

도토리를 가지고 돌아와 키워봅시다.

●포트에 심고/학교나 집에서 키워봅시다.
- 30cm~1m 정도는 포트에서 키우는 것이 좋고, 분갈이도 하기 쉽다.
- 1ℓ 의 우유팩으로 포트를 만들어 봅시다.
- 발아하지 않는 것이 있으므로 하나의 포트에 1~2개를 심는다.
- 포트에 심은 후엔 건조에 유의한다. 물주기가 필요하고, 화분과 같이 밑면에 구멍을 뚫어 준다.

●플랜터(트레이)산포 / 학교에 플랜터가 있으면 도전해 봅시다.
- 산포와 "묘상 산포"와 같다.
- 포트와 같이 건조에 주의합시다. 물주기가 필요함.

내년 가을에는 이식이다.

- 1년경과 후, 성장하면 이식을 합시다.
- 이식은 가을에서 겨울사이의 휴면기에. 약간의 뿌리돌림을 해도 좋음.
- 1m정도 성장해 있으면, 산에 심어도 문제없다. 잡초보다 강해집니다.
- 산에 심은 육묘는 잘 자라면 3~4년에 2~3m 정도로 성장합니다.

그림 3-5 도토리로부터 숲을 만들기 위한 가이드(도토리로부터 숲을 만드는 방법(츠루타누마 녹지활동 자료))

초등학교 2학년 학생들에 의한 도토리 줍기
낙엽 밑에서는 싹이 트기 시작한 것도 있다. 주로 도토리는 상수리나무와 졸참나무.

하나 씩 작은 구멍에 집어넣고 흙을 덮는다. 남은 도토리는 가지고 돌아와 포트에 심어서 키운다.

사진 3-2 도토리 줍기, 묘상(苗床) 다지기

또한, 작년 도토리에서 싹이 난 묘가 숲의 밝은 장소 등에서 나타나는 것을 알았다. 이 같은 경우 여름이 끝날 무렵에 묘에 표시를 해두면 가을에서 겨울사이의 낙엽시기에 묘목을 채취하는 것이 가능하다. 이 시기는 낙엽수가 휴면하고 있으므로 뿌리를 다치게 하지 않고 이식하기 쉽다. 이것을 용기 등에 이식해두면 이듬해 봄에는 2년생 묘가 된다. 이것들은 시민참여에 적절한 작업이다(사진 3-2).

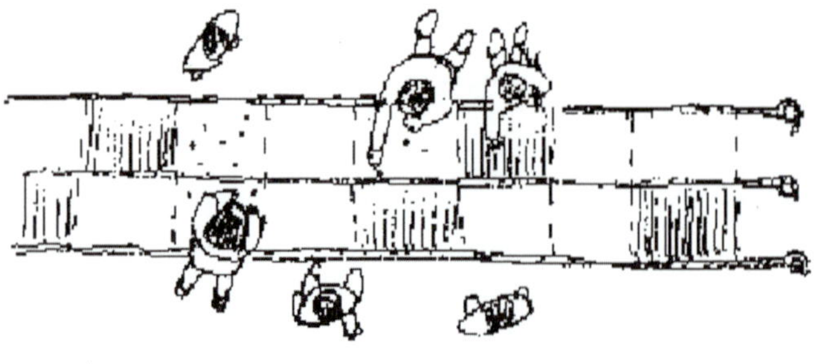

그림 3-6 아이들에 의한 도토리 파종

하나하나 정성 것 심어준다. 덮어준 후에는 베어둔 갈대로 멀칭한다(1구획은 50cm×30cm).

그림 3-7 우유팩으로 만드는 발아육성 포트, 시판하는 초화용 비닐포트보다 깊게 만들 수 있다.

(2) 묘목 기르기

모은 도토리와 묘목은 용기 등에 옮겨 심어 온전한 묘가 될 때까지 키우지만, 숲을 조성하고 싶은 장소에 직접 재식하거나 산포한다. 묘상에 심어 기르는 방법도 있다. 숲을 조성하고 싶은 장소에 직접 파종하는 경우는 이듬해 봄부터 풀을 베어주는 등의 관리에 손이 많이 가는 것은 물론, 토끼 등에 의한 식해(食害)를 만나기 쉬워 생존율은 낮다. 용기와 묘상에서 30cm~70cm 정도의 크기가 될 때까지 2~3년 키우는 것으로 이 문제는 피할 수 있다. 그러나 묘목의 뾰족한 부분 등의 일반적인 관리가 필요하다(그림 3-6, 7). 사례에서는 파종 후의 관리가 수월한 것을 중요시 하여, 묘상에 직접 파종하였다.

(3) 묘를 심어 숲을 조성한다

묘목을 심은 후의 초기관리는 수림을 키워가기 위해서 빠질 수 없는 작업이다. 묘목이 억새와 개쑥갓 등의 고경초본과 경쟁할 수 있는 높이로 성장할 때까지는 1년에 1~2번의 풀베기가 필요하다. 특히, 토양의 영양분이 많고 초본식물의 생육이 왕성한 경우에는 그 관리가 필요하다. 1년에 1~2번의 풀베기를 해주고 수목 정도로 자란 후에도 정기적인 풀베기와 갈포, 등 넝쿨 등의 덩굴을 제거하는 관리는 숲 육성을 위해 필요한 작업이다(사진 3-3).

졸참나무 종자의 생육속도는 개체에 따라 큰 차이가 나타나지만, 이들의 평균을 보면,

2001년 6월에 채집한 묘(2000년 가을 종자)를 2003년 2월에 식수, 작은 묘목은 여름을 두 번 넘기고, 평균 35cm까지 성장하였다.

발아 후 4년째의 여름이 되어, 수고가 1m를 넘었다(2004년 8월).

묘목을 정식한 후에는 덩굴자르기와 하부 풀베기 등의 작업이 시행되었다. 방치하면 갈포, 등 넝쿨 등이 번무한다(2004년 8월).

사진 3-3 **채취한 묘에서 자란 졸참나무**

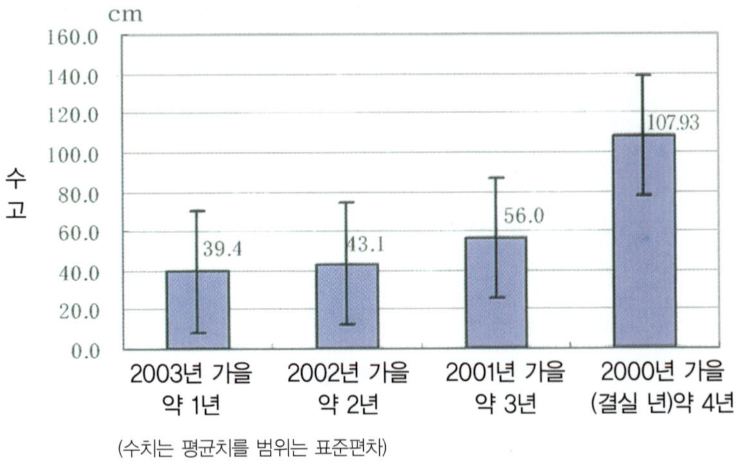

그림 3-8 **종자의 결실과 년 수와 수고(樹高)**

약 4년에 걸쳐 4번의 여름을 넘긴 묘목이 평균 1m가 넘는 크기로 자라고 있다(그림 3-8).

(4) 수림 관리

츠루다누마(鶴田沼)에서는 (재)그린 트러스트 우츠노미야(宇都宮)와 시민을 중심으로 한 "츠루다누마를 만드는 모임" 활동에 의해 기존 수림을 대상으로 넝쿨제거, 솎아베기, 풀베기 관리 등이 이루어지고 있다. 낙엽은 비료로서 녹지 내의 밭에 이용된다. 솎아베기로 발생한 부재는 송이버섯 재배에 이용하는 등 수림과 농지에 의한 순환시스템이 만들어져 가고 있다. 관리를 계속해감에 따라 물가수림은 조릿대가 적어지면서 손질이 된 수림으로 되어가고 있다. 향후, 밤나무에서 재생하는 수림이 커지면 마찬가지로 관리를 계속해야 한다.

수목을 키우기 위한 것뿐만 아니라 임상의 화초와 관목을 키워 마을산의 이차림으로써 친숙한 숲을 만들기 위해서는 정기적인 풀베기도 필요하다. 넝쿨제거 관리는 나무를 키우기 위한 중요한 작업으로 교목이 된 수목이라도 갈대 등에 의해 피복되어 생육불량으로 죽는 경우도 있다. 또한, 두꺼운 넝쿨에 감기면 솎아베기 관리 작업이 어려워진다.

(5) 장기적 계속관리

이차림 관리는 긴 시간과 노력을 요함과 동시에 장기적인 시점에서 숲을 키워가는 것이 중요하다. 이는 젊은 연령의 육성, 삼나무의 과밀림(過密林)의 임분전환(林分轉換), 노

초등학생을 대상으로한 종합학습을 위한 관찰회, 시민볼런티어의 설명에 귀 기울이는 학생들.

낙엽을 긁어주는 것은 숲을 관리함과 동시에 시민농원에서 좋은 작물을 생산하기 위해서도 유효하다.

사진 3-4 시민에 의한 활동과 계속된 관리

령화한 낙엽광엽림의 갱신 문제 등 많은 과제가 남아있다. 관리를 하는 사람들과 리더의 육성과 더불어 다음 세대의 육성이 계속적으로 이루어져야 할 것이다. 숲과 밭 관리기술을 가지고 그것을 계승하는 시민에 제공되는 교육, 또한 방향 설정을 도울 전문가와 기술자에 의한 지원 등, 많은 사람들의 경험을 빌리는 체제가 필요하다. 향후 숲을 핵으로 하는 다양한 관계 지속이 숲 조성의 열쇠가 된다(사진 3-4).

3.3 무사시노(武藏野)의 숲 만들기 – 쇼와(昭和)기념공원 "잎 사이로 빛이 깃드는 언덕" –

무사시노(武藏野) : 무사시노대지(武藏野台地), 동경도(東京都)와 사이타마(埼玉)현에 걸쳐있는 홍적대지(洪積台地), 남쪽은 타마가와(多摩川)에서 북으로는 가와고에시(川越市)까지 펼쳐져 있다. 예로부터 목축지로 쓰였고 에도시대에 농경지로 개발되어, 잡목립(이차림)이 풍부한 독특한 풍경으로 유명하다. 이 일대가 동경근교의 주거지로 개발되었고 근래에는, 이곳에 과거의 자연을 되돌리려는 움직임이 크게 대두되고 있다.

1) 배경과 개요

국영 쇼와기념공원(동경도 다치가와(立川)시 위치)에서는 1980년대에 언덕이 있는 지형과 무사시노 숲의 복원을 목표로 졸참나무를 우점종으로 하는 이차림 재생을 시작하였다. 재생구역은 "빛이 깃드는 언덕"이라 명명되어 미군기지 이전부지에 조성된 쇼와기념공원 안에서의 자연재생시도 중의 하나가 그 중심을 이루고 있다.[17, 18]

2) 복원방법

"빛이 깃드는 언덕"은 기반조성, 식재, 관리라는 3단계의 순서로 만들어졌다.

"빛이 깃드는 언덕"의 조성은 평탄한 장소에 높이 약 30m의 완만한 낮은 산을 조성하는 것부터 시작하였다. 조성은 쇼와기념공원의 정비공사에 의해 발생한 건설 잔토, 다마(多摩)뉴타운에서 발생한 하층의 잔토, 그에 더하여 공원 내에서 채취하여 쌓아둔 표토(表土)를 이용하였다(그림 3-9). 이때 표토의 중장비에 의한 압밀(壓密)을 피할 목적으로 습지용 블도저가 사용되었다(사진 3-5).

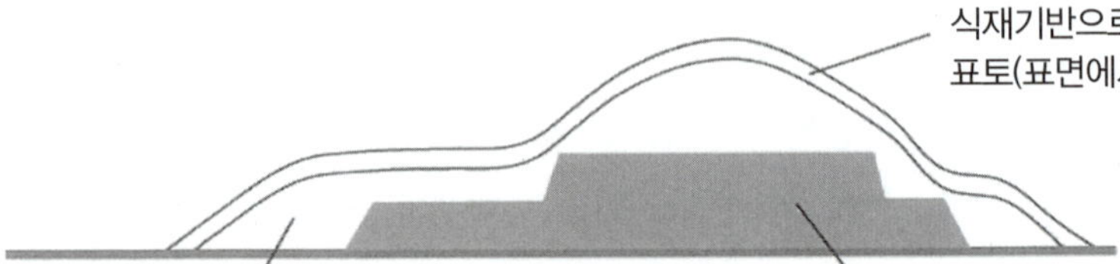

그림 3-9 표토의 복원방법

산의 조성

1990년 12월 (북사면-식재 직후)

사진 3-5 "빛이 깃드는 언덕"의 조성과 식재

완경사의 작은 산이 습지용 불도저에 의해 조성되었다. 식재 직후, 묘목이 열식되어 있다.

표 3-1 "빛이 깃드는 언덕" 식재설계의 식생타입과 주요 구성수종

TYPE	식생타입	기능/활동	주요구성	종식재밀도(본/100㎡)		목표수림
				식재시	완성시	
A1	상수리나무림	숲속놀이	상수리나무/졸참나무/산벚나무/목련/팽나무/느티나무	H=2m 13주 포트묘 12주 합계 25주	H=8~10m 12주	상수리나무+졸참나무림(목련/벚나무 혼효림)
A2	상수리나무림	숲속놀이 경관	상수리나무/졸참나무/산벚나무/목련	H=8~10m 12주	H=8~10m 12주	상수리나무+졸참나무림(상수리나무 우점림)
B	상수리나무/졸참나무림	도토리줍기, 낙엽수집	상수리나무/졸참나무/가시나무/종가시나무	H=2m 16주 포트묘 20주 합계 36주	H=8~10m 13주	상수리나무+졸참나무림(상록수 혼효림)
C	비자나무림	스카이라인 관찰회	비자나무/상수리나무/네지키(捩木)	H=2m 27주 포트묘 3주 합계 30주	H=8~10m 20주	비자나무림
D	편백림	방풍림	편백/상수리나무/때죽나무	포트묘 49주 합계 49주	H=8~12m 24주	편백림
I	전나무림	스카이라인 전망	전나무/노간주나무/졸참나무	H=2m 26주 포트묘 4주 합계 30주	H=8~10m 18주	전나무림
J	개서어나무/졸참나무림	휴게영역 자연관찰	개서어나무/상수리나무/느티나무/서어나무	H=2m 12주 포트묘 24주 합계 36주	H=8~10m 12주	개서어나무+졸참나무림

(식재기반설계에 있어서 목표수림과 식재밀도 그리고 구성 수종)

그 후, 무사시노의 이차림 구성종을 모델로 하여 묘목이 식재되었다. 또한, 지형에 대한 배려로써 미근(尾根)부분에는 전나무가 식재되는 등 입지에 따라 다른 수림복원을 목표로 하였다(〈표 3-1〉). "빛이 깃드는 언덕"의 식재에는 약 6년의 세월이 걸렸다. 최초 식재는 1989년 5월에 이루어져 5년 후인 1994년에 식재(植栽)가 완성되었다. 그리고 약 7년간 미공개구역으로 유지양성한 후, 2001년에 일부가 개원되어 이용이 가능하게 되었다.

3) 시민참여

"빛이 깃드는 언덕"에서는 1993년부터 시민참여에 의한 묘목식재가 계속되었고, 후에 묘목 자원봉사활동 조직이 만들어져, 2002년부터 잡목림 손질 전반에 대해 "빛이 깃드는 언덕 자원봉사"가 조직되어 활동하고 있다. 이러한 활동은 공원관리자와 시민과의 협동

에 의해 운영되고 있다.[18, 19]

4) "빛이 깃드는 언덕"의 변천

1989년에 높이 2m의 묘목을 중심으로 식재를 시작한 "빛이 깃드는 언덕"의 수림은 추위와 건조에 견디며 제초관리가 이루어지면서 육성된 결과 2003년 7월에는 최상층의 높이가 8m를 넘는 수림으로 성장했다.

"빛이 깃드는 언덕"의 졸참나무 성장은 (그림 3-10)과 같다. 식재 후 4~5년간은 성장이 늦고 그 후에 급속한 수고의 성장이 일어난다. 최상층을 점유하고 있던 묘목(높이 2m)은 보다 빨리 성장하여 8년간 5m이상이 되지만, 포트묘(둥근성형, 0.8m)는 8년간 약 3m를 유지했다.

식재를 시작하여 약 14년 만에 "빛이 깃드는 언덕"은 숲다운 면모를 갖추게 되었다(사진 3-6).

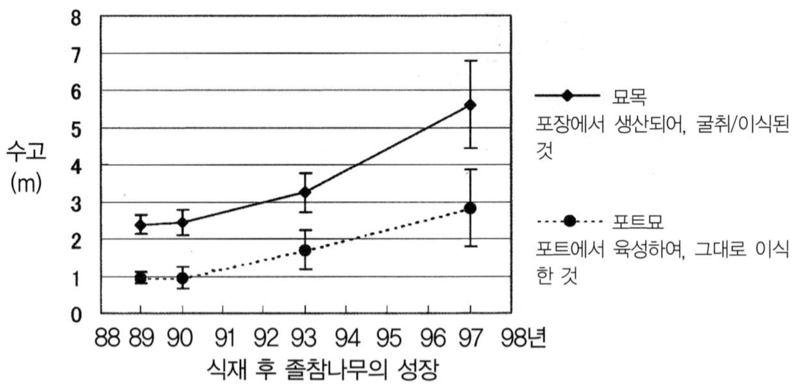

그림 3-10 **졸참나무의 성장**

1989년 5월에 식재한 0.8m의 포트묘와 2m의 묘목이 혼식되어 있다. 초기의 1~2년은 성장률의 차이가 나타나지 않지만, 어느 정도 성장한 1993년 이후는, 최상층을 점유하는 묘목의 성장률이 빠르고, 약 9년 동안 3m 이상의 성장을 이루었다.

식재당년 1989년 11월 (1989년 5월 식재)

1년 후(1990년 10월)

8년 후(1997년 2월)

12년 후(2001년 7월)

14년 후(2003년 10월)

식재 직후는 초지의 형상이었지만, 8년 후(1997년)에는 숲의 형태를 이루었고, 14년 후인 2003년에 이르러서는 임상에 빛이 드리우는 밝은 숲으로 변모했다.

사진 3-6 **"빛이 깃드는 언덕"의 변천**

5) 생물상(生物相)의 변천

2003년에 시행된 식물, 곤충류, 조류 조사는 식재 후 약 10년이 경과된 "빛이 깃드는 언덕" 지구가 수림성향의 생물상을 생육환경으로 하기 시작했음을 나타냈다. 본래 수림환경이 전혀 없었던 장소에도 종들이 날아들어와 지상을 거닐거나 반입되는 식물뿌리의 흙에 숨어들어 이곳에 정착한 것을 알 수 있었다. 지금은 쇼와기념공원 내에서도 가장 낙엽광엽수림에 가까운 환경이 되었다.

2003년 조사에서는 높이 약 8m의 졸참나무가 교목층으로 우점하고 있다(〈표 3-2〉). 교

표 3-2 "빛이 깃드는 언덕"의 식물 군락

쇼와기념공원 북측 공원				조사년월일 2003/ 10/ 9
방위 : S10W	경사 : 5도			
교목층	졸참나무	8.0m	85%	5종
아교목층	목련	6.5m	20%	3종
초본층	봄망초	8.0m	85%	5종

층	피복도 · 군집도	종명	종자산포	층	피복도 · 군집도	종명	종자산포
T1	5 · 4	졸참나무	재		+	산뽕나무	식
	1 · 2	상수리나무	재	H	+	개머루	식
	1 · 2	개벗나무	재		+	주름조개풀	식
					+	노박덩굴	식
T2	1 · 2	목련		재	+	담쟁이덩굴	식
	1 · 2	느티나무	재		+	호리병괴불나무	식
	1 · 2	졸참나무	재		+	상수리나무	저식
					+	가시나무	저식
H	1 · 2	봄망초	풍		+	좀네잎갈퀴	중
	+ · 2	보리수나무	식		+	마	풍
	+ · 2	팽나무	식		+	우와마즈벗나무	식
	+ · 2	계요등	식		+	졸참나무	저식
	+	칡	풍		+	가막살나무	식
	+	뻐국나리	풍		+	씀바귀	풍
	+	쇠뜨기	풍		+	개망초	풍
	+	도꼬로마	풍		+	댕댕이덩굴	식
	+	느티나무	풍		+	등나무	자
	+	제주광나무	식		+	벼과의 일종	
	+	보춘화(춘란)	풍		+	사초속의 일종	

주) 종자의 산포방법에는 "치바현 식물지"(2004)[22)]에 의거하면

재: 식재

풍: 풍산포. 날개나 털이 있어 바람에 비산하는 것, 극히 미세한 종자, 모체가 바람에 흔들려 종자를 방출하는 종

식: 식산포. 종자가 동물의 먹이가 되어 산포되는 것,

자: 자동산포. 자력으로 종자를 날려 보내는 것,

착: 부착산포. 동물에 부착되어 산포됨.

저식: 저식산포. 먹히고 남은 종자가 산포됨.

중: 중력산포. 중력에 의해 낙하

목층(喬木層), 아교목층(亞喬木層)의 구성종은 식재에 의한 것이지만, 초본층의 구성종은 토양 중의 종자와 뿌리에서 발생한 것과 바람과 새, 또는 사람과 동물에 의해 이입된 종자로부터 발생한 것으로 보인다. 나타난 식물의 종자산포(種子散布)를 분류해 보면 팽나무, 보리수나무, 제주광나무, 산뽕나무, 가막살나무, 우와미즈벗나무를 시작으로, 주로 조류와 동물이 먹어 운반된 것이 15종류로 반수 이상을 점유한다. 그 밖에 주름조개풀과 같이 동물에 부착하여 이동하는 것도 있다. 조성 후, 약 15년을 경과하여 수림바닥의 식생은 동물(주로 조류)과 바람에 의해 복원되어 가고 있다고 말할 수 있다.

2003년 곤충조사의 결과에는 "빛이 깃드는 언덕"은 수림성(樹林性) 종이 출현하는 특징을 보였다. 〈표 3-2〉의 식생조사 지점에서 행한 곤충조사에서는 솔귀뚜라미, 대벌레 등의 수림성 종이 확인되는 것 외에 애매미, 민민매미 등의 매미류, 금풍뎅이, 썩떙벌레 등의 수림성 종이 확인되었다. 한편, 이와 같은 변천은 동물상에도 나타난다.

월동기의 조류상(鳥類相)으로는 정점조사에 의해 쇠딱다구리, 직박구리, 박새, 동박새 등의 수림성(樹林性) 종이 확인되었다. 그러나 삼림환경으로서 기능하기 위해서는 관목

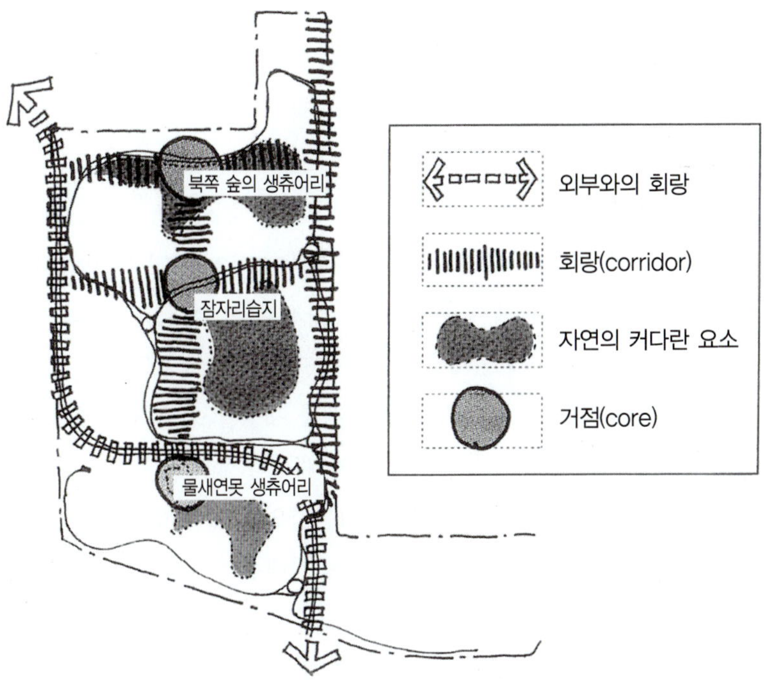

그림 3-11 쇼와(昭和)기념공원의 생태네트워크(ecological network) 구상

중요한 생태요소를 남북으로 연결하는 생물을 위한 녹지가 네트워크를 형성함.

의 밀도와 높이, 바닥면 식물의 발달 부족 등이 과제이다. 또한, 번식기에 수림성 종의 출현이 적은 것이 확인되었는데, 이는 은신처가 확보되지 않았기 때문이다. 향후, 관목과 초본의 높이 밀도 증가를 기대해 본다.

이와 같은 생물상의 변천은 동물의 이동과 식물종자의 이동에 의해 일어나지만 이 이동의 흐름에 따라 매우 중요하게 기능하는 것이 생태네트워크(ecological network)의 존재이다. 도시부근에 존재하고 고립된 녹지는 물론 새롭게 재생한 자연은 생태네트워크에 의해 주변 자연과 연결되어 다양성을 획득하고 유지하는 것이 가능해졌다.

쇼와기념공원에서는 이러한 이점을 중시해 공원 내의 생태네트워크 형성을 계획하고 정비해 왔다(그림 3-11)[17), 18)]에서 나타내는 "빛이 깃드는 언덕" 중심부는 북쪽 생츄어리(Sanctuary)로서 물새연못 생츄어리와 연계되는 것으로 정의하고 있다. 이 네트워크를 강화하는 계획도 제안되어[21)] 그 유효성에 관한 모니터링을 실시하고 있다.

3.4 이차림 조성과 관리의 과제

이차림 조성과 관리에 관련된 과제는 많지만, 자연과 생태계를 재생한다는 관점에서 특히 중요한 세 가지를 과제로 피력한다.

1) 생태계의 재생과 광역적인 생태네트워크(ecological network)

재생 목표로 하는 생태계가 주변에 존재하지 않는 생태를 목표로 하여 동물상(動物相)과 식물상(植物相) 및 군집을 재생하는 것은 어디까지 가능한 것일까? 쇼와기념공원에서는 나지막한 산을 만들고 수림과 그 생태계를 재생할 수 있도록 시도했다. 그러나 "빛이 깃드는 언덕"의 현존생물상의 특징은 자연 재생과 생태계 복원의 어려움을 나타내는 것으로 이동성이 적은 종을 얼마만큼 복원하는가의 문제를 제시하는 것이다.

쇼와기념공원에서는 Eco-up을 목표로 공원내부에 생태네트워크(ecological network)가 계획되고 이 네트워크를 외부에 연결하기 위해 잔보리(殘堀)강 주변의 개보수가 시도되었다. 그러나 이 네트워크는 주변녹지와 연결한 코리더(corridor, 생태회랑)의 형성에는 이르지 못했다. 공원에서 북쪽으로 약 4 km에 사야마(狹山) 언덕이 있고 서쪽 3km에는 타마가와(多摩川)가 있어 동경서부의 언덕지대와 연결되어 있다. 그러나 그 곳에 이르기까지는 시가지가 확대되어 강과 도로를 건너지 않으면 안 된다. 또한, 녹지를 연결하는 수로는 많은 동물에게는 통로로서 이용할 수 있는 구조가 갖춰져 있지 않다. 다시 말해, 조류 등의 이동성이 높은 동물을 제외하고는 새로운 이입(移入)과 서식이 극히 곤란한 상태이다.

이 공원에서 확인되는 설치류의 종류는 이와 같은 생태적인 분단결과를 나타내고 있다. 이 공원에서 작은 포유동물을 조사하였더니 작은 쥐는 이입종인 생쥐만이 확인되었고 흰넓적다리붉은쥐와 들쥐 등의 동경도 서부 언덕지대와 대지에 서식하고 있는 종류는 발견되지 않았다.[21, 23] 너구리는 확인되고 있지만 그 주변의 녹지와 어느 정도 왕래를 하고 있는가는 앞으로의 조사 과제이다. 이는 장기적으로 동물이 들여온 종자에서 발아된 식물의 다양성을 증가시키기 위해서도 중요한 것이다.[24), 25), 26]

2) 재료 육성과 종자자원의 보전

또 다른 하나의 과제는, 새로운 환경을 만들기 위해서 필요한 식물재료의 문제이다. "빛이 깃드는 언덕"에 사용된 수목에는 자생종인가에 충분한 주의를 기울였다. 그러나 1980년대 후반에는 자생종을 이용한다는 것에 대한 생태계적인 의미가 아직 충분히 확인되지 않은 시기로 산지(産地)와 계통(系統)에 대한 배려까지는 이르지 못했다. 또한, 계획의 의미가 공사와 시공 담당자에게는 충분히 인식되기 어려웠고 재료 선정에 대한 혼란도 적지 않았다.

오늘날에는 종류 선택의 착오는 적어졌으나, 다른 산지의 자생종을 들여오는 것에 의한 유전자 교란의 문제에 대해서는, 대부분의 현장에서 재료확보에 있어서 문제가 되고 있다. 유전자레벨의 교란을 피하면서 생태계를 복원하기 위한 방법으로서는, 들어온 재료의 산지를 명확히 하는 시스템과 종자와 근경에서 재배하는 것을 가능케 하는, 장기적인 고려를 전제로 한 설계와 공사공정 검토가 바람직하다.

한편, 표토(表土)보전은 토양 중의 다양한 성분을 보전함과 동시에 토양 중의 소동물과 균류는 물론, 많은 매토종자(埋土種子)[27, 28]를 이용할 수 있다는 것에서 생태계의 다양성을 유지하는 것이 가능한 방법으로 주목되고 있다. 쇼와기념공원에 있어서도 표토 보전이 이루어졌지만 종자보전에 대한 효과는 임상식생을 보지 않는 한 명확하지는 않다. 일반적으로 종자가 많이 포함되는 것은 표면에서 2~3cm에서 5cm정도의 낮은 층으로 표토와 함께 뿌려진 종자가 5cm 이상 지하에서 발아하는 것은 적다고 한다. 생육기반으로서의 토양을 보전할 것인가, 종자의 보전을 하는 데 있어 표토의 보존과 복원의 방법이 다를 수 있음이 분명하다.

예전부터 있었던 토양층의 상태를 토양의 A층 전체로서 그 자체를 되돌리는 것을 실험적으로 시도한 사례가 있다.[29] 공정 관리와 비용에 관한 과제는 있지만, 기계적인 표면 박피와 이식기술이 표토 블록으로 개발되고 있다. 이에 더하여 수림의 구성종도 포함하여 이식함으로써 보다 종합적인 수림 재생이 이루어질 것으로 생각한다. 이처럼 토양층 전체의 보전은 향후의 과제이다.

3) 모니터링과 수림 관리

이차림 재생에서는 재생 후 초기모니터링과 관리가 극히 중요한 작업이기 때문에 관리와 감시제도의 계획을 염두에 두고 실행한다.

토지조성에 따라 생겨나는 대규모 비탈면녹지에서는, 이 같은 조직 만들기와 초기관리가 제대로 이루어지지 않는 경우가 있어 수림의 쇠퇴를 가져온다. 돗토리(鳥取)시 교외에 위치하는 뉴타운의 비탈면은 1986년경부터 대규모의 표토의 복원과 용기에 담은 묘목에 의한 밀식이 행해졌다.[31] 그 결과 1988년에는 식재 2~3년에 2m가깝게 자란 졸참나무, 가시나무, 개오동나무 등이 가지를 접목시켜 저목림으로 되고 숲을 키워나가는 시도로서 기대를 한 몸에 받았다. 그러나 그 후 10년이 지난 현재 그 대부분이 칡넝쿨에 뒤덮이고 수목 성장은 거의 이루어지지 않았다(사진 3-7). 이 수림 쇠퇴의 직접적인 원인은 명확하지 않지만 과밀식재와 관리부족, 주변으로부터의 칡넝쿨 침입이 주요 원인으로 추

1988년(좌)에는 식재한 묘목이 건전하게 성장하여, 졸참나무를 중심으로 한 낙엽수림의 형성이 기대되었었다. 하지만 2004년(우)에는 전체가 칡넝쿨에 뒤덮이는 것으로 식재한 나무의 일부는 저목인 채로 유지되고 있는 상태이다.

사진 3-7 관리부족의 사례

측된다. 초기 관리(2~3년) 후의 주기적인 관리계획의 중요성을 나타난 사례이다.

이차림의 관리가 성공한 사례에서는 사업자, 관리자, 이용자가 다른 입장의 사람들과의 유연한 공동체제를 형성하여 수림을 유지하고 있다. 또한 정기적인 모니터링과 자연관찰회가 그 수림의 식물상, 동물상을 분명히 하여 계속적 관리의 방향을 알아가는 수단이고 동시에 관리를 계속하는 동기부여가 되어 어린이들과 젊은 세대들이 숲을 접할 수 있는 계기가 되고 있다. 지금부터 시민에 의해 지켜지고 활용되는 관리를 하도록 하는 조직이 필요하다.

– 이모토 이쿠코(井本 郁子)

인용문헌

1) 石塚和雄(1976): 主な群落名リスト, 沼田 眞編 : 自然保護ハンドブック P.21~240 東京大學出版會.
2) 伊藤訓行(1976): 保護區の設定のための基礎調査, 沼田 眞編 : 自然保護ハンドブック P.127~156 東京大學出版會.
3) 環境廳(1975): 第1回自然環境保全基礎調査, www.biodic.go.jp/J-IBIS.html
4) 龜山 章編(1996): 雑木林の植生官吏 : ソフトサイエンス社, P.303.
5) 倉本 宣 · 園田陽一(2001): 里山における生物多様性の維持, 武内和彦, 鷲谷いづみ, 恒川篤史編「里山の環境學」, P.83~123 東京大學出版會.
6) 中川重年(1996): 再生の雑木林から 205pp. 倉森社.
7) 倉本 宣(2001): 市民運動から見た里山保全, 武内和彦,鷲谷いづみ, 恒川篤史編(2001): 里山の環境學 P.19~32 東京大學出版會.
8) 深町加枝, 井本郁子, 倉本 宣編(1998): 里山と人 · 新たな關係の構築を目指して, 造園學會誌61(4), 275~324.
9) 日本緑化センター編(1982): 柏總合公園(假稱)植生調査報告書, 87pp, 千葉縣都市部計劃課.
10) 住宅 · 都市整備公團(1993): 千葉北部地區印西總合公園自然環境基礎調査團自然環境保全用計劃報告, 324pp.
11) 井本郁子(2001): 生物空間の保全 · 創出における目標環境の設定, 造園技術報告書1, p.6~9, 日本造園學會.
12) 宇都宮市(1999): 鶴田沼自然環境調査報告書 271pp.
13) 宇都宮市(1998): (假稱)鶴田沼緑地保全整備基本構想策定業務報告書 102pp.

14) 宇都宮市(2001): 宇都宮市鶴田沼における自然環境保全活用のための植生改良實験平成12年度報告書 174pp.
15) 宇都宮市(2002): 宇都宮市鶴田沼における自然環境保全活用のための植生改良實驗平成13年度報告書 130pp.
16) 宇都宮市(2003): 宇都宮市鶴田沼における自然環境保全活用のための植生改良實驗平成14年度報告書 106pp.
17) 井上康平(1999): エコロジカルパーク, 增補應用生態工學序說: 應用生態工學序說編集委員會, p.265~289.
18) 國營昭和記念公園工事事務所(2003): 國營昭和記念公園における自然再生, 公園綠地 63(6) 25~30.
19) 國營昭和記念公園工事事務所(1995): 市民參加型公園運營計劃調查報告書 95.
20) (財)公園綠地管理財團(1998): 北の森植栽計劃檢討報告書 141.
21) (社)日本造園學會(2004): 平成15年度國營昭和記念公園生物關聯報告收集・整理檢討(その2) 業務, 171.
22) 千葉縣史料研究財團編(2003): 千葉縣植物誌, 千葉縣の自然誌 別編4, 1181pp.
23) 生態計劃研究所(1998): 平成10年度國營昭和記念公園エコアップ調查業務報告書, 601 國營昭和記念公園.
24) 井手　任(1992): 生物相保全のための農村配置に關する生態學的研究, 綠地學(研究4) 1~120.
25) 井本郁子・井上康平・川村智稔・井手　任(2002): 生命系ランドスケープを計劃する生物情報地圖 ビオシティ(24) 65~73.
26) 井本郁子・井上康平・寺尾晃二・井手　任(2002): ニホンリス(*Sciurus lis Temmminck*)およびアカネズミ(*Apodemus speciosus*)を指標とした樹林性動物の牛息環境ネットワーク地圖の作成, 景觀生態學會日本支部會報7(2) 51~56.
27) Borman.F.H. and Likens G.E. (1979): Development of Vegetation After Clear-Cutting Species Strategies and Plant Community Dynamics Pattern and process in a forested ecosystem. p.103~137, Springer-Verlag.
28) Crime J.P.(1979): Regenerative Strategies, Plant Strategies and Vegetation Processes p.79~119 John wiley & Sons.
29) 中村俊彦(1996): 生態園から都市における自然環境の保持・復元へ, 中村俊彦・長谷川雅美編「都市につくる自然」, p.171~186.
30) 日本道路公團綠化技術センター・西武造園(2002)森のお引っ越し: 西武造園資料, 西武造園(株)企劃開發部.
31) 地域振興整備公團鳥取新都心開發事業所 (1985): 鳥取新都心植生・綠化調查報告書, 63pp.

Chapter 04

전원(田園)

- 황새의 야생복귀와 전원의 자연재생 -

4.1 서식환경(habitat)으로서의 전원경관 특징

"서수(瑞穗)의 나라"라는 말이 시사하듯 벼는 일본농업의 대표적 기간작물이다. 2003년에 일본 논 면적은 259.2만ha이었고, 면적은 해마다 감소하지만 전체경작면적의 54.7%를 우점하고 있다.[1] 전원생태계는 논과 함께 수로, 밭, 그 주변을 둘러싼 수림 등을 포함하는 총체이나 그 중 논은 생태계를 특징짓는 중요한 구성요소이다. 벼가 1년생 작물이고, 경작기간 중에 다량의 관개용수를 사용한다는 점에서 논 환경은 1년을 주기로 한 커다란 계절 변화를 맞는다. 즉, 물을 끌어들이는 모내기 전후는 습지의 필요성을 충족시키는 경관을 보이지만, 수확 전후는 물이 없어져 육지로 변한다. 이 때 수로를 따라 연락된 수계 네트워크가 생물군집 성립의 열쇠를 쥐고 있어 생활사의 일정기간을 수중에서 지내는 잠자리류와 개구리류, 혹은 일시적인 수역에서 산란하고 치어기(稚魚期)를 지내는 담수어류 등의 서식장소로써의 기능이 이루어진다.[2, 3] 더욱이 이차림과 반자연초지와 비교했을 때, 전원생태계는 인간에 의한 관리와 미치는 영향의 정도가 한층 커 농지의 구조, 경작하는 작물의 종류와 영농스케줄 등 영농형태를 규정하는 다양한 요소에 의해 생태계의 질이 크게 변화한다는 특징을 가지고 있다.

여기에서는 일본에서 한 차례 전멸한 후 현재 야생복귀 계획이 진행되고 있는 황새(*Ciconia boyciana Swinhoe*)의 서식환경복원을 시도한 예를 통해 전원생태계에서의 자연재생을 다루었다. 대상지는 효교(兵庫)현 북부를 흐르는 마루야마(円山)강의 하류에 위치하는 평지에 논이 펼쳐진 토요오카(豊岡)분지 (사진 4-1)이다.

사진 4-1 마루야마가와(円山川)의 하류측에서 본 토요오카 분지

4.2 황새의 야생복귀와 자연재생

1) 일본에서 전멸한 황새

황새는 현재 러시아와 중국의 국경지대를 번식지로 하고 개체수는 전 세계를 통틀어 약 2,500마리로 추정되는 절멸위기조류이다. 날개를 펼치면 2m에 달하는 큰 새로 미꾸라지, 붕어 등의 담수어와 개구리, 곤충 등의 소동물을 먹이로 한다. 본래는 철새로 일본에 서식하는 개체군이 조금은 있었던 것이 절멸에 이르렀고 마지막 서식처가 토요오카(豊岡) 분지이다. 토요오카에서는 황새가 전멸 직전이 된 1965년부터 인공사육에 의한 보호증식 시도로 황새 사육장(후에 황새고향공원부속 황새 보호증식센터)을 시작했다. 1989년 이후로 매년 번식에 성공하여 2004년 9월 현재 115마리를 사육하고 있으며, 야생복귀(재도입)를 목표로 한 연구가 이루어지고 있다.[4, 5] 2003년 3월에는 "황새 야생복귀 추진계획"[6]에 의해 재도입으로 방침이 결정되어 2005년에 사육개체수의 시험 방사가 계획되고 있다.

2) 채이장소(採餌場所)로서의 논(水田)의 중요성

러시아와 중국의 국경지대에 펼쳐진 황새의 서식지는 광대한 습원지대이다. 한편, 원생자연이 거의 남아있지 않은 일본의 서식환경은 사람들과 가까운 자연이므로 토요오카(豊岡) 분지에서도 황새는 채이장소(採餌場所)로 논과 수로 그리고 강 등이 펼쳐진 수역을 주로 이용하며, 영소(營巢, 둥지)로는 소나무의 거목을 이용하고 있다.[7] 다시 말해, 서식지 전체로 보면 논, 하천, 수림 등 전원생태계의 다양한 구성요소를 종합적으로 필요로 한다. 분지 중앙에 마루야마(円山)강이 평화롭게 흐르고 그 양측에 평야지대가 펼쳐져 그것을 수림이 둘러싼 토요오카 분지의 지형은 잠재적으로는 황새 서식에 적합한 환경이었다고 사료된다. 이것은 과거의 기록과 보호에 관여해 온 관계자에 의해 시사되고 있었던 바, 2002년 8월, 1마리의 야생 황새가 31년 만에 토요오카 분지에 날아온 것을 계기로 어떻게 행동하고 어디에서 채이하는가를 추적할 수 있었다. 또한, 번식개체군의 절멸위기 이후에도 황새가 단독으로 일본으로 날아온 것은 연간 한 두 차례 있었지만, 이번 날아온 개체의 특징은 2년 이상 토요오카 분지에 머물고 있어 행동추적 기록에 의해 황새의 채이서식환경의 계절변화를 알 수 있었다. 황새의 채이서식환경을 체재시간비율 관점에서 보면, 6월에는 채이기간의 80% 정도를 담수한 논에서 소비하고 있고, 7월과 5월이 그 다음으로 많다. 8월부터 10월에 걸쳐서 목초지에서의 채이시간이 증가하고, 10월 이후 겨울에 걸쳐서는 하천을 이용하고 있다. 또한, 5월부터 7월은 황새의 육추(育雛) 시기에 해당하기 때문에 번식개체에 있어서는 통상보다도 많은 먹이 자원이 필요하다. 따라서 논 경작 후 벼가 성장하고 개방수면이 없어질 때까지의 사이에 논 및 그에 근접한

사진 4-2 포장의 정비에 의해 논과 논 사이에 고저차가 생긴 배수로

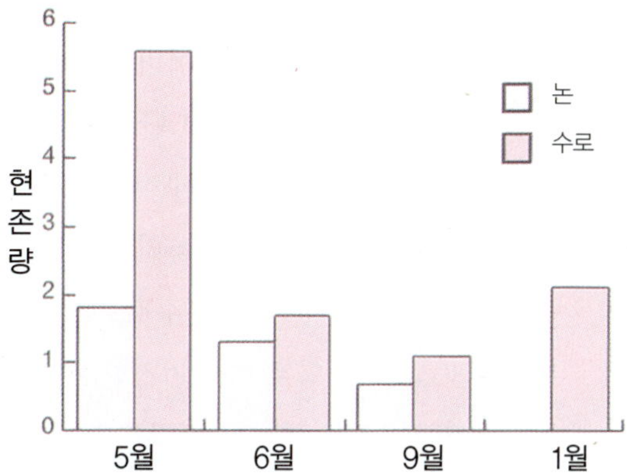

그림 4-1 논과 수로의 먹이생물의 현존량 변화(内藤 · 池田[7])

수로는 황새의 채이장소로 중요한 위치를 점하고 있다고 사료된다.

그러나 황새의 절멸을 전후해서 논 환경의 개선이 진행되어 서식지로서의 기능은 이전과 비교하여 눈에 띄게 손상되었다. 1945년 전후로부터 사용되기 시작한 농약에 의해 논 생물에 직접적인 영향이 컸다고 생각한다. 하지만 생물에 대한 영향이 강한 농약이 감소한 이후부터는, 다음에 설명할 것과 같이 농경지 건조화 등의 구조개선에 의한 환경변화가 논 생물에 커다란 영향을 주었던 듯 보인다.

3) 자연재생이 필요한 이유

토요오카 분지는 지형적으로는 마루야마강 하류지역의 범람으로 전개된 표고 수 미터 정도의 저습지이다. 때문에 지역의 논은 예전에는 배수가 어려운 논이었다. 일대에 서식하고 있던 황새의 개체수는 1930년대 초반에는 약 100마리였던 것으로 추정된다. 그 당시의 황새는 가장 사람과 가까운 자연에 있는 조류로 농경이 이루어 질 당시에는 피해를 주는 조류로 쫓아내는 대상이었기 때문에 습한 논과 황새에 대해 당시의 모습을 나타낸 것이 많다. 그러나 포장의 정비를 진행하면서 현재에는 거의 전역이 어느 정도 건조한 논이 되어버렸다. 일반적으로 포장정비에서는 객토에 의해 논을 정비하는 것과 동시에 용배수(用排水)를 분리함으로써 배수로와의 고저차를 크게 하는 공사를 한다(사진 4-2). 그것은 대형 농기계를 사용한 경작과 밭으로 전환하기 위해 필요한 기반 정비이다. 한편, 수로에 서식하는 생물과 보통 하천에 서식하지만 논까지 거슬러 올라 산란하는 물고기 등에 의해 수로와 논과의 사이에 낙차가 생기기 때문에 수로에서 논으로의 이동이 어려워지는 것을 의미한다. 더욱이 벼 생육기간 이외에는 신속하게 배수를 할 수 있기 때문에 논에서 생활사를 완결하는 생물에게도 포장 내부는 공사 전과 비교하여 서식에 적합하지 못한 환경이 되어버린다. 토요오카 분지의 논과 수로에서 이루어진 황새의 먹이생물 연간조사에 따르면 단위면적 당 먹이생물의 양은 논보다도 수로 쪽이 크고(그림 4-1) 특히 논에는 어류의 현존량이 적음이 명확해졌다.[7]

용배수(用排水)를 분리하여 수로를 깊게 파냈기 때문에 구조적으로 황새가 안에 들어가 채이하기 어려운 수로도 많다. 황새가 이용 가능한 수로를 폭 2m 이상 또는 깊이 50cm 미만의 수로로 가정한다면, 토요오카 분지 일대의 수로연장비율에서 약 30%, 면적비율에서도 약 32%가 부적당 하다고 추정된다(저자의 미발표 데이터). 깊은 수로는 제한된 지역에 한정되고 수로 중에서 비관개기(非灌漑期)에는 물이 없어지는 곳도 있어 포장정비가 본격적으로 이루어지기 이전과 비교하였을 때, 먹이생물의 서식환경으로서 수로의 질은 저하되고 있다고 사료된다.

이와 같은 상황에서 전원생태계를 채이장소로 하는 황새를 야생에 복귀시키기 위해서는 논과 수로의 먹이생물의 양을 증가시킴과 동시에 채이하기 쉬운 환경을 복원하는 자연재생이 바람직하다.

4) 목표 설정

본 지역에서 자연재생은 황새의 재생복귀를 위한 환경정비의 일환으로 생각하고 있다. 그 기본적인 생각은 다음과 같다(그림 4-2).

황새가 서식하고 있던 당시의 환경은 절멸 전과 비교하면 동종 서식에 좋은 장소인 것으로 생각된다. 그러나 생활양식의 변화에 따라 서식환경의 변화가 진행되고, 황새를 정점으로 하는 생태 피라미드도 손상된 것이 현재의 상태이다. 본 지역의 자연재생은 예전 상태로 회귀하여 복원하는 것이 아니라, 현재의 사회경제기반과 시스템을 개량해 가면서 황새의 서식환경을 정리하는 것을 방침으로 하고 있다. "황새 야생복귀 추진계획"에서는 황새를 자연과의 공생의 상징으로 정의하고 있고 야생복귀를 위해 자연재생을 종합적으로 진행하는 것으로 정했다. 즉, 광역의 서식권역을 필요로 하는 생태 피라미드의 정점에 선 우산종(umbrella species)으로서의 황새가 야생에서 서식할 수 있는 전원환경 구축에 도움이 되는 것이 자연재생의 단기적 목표이다. 그 성패는 도입한 황새의 정착과 번영에 의해 단적으로 평가된다. 그 목표를 위해 농업분야에서는 논에 어도(魚道)를 설치하여 먹이생물의 서식조건 확보라는 어려운 면의 정비와 논의 간수기를 길게 하는 것과 농약 사용량을 줄이는 것, 휴경지 및 전환지를 채이장소로 활용하는 것 등의 상대적으로 쉬운 면의 정비가 검토되었다. 또한, 농업분야에 한정하지 않고 강과 수림관리의 시점에

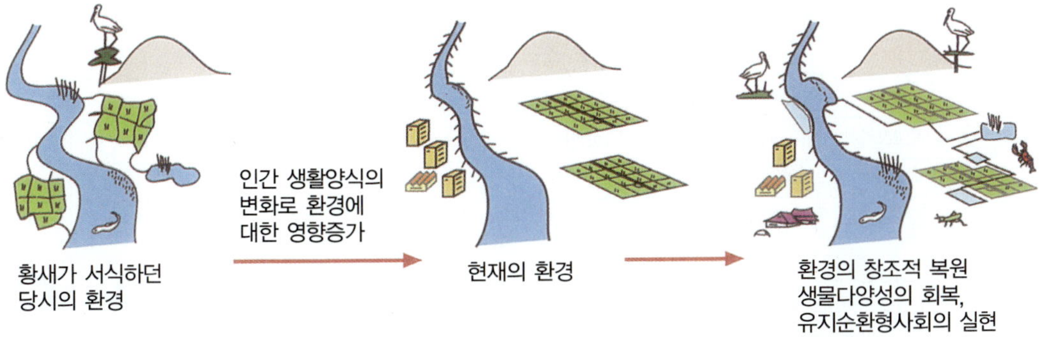

그림 4-2 황새의 야생복귀를 위한 환경정비의 기본적 사고

서도 황새의 야생복귀에 따른 환경정비가 이루어지고 있는 중이다. 이를 기반으로 본 추진계획은 "황새와 공생하는 지역 만들기를 목표로"라는 타이틀을 내걸고 황새를 중심으로 한 공생형/순환형의 지역사회를 만드는 것을 목표로 하고 있다.

4.3 논에 어도의 설치와 전작지의 비오톱(Bio-tope)

이와 같은 상황에 입각하여 토요오카 분지에서는 자연재생을 위한 몇 가지 시도들이 이루어져 왔다. 우선, 논의 구조를 생물을 배려한 방식으로 개량한 대표적인 사례로써 논과 수로와의 낙차를 해소하는 어도(魚道)가 설치되었다. 앞에서 서술한 것과 같이 수로와 하천에 서식하는 어류에는 논까지 소상(遡上)하여 산란하는 종군(種群)이 있어 효과가 높은 어도를 설치하면 생물의 서식지로서 질을 높일 수 있다. 토요오카 분지에는 2004년 8월 현재 총 52곳의 논에 어도가 설치되어 그 효과를 기대하고 있다(〈표 4-1〉). 설치한 후부터 경과한 년 수가 짧기 때문에 그 효과에 대해서는 아직 평가가 정해지지 않은 부분도 있지만, 설치 경위와 모니터링 결과를 소개하겠다.

1) 간벌재(間伐材)를 활용하여 설치된 어도(魚道)

어도(魚道) 중에서 가장 빠르게 설치된 곳은 효고(兵庫)현립 황새의 고향공원(鄕公園)

표 4-1 토요오카(豊岡) 분지에 설치된 전답형 어도의 개수

지 구 명	설 치 원 인	어도의 소재					소 계
		간벌재	콘크리트	파형폴리에틸렌			
				명거	암거	**병행	
토요오카시 쇼운지(豊岡市 祥雲寺)	전답형 비오톱 등	2	–	–	*2	–	4
토요오카시 아카이시(豊岡市 赤石)	포장정비	–	23	1	7	–	31
데이시시 나카가와(出石市 中川)	포장정비	–	–	–	8	–	8
토요오카시 록뽀(豊岡市 六方)	전답형 비오톱 등	–	–	–	–	9	9
합 계		2	23	1	17	9	52

(2004년 8월 현재)
* 논의 한 면에 조성된 수로와 배수로를 연결한 것
** 어도의 상류가 명거, 하류가 암거로 되어 있음

사진 4-3 토요오카(豊岡)시 쇼운지에 설치된 어도. 수전(水田)부분은 전작지 비오톱으로 관리되고 있다.

표 4-2 쇼운지 지구에 설치한 전답형 어도에 있어서의 소상조사결과

종명 \ 조사일수	5월 4.5	6월 9.0	7월 4.5	8월 0.5	전체 18.5
미꾸리	0.67	15.11	10.22	30.00	10.81
몰개	1.11	12.89	6.44	8.00	8.32
은붕어	–	0.67	0.44	–	0.43
동사리	0.44	0.11	0.44	–	0.27
밀어	–	0.33	–	–	0.16
뱀장어	–	–	0.22	–	0.05
기름종개	–	–	0.22	–	0.05
줄종개	–	–	0.22	–	0.05
붕어	0.22	–	–	–	0.05
어류 종수	4	5	7	2	9
새뱅애	36.67	6.22	4.22	6.00	13.14
미국가재	–	–	0.22	–	0.05
동남참게	–	0.11	–	–	0.05
전체 종수	5	7	9	3	12

토요오카 토지개량사무소의 보고 자료에 의거함 (단위: 소상개체수/일)

에 근접한 토요오카(豊岡)시 쇼운지(祥雲寺)지역에 2002년도에 설치된 두 개의 어도이다(사진 4-3).

이 지역 논은 포장정비가 이미 끝나 상류에서 채취한 용수계통과 논에서의 배수 계통이 분리되어 있었다. 논의 표고와 배수로 사이에는 2m 정도의 낙차가 있어 배수로에서 수서생물이 논으로 소상(遡上)하는 것은 불가능하다. 영농측면에서는 오리농법 등의 무농약, 혹은 저농약 벼경작과 전환논의 상시 간수에 의한 소생물권(bio-tope)화 등의 추진이 정략적으로 행해지고 있다. 어도(魚道) 중 하나는 상시 간수된 전작(轉作) 비오톱 논으로 관리되고 있으며 또 하나는 저농약 벼농사 논으로 관리되는 곳에 설치되었다. 설치된 어도(魚道)는 폭 60cm로 우안의 절반은 풀(pool)방식의 계단 상태로, 남은 반은 경사로로 되어 있다. 경사는 최대 11%로 연장은 각각 10.8m 및 7.2m이다. 시각적 경관을 배려한 간벌재(間伐材)를 이용하여 낮은 면에 차수시트가 매설되었다. 또한, 간벌재를 사용하였기 때문에 설치비용은 고액으로 유지관리와 내구성 측면에서의 과제를 남겼다.

이러한 어도에서는 2002년 5월~8월(저농약 논에서는 휴경기(休耕期)인 7월 9일까지)에 걸쳐 상류 끝단에 포획용 덫을 설치하고 소상모니터링 조사가 이루어졌다(조사는 토

요오카 토지개량사무소에 의함). 그 결과, 9종의 어류와 3종의 갑각류가 소상함을 확인하였다(〈표 4-2〉). 특히, 6월부터 7월에 걸쳐 미꾸리와 몰개의 소상개체가 하루당 6.4~15.1종으로 많았다.

휴경기의 기간에는 거꾸로 배수구에 덫을 설치하여 강하하는 개체 조사를 하였다. 그 결과, 은붕어, 몰개, 미꾸리, 새뱅이의 네 종류가 확인되었다. 이 네 종은 모두 5월에서 7월에 걸쳐 논으로 소상하는 것이 이미 확인된 종이다. 개체수는 미꾸리가 가장 많아 전체의 70.4%(1,477개체)를 차지했다. 이러한 결과에서 설치한 어도는 논과 배수로를 연결하는 회랑(回廊, corridor)으로서의 역할을 충분히 하고 있다고 사료된다.

2) 포장정비에 맞추어 설치된 어도(魚道)

쇼운지(祥雲寺)지구에 설치된 어도의 모니터링에서는 적절한 어도의 설치 후에 어류의 소상을 확인할 수 있었다. 그러나 어도 설치장소를 면적으로 넓혀가기 위해서는 설치비용이 싸고 유지관리가 용이한 구조로 할 필요가 있다. 토요오카 아카이시(赤石) 지구에서는 2000년도부터 포장정비를 하였다. 이미 환지계획도 결정되어 있었지만, 수로부분을 재검토하고 국가와 지자체에 의한 "생태계 보전형 전답 정비 추진사업"으로 어도를 설치하고 수서생물의 서식에 배려한 수로 구조를 채용하기로 하였다.

포장정비는 공사 구역을 나누어 단계적으로 이루어지기 때문에 우선 다른 구조의 어도를 시험적으로 설치하고 그 효과를 비교, 검토한 후 남은 어도의 구조를 결정하기로 하였다. 확보 가능한 수로 폭이 이미 결정되어 있는 가운데 논바닥과 수로와의 격차를 확보하여 물의 흐름을 개선한다는 포장정비의 목적, 유지관리 비용, 수로가 장기적으로 유지되지 못하고 붕괴할 가능성 등, 공법으로서 토수로(土水路)를 채용하는 것은 보류하였다. 유로의 경사가 10% 이하에서 연장 7m~8m 정도에 달하였고, 개수로의 유지관리를 용이하게 함과 동시에 조류가 어도에서 기다렸다가 포식하는 것을 막기 위하여 그래이팅(grating, 금속재의 격자뚜껑)을 설치한다는 동일조건 아래, 다음 4가지 타입의 어도 〈표 4-3〉 및 (사진 4-4)를 2002년에 시공하여 그 소상효과를 비교하였다.

① 통나무 슬로프형 : 콘크리트로 조성된 측구 저면에 반으로 자른 통나무를 유로 횡단방향에 지그재그로 설치한 어도

② 하프콘형 : 콘크리트로 조성된 측구 저면에 콘크리트로 제작된 하프콘(half corn)을 유로를 횡단방향에 서로 다르게 설치한 어도

③ 파형 폴리에틸렌U형측구 : 각형의 파형문양 폴리에틸렌 관에서 슬로프를 설치한 어도

④ 파형 폴리에틸렌암거측구 : ③과 동일소재의 폴리에틸렌 관을 지하에 매설한 어도

3) 어도의 소상(遡上) 효과와 개량

포장 정비와 함께 수로도 전면적으로 개수하였기 때문에 조사 개시시점에서는 수로에 서식하는 어류의 개체수가 충분히 회복되지는 않았을 것으로 사료된다. 때문에 4종류 어도의 소상효과는 서식개체의 소상이 아닌 미꾸리의 방류실험을 통해 조사되었다(조사는 토요오카 토지개량 사업소에 의함). 각 어도의 하류에서 몸길이 4~10cm의 미꾸리 10마리를 풀어 소상시키는 실험을 하였다.

어도의 하류에는 유도체가 달린 용망을 설치하여 미꾸리를 포획하였다. 2003년 7월 10일(휴경기가 빨라져 실험하지 못했던 파형폴리에틸렌암거측구에 대해서는 이듬해 6월 8일) 17시에서 다음날 7시까지 사이의 2시간마다 확인하여 소상한 개체는 다시 소상할 수 있도록 하류로 돌려보냈다.

조사 결과, 하프콘형 어도에서의 소상 개체수가 가장 많았다(〈표 4-3〉). 몸길이의 크고 작음에 관계없이 소상하였다. 소상 개체수는 하프콘형에 이어 통나무슬로프형이 다음으로 많이 나타났다. 파형폴리에틸렌U형측구 및 파형폴리에틸렌암거측구에서는 가장 낮은 수치를 나타내 소상 가능한 개체의 몸길이 폭도 한정되는 경향이었다.

2004년 6월에는 휴경기에 의한 낙수가 이루어지는 시기에 강하하는 어류가 조사되었다. 이것을 보아도 하프콘형 어도에서는 미꾸리, 메기, 몰개 등의 강하개체수가 많이 확인되어 그 형태적 유효성이 확인되었다(〈표 4-4〉). 파형폴리에틸렌형이 최적으로, 통나

표 4-3 아카이시(赤石) 지구에 설치된 4타입의 전답형 어도의 개요와 미꾸라지의 소상 개체수

Type	내부구조	*설치비용 (천엔)	실험에 의한 소상개체수
통나무 슬로프형	콘크리트, 반으로 자른 통나무	400	17
하프콘(half corn)형	콘크리트 하프콘	400	35
파형폴리에틸렌U형측구	폴리에틸렌 파형 형상	150	4
파형폴리에틸렌암거측구	폴리에틸렌 파형 형상	100~200	**4

* 계산수치, 파형 폴리에틸렌 암거측구는 개량전/후의 수치를 제시함
** 휴경기가 빨리 이루어졌기에 이듬해에 조사하였다.

사진 4-4 아카이시(赤石)지구에 설치된 4개 타입의 전답형 어도

①, ② : 통나무 슬로프형 ③, ④ : 하프콘형 ⑤, ⑥ : 파형폴리에틸렌U형측구 ⑦, ⑧ : 파형폴리에틸렌암거측구

무 슬로프형과 비교하여 목재 대신에 콘크리트로 유로를 형성하고 있어서 유지관리와 내구성 면에서도 하프콘형이 바람직하다고 평가되고 있기 때문에 기본적으로는 그 형태를 채용하기로 하였다. 한편, 파형폴리에틸렌U형측구는 소상효과는 낮았지만 하프콘형의 절반에서 1/4이라는 비교적 적은 비용으로 설치가 가능하고 파형폴리에틸렌암거측구의 경우에는 비탈면의 풀베기 등의 관리가 용이하다고 평가되었다. 시험 시공한 어도는 기울기가 일정하기 때문에 흐름의 변화가 없고 흐르는 양이 많을 때에는 소상개체가 흐르기 쉬운 반면, 흐름이 적을 때에는 수심을 유지하지 못하는 것이 아쉽다. 여기에서 소상의 가능성을 향상시키기 위해서 사용하는 폴리에틸렌 관의 직경을 굵게 하고 기울기를 도중에서 변화시켜 물이 고이는 곳을 만들고 추가로 십자연결을 이용하여 도중에 휴식터를 마련해 주는 것 등의 개량을 한 후, 파형폴리에틸렌암거측구의 일부 어도에 채용키로 하였다.

어도본체 뿐만 아니라 배수정에도 개량이 실시되었다. 당초는 1필지 배수구(각각의 논에서 수로로의 배수구)와 어도를 별도로 두었지만, 1필지 배수구의 언판(뚝, 堰板)을 조절하여 수위를 내릴 때, 어도측 배수구를 동시에 조정하지 않으면 어도에 물이 흐르지 못해 기능을 제대로 하지 못할 가능성이 있다. 이것은 경작자에게는 유지관리에 손이 많이 가는 것을 의미한다. 여기에서는 1필지 배수구를 별도로 두지 않고 어도 그 자체를 1

표 4-4 휴경기의 어도 및 1필지 배수구에서의 강하 개체수

지점번호 어도	1 있음	2 있음	3 있음	4 있음	5 없음	6 없음	7 없음	8 없음
타입	하프콘형	파형폴리에틸렌						
		U형측구	암거측구					
미꾸리	52	–	–	–	5	1	1	–
메기	8	82	–	–	–	–	–	–
붕어류(치어)	1	1	5	1	–	–	–	–
몰개	3	19	–	–	–	–	–	–
잉어과(치어)	1	–	6	–	–	–	–	–
송사리	2	–	–	–	–	–	–	–
큰입배스	1	–	–	–	–	–	–	–
어류종수	7	3	2	1	1	1	1	0
새뱅이	10	2	–	13	–	6	3	–
미국가재	–	–	–	1	–	–	–	–
전체종수	8	4	2	3	1	2	2	0

조사는 토요오카 토지개량사무소에 의함, 수치는 이틀간의 합계 개체수

사진 4-5 콘크리트제의 슬로프를 설치한 한 필지 배수정

필지 배수구와 겸하는 것으로 하였다. 이 때, 1필지 배수구에 수위 조절을 위해 언판을 두면 그 하류에는 단차가 생기기 때문에 어도를 소상한 개체가 제체를 넘어 논 안으로 들어오지 못할 가능성이 있다. 여기에서 언판과 접한 수로 측에 물 흐름 방향과 직각 방향의 양방향으로 향해 내리는 콘트리트 제품의 슬로프를 두어 언판을 상하로 움직여도 항상 수면의 연속성이 유지되도록 하였다(사진 4-5). 아랫부분에는 파이프가 설치되어 언판을 떼어냈을 때에는 파이프에서 직접 배수가 가능한 구조로 되어 있다.

4) 포장정비에 따른 수로의 개수(改修)

아키이시(赤石) 지구에서는 별도로 수로 본체에 대해서도 몇 가지 연구가 이루어졌으며 수로 자체는 대형PC측구를 이용하는 유지관리가 용이한 구조를 채용하였고, 수서생물의 서식을 배려한 시공이 이루어졌다. 구체적으로 수로바닥의 깊이, 수로 중심선의 사행(蛇行)과 어소(魚巢, 물고기의 서식/산란/은신처)의 조성, 수로벽면의 슬로프를 3개소 조성했다. 수로 밑의 깊이는 부분적으로 수로바닥이 20cm정도의 깊은 장소를 설정한 것으로 이에 따라 토사가 쌓이기 쉽고 간선배수로의 수위가 저하할 때에도 부분적으로 수면을 유지할 수가 있도록 하였다. 결과적으로, 저서어류와 수서곤충이 서식하기 쉬워 수서식물도 어느 정도 생육이 가능할 것으로 기대된다. 또한, 수로바닥이 콘크리트이기 때문에 퇴적한 토사와 번성한 식물은 필요에 따라 제거할 수 있도록 했다. 다음으로 수로 중심선의 사행은 수로 중심을 좌우로 이동시키는 곳을 조성하여 흐름이 고이도록 한 것이다. 이 부분에서는 보통은 50cm인 수로의 폭을 100cm로 넓히고 폭의 반은 돌을 채운 어소(魚巢)로 수서생물의 은신처나 물이 불었을 때 회피 장소가 되기도 하도록 하였다. 또한, 수로 벽면에는 개구리 등이 뛸 수 있는 슬로프를 두고 있다. 이는 모두 배수에 필요한 수로단면과 수로 깊이를 유지하는 동시에 단조로운 콘크리트 수로 구조를 복잡화하여 수서생물에 적합한 서식환경을 만들기 위한 것이다. 현재 실시 후의 년 수가 짧으므로 수로 안으로의 토사퇴적이 적고, 눈에 띄는 효과는 확인되지 않았지만, 해를 거듭할수록 이러한 시공이 서식환경(habitat)의 다양화를 촉진할 것으로 생각된다.

5) 수서생물의 서식환경에 배려한 논 관리

토요오카시에서는 1996년에 토요오카 오리농법 연구회가 결성되어 환경보전형의 전작으로서 오리농법이 전개되고 있다. 이 농법에서는 오리가 도망치지 않도록 하는 동시에 천적으로부터 오리를 보호하기 위해 논을 전기 철책으로 둘러 조류방지망(鳥類防止網) 등을 설치하기 때문에 논 자체가 황새의 채이장소로 이용될 가능성이 낮고 농약을 가능한 한 사용하지 않음으로써 환경부하를 낮추며, 생산물의 부가가치를 높여 결과적으로 황새의 서식환경도 정비되도록 한다는 발상이 도입된 것이었다.

황새의 채이장소를 창출하기 위한 적극적인 접근으로서, 2001년에 시민단체인 황새시민연구소(2004년부터는 NPO(Non Profit Organization))와 토요오카시가 지역농업자의 협력에 의해 처음으로 논 5개소, 합계 약 0.73ha 면적을 대상으로 실시한 비오톱(biotope, 소생물권)의 전작시험을 사례로 들 수 있다. 그 기본적인 발상은 "전국 논 면적의 40%가 전작 논으로 되어 있어, 그 전작 논을 될 수 있으면 손이 많이 가지 않고 언제라도 벼농사로 복원 가능한 상태로 유지하는 동시에 비오톱 조성이 가능하지 않을까"라는 의문 제기에서 기인하여 필요에 따른 경작을 제공하고, 풀베기를 하면서, 상시 물을 채우고 쓰는 것이다. 실험은 상시 물대기에 의한 포장의 진흙으로의 변질과 논두렁의 붕괴 등이 염려됨으로 소면적으로 이루어졌다. 이를 계기로 이듬해에는 효고(兵庫)현이 실시하는 논의 자연재생사업(전작 논 비오톱형)이 사업화 되었다. 이 제도는 토요오카 분지의 평지부에서 대략 1ha 이상 정리된 면적을 활용할 수 있는 경우를 대상으로 한 것으로, 3년 이상 장기간에 걸쳐 상시 물대기를 하는 전작 논에 대해서 현과 시군의 예산 중 농가에 위탁료를 지불하는 것이었다. 그 대상면적이 이후로 조금씩 증대되어 2004년도에는 총 7.4ha의 지구의 합계가 전작 논 비오톱으로써 관리되고 있다(〈표 4-5〉). 그 중에 하나인 후쿠다(福田)지구에 설치된 비오톱에서는 모내기 후 벼가 성장할 때까지의 기간을 조사하였으며, 날아든 야생 황새가 빈번이 찾아와 채이하는 모습이 관찰되었다(사진 4-6).

또한, 벼 경작을 하고 있는 논에 관해서도 상시 물대기 벼 경작, 휴경기의 연장 등을 도입한 영농방법을 위한 보조 제도가 2002년도에 창설되었다. 이는 경작과 함께 물대기

표 4-5 **토요오카 분지의 전작논 비오톱과 상시 휴경기 논의 추이**

년	전작논 비오톱		상시물대기/휴경기의 연장	
	실시지구수	면적(㎡)	실시지구수	면적(㎡)
*2001	1	7,250	-	-
2002	5	53,422	1	11,404
2003	6	67,182	1	11,461
2004	6	74,126	2	54,598

* 황새시민연구소와 토요오카시에 의해 실시, 이외는 효고현과 토요오카시에 의해 실시

사진 4-6 **토요오카시 후쿠다지구의 전작논 비오톱에서 채이하는 야생 황새**

기간을 연장하여 수서생물의 서식에 적합한 논 환경을 유지하는 것을 목적으로 한 것이다. 2004년도에 2지구 5.5ha가 상시 물대기 벼논으로 관리되고 있다. 비오톱 전작은 작물을 재배하지 않은 논에서 하는 것으로, 농업 생산 자체와는 동떨어진 개념으로 볼 수 있다. 한편, 토요오카시에서는 앞서 설명한 오리 농법으로 생산된 쌀을 학교급식에 제공하거나, 환경보전형 농업에 의해 생산된 작물을 통일된 브랜드로서 출시하는 등, 새로운 농업 진흥 방식에 힘을 쏟고 있다. 이 같은 시책이 어도정비와 같은 보전형 기반 정비와 연결되어 장려됨에 따라 황새의 야생복귀 또한 그 실현의 길이 모색되고 있다.

4.4 남겨진 과제와 향후 방향성

황새의 야생복귀라는 커다란 목표가 있기 때문에 토요오카 분지의 자연재생은 비교적 순조롭게 진행되었다고 생각되었으나 이 추진 과정에서 몇 가지 과제가 분명해졌다. 이에 입각한 향후 방향성에 대해 고찰해보겠다.

우선, 자연재생을 시행할 장소 선정의 과제이다. 가령 용배수 계통이 분리된 포장 정비가 완료된 논을 상시 물대기형의 비오톱(bio-tope, 소생물권)과 동절기 시 물대기 논으로 활용할 경우, 수자원 확보가 과제이다. 그 이유는 이들 논은 양수기장을 통해 급수되는 것이 많고 벼 작물에 필요한 시기 이외는 펌프가 정지하여 급수가 되지 않기 때문이다. 그간의 동향을 살펴보면, 양쪽의 사업 모두 선구적이므로 적당한 지역의 선정에 있어 그 잠재성의 평가뿐만 아니라 지역 농업조직과 경작자의 의욕 여부가 실시 유무의 열쇠를 쥐고 있었다. 어도의 기반 정비와 환경보전형 벼농사, 전작 논의 비오톱화 등의 실시에는 지역 농가의 합의가 사실상 불가결하나, 새로운 농업의 모색을 위한 시범적 운영에는 지자체와 농가 간에 입장 차가 발생하기 쉽다. 가령 황새의 행동권과 채이장소 분포와 배치라는 생태학적인 관점을 제시하며, 실시되는 사업에 적당한 장소라는 설득력에 대해 지역민의 입장이 반드시 부응하지는 않는다. 향후로 대상이 되는 장소와 면적을 넓혀가기 위해서는 비용대비 효과를 검토하여 후보지를 전략적으로 결정해 가는 것도 필요할 것이다.

비용 면에서의 문제도 있다. 포장정비와 함께 어도를 설치한 장소에 토지개량법이 2002년 개정되어 토지개량사업을 할 때의 기본원칙으로 "환경과의 조화에 대한 배려"가 명시되어, 예산 조치가 이루어졌다. 그러나 이미 포장정비가 완료되어 새로운 어도를 설치하는 자연재생을 하기 위한 경우, 이미 예산이 확정된 후이므로 어도의 설치장소를 추가하는 것이 어렵다. 어도 설치 장소를 향후 추가하기 위해서는 어도 효과를 정량적(定量的)으로 측정하여 제시하는 것 뿐 아니라 자연재생이라는 이름으로 이루어지는 어도 설치비용을 구체적으로 어디에, 누구에 의해 부담할 것인가 하는 문제, 더욱이 설치 후의 유지관리를 누가 담당하며 그 비용을 어떻게 부담할 것인가의 문제에 대한 검토를 해야 한다.

마지막 과제는, 자연재생 시 하드와 소프트의 일체화이다. 어도의 설치는 논의 구조를 변경하는 것으로, 이른바 하드한 면의 정비라 할 수 있다. 이에 덧붙여 전작 논의 비오톱, 동절기 간수와 휴경기의 지연 등의 소프트 면에서의 조치가 같은 논에서 이루어짐으로써 상승적 효과를 발휘하고 전원생활에 다양한 생물을 서식시키게 된다. 지역 자치단체의 조직들도 이와 같은 사고로 양자를 조합하도록 조정을 하고 있으나, 포장정비에 따른 어도가 설치된 장소에서는 지반이 안정될 때까지는 관행적인 농업을 하길 바라고 정비 후에는 논을 효과적으로 사용하여 생산성 향상을 꾀하는 등 경작자의 희망에 맞추어 그 진행이 미끄럽지 않을 때도 있다.

종합적으로 볼 때, 황새의 야생복귀를 위한 시책은 계획에 근거한 시공을 할 때면 이미 종료한 기존 사업과는 방향성이 크게 달라진다. 행정 시책의 조치만으로는 끝나지 않는 여러 사안을 다수 포함하고 있으므로 지역 전체가 시책을 추진하기 위한 인센티브를 창출할 필요가 있다. 또한, 효과를 평가하여 다음 계획에 반영시키는 순응적 관리 도입이 불가결하다.

– 나이토 카주아키(内藤　和明), 오사카 요시토(大迫　義人), 이케다 히로시(池田　啓)

인용문헌

1) 農林水産省大臣官房統計部 (2003)：農林水産統計.
www.maff.go.jp/toukei/sokuhou/data/kouchi2003/kouchi2003.pdf

2) 片野 修 (1998)：水田・農林水路の魚類群集, 水田環境の保全−生物群集の視点から−, 江崎保男・田中哲夫編. P.67～79 朝倉書店.

3) 上田哲行 (1998)：水田のトンボ群集, 水田環境の保全−生物群集の視点から−, 江崎保男・田中哲夫編. P.93～110 朝倉書店.

4) 池田　啓 (2000)：コウノトリを復活させる. 遺傳 54(11). 56～62.

5) 內藤和明・池田 啓 (2001)：コウノトリの鄕を創る−野生復歸のための環境整備—, ランドスケープ研究64. 318～321.

6) コウノトリ野生復歸推進協議會 (2003)：コウノトリ野生復歸推進計劃, コウノトリ野生復歸推進協議會. 87pp.

7) 內藤和明・池田　啓 (2004)：自然と共存する農業, コウノトリを支える農業, 農業と經濟70(1). 70～78.

8) 菊地直樹 (2003)：兵庫縣但馬地方における人とコウノトリの關係論−コウノトリをめぐる「ツル」と「コウノトリ」という語りとのかかわり−, 環境社會學研究9, 153～168.

9) 菊地直樹 (2004)：多元的現實としての生き物, 兵庫縣但馬地方におけるコウノトリをめぐる「語り」から, 生き物文化誌Bioストーリー1. 110～122.

10) 端　憲二 (1998)：水田灌漑システムの魚類生息への影響と今後の展望, 農業土木學會誌66. 143～148.

11) 齊藤憲次・片野　修・小泉顯雄 (1998)：淡水魚の水田周邊における一時的水域への侵入と産卵, 日本生態學會誌38. 35～47.

12) 鈴木正貴・水谷正一・後藤　章 (2000)：水田生態系保全のための小規模水田魚道の開發, 農業土木學會誌68. 1263～1266.

Chapter 05

도시자연(都市自然)

5.1 도시생태계의 특징

도시는 인구밀도가 높고 한 사람에 해당하는 녹지나 수변의 면적이 모두 좁다. 그래서 열섬현상(Heat island effect)과 각종 배기가스의 영향이 강하고 대기환경 또는 열 환경이 생물의 물질생산이나 지속성에 큰 영향을 미치고 있다. 또한 건축물의 고층화와 지표면을 피복하는 아스팔트나 콘크리트는 일차 생산을 담당하고 있는 육상식물에 필수적인 빛 에너지나 토양수분의 감소, 무기물질 함유율의 변화를 야기하는 등 물질이나 에너지의 흐름을 자연의 상태와는 다른 것으로 만들어 버린다. 또한 자연현상으로서 발생하는 물이나 흙의 상호작용이 억제되어 건조화가 일어나고 영양염(榮養鹽)이 한쪽으로 치우치게 된다. 더욱이 소음은 주로 동물의 서식을 억제하게 되고 야간조명은 동식물의 생활에 적지 않게 영향을 끼치고 있다. 이러한 요인들로 인해서 일반도시에 서식하는 생물 종은 한정되게 되고 도시지역에 특유한 생물상이 형성되어진다. 뿐만 아니라 사람의 쾌적하고 안전한 생활에 유해한 생물의 발생이 억제됨과 동시에 그 서식을 허용하지 않는 방책을 도입해 왔다. 반면, 사람의 취미활동을 위해 인위적으로 도입된 생물이 도시생태계에 차지하는 비율이 높게 나타난다.

5.2 수림지대(樹林地帶)의 자연재생기술

1) 수림지대의 면적과 형상

도시의 자연재생은 수림지대의 재생을 목적으로 하는 일이 많다. 보전생물학의 관점에서 본 수림지대의 창출은 큰 면적을 확보하고 핵(core)이 되는 부분을 가능한 한 넓히기 위해 원형에 가까운 형상을 지향하는 것이 원칙이다. 실제적으로는 사용하는 땅의 면적 및 형상은 그 밖의 관점에서 본 다면적 판단에서 결정할 필요가 있다. 예를 들면, 도시부의 녹지주변의 연장을 길게 하는 것은, 녹지에 접하는 사람이 늘고, 녹시율(綠視率)의 증가와 연계되는 동시에, 일부 동물군집의 종이나 개체수의 증가를 허용하는 것을 제시할 수 있다. 한편, 화재 시의 연소 피해의 위험성은 녹지의 주변 연장을 크게 하면 할수록 증대하는 관계에 있다고 한다. 보전, 보호해야만 하는 생물 또는 종은 명확히 그것이 주요목적이라면 그것을 지속시키기 위한 허용규모나 형상을 만들기 위한 것을 전제로 하고, 기타 방화나 이용 등을 고려하는 현재의 도시계획과의 정합성을 도모해야 한다.

도시 내 수림지대의 재생에 있어 그 중심이 되는 환경확보를 지향하기 위해서는 핵이 되는 환경에 포함되는 띠 모양의 녹지형성이나 부주의하게 복잡한 모양의 녹지형성을 계획하는 것은 피하는 것이 현명하다. 따라서 회랑(Corridor)을 창출하는 필요성이 높은 경우에는 징검다리(Stepping Stone)형의 회랑을 우선적으로 검토해야만 한다. 소규모 띠 모양의 녹지는 가장자리(Edge)공간으로서의 기능만을 발휘하고 유해 동물이나 외래생물의 생활 장소로서의 기능을 발휘하는 것이 알려지고 있다. 그 때문에 핵이 되는 환경을 포함하지 않는 띠 모양의 녹지를 이용하는 생물을 도시 내에서 높은 비용을 투입하여 보전하는 경우가 일반적으로 많지 않다. 도시 내에서는 띠 모양의 녹지가 스스로 갱신하여 장기적으로 존속하는 것이 생태학적으로는 곤란하기 때문이다.

실제적으로 핵과 가장자리의 면적이나 형상을 어떻게 계획하는가는 중요한 과제이다. 가장자리의 역할은 생물이나 환경 등의 상대적인 차이에 따라 판단되어지기 때문에 그 폭을 획일적으로 결정할 수는 없다. 예를 들면, 북아메리카의 사례에서는 낙엽수림의 가장자리 폭은 12~15m, 침엽수림이 60m로 최소한의 핵을 포함하는 면적은 각각 452~707㎡과 11,310㎡라고 한다. 북아메리카의 조류를 대상으로 한 연구에서는 가장자리 폭은 600m에 미치며, 핵이 되는 면적의 확보에서는 최저 113ha가 필요하다는 결과가 나왔다. 열대림의 가장자리 폭은 178m~5,000m 정도로 핵을 확보하기 위해서는 79㎢의 면적이 필요한 것으로 계산된다.

자연재생 사업으로서 일본 도시 내에서의 수림의 자연을 확보하고자 하는 경우 가장자리 폭은 15~60m, 필요 면적은 0.1~1.0ha 이상으로 하면 그 가치 있는 수준이 확보되어진다고 생각된다(이후 설명될 오카야마(岡山)시의 신사림의 사례 참조). 이보다 좁은 부지에서 자연재생의 이상을 추구하는 것은 어렵다. 예를 들면 100m²의 핵을 고려한 지역을 계획하기 위해서는 필요한 외연부 가장자리를 12m로 설정하더라도 약 1,000m²=0.1ha의 원형이 최소사용가능면적이 된다. 백로나 흰빰검둥오리와 같은 조류의 경계거리가 약 110m, 일본다람쥐의 서식허용 수림지대가 10~20ha인 것 등을 감안하면 1.0ha 이상의 부지를 확보하는 것이 바람직하다.

수림이 지속적으로 갱신되기 위해서는 그 구성원이 될 수 있는 수종을 단절시키지 않는 녹지의 형상이나 규모를 준비하는 것이 좋다. 교토(京都)시의 사총림(社叢林)을 포함한 수림지대는 가장자리 폭이 30m로 면적이 1ha 미만에서는 목본식물 종으로 구성되어 있으므로 전체공간을 가장자리로 간주한다. 단, 이 해석은 충분하지 않아 다면적 해석이 필요하다는 지적에 주의해야만 한다. 또한 미야자키(宮崎)현의 샤지(社寺)조엽수림은 수림면적과 조엽수림요소식물종수와의 관계로부터 수림면적의 협소화에 의해 누락되는 수종이 존재하고 그 최소치가 200m²와 1,000m² 주변에 있을 가능성이 지적되고 있고, 더욱이 이들은 1ha 이상의 대규모 수림에 한정되어 높은 빈도로 자라는 수종으로 인식되고 있으며, 2ha전후에서 출현하는 종수는 한정되는 것으로 나타난다. 0.1ha정도의 규모와 1ha 이상의 규모에서는 허용되는 재생자연의 질이 다르기 때문에 사업목표나 관리내용은 그 대지면적에 대응하여 차이가 있음을 고려해야만 한다. 0.1ha와 1ha의 중간 규모에서는 토지이용의 변천, 사업대상지의 지형, 기후 등 주변 환경요소에 따라 재생자연의 질이 결정될 가능성이 높다. 미야자키현의 예로 조엽수림을 완전히 채우기 위해서는 이론상으로 28~2,900ha의 면적이 필요하게 되고 지역을 특징짓는 조엽수림 구성식물종의 다양성을 보존하기 위해서는 단일의 자연재생 사업지에서 모든 요건을 채우는 것이 어렵다.

도시지역에 잔존되거나 새로이 형성된 수림지대의 생물다양성보존의 정황에 관해서는 딱정벌레류와 개충류 같은 이동능력이 낮은 비교적 대형곤충에 관한 조사결과가 일반적 원칙을 이끌어내어 의사결정에 참고가 되었다. 딱정벌레류와 개충류를 재료로 한 도시고립림(0.1~1.2ha)과 그 주변의 연구에서 ① 하반림(河畔林)을 원서식지로 하는 종에 있어서 과거의 소실은 현저하고 현 상태에서도 종 구성의 회복에 있어서 높은 효과를 약속할 수는 없다. 하지만 이러한 장소에 의존하는 종들 중에는 희소하여 고유적 가치가 높은 것이 포함되어 있으므로 중요한 비오톱(bio-tope)으로서의 각별한 배려가 필요하다. ② 고립수림 주변의 토지이용 현황 및 변천이 고립림에 서식하는 개체수나 종 조성 보유를 위해 중시되어야만 하며, 이러한 점에서 도시지역에 하반림이나 고립림 또는 방풍림이 점적으로 존재하는 것은 각각이 직접적으로 생물다양성 보존기능의 핵이 되지는 않더라도 장기적으로는 개체군의 분산기능을 하여 그 결과로 다양한 군집을 유지하는 것으로 추정된다. ③ 서식종수는 고립림의 규모에 따라 커지는 경향이 있으므로, 기존 고립림의 규모의 확대로 종 다양성을 도모할 수 있다.

2) 수림의 갱신

도시지역에 서식하는 동물, 특히 조류는 목본식물의 자연갱신에 미미하지만 영향을 준다. 종자가 새에 의해 옮겨질 때의 외래종 침입 문제는 도시림에서는 피할 수 없는 문제이고, 가장자리(Edge)나 틈새(Gap)에서는 그 영향을 무시할 수 없다. 일반적으로 도시환경에서의 새에 의한 종자분산거리는 100~300m라고 한다. 실제적으로 삿포로(札幌)시의 시가지에서는 동물분산종자는 주로 주변 100m 이내에 있는 수림에서 공급되어진다. 또한 교토(京都)시 시가지에서는 조산포(鳥散布)종자의 분포확대범위는 대략 150m로, 새와 식물종자의 조합에 따라 50m정도의 불규칙한 분포 양상을 보이고 있다. 동경도(東京都) 내에 있어서 외래종 및 당광나무의 분포확대에는 식재된 개체가 많다는 점과 이것들이 조산포 된다는 점, 생육에 적당한 가장장리 환경의 면적이 넓다는 점 등이 기여하고 있다고 말할 수 있다. 최근 도시림에서 현실화되고 있는 문제인 외성종려(*hemp palm*)류의 분포확대에도 조산포의 기여도가 높다고 생각된다. 큐슈(九州)북부의 도시근교 사총림에서는 주변의 이차림에서 유래하는 참식나무의 침입이 현저하고 자연갱신의 프로세스를 변화시켜버리는 가능성이 지적되고 있다. 또한 조산포형의 종이 단편화(fragmentation) 또는 고립된 수림일수록 증가한다는 연구보고는 많으나 자연림과 이차림, 계층구조의 차이와 같은 요인들에 대한 충분한 추적이 이루어지지 못하고 있어 일반화 시도에는 향후 많은 연구를 필요로 한다.

수림구조의 안정성을 나타내는 하나의 지표로서 출현수림의 개체 크기의 빈도분포를 검토할 수 있다. 오카야마(岡山)시 시내의 사총림에서 조사한 결과를 (그림 5-1)이 제시하고 있다. 면적이 크고 구조가 안정된 사총림에서는 출현 개체의 크기가 지수/관수적인 분포를 나타내고 역 J형인 경우가 많다. 이에 비해, 면적이 작으면 치수(稚樹) 및 저목(低

木)이 출현하기 어려운 상황이 된다. 후자의 경우, 수림의 지속적인 구조는 유지될 수 없고 자체갱신에 의한 재생도 용이하지 않다고 판단할 수 있다.

사총림(社叢林) 수림의 갱신특성에 관해서는 교토시가지의 시모카모(下鴨)신사 타다시(糺) 숲의 보호림(약 1.5ha)에 있어서의 선구적인 우수 연구가 있고 이를 근거로 한 보전관리 노하우가 제안되고 있다. 수림의 재생갱신은 수관의 틈새(gap) 형성을 계기로 발생한다. 틈새는 개개 수목의 고사로 발생하고 가지가 부러지는 것, 상당량의 전도된 나무 등에 의해 발생한다. 이것이 숲 안의 빛 환경, 수 환경 및 영양조건의 변화를 가져오고 구성수종의 성장특성의 차이에 따라 지속적인 군락의 형성에 이르게 되어 재생 갱신되어진다. 숲의 임연부 또한 숲속의 다른 환경 조건을 가진 공간으로 그 상태는 숲의 재생갱신에 큰 영향을 끼친다.

타다시(糺) 숲에서는 갱신상황의 지표로서 임관층(林冠層), 하층(下層) 및 치수(稚樹)층을 형성하지만 패쇄임관, 임관 틈새 및 임연부의 각각의 공간을 차지하는 밀도를 상대적으로 파악하는 것으로 구성수종의 존재 양식을 명확하게 함으로써 수림의 자체적 유지 구조에 대한 평가가 이루어졌다. 타다시 숲의 보호림은 구슬잣밤나무(*Castanopsis cuspidate*)가 임관을 형성하는 극상우점수종(極相優點樹種)으로 이들은 하층과 치수층에도 출현하나 임연부에는 적게 나타났다. 결국, 구슬잣밤나무의 후속개체는 임연부를 배제한 숲속에 분포되어 있고 숲속환경에 의존한 갱신이 계속적으로 이어질 것으로 생각

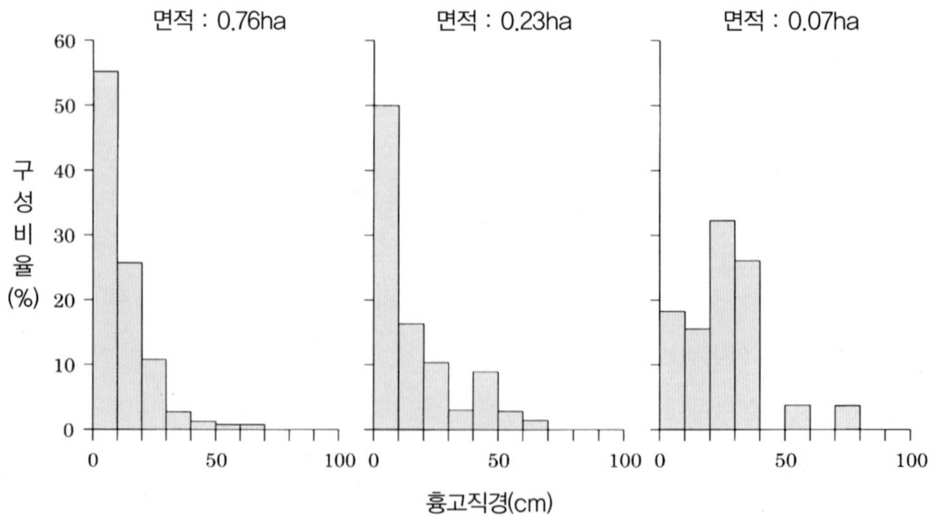

그림 5-1 **오카야마시의 시가지 신사 숲에 있어서의 수림의 직경분포**

된다. 이와 동시에 구슬잣밤나무와 같은 극상우점수종(極相優點樹種)이 되는 교목은 수림면적의 축소로 소실되기 쉽다. 팽나무는 패쇄임관과 임연부의 임관층을 우점하지만 숲속의 하층과 치수층에는 존재하지 않고 임연부에만 치수층으로 출현했다. 이는 팽나무가 숲속에서 구슬잣밤나무의 후속목과 동일한 장소에 분포되지 않고 그 갱신은 임연부에만 의존하고 있는 것으로 해석된다. 종려나무류는 패쇄임관, 임관 틈새 및 임연부의 어느 공간에서도 하층과 치수층에서의 우점도가 높다. 결국 임상(林床)의 우점도가 높고 공간을 가리지 않아 갱신빈도는 매우 높다고 해석할 수 있다. 이러한 해석을 구성종별로 추가하여 명확해진 해당 지역의 관리 요건은 다음의 4가지이다.

① 팽나무 등 천이계열의 우점수종을 유지하기 위해서는 넓은 수림면적과 교란강도가 큰 대규모의 틈새(gap)가 항시적으로 발생하는 모자이크 구조가 필요하다. 이들이 확보되지 않는 경우, 인위적으로 구슬잣밤나무 등 극상우점수종의 갱신 개체를 줄이고 해당 수종 개체의 자연 갱신을 기대하거나 또는, 육묘식재나 종자산포에 의한 갱신을 유도한다.

② 종려나무류와 같은 외래종이 하층을 점유하는 환경에서는 본래의 수림 갱신이 저해될 가능성이 높아진다. 이를 검토하여 목표에 맞추어 필요에 따라 그 점거를 줄인다.

③ 녹나무와 같은 식재 수종은 어떠한 수관 환경 아래서도 후속개체가 존재하지는 않으나 수관층을 우점하고 있다. 이들은 갱신되지 않고 팽나무 등의 천이계열의 우점수종의 갱신을 저해하고 있는 것으로 보인다. 이들은 해당 지역에서 태풍 피해 이후 식생회복을 목적으로 식재되었지만 그 타당성을 재검토하여 목표에 맞추어 필요에 따라 제거한다.

④ 저밀도에서 출현하는 재래수종은 잔존림에서 소실하기 쉽고 그 가능성은 중력분산형(重力分散型)종자의 종에서 높게 나타난다. 이들 종의 확보를 위해 종자이입원의 확보 및 인위적 갱신을 준비해 둘 필요가 있다.

또한, 최근 타다시 숲에 식재한 국내이입종인 녹나무는 사총림의 자가 갱신에 악영향을 끼치고 있다고 새롭게 보고되고 있다.

이처럼 도시 내 수림의 관리에 있어서 수림에서 발생하는 교란 특징과 구성수종의 갱신양식과의 관계를 파악하고 목표에 맞춘 제반 벌채와 보식의 실시가 필요하다. 또한, 일본의 극상림 또는 그에 가까운 노령림의 성숙림에 경우, 종구성과 구조와는 관계없이 임목의 고사율 및 신규가입율은 1년 당 0.6~4.3% 및 0.5~3.8%의 범위로 추정된다. 이를 참고하는 것도 수림지역의 갱신상황의 기준이 될 수 있다.

3) 수림의 관리

수림환경을 구성하는 식물종의 다양성은 환경의 차이와 변이의 진행, 주변 환경과 과거 토지이용을 설명하는 지표가 된다. 최근 임상식생(林床植生)의 종 구성을 상세히 검토해 주변 환경과의 이용에 대한 이용압의 관계를 검토하고 그 결과를 수림관리나 이용압(답압(踏壓), 침입(侵入))의 조정에 반영시키는 것 또한 검토되고 있다. 답압은 뿌리부분의 손상, 임상(林床)의 건조화, 외부로부터의 종자 이입 및 발아나 정착과 같은 현상과 연결된다. 도시림에서 수림은 주변 환경의 간섭을 강하게 받아 이용 잠재성이 높으므로 임상식생(林床植生)의 질에 관하여 검토하는 것도 관리방법의 유익한 방향을 촉진하는 방안이 될 수 있다.

한편, 조경 및 조림기술을 통해 상세한 계획을 기반으로 인위적으로 창출된 사총림(社叢林)도 있다. 예를 들면 나라현 신궁의 사총림은 1940년에 107종, 76,118그루를 23ha의 면적으로 재배한 인공림이다. 메이지신궁의 사총림은 불과 80년 남짓 경과된 현재, 그 인공적 재배 결과 삼림과 유사한 형상으로 변모되었다(사진 5-1). 최근 이 사총림에서는 ① 상층의 폐쇄 및 종려나무류와 식나무(상록수)의 번성에 의해 중하층에 후계수종(後繼樹種)가 될 수 있는 치유수종(稚幼樹種)이 적은 것, ② 총체적으로 중소직경의 수목에 교목성 극상구성수종이 적고 사스레피나무와 비쭈기나무 등의 하층수종이 많아 상층 구성수

사진 5-1 동경도 요요기에 계획적으로 창출된 메이지신궁의 사총림

조성과 함께 80년이 경과된 후 임상은 삼림의 형상이지만 생태학적인 시점에서 문제가 지적되고 있다.

종의 갱신에 방해되는 것과 같은 생태학적인 문제가 지적되고 있다. 한편, 상층수종의 후계 그루 수가 상대적으로 적은 것은 안정된 계층구조를 필요로 하는 성숙림의 특유한 상태라는 견해도 있어 실제 상록수, 팔손이나무, 종려나무류의 생육현황 또한 왕성하지 않다는 보고도 있다.[17] 앞으로 자연의 변이에 따라 장기적으로는 순조로운 갱신으로 발전할 가능성도 있다. 하지만, 도시림으로서의 기능 달성과 주변 환경과의 변화와의 관계에 있어 일례로 현재의 임상을 크게 변화시키지 않고 갱신을 촉진시키기 위해 저목층을 형성하는 종려나무류의 강도 높은 벌채와 상록수의 약한 벌채 및 교목수종 묘목 보식 등의 묘안이 제안되고 있다.[17]

한편, 실제로 사총림(社叢林)의 수복재생을 실시하고 있는 사례도 있다. 교토(京都)부 사가라(相樂)군 야마시로마치(山城町)에 있는 신사의 황폐한 사총림 일부 약 500m²에서는 1992년에 대나무류를 근절한 후 충적토양에서 표토조성(表土造成)을 실시하여 개가시나무, 비쭈기나무, 종가시나무 등을 식재하는 노하우로 재생을 시험하여 양호한 경과를 보이고 있다. 교토 시의 타다시 숲에서는 토양개량과 치유수 생육 촉진을 위해 출입금지 울타리 설치, 낙엽광엽수 식재, 건조감소를 위한 유로(流路)의 복원 등을 10여 년 전부터 실시하여 최근 그 결과가 계속 나타나고 있다(사진 5-2). 이 같은 사총림의 역사적 경과는 도시재생림의 선행 사례로서, 배워야 할 사항을 많이 내포한다.

수림(樹林) 내 고손목(枯損木), 혹은 수세(樹勢)가 약해진 수목의 방치는 나무좀류, 하늘소류, 흰개매류의 발생을 유발하는 요인이다. 와카야마(和歌山) 시에 있는 사총림에서는 주변에 2차림이나 농지 등 곤충의 비래원(飛來源)이 잠재적으로 있었던 것도 원인이

사진 5-2 **"타다시 숲(糺の森)"의 갱신육성 관리**

후계수종의 확보를 위해 하층수목과 어린나무의 보호를 실시하고 있다.

되어 약품살포를 할 만큼 곤충류가 발생한 적이 있었다. 고손목의 방치로 생기는 곤충류의 발생은 순조로운 변이의 과정이긴 하지만 도시지역 내에 새로운 문제로 확산될 가능성을 내포하므로, 반출이나 형상의 가공 등의 관리가 필요하다. 또한 이러한 곤충류의 발생이 예측되지 않는 경우에는 고손목이 오랜 기간에 걸쳐 원형을 유지하기도 한다. 또한, 수세가 약해진 소립목(小立木)은 갑충류(甲蟲類)의 발생을 허용하고, 말라 죽은 나무는 수관(樹冠)화재를 유인하기 때문에, 도시지역에서는 허용해서는 안 될 것이다.

수목의 크기 및 주변 환경과의 관계로부터 단순히 유추할 수는 없지만, 안전 확보 및 수림의 갱신촉진의 관점에서 보아 문제가 될 수 있으므로 일반적인 관리가 필수적이다. 또한, 대상 지역 전체 천이의 대부분은 자기보상에 맡기는 것이 이상적이다. 단, 쓰러진 도목(倒木)의 존재에 따른 바닥면의 식생피복(植生被覆) 감소와 리터층(litterlayer, 분해되지 않은 낙엽 · 낙지층) 두께의 감소 등의 환경이 만들어지는 것이 실생에 의한 수림의 갱신에 좋은 영향을 미치는 경우도 있으므로 이는 순응적 관리를 전제로 하여 해결해 나가는 것이 중요하다. 앞에서도 설명한 바와 같이, 메이지신궁의 사총림에서는 현재 낙엽이 떨어진 곳은 방치하고 있지만, 고목과 마른가지의 처리는 시행하고 있다.

5.3 자연재생의 사례

도시의 자연재생의 사례로서 두 도시공원을 소개하며 최근 몇 년 간의 재생기술의 실제 사례[20~24]를 소개하겠다. 사례의 개요를 〈표 5-1〉에 표시했다. 관리나 운영 등의 조사를 위해 관련 시민단체나 전문가 집단이 형성되었고, 이들이 주체가 되어 활동하고 있다는 점이 중요하다.

1) 동경 북구 아카바네(赤羽) 자연관찰공원

아카바네 자연관찰공원에서는 부지 내에 자연보호구역을 설치해 도시에서의 자연재생을 시험하고 있다(사진 5-3, 4). 이 장소는 본래 육상 자위대가 주둔하였던 곳으로 1995년에 공원기본계획 검토회가 설치되어 다음 해에 기본구상을 결정, 1999년부터 2001년에 걸쳐 단계적으로 개원하여 현재에도 일부 조정 중에 있다. 그동안 1998년에 운영회의준비회가 결성되어 1997년부터 본격적으로 조성이 병행되었다. 이는 구상에서 개원에 이르

표 5-1 카바네 자연관찰공원과 "생명의 숲"의 자연재생사업 개요

	아카바네 자연관찰	공원생명의 숲
사업구역 면적	8,000	6,150
부지면적	5.4ha	약 10ha(매화 소로 공원)
부지주변 이용 현황	완충구역으로서 별도의 녹지를 확보 자연관찰구역과 광장 등	원로 또는 정원 및 철도괘도에 인접(자연재생사업 구역이 사실상의 완충지대를 포함함)
착공시기	1999년(단 1998년에 조사/조성)	1995년
개원시기	2001년(단 1998년 이래 시민참가)	1996년
기본구상 검토시기	1995년	1994년 도시녹화페어 종료 후
이전 토지이용	육상자위대 주둔지	JR화물열차 조차장
토양기반	부지 내 토량으로 흙깎기/흙쌓기를 하는 것이 조성이 기본이념, 부족분은 반입	반입 흙쌓기(교토시내, 사가현)
지형	계곡	평탄지
식재	업자구입, 표토이식, 긁어내기 시민에 의한 "도토리 식재" 목본류 약 70종	업자구입 가로수 이식 목본류 100종 이상
수계	용수/펌프에 의한 순환 자연유로, 연못	지하수의 펌프 업 펌프에 의한 순환 고정유로, 연못
동물	비의도적 도입	의도적 도입/비의도적도입
원예식물	의도적 도입	의도적 도입/비의도적도입
관리운영	아카바네 자연관찰공원 볼런티어 모임(주변주민을 주체로 하는 '벼이삭 클럽' '풀베기를 즐기는 모임' '도토리 클럽' '월례 자연관찰회' '자연사진 클럽' '어린이 놀이터 조성회' '비오톱 모임' '다목적광장 이용자 연락회' 등의 운영회의 연합조직) 동경도 북구 건설부 하천공원과	교토 비오톱 연구회 생명의 숲 모니터링 그룹(오사카부립대학 및 교토대학 등의 교원과 학생, 그리고 지역주민 및 전문가에 의한 시행조사: '관찰회' 개최) 재단법인 교토시 도시녹화협회
재생 자연목표	과거 지역성의 자율적 회복	타다시 숲(약 12.4ha, 주요목본류 40종 정도의 낙엽광엽수종 위주의 수림지대, 보호림은 약 1.5ha)
관리	있음(주로 덩굴류의 제거)	있음(관목 등을 비정기적으로)
입장료	무료	무료

기까지 약 3년에 걸쳐 준비되었다. 부지 5.4ha 내역은 보호구역 0.8ha, 관찰구역 1.0ha, 교류구역 1.1ha, 완충구역 2.5ha 등으로 되어 있다(그림 5-2). 본 공원은 무사시노(武藏

野) 대지의 북동부에 위치한다. 대지를 분절하는 작은 계곡을 원형으로 하여, 전 지역에 걸친 흙깎기/흙쌓기 공사에 의해 크게 개변하였다. 공원의 설계에 있어서 이 지역을 특징짓는 벼랑선이 이어지는 열린 계곡의 지형을 원형으로 하였다. 고대환경조사에서는 조몬만기(縄文晩期)의 습지(지소(池沼))에 해당하는 지층도 인식되었고 공원예정지에는 용수(湧水)의 용출점이 6개소 존재하여 그 수질 및 용출수량은 매우 가치가 높은 것으로 인식되었다. 이러한 자료로부터 공원 콘셉트의 일부로써 "이전의 지역"이 목표모델이 되어 기존 지형과 수 환경을 유효하게 활용하여 자연의 자율적인 회복을 지향하는 것이 목

사진 5-3 **동경도 북구 아카바네 자연관찰공원**

토지 본래의 지형 및 수계복원으로 자연재생을 유도하고 있다. 도시화된 환경에서는, 주변에서 다양한 목본의 종자가 주로 조류에 의해 산포된다.

사진 5-4 **아카바네 자연관찰공원의 자연환경보호구역**

안내판으로 "자연재생"의 의도를 설명하고 이해를 구한다. 또한, 자연의 천이에 의한 수림화를 목표로 최저한도의 식재를 지향한다(펜스 안이 자연환경호보구역).

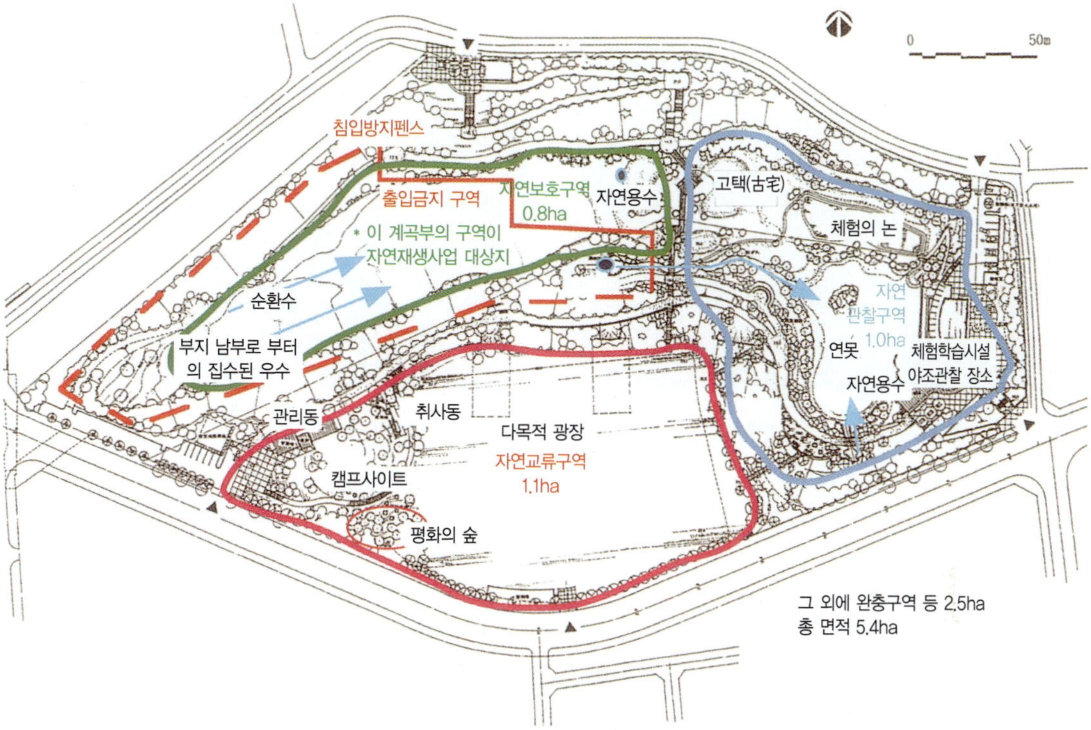

그림 5-2 **아카바네 자연관찰공원의 Zoning개념도**

수도권에서, 어느 정도 자연환경이 군락으로 잔존하는 Zone 25개소는, ① 시가지의 주변부에 대규모로 감싸는 자연환경, ② 시가지에 거점으로 존재, 또는 쐐기상으로 들어서는 군락을 이루는 자연환경, ③ 시가지에 존재하는 자연공원, ④ 호소, 수전, 수림지, 하천 등의 다른 양태(樣態)가 혼재하는 자연환경, ⑤ 연안지역의 자연환경의 관점에서 유출되었다. 실제적으로는 각각의 Zone 안에는 부분적 개발이 이루어지고 있어, 상기의 Zone은 보전대상임과 동시에 중점적인 자연환경의 재생을 실행해야 하는 장소이다.

표로 설정되었다. 조정계획에 있어서는 골짜기 지형과 수환경의 개선이나 포텐셜의 활용을 목표로 새로운 수계를 창조하였다. 용수가 하수도에 배출되던 도수관을 없애고 지표면에 새로운 유로를 출현시켜 새롭게 창출된 연못에 그 물을 집적시키고 유하하는 용수를 펌프로 올려 새롭게 조성하여 골짜기의 상류에서 자연 유하되도록 하였다.

공원 내에 내린 빗물은 집수하여 골짜기의 별도의 장소에 직접 방수함으로써 순환수 공급을 실시했다. 일련의 수계정비에서는 현장 발생재의 이동이나 재퇴적 등으로 형성되는 지형이나 식생 회복의 진행을 촉구시켰다. 습생식물이나 수생생물의 이입 및 퇴적토사의 제거는 행하지 않았으며, 벌채목을 두고 유속을 저하시켜 복잡한 유로의 형성을 만들었다. 한편, 실제 조성 공사에서는 골짜기 저부의 예상치 못한 잔토(殘土) 처리층이 발견되었다.

사진 5-5 아케바네 자연관찰공원에 있어서 도시에서의 자연재생

자연관찰구역과 교류구역에서는 자연보호구역과는 다르게 이용되고 있다(그림 5-2 참조). 왼쪽은 지역주민에 의한 식재된 잡목림, 오른쪽은 관찰구역에서 수역상의 "길"로 산책하는 사람들, "자연재생"은 도시의 커뮤니케이션을 하기위한 발판으로서 전진하는 과정에 있다.

이를 흙쌓기 용토로 사용하는 것을 피하기 위해 계곡저부의 굴삭은 최저한도로 억제했다. 그래서 물의 지하침투가 나빴던 계곡저부에서는 예상 외의 습지환경이 창출되었다. 한편, 당초에는 부지 상에 깎기부와 쌓기부의 조성으로 기반을 정비할 예정이었지만, 흙쌓기 용토의 과부족이 발생하여 어쩔 수 없이 공원 외부로부터 토양을 반입했다. 조성공사 중에는 수로 위에 출현한 습성식물을 표토와 함께 들어내어 조성공사 대상 외의 습지에 이식하거나 기존 초원성의 식물이 많은 비탈면에서는 "표토 산포"를 실시하여 기존 자원의 보전을 계획했다. 자연보호구역에서는 잠재자연식생과 그 선구군락 구성종의 어린나무를 비탈면의 외주에만 식재했다. 공원전역에 식재된 목본 식물은 약 70종이다.

자연관찰구역은 잡목림으로 정비하고, 체험림을 배치하고 있다(사진 5-5). 이것은 주민이 관리 작업을 통해 자연과 접하는 기회를 제공하는 동시에, 장기적으로 자연회복수림을 구축하고, 전구상(前驅相)이 울폐(鬱閉) 또는 암소(暗所)가 될 때에도 개방적인 수림환경을 원내에 유지하기 위한 배려이다. 이처럼 사람과 생물의 지속적 관계나 다양성을 배려하여 공간과 시간의 연속성을 명확하게 의식하여 설계된 점은 우수한 시험으로 평가된다. 용수(湧水) 또한 일부의 세류(細流)는 자연보호구역을 확보하고 자연관찰구역에 친수공간이나 논을 준비 하는 등 자연복원과 이용과의 접점을 공간적으로 명확하게 구분하고 있다. 상류 쪽으로 걸어가는 어린이들에게 '보이는' 장소에 '갈 수 없는' 장소(자연보호구역)에 있는 용출수의 기점에서 흘러내리는 맑고 깨끗한 유수가 자연관찰구역에 공급되는 연출은 각별한 설정으로 보여 질 정도이다.

2) 교토(京都)시 시모쿄(下京)구 우매코우지(梅小路)공원 "생명의 숲"

'생명의 숲' 은 1994년에 개최된 도시녹화페어의 장소로 그 전에는 JR의 화물열차 조차장으로 이용되었다(사진 5-6, 7). 공원은 1995년에 설계되어 1996년에 폐원되었다. 부지는 약 0.6ha 면적에 해당된다. 본 공원은 교토 역에 가까운 평탄한 곳에 위치하여 매장문화재와의 관계로 반입하여 쌓아 올린 토량에 의한 기반공사가 실시되었다. 반입하여 쌓아 올린 토량은 주로 시내의 지하철 노선정비로 발생한 토양으로, 이에 더하여, 시가현으로부터 휴경농지의 토양을 반입하여 상층의 토양개량을 실시하였다. 이곳은 '복원형 Bio-tope' 으로 지하에서 물을 전동펌프로 올려 유하시키고 다시 펌핑하는 것으로 물 순환을 유지하고 있다. 유로에는 옥석 등을 두어 애기부들 등을 식재함과 동시에 의도적으로 송사리를 방류했다. 용수 등이 존재하지 않는 부지에서 수계를 창출하기로 한 배경은 시내 사쿄(左京)구의 카모가와(鴨川) 하반에 현존하는 타다시 숲을 목표모델로 한 것이다.

사진 5-6 현재 '생명의 숲' 이 있는 우매코우지(梅小路) 공원주변의1987년 상황

테두리 안은 화물조차장, 화살표는 교토역, 도시화에 의해 하반림 등의 잔존림은 존재하지 않는다.

사진 5-7 교토시의 우매코우지 공원 내에 창출된 '생명의 숲'

화물조차장으로 사용되었던 부지에서의 자연재생으로 타다시 숲과 같은 도시림을 창출하는 것을 목표로 한다. 수림터널의 길로 수관주변 산책이 가능하고 오른쪽 사진 멀리 보이는 교토타워가 도시중심에 있다는 느낌을 가지게 한다.

타다시 숲은 시모카모(下鴨)신사의 사총림에서 일찍이 카모(賀茂)강의 범람이 빈번한 발생으로 유지된 하반림이라 한다(사진 5-8, 9). 타다시 숲은 팽나무, 느릅나무, 푸조나무 등 느릅나무과의 낙엽수목을 주체로 하는 12ha의 숲으로 수령 약 600년 미만의 주요 목본식물 40여종으로 구성되어 있다. 이 지역에서 이렇듯 낙엽수림이 유지된 배경에는 범람이 빈번하게 일어났다는 점, 이로 인해 토양이 성숙되지 않았다는 점, 국소적으로 저온에 영향을 받는 입지인 점 등 여러 의견이 있다. 사총림 안을 흐르는 세류(細流)도 숲 안의 건조 억제 면에서 그 생태적 의의가 있다고 추측된다.

이 숲은 과거 인위적인 교란이 있은 후에 재생시킨 숲으로, 1470년의 "문명의 난"의 와중에는 극히 파멸적인 피해를 입었다고 전해진다. '생명의 숲'은 이 재생 사총림의 재생을 목표로 하여 유로를 정비하고 낙엽수의 대경(大徑) 수목을 포함한 106종의 목본식물(초목을 포함 170종 이상)을 식재한 인공림이라고 할 수 있다(사진 5-10). 그 안에서는 조엽수(照葉樹)인 녹나무, 종가시나무, 가시나무, 구실잣밤나무, 모밀잣밤나무, 모새나무 등도 포함되어 있다. 생명의 숲의 유수의 흐름은 다이나믹하고, 간격수가 토양에 침투한다는 점에서 자연수계와는 크게 다르고 생태학적으로는 천이의 진행에 따라 조엽수가 우점하여 장기적으로 볼 때 이전의 '타다시의 숲'과는 다른 환경이 조성될 수 있는 가능성 또한 높다.

입지환경이 다른 협소한 장소에서 과거에 타다시 숲이 거쳐온 프로세스를 기초로 하여 하절기 녹색 숲의 상태를 지속시키기 위해서는 순응적 관리를 전제로 한 관리가 되어

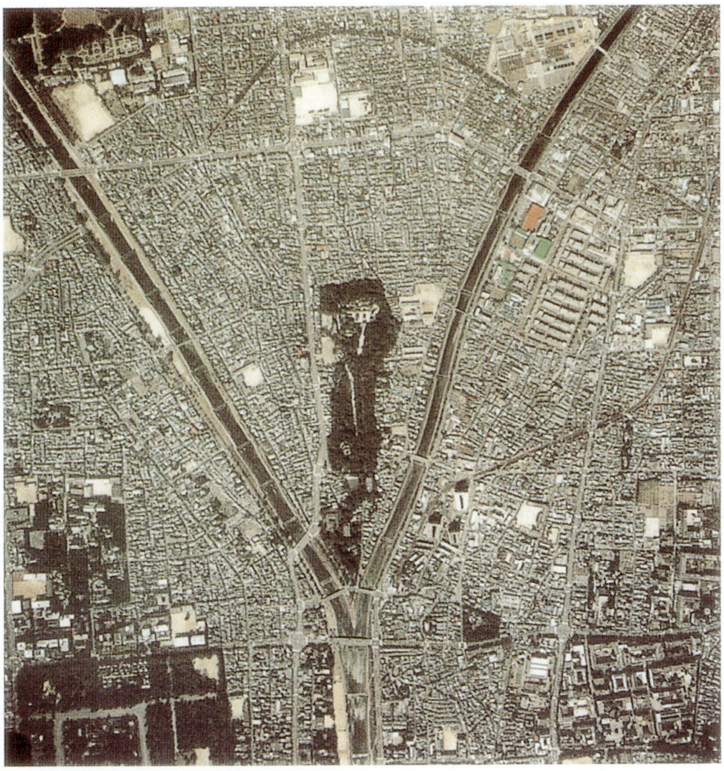

사진 5-8 **교토시에 잔존하는 사총림(카모가와 신사의 '타다시 숲')**

'생명의 숲' 의 재연재생 모델이 되고 있다. 좌측 하부에 교토어소(御所)가 도시녹지로서 현존한다.

사진 5-9 **교토시의 잔존림이며, 재생림인 시모카와 신사의 '타다시 숲'**

경내에는 복수의 유로가 있어 주변과 비교하여 서늘하고 습윤한 환경을 유지하고 있다.

사진 5-10 **'생명의 숲'의 인공산림**

다양한 수종, 수고, 수령의 나무들이 식재되어 있어 조엽수림에 유사한 수림상태와 잡목림의 양상을 띠고 있는 공간이 좁은 부지 내에 산재하고 있다. 그러한 관계로 다양한 동물의 이입과 서식을 보여주고 있다. 노린재류, 갑충류, 나비류의 서식 수는 공원으로서는 풍부하다 할 수 있다.

야 할 것으로 예상된다. 이 지역은 도시의 자연재생 사업에 따라 야기되는 환경변화의 생태학적 프로세스를 파악할 수 있는 야외시험지로서의 기능도 맡고 있다.

5.4 과제와 전망

도시의 자연재생사업은 도시림 정비의 차원에서 실시된 것이 많다고 생각된다. 수림지대의 유지 및 도시림의 경관, 또한 방재상의 관점에서 보면 임연은 상당히 중요하다. 이는 재생된 생태계와 그를 구성하는 생물을 규정하는 중요한 환경이기도 하다. 그러나 그러한 관점에서 일본 내 녹지의 임연 관리나 창출에 관해서 그 목표나 계획이 언급되거나 평가된 사례는 극소수이며[25] 이는 앞으로의 중요한 과제라고 본다.

사총림에서는 망토군락이 사라진 임연에서 고손(枯損-마르고 손상됨)이 확대되는 상황이 자주 관찰된다. 그러한 부분은 바닷바람이나 강풍의 피해를 받기 쉽고 그러한 연유로 숲속의 건조화나 외래종의 침입이 현저해지는 경우도 많다. 공원에서는 임연식생의 누락에 의해 숲속의 생물이 드러나고 사람의 교란 또는 답압(踏壓) 이나 채집압(採集壓)을 조장한다. '생명의 숲'에 있어서는 임연부 식생의 미발달이 이상적인 숲속환경의 형성에 지장을 주는 과제로서 현실화되었다.[23] 도시수림지역에 있어 임연의 수목은 가지치기에 의해서 의도적으로 정형화되는 것으로 강풍의 피해를 미연에 방지하는 것이 추천되고 있지만[2] 임연 공간이 지니는 고유기능(예를 들면, 생물 보전이나 미관)의 확보와 조사라는 과제가 남아있다. 임연의 공간적 차이점과 유사점을 생태학적으로 파악하고 분석하여 양호한 환경으로 유도하고 육성해 나가기 위해 앞으로의 연구를 기대해 본다.

매토종자나 삼림표토의 이식에 의한 녹화기술은 어느 정도의 성공을 거두고 있으며[26), 27)] 향후 표준적 공법으로 정착할 것으로 생각된다. 그러나 어떠한 종류의 공법에서는 토양의 이식에 따른 유기물(미소생물을 포함)의 이식을 하기 위해 종자의 공급과 비료분이나 유기물의 공급 효과를 구별해서 평가하는 것이 되어 있지 않다. 반출처와 이식처의 환경조건의 차이에 따라서는 의도하지 않은 종자의 공급이 있을 경우 초기의 천이가 예상 외의 방향으로 진행될 경우도 발생할 것이다. 예를 들어, 토양양분이 충분하여 종래는 주변에서 종자가 공급되어도 충분히 성장하지 않았던 교란 의존성이 높은 선구성 초본이 비정상적으로 왕성한 성장을 이루고 새로운 종자의 침입이나 정착 및 성장을 저해해 버리는 경우도 일어날 수 있다. 그러므로 이식토양에 포함되어 있는 종자뿐만이 아니라 주변으로부터 종자공급의 예측 등 충분한 위험에 대해 충분히 대처하면서 적용해나가야 할 기술이라고 할 수 있다. 또한 이식한 토양은 사업부지 주변 환경의 영향을 받아 반출처의 토양과는 다른 이화학적 성질을 소유한다. 이 때문에 천이 상황이 반출해 온 곳의 식생의 천이의 진행과 항상 같은 방식으로 진행되는 것은 아님을 염두에 둘 필요가 있다.

'생명의 숲' 은 수목의 높이가 다른 다종다양한 수종과 고사목을 초기에 도입한 것으로 도입된 조류나 곤충류의 종수나 개체수는 도시지역에서 상당히 많은 경향이 있어 일정의 성과를 올렸다. 그러나 한편으로는, 시가현에서 반입한 토양과 식재수목의 뿌리부분의 토양, 수생식물에 혼입해서 이입한 유관속(維管束)식물, 선태류, 양치류식물, 균류, 소동물류도 다수 있는 것으로 판단된다(사진 5-11, 12). 이러한 경황은 대경목(大徑木)의 이입 등 이상적인 환경의 출현을 서두른 경우에 고빈도로 나타나기도 하며, 모니터링 체제를 준비해 둘 필요성이 있다. 본 사례는 도시지역에서의 신규 자연재생 사업부지가 수많은 외래종 발생의 온상이 될 수 있는 위험성을 증명했다고 해석해 볼 수 있다. 한편, 의도적으로 도입된 생물 중 초기 사멸한 것으로 인정되는 '생명의 숲' 에서는 개원 직후부터 생물상의 조사를 중심으로 한 사후 감시가 실시되었고 도시부의 자연재생사업에 있어 기반토양과 식재의 선정 및 도입과 배치에 대한 중요한 정보를 제공할 것으로 기대된다. 앞으로 모니터링의 성과가 정리되어 순차적으로 공표될 것이다. 그 성과를 앞으로의

사진 5-11 **'생명의 숲' 에 구성된 수계**

여러 가지 식물종이 도입되었다. 서식하는 대형 동물의 대부분은 높은 이동 능력을 갖춘 잠자리류, 조류, 비의도적으로 도입됐다고 생각되는 식용개구리와 미국가재이다. 단기에 날아온 동물에는 원래 행동권 내에 서식장소가 있기 때문에 일반적으로 자연 '재생' 의 상징이라고는 간주하지 않는다. 자연의 '이동' 에 의한 '분산' 이다. 도시의 수계 및 하반림(河畔林)의 '재생' 은 중요한 과제이다. 패쇄적 수계에서는 유기물이나 토양의 집적이 생기는 것이 많다. '자연' 과는 갈수 및 플래시에 의한 홍수나 세굴(洗掘) 등의 현상을 포함, 운동 에너지와 물질의 거동을 허용하지 않는 경우, 반드시 '관리' 가 필요하다. 물을 전동으로 순환시키는 운동에서 '자연' 재생은 자연이 아니다.

사진 5-12 **"생명의 숲"에 도입 설치된 고목**

균류 및 부식성 · 균식성 소동물이 서식하고 토양 형성이나 관찰 재료로서 공헌한다. 단, 식생 및 토양의 천이속도에 동조하지 않는 돌발적인 생태기능이 그 후 천이에 어떠한 영향을 미칠지는 정량적으로 조사되지 않아서 비용 대비 결과는 명확하지 않다. 열섬(heat island) 등 온난화가 진행되는 환경 하에서는 소동물, 포자(이끼, 양치류를 포함), 균사의 수반도입의 영향도 감안한 평가로 실시하는 것이 과제이다.

사업에 활용하기 위해서는 유사한 정보를 다른 장소에서도 수집하고 데이터를 집적하여 일반화가 가능한 부분을 명확히 하는 작업이 필요하다.

위에 소개한 두 곳의 사업부지도 개원 후 동식물의 인위적인 도입이 행해졌으며, 이에 대한 이견이 존재했다. 아카바네 자연관찰공원에 투입된 외래종은 이미 공원을 이용하는 사람들과의 관계성이 발생하고 있다. '생명의 숲' 에서는 관동지방에서 양식한 반딧불이를 풀어주는 것과 같은 작업을 거치고 있다. 정착되는 이입종이 부지 또는 주변의 환경과 생물군집 및 사람의 감상에 미치는 영향이 문제시 될 경우에는 그 문제를 해결하는 책무를 다하는 노력이 필요하다. 도시의 온난화와 쾌적성에 대한 시각도 논외로 하여서는 아니 된다.

토목분야 및 조경분야에 종사하는 전문인에게는 시민의 요구에 응할 뿐 아니라 사회 및 시민에게 질 높은 공간 디자인 및 시스템 구축을 위한 정보를 제공하려는 자세가 요구된다. 이 때, 교육을 책임지는 지식인이나 전문가의 견지의 역할도 중요할 것이다. 단, 개개의 전문분야 위치에서의 의견(녹화, 조경, 조류, 곤충, 식물, 인간관계)을 중첩시킨다 할지라도 단일한 해답을 얻을 수는 없을 것이다. 이들을 조율하고 바람직한 환경이나 커뮤니케이션을 지속시키는 방향에서 설명의 책임을 다하는 상위 전문직능이 요구된다.

'생명의 숲' 과 아카바네 자연관찰공원은 식재수목의 생육현황은 물론 신규로 늘어난 개체를 정기적으로 기록하고 있다. 이 때 선행되는 기존 수림의 갱신상황에 관한 연구에서 실생개체나 이입개체의 초기성장 뿐만 아니라 비음(庇陰)수목이 인접수목의 생존에 미치는 영향도 파악되고 있다.[28] 조사결과를 종합적으로 분석하여 얻어진 결과로 인해 목표에 따른 순차적 관리체계가 구체화되기도 하며, 의사결정의 판단 기준이 되어 장기적인 유지관리 비용 및 임상 변화 환경의 예측 시에 활용될 수 있어 전문인으로서의 설명책임을 보다 명확하게 한다.

한편 종래보다 농림업 또는 보건위생에 있어 유해 가능성이 높은 생물에 대해서는 관계기관이나 연구자가 관리대상지에 서식상황이나 분포확대상황의 조사를 실시함과 동시에 방제에 관한 시험연구를 실행해왔다. 고유한 상징적 공간으로서의 기능이 기대되는 도시녹지에 있어서는 그러한 감시나 위험관리를 실시하는 것의 중요성은 그다지 의식되지 않았다. 최근 들어 외래종 문제 및 문화나 경관에 관한 가치관의 고유성과 다양성이라는 생물다양성 보전의 의의가 재인식됨에 따라 녹화나 조경이라는 분야에 대해서도 외래생물의 의해 생기는 문제를 미연에 방지하고, 해결하려는 시도를 포함시킨 연구[29]나 제안이 등장하게 되었다. 도시경관의 보전에 있어서 외래생물의 문제는, 대부분의 도시민들에게 직접적으로 영향을 미친다는 점에서 특히 중요하며, 생물화학적, 생태학적 문제와는 다른 별개의 문제를 포함하므로, 독자적으로 사회적 책임을 다하는 제도나 공정한 책임을 다하는 자세와 계발, 그것을 지탱하는 독자적인 정보정리와 기술개발 및 관계하는 전문분야에 대한 정보의 파악과 관계분야와의 조정협력체제의 확립이 요구된다. 이에 의거한 종합적 생물다양성관리(Integrated Bio-diversity Management)의 개념을 도시경관계획과 융합시키려는 의의는 크다고 볼 수 있다. 그렇기 때문에 광역조닝계획이 필수적이다. 유역 등 광역스케일의 계획에 기반을 둔 개개의 자연재생사업이 높은 기능을 발휘하기 위해서는 그 상위계획이 책정되어야만 한다. 책정에 있어서는 자연환경의 연속성이나 이질성 등의 평가뿐만 아니라 인적 공간분포나 산업구조, 인구변동 등 다양한 시점에 기반을 둔 계획이 필요하게 된다. 이로써 자연재생지의 관리 비용 산출과 이용압(利用壓)의 추정이 가능하게 되고 계획의 타당성 및 의의가 평가될 것이다. 현재 그 단서가 될 시도가 시작되고 있다.[30~36] 이는 더욱이 재생공간과 인간과의 관계, 그 시간적 추이 또한 중시되어야만 하는 것이므로, 이러한 맥락(Context)에 부합하는 관점의 연구[37~41]에 충실하여야 하며 그 체계화를 기대해 마지 않는다.

– 나카오 시로(中尾史郎)

인용문헌

1) Goldstein. E.L (1991) : The ecology and structure of urban greenspaces, In Habitat Structure: the physical arrangement of object in space, S.S. Bell, E.D. MeCoy and H.R. Mushinsky eds., p.392-411, Chapmann & Hall.
2) Agee, J.K (1995) : Management of Greenbelt and Forest Remnants in Urban Forest Landscape, In Urban Forest Landscape: Integrating Multidisciplinary Perspectives, G.A. BRADLEY ed., p.128-138, University of Washington Press.
3) Raedeke, D.A.M. and K.J. Raedeke (1995) : Wildlife Habitat Design in Urban Forest Landscape, In Urban Forest Landscape: Integrating Multidisciplinary Perspectives, G.A. BRADLEY ed., p.128-138, University of Washington Press.
4) 村上建太郎・森本幸裕 (2000) : 京都市内孤立林における木本 植物の種多様性とその保全に關する環境生態學的研究, 日本綠化工學會詩25(4). 345.
5) 坂本圭兒・石原普二・千葉橋三 (1989) : 岡山における社寺林の研究(1) : 市街地およびその近郊における全體構造, 日本綠化工學會誌15(2). 28.
6) 服部 保・石田弘明 (2000) : 宮崎縣中部における照葉樹林の面積と種多様性, 種組成の關係. 日本生態學會誌50(3). 221.
8) 故選千代子・森本幸裕 (2002) : 京部市街地における鳥被食散布植物の實生更新. ランドスケープ研究65(5). 599.
9) 吉永知惠美・龜山 章 (2001) : 都市におけるトウネズミモチ (Ligustrum lucidum Ait.)

の分布擴大の實態. 日本綠化工學會誌27(1). 44.

10) Manabe, T,.H. Kashima and K. Ito (2003) : Stand structure of a fragmented evergreen broad-leaved forest at a shrine and change of landscape structures surrounding a suburban forest, in northern Kyushu. J. Jpn. Soc. Reveget. Tech. 28(3) 438.

11) 坂本圭兒・ 靑水淳一 (1999) : 都市林の保全と管理. 環境保全・創出のための生態工學, 岡田光正・大澤雅彦・鈴木基之編著, p.32-42. 丸善株式會社.

12) 坂本圭兒・小林達明・池內善一 (1985) : 京都・下鴨神社の社寺林における林分構造について造園雜誌, 48(5), 175.

13) 坂本圭兒・吉田博宣 (1988) : 都市域におけるニレ樹林 (木)の殘存とその形態, 造園雜誌49(5), 131.

14) 坂本圭兒 (1988) : 都市域におけるニレ樹林及び孤立林群の殘存形態に關する硏究. 綠化硏究 別册2, 1-129.

15) 田端敬三・橋本啓史・森本幸裕・前中久行 (2003) : 糺の森におけるクスノキおよび科3樹種の成長と動態, ランドスケープ硏究67(5), 499.

16) 後藤義明・玉井幸治・深山貴文・小南裕志 (2004) : 京都府南部における廣葉樹二次林の構造と5年間の林分動態,日本生態學會誌54(2), 71.

17) 濱野周泰・近藤三雄 (2001) : 平成13年度日本造園學會全國大會分科會報告, 造園における「森 づくり」の理念と技術-"明治神宮の森づくり"の先見性と科學性を學び, 現存に活かすーランドスケープ硏究65(2), 143.

18) 菅沼考之(2001) : 鎭守の森は甦る~社業學事始~, 上田正昭・上田鶩編, p.133-154, 思文閣出版.

19) 丸山立一・丸山まさみ・紺野康夫 (2004) : 北海度の針葉樹林におけるトドマツ・エゾマツ實生の定着に對する林床植生とリターの阻害效果,日本生態學會誌54(2), 105.

20) 龜井裕幸・岡澤元雄 (1999) : 赤羽自然觀察公園整備事業(上) : 公園の整備・運營方針の檢討, 都市公園(146), 29.

21) 龜井裕幸・岡澤元雄 (2000) : 赤羽自然觀察公園整備事業(下) : 公園の整備計劃とその修正經緯, 都市公園(148),14.

22) 龜井裕幸 (2001) : 赤羽自然觀察公園におけるボランティアのかかわりかたと自然の回復への影響, 造園技術報告集, (1), 132.

23) 京都ビオトープ硏究會いのちの森モニタリンググループ (1996~2003) : (1)-(8).

24) 駒井 修・立花正充・杉本 亭・宇戸睦雄 (2000) : 梅小路公園「いのちの森」, 造園作品選集(5), 54.

25) 門田有佳子・井上密義 (2001) : 社叢綠部マント群落の復元・創出について一初期段階の植生差-日本綠化工學會誌27(1), 279.

26) 山邊正司・小倉 功・山本正之・河野 勝 (2003)：表土移植工法を用いた森林復元の試み, 造園技術報告集(2), 132.
27) 高 政鉉・上田 微・笹木義雄・森木幸裕 (2004)：造成地における森林表土を用いた自然回復綠化に關する實驗硏究 (2002)：日本綠化工學會誌30(1), 15.
28) 田端敬三・橋本啓史・森本幸裕・前中久行 (2004)：下鴨神社糺の森において樹木の枯死に隣接個體が與える影響, 日本綠化工學會誌30(1), 27.
29) 本田裕紀郎・伊藤浩二・加藤和弘 (2004)：種子の永續性に着目した我が國への植物の歸化可能性 (2002)：日本綠化工學會誌30(1), 9.
30) Settle, J,. C, Margules, P. Poschlod and K. Henle (1996)：Species Survival in Fragmented Landscapes, 381pp., Kluwer Academiuc Publishers.
31) 竹末就一・杉本正美・包清博之 (1998)：都市における樹林地の保全・活用に向けた價値評價に關する硏究, ランドスケープ 硏究61(5), 711.
32) 山田浩行・增山哲男・雨嶋克慧・東 克洋・横山隆章・岩間貴之 (2001)：「まちだエコブラン」策定における自然環境の小流域評價, 造園技術報告集(1), 120.
33) 中勳 勳・服部 保・田原直樹・八木 剛・一の友博 (2003)：兵庫縣におけるビオトープ地圖プラン作成について, 造園技術報告集(1), 120.
34) 井本都子・大江榮三・川上智稔・半田眞理子・韓 圭希・鳥越明彦 (2003)：安曇理地域を事例とした廣域レベルにおける動物の生息環境圖化, 造園技術報告集(2), 46.
35) 井上康平・田中利彦・川上智稔・半田眞理子・韓 圭希 (2003)：日野市を事例ちした都市域レベルにおける動物の生息環境圖化. 造園技術報告集(2), 50.
36) 大澤哲志・山下英地・森さつき・石川幹子 (2004)：鎌倉市を事例とした市域スケールでのビオトープ地圖の作成, ランドスケープ硏究67(5), 581.
37) 木下 剛・宮城俊作 (1998)：港北ニュータウンのオープンスペースシステム形成過程における公園綠地の位置づけ, ランドスケープ硏究61(5). 721.
38) 田中伸彦 (2000)：流域レベル森林觀光・レクレーションポテンシャルの算定. ランドスケープ 硏究63(5), 60.
39) 宮城俊作 (2001)：ランドスケープデザインの視座, 206pp,. 學芸出版社.
40) 岩村高治・横張 眞 (2002)：公園計劃策定時における住民參加がその後の公園管理運營活動に與える影響, ランドスケープ硏究65(5), 735.
41) 今野智介・村上曉信・達三 (2003)：市街地における水邊とのふれあい行動について, ランドスケープ硏究66(5), 739.

column

칼럼

도시의 초정(草庭)과 자연재생

무코지마(向島) 백화원(百花園)은, 1805년에 사와라 키쿠오(在原菊塢)가 개원했다는 동경도 스미다구(墨田區)에 있는 국가지정의 사적 · 명승인 동경도립공원이다. 마에시마 야스히코(前島康彦)는 이 정원을 '草庭' 이라 부르고 있다. 초정은 돌을 주체로 한 연못과는 달리 주 연못이 일본원산의 초본류를 군락적으로 재배한 것이 경관의 주체인 연못이다. 여기에는 춘하의 칠초(七草 : 일곱가지 식물)나 시경(詩經 : 중국최고 시집)이나 만엽집(万葉集 :현존하는 일본 최고(最古)의 시가집)등 중국이나 일본의 고전에서 읊어지고 있는 저명한 식물이 모여 있고 사계를 통해서 꽃이 피고 월견회(月見會)나 충문회(蟲聞會) 등이 개최되어 많은 사람들에게 친숙해져 있다. 제2차 세계대전의 재해에 의해 정원의 대부분이 손실되었지만 무코지마 백화원을 즐겨온 사람들의 노력에 의해 복원되어 개설부터 오늘날까지 약 200년의 역사에 이르고 있다. 최근에 만들어진 초정의 사례로 카나가와(神奈川)현 가와사키(川崎) 시내 도시재생기구가 재건축한 단지인 아베인비오 가와사키가 있다. 이 단지의 연못에는 가와사키시 주변의 재래 초본류를 주체로 한 초지식생(草地植生-초원지대 식물)이 놓여 있고 50년 전 가와사키 시의 경관이었던 농가의 뜰을 모티브로 한 초정이 만들어져 있다. 도시에 의한 자연환경 보전과 사람이 자연을 가까운 곳에서 즐긴다는 두 가지 측면이 잘 배려되어 있다. 식물의 모니터링 조사와 초원 식생의 정기검사가 행해지고 있다. 초정을 구성하는 초본류는 일반적으로 논밭이나 두렁, 농가의 뜰, 하천의 제방 등에서 볼 수 있지만 도시화가 진행되면서 이들 녹지가 급속히 손상되어 왔다. 다양한 초본류에 의해 구성된 초지식생은 인간의 손질에 의해 유지되어 온 것이기 때문에 손질을 하지 않으면 손실되는 것이 많다. 또한, 도시에서는 양미역취나 실망초등 대형 침략적 외래종에 의해 재래종이 구축되어 생태계의 '왜곡' 으로 인하여서 생물다양성의 저하가 초래되었다. 이로 인해 도시부에 남겨진 다양한 식물에 의해 구성된 초지식생은 귀중한 것이 되었고 적절한 손질에 의한 보전과 재생이 행사될 것이 요구되었다. 약 200년의 역사를 자랑하는 무코지마 백화원의 초정의 존속은 자연환경 보전의 시점에서만 설명할 수 없게 되었다. 이곳에는 적절한 손질에 의해 연고가 있는 화초를 사랑으로 다듬고 벌레의 울음소리나 달구경을 즐기며, 그들을 포함한 문화에 친숙해지는 과정을 통해서 키워 온 가치가 놓여있는 것이다. 초원지대 식생의 보전과 재생이 계승되기 위해서는 이러한 사람과 자연과의 "문화"적인 성숙이 필요하다.

– 야이로 히로마사(八色宏昌)

사진 5-13 무코지마 백화원의 봄을 알리는 머위의 어린 꽃줄기

사진 5-14 아베인비오 가와사키의 초정

사진 5-15 초정에 자란 산짚신나물(아베인비오 가와사키)

Chapter 06

호 소(湖沼)

6.1 호소생태계와 그의 특이성

1) 호소란

호수(湖水)는 '주변이 육지로 둘러싸인 움푹 팬 땅에 정체되어 저류하고 있는 물웅덩이(水塊)로, 직접 해양과의 교류관계가 없는 것' 이라 정의되며[1], 침수식물 등이 전역에 걸쳐 존재 가능한 정도의 깊이의 것을 연못이나 늪이라 한다. 또한, 얕고 추수식물에 의해 덮여있는 것은 습지라 불린다.[2] 건실한 호소의 경우 연안에서 바다로 갈수록 증가하는 수심에 대응해 습성식물, 추수식물, 침수식물, 잔대 등의 식물대가 각각 순차 분포되어진다. 특히 수중 부분에서는 투과광이 종자 교체의 주요인이 된다. 이 같은 고착식물이 보이는 부분을 연안지대, 이보다 바다에 인접한 부분을 충적지라 부른다. 충적지에서는 식물 플랑크톤이 제1차 생산자가 된다. 주요인이 되는 투과광의 많고 적음은, 수심으로만 결정되지 않고, 호수의 투명도에 의해서도 크게 좌우된다. 이 때문에 세스톤(seston, 플랑크톤 및 무생물의 부유물질)의 영양이 부족한 호소에서는 수생식물이 영양이 풍부한 호소와 비교하여 보다 깊은 곳까지 분포한다.

2) 호소생태계의 현장

카스미가우라(霞ケ浦), 스와코(諏訪湖), 비와코(琵琶湖)라는 일본의 주요 호소에서는 1960년대 후반에서 1970년대에 걸쳐 영양의 풍부화가 진행되며, 호소생태계가 크게 변화했다.[3] 이는 집수역(集水域)에서 인간 활동 변화로 인해 배출된 인과 질소 등의 영양염의 증가가 원인이 되었지만, 그와 함께 연안대의 매립과 호안공사 등이 수생식물대의 감소에 박차를 가했다.[4~7] 제방이 축조된 당초에는 스와코 등이 대표사례가 되어 내부생산을 억제하기 위한다는 명분으로 연안부를 파내었고, 침수식물의 적극적인 배제가 이루어졌다.[8]

제방의 축조는 호안 식물에게 몇 가지 측면에서 큰 영향을 주었다고 할 수 있다. 공사가 행해져 매설되고 파괴된 군락이 있는 것은 당연하나 호안에 만들어진 콘크리트의 수직호안에서 발생하는 반사파로 인하여 세굴(洗掘)이 진행되었고, 식물의 생산지인 여울이 감소했다.[9] 이로써 육지 쪽에서는 치수면의 개선이 진행되어 습지 개발이 추진되면서 수생식물 군락의 이차적 손실이 발생했다. 개발되지 않았다 해도, 예전에는 부기적으로 보였던 증수에 의한 교란이 없어지고, 식물군락의 천이가 진행되어, 들판의 식물이 손실되었다.[10] 호수의 범람을 생물 측면에서 보면 일반적인 호수면의 확대이고, 춘계 증수 시에 행해지는 붕어나 잉어의 갈대지대 등에서 산란뿐만 아니라 침수식물과 부엽식물에 있어서도 종자나 식아(殖芽) 등의 산포체를 육지 쪽으로 보내어 주는 중요한 역할을 한다고 볼 수 있다. 또한 수생식물의 분포역은 범람에 의해서도 확대되어 논이나 수로 등이 일시적인 은신처(refugia)가 되고 있다. 그러나 수륙을 구분한 호안제방의 건설은 수생식물을 호수 안으로 가둬두면서 전반적으로 감소시키는 결과를 낳았다. 제방 축조에 따른 호수에 대한 영향으로 이수(利水)와 치수(治水)를 목적으로 한 인위적인 수위조작이 가능하고, 호수면의 수위변동의 패턴이 자연조건 하의 그것과 달라졌다. 그 결과, 카스미가우라에서는 노랑어리연꽃군락을 감소시켰다고 사료된다.[11] 한편, 비와코에서는 유일한 유출하천인 세타가와에 설치되어 있는 방죽의 조작규칙이 1992년 4월 1일부터 실시되어 6월 16일부터 10월 15일까지 기간의 수위가 낮게 유지되었다. 그 때문에 예전에는 융설수(融雪水)에 의한 4, 5월의 증수와 장마에 의한 증수 2개의 피크가 보였지만, 1992년 이후는 장마기의 피크가 거의 없고, 여름에 저수위의 경향이 현저하게 나타났다. 장마가 없는 해에는 기록 갱신을 할 정도의 저수위가 자주 발생했다. 이러한 여름철 저수위 경향은 침수식물을 번무하게 하는 결과를 낳았다.[12]

추수식물대 이상의 육상부를 제외한 연안대의 호소생태계는 수생식물, 식물 플랑크톤, 동물 플랑크톤, 어류, 저서생물(패류나 수서곤충 등)이 있던 많은 생물군락에서 조성된다. 육상생태계와 호소생태계와의 큰 차이는 이러한 각 구성요소가 용이하게 번식, 번무, 또는 반대로 소실하고 수계환경이나 다른 생물요소에 영향을 주어 생태계를 종종 크게 변화시킨다는 점이다. 단일종의 우점상황의 예로 모래땅에 자갈을 빈틈없이 깔아놓

①　②　③　④

사진 6-1 **호소에 있어서 단일종의 우점(優占) 상황**

① 자갈을 빈틈없이 깔아놓은 듯 서식하는 일본재첩(오가와가코(小川原湖) 수심 3m : 1996/7/26)
② 호저를 덮은 코카나다모의 순군락(비와코 북호 수심 5m : 1990/5/22)
③ 호면을 메워버린 물옥잠(중국 운남성 滇池 : 1990/9/11)
④ 녹색의 페인트를 흘려 놓은듯한 담수조의 부유군체(스와코 : 1992/10/26)

은 듯 서식하는 일본재첩(*Corbicula japonica*), 진흙에 퇴적한 호수저면을 덮은 침수식물의 코카나다모(*Elodea nuttallii*–검정말과 비슷한 외래종 수초)의 순군락, 부영양화가 진행된 호소의 호수면을 덮은 부엽식물인 물옥잠(*Eichhornia crassipes*), 그리고 부영양인 호소의 수면을 덮은 초록의 페인트를 흘린 것 같은 식물성 플랑크톤의 담수조(淡水藻)인 부유군체(bloom) 등을 들 수 있다(사진 6–1).

이러한 호소생태계의 특징이 크게 나타난 현상이 비와코의 남호(비와코는 비와코 대교 이북의 주호반 (평균수심 44m)의 북호와 이남의 부호반(평균수심 3.5m)의 남호로 편의적으로 나누어져 있다)에서 1994년 큰 갈수 이후, 현저하게 발생하고 있다. 이 장에서는 복잡한 호소생태계의 구조와 회복목표를 생각해보도록 한다.

3) 생태계회복의 사례

(1) 비와코의 남호의 침수식물 군락의 회복

비와코 침수식물 군락의 면적에 대해서는 지금까지는 시가현 수산시험장을 필두로 많은 기관 등이 보고하였다(〈표 6–1〉). 그러나 이들 조사에 있어 취해진 방법들이 수중음파탐지기에 의한 라인 트렌섹트(Line Transect Method)(④⑥⑦⑧), 항공사진판독(③④⑥⑦), 잠수 · 수확 등의 직접 관찰(①②⑤⑥⑧) 등 동일하지 않기 때문에 상세한 비교는 불가능하나 최근 50년간에 걸친 식생면적의 변화 경향을 읽을 수 있다(그림 6–1). 특히 남

표 6-1 비와코(琵琶湖)에 있어서 침수식물군락의 분포면적의 경년변화

조사년도	침수식물 군락면적			문헌과 조사방법	
	북호	남호	합계		
1953	3,570	2,344	5,914	시가현 농림부 수산과(1954)[13]	①
1969	2,229	710	2,939	시가현 농림부 수산과(1972)[14]	②
1974~75	–	327	–	타니미즈/미우라(1976)[15]	③
1994	3,383	623	4,006	하마바타(1996)[16]	④
1995	2,111	947	3,059	시가현 농림부 수산과(1998)[17]	⑤
1997~98	4,647	2,381	7,029	수자원개발공단(2001)[18]	⑥
2000	4,144	2,927	7,071	Hamabata/Kobayashi(2002)[19]	⑦
2001	–	3,200	–	오츠카 외(2004)[20]	⑧

항상 식피도(殖被度–식물이 지표면을 차지하는 비율)평가를 하지 않은 값을 나타냄.

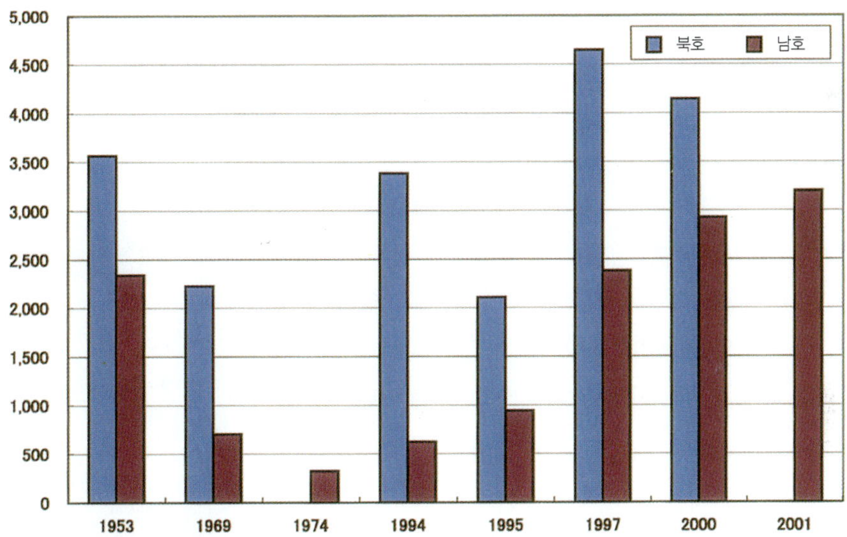

그림 6-1 북호(北湖)와 남호(南湖)의 침수식물군락 분포면적의 경년변화

호의 변화가 현저한데, 1945년부터 1970년대에 걸쳐 감소하고, 1994년 이후 급격히 증가해 왔다.

1974년부터 1994년까지의 20년간은 보고가 없었으나 필자는, 1985년부터 비와코에서 침수식물 조사를 시작하여, 스쿠버를 도입한 잠수조사와 수중음파 탐지기(sonar)에 의한 분포역 파악을 시행해왔다. 1980년 후반부터 1993년까지의 남호의 투명도는 매우 낮아서 손을 뻗어 닿을 정도의 거리가 되어도 눈앞의 수초가 보이지 않는 경우도 종종 있었고,

침수식물이 분포하는 최대 수심은 북호에 가까운 남호 북부를 빼고는 일단 생육이 이루어져도 3m 정도에 머물렀고, 이 또한 호안(湖岸)에 극히 가까운 부분에 한정되어 있었다. 이러한 상황에서 남호의 침수식물 군락이 1994년 이후 급격히 확대하기 시작[16]하여 2000년에는 남호 면적이 50%를 넘었고,[19] 이러한 증가 경향은 2004년이 되어서도 계속되고 있다.

1994년 이후의 회복 원인은 충분히 밝혀지지는 않았으나, 1994년 여름의 우수와 하천 유입 부하의 감소에 의한 호수의 투명도 상승, 1m 이상에 달한 수위저하(사상최저인 123cm를 기록), 그리고 맑은 날의 일사량의 증대 등으로 인하여 수중에서의 광 조건이 대폭적으로 개선된 듯 보인다. 이는 생육기에 있는 침수식물에게 유리하게 작용하여 호안에 가까운 비교적 얕은 수역에서는 호수저면에 잠자고 있던 종자로부터의 발아가 촉진되어 군락의 현존량이 증가하였으며, 동시에 그 해 여름부터 가을에 걸쳐서 종자나 식아 등의 번식체가 대량으로 생산되었다고 사료된다. 이듬해부터는, 이렇게 생산된 호수저면에 산포된 종자 등의 발아와 여름의 저수위 경향, 그리고 이후에 기술할 침수식물군락의 번무에 따른 환경의 개선으로 인해 침수식물군락 분포지역이 계속적으로 확충되어지고 있는 듯 보인다.

(2) 군락 회복과 수질

침수식물군락의 번무에 의해 남호의 수질이 개선을 보이게 되었다. 1993년 이전의 남호에서는 선박 위에서 수초가 보이지 않았지만 2000년 여름에는 남호의 남부에서도 물이 맑아지고, 수초지대 중간을 헤엄치는 물고기가 보이게 됨과 동시에(사진 6-2) 월1회 실시되었던 수질 정기관측 결과[21]에도 개선된 경향이 나타났다. 남호의 북부는 비교적 양호한 수질인 북호 물이 흘러 들어오기 때문에 갈수기 이전부터 투명도가 높았고, 또한 식물 플랑크톤의 지표가 되는 클로로필a(Chlorophyll-a)이나 총인(total phosphorus), 총질소(total nitrogen) 등의 농도는 낮았지만, 갈수기 전후에는 남호 남부에서도 특히 투명도나 총인에서의 개선 경향이 현저하

사진 6-2 비와호 남호 浜大津港의 검정말, 여러해살이풀 군락재래종의 종자를 채취하여 재배한 묘목은 지역생물다양성에 영향을 끼치지 않는다.

다. 또 클로로필a는 전체적으로 낮아졌으며, 총 질소도 2000년 부근에서부터 저하 경향이 보이게 되었다(그림 6-2).

(3) 천수호소의 2가지 안정계열과 관리목표

일반적으로 호소는 탁한 상태이거나 반대로 투명도가 높은 상태가 되어야 상당히 안정적으로 유지되며, 그 변화에 시간을 필요로 하지만 침수식물이 생육 가능한 정도의 얇고 총인 등의 영양염이 일정한 정도의 농도수준(예를 들면, 노르웨이에서는 총인의 평균농도가 20μg/ℓ 으로 하고 있다)[22]인 호수에서는, 일정한 조건이 갖춰지면 급히 탁한 상태에서 투명한 상태로 돌아온다. 그 반대상황도 급격히 일어남이 최근에 알려지게 되었다.[23, 24]

Scheffer와 공저자는[24] (Ⅰ) 영양염농도의 증가에 따라 현탁도가 증가한다. (Ⅱ) 침수식물은 현탁도를 저하 시킨다.

(Ⅲ) 현탁도의 범위 값을 넘으면 수초는 생육이 불가능하다는 3개의 가설을 기본으로 한 모델을 통해 이러한 급격한 호소생태계의 변화를 설명하고자 했다. 이 모델에 따르면 남호 수초의 번무에 따른 단기간의 수질개선에 대한 설명도 용이해진다. 즉, 지금까지의 유입부하 삭감노력의 결과, 영양염 농도가 수초의 생육 수준을 저하시켰지만(A), 1994년

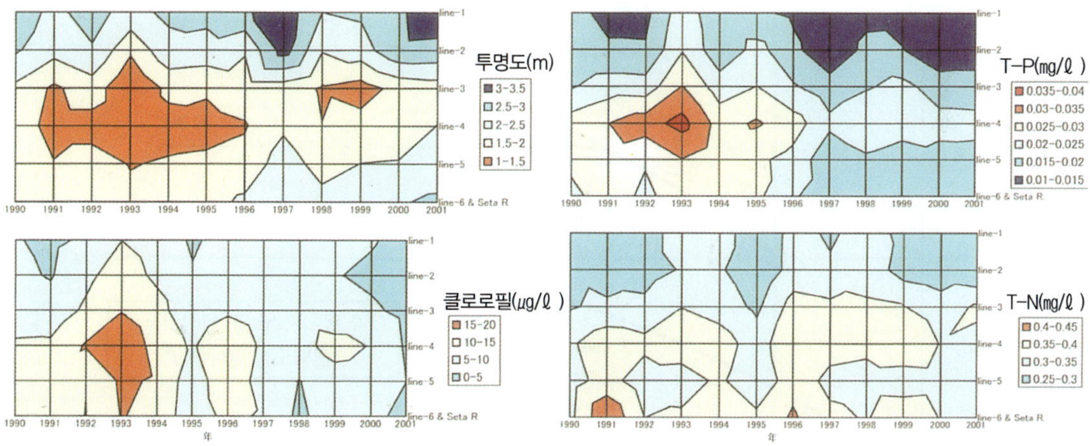

그림 6-2 비와코 남호의 10년간의 수질 변화

좌측 위부터 투명도, 클로로필a농도, 우측 위부터 총인(T-P), 총질소(T-N)의 각 농도, 각 그림의 가로축은 년도를, 세로축은 남북방향(아래가 남)을 나타낸다. 남호 및 세타가와에 있어서 각각의 수질 측정점에서의 수질을 수초가 번무하는 7월부터 10월까지의 4개월간의 평균을 구하고, 또한 동서방향의 복수점(대부분은 3점)에 따라서 평균을 구하여 남호의 북호방향(세로축)에서의 수질 경년(가로축)변화를 나타낸다.

수위저하로 수중에서의 광 조건이 개선되고 수초가 번무한 결과, 위의 회귀선부터 아래의 선을 능가하는 되는 현상이 일어나(B), 같은 영양염 수준에 있으면서도 현탁도가 크게 저하했다는 것이다(그림 6-3).

침수식물군락의 발달이 현탁도를 저하시킨다는 기작으로 침수식물의 존재가 파랑을 억제하고, 바닥면 진흙의 확산상승을 적게 하며, 침수식물의 영양염을 둘러싼 식물성플랑크톤이 경쟁하고, 침수식물이 녹조현상 등을 억제하는 유기화합물을 방출하는 현상 등이 고려되고 있지만,[22, 25, 26] 최근 주목 받고 있는 것은 침수식물이 일정 밀도 이상(침수식물에 의해 점거된 수체(水體)의 체적 비율 : PVI(percentage volume infestation)가 15~20%[27])이 되면 물고기의 감수성이 저하되고, 동물성플랑크톤의 피식압(被食壓)이 저하되어, 동물성플랑크톤의 증가, 동물성플랑크톤의 채식압(採食壓) 증가, 식물성플랑크톤의 감소로 이어지는 식물 간 상호작용이 발생한다는 이론이다. 이러한 침수식물군락이 한번 형성되면 식물성플랑크톤의 밀도가 낮게 억제되어 한층 투명도가 증가하는 방향으로 진행되고, 이것이 더욱 침수식물군락을 증가시켜 보다 안정적인 상태로 유도한다.

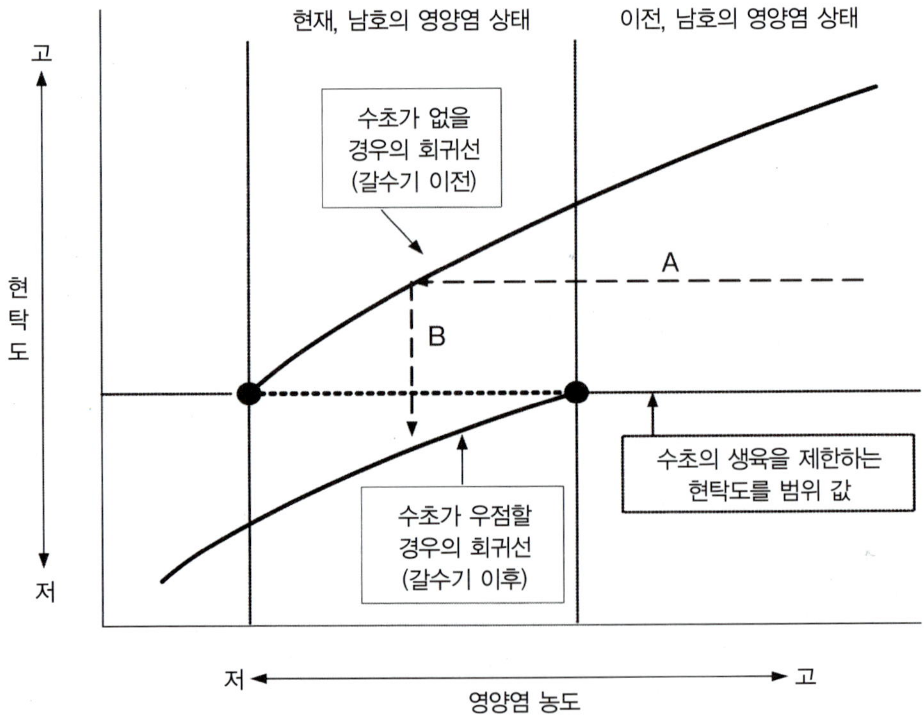

그림 6-3 영양염 농도와 현탁도(濕濁度)와의 관계에서의 침수식물군락의 역할(Scheffer 외, 2001[24])에서 일부 개

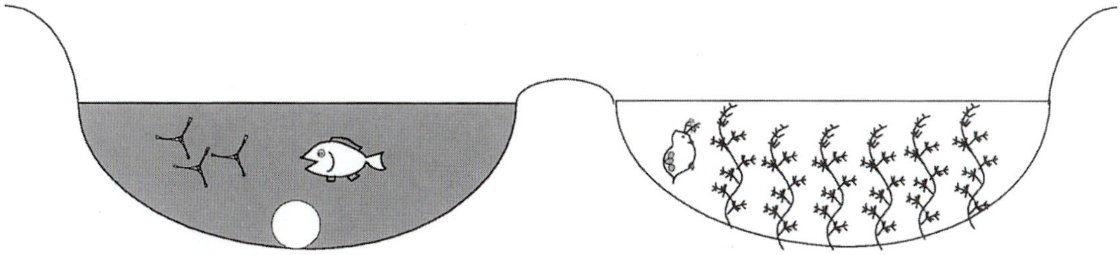

그림 6-4 천수(淺水)호소에 있어서 2개의 안정계열, 물고기의 우점에 의해 탁도가 높은 계열(왼쪽)과 침수식물의 우점에 의한 투명도가 높은 계열(오른쪽)은, 우점한 물고기나 수초를 제거하는 것에 의해, 반대계열로 일시에 전환하는 경우가 있다.

역으로, 식물성플랑크톤의 우점에 의한 탁한 상태는 물고기의 증가, 동물성플랑크톤의 감소, 식물성플랑크톤의 증가, 투과광의 감소, 침수식물의 최대분포수심의 상승, 수초지대의 소실로 이어져 형성된다. 그러므로 식물에 뒤덮여있지 않은 호수저면은 침강물의 확산상승작용이 용이하게 일어나며, 현탁도가 증가하고[22] 흐리고, 투명도가 낮은 상태가 한층 가속되어 식물성플랑크톤이 우점하는 상태로 안정되어 버린다.

투명한 상태에서 가장 중요한 작용을 하고 있는 것이 침수식물이고 탁한 상태에서 그에 해당하는 것은 동물성플랑크톤을 제어하고 있는 물고기이다(그림 6-4).[24] 이 때문에, 투명한 상태와 탁한 상태라는 양자택일에서 한쪽의 상태로 호수를 변환시키는 인위적인 요인으로 전자에서 후자로는 수초의 제거가 있을 것이다.[26] 수초의 제거를 목적으로 한 제초제의 투입이나 초식어종의 도입이 클로로필a농도를 증가시키는 결과를 보여준 사례가 자주 등장한다.[28] 또한 후자에서 전자로 이어진 요인으로 Scheffer 외[24]는 호수전체를 대상으로 한 물고기의 생물량을 일시적으로 강하게 감소시키는 “충격요법”(shock therapy)을 들고 있고 일단 영양염 수준이 너무 높은 것이 아니면 영속적으로 투명한 상태로 회복하는 것이 가능하다고 보고 있다. 비와코의 남호에서 일어난 침수식물의 번무와 수질개선에 대해서 호소생태계의 주요한 구성요소 간의 관계는 (그림 6-5)와 같이 정리하는 것이 가능하다. 수량이나 속도에 대한 정보는 아직 충분하지 않지만 호소생태계가 이러한 복잡한 상호작용에서 구성되고 있는 것이 확실하고, 단일한 구성요소의 대 번식을 피해 이러한 상호작용계열을 얼마나 안정적으로 유지하는가 하는 것이 호소생태계의 관리목표가 될 것이다.

6.2 호소생태계의 재생방법

1) 매토(埋土)종자를 이용한 군락의 재생

호소생태계의 자연재생에 있어 가장 필요한 것은 대상으로 하는 호소의 환경개선이다. 여기에는 수질의 개선뿐만 아니라 복잡한 호안(湖岸)형태의 회복, 더욱 자연적인 수위변동의 회복, 또한 호소와 다른 수계생태계와의 연속성의 확보 등이 기본적인 요건으로서 우선적으로 정비되어야 한다. 그리고 남호의 예에서도 밝힌 바와 같이 안정적인 호

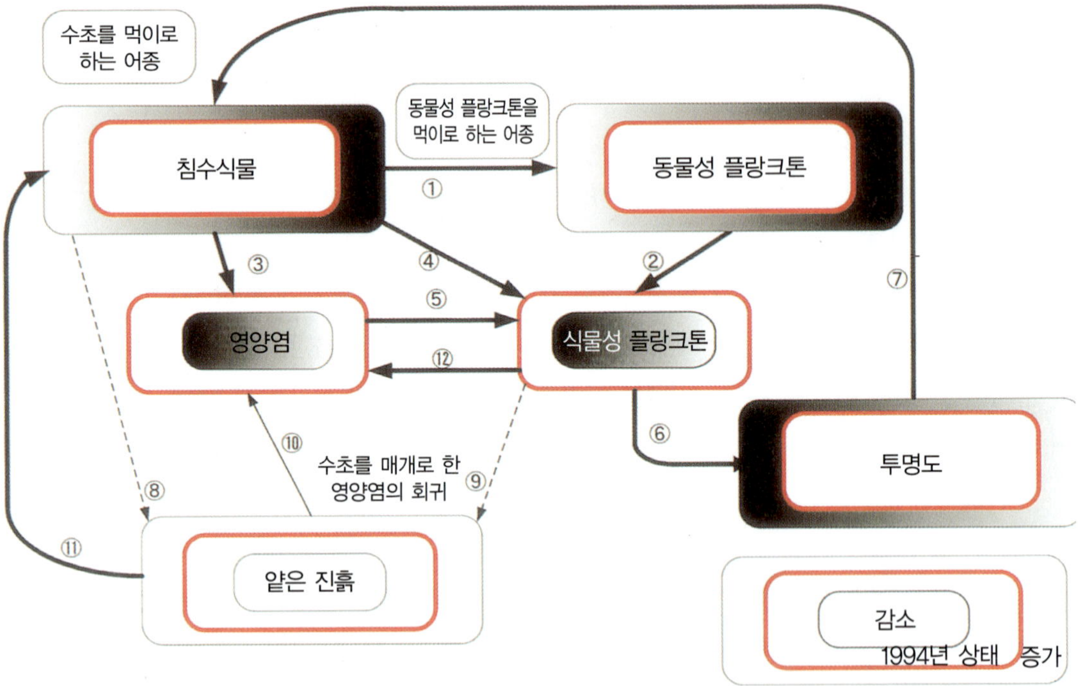

그림 6-5 침수식물을 둘러쌓고 있는 호소생태계 주요 구성요소의 관계

남호에서의 1994년 이후 각 요소의 변화를 범위의 크기와 농담으로 표현한다. 또한 불확실한 부분에 대해서는 점선으로 표현한다. ① 수생식물의 증가는 군락 구조의 구축에 의해 동물성플랑크톤의 물고기 채식압(採食壓)을 억제하고, 동물성플랑크톤을 증가시킨다. ② 동물성플랑크톤의 증가는 식물성플랑크톤을 감소시킨다. ③ 침수식물의 증가는 수중에서 부터 질소 등의 영양염 농도를 저하시킨다. ④ 침수식물은 군락 구조를 발달시키는(캐노피를 발달시킴) 것으로 캐노피 이하로 빛을 제한한다. 그로 인해 식물성플랑크톤의 증식을 억제한다. ⑤ 영양염의 저하는 식물성플랑크톤의 증식을 억제한다. ⑥ 식물성플랑크톤의 감소는 투명도를 증가시킨다. ⑦ 투명도의 증가는 침수식물을 증가시킨다. ⑧ 침수식물의 증가는 리터(낙엽, 가지, 나무껍질 등의 식물유체) 공급에 의해 진흙층을 증가시킨다. ⑨ 식물성 플랑크톤의 증가는 얕은 진흙층을 증가시킨다. ⑩ 얕은 진흙층의 증가는, 침수식물 등을 사이에 두고, 호수로 영양염의 회귀량을 증가시킨다. ⑪ 얕은 진흙층의 증가는 침수식물을 증가시킨다.

사진 6-3 카스미가우라의 호안 식생지대 재생사업

석축의 돌제(突堤)를 설치해 모래의 유출을 방지함과 동시에(좌) 목책을 설치하고 호수저면의 준설토를 산포하면(중) 가래과 식물 등이 싹틈(우) (전부 2002/8/25 촬영)

소생태계를 회복시키기 위해서는 침수식물군락의 재생이 더욱 중요하다.

식물군락의 재생을 위해 취할 수 있는 구체적인 방법으로는 육상의 식물군락 뿐만 아니라 호안식물에 대해서도, 지역고유의 유전적 특성의 교란이 위험시되는 것에 따라, 지금까지의 갈대모종 등의 식물재배를 대신해 현지 자생종자의 이용이 검토되어 왔다.

카스미가우라(霞ケ浦) 호안에서는 앞바다에 소파제(消波堤) 등 (사진 6-3, 왼쪽, 가운데)을 설치하여 호수저면의 준설토를 투입하는 것으로 침수식물군락 등을 복원하는 시도가 행해졌고, 카스미가우라에서는 최근 생육이 확인되지 않았던 침수식물의 가래과식물(*Potamogeton anguillanus*) (사진 6-3, 우)과 대가래(*Potamogeton malaianus*) 등의 발아가 확인되고 있다.[29]

또한, 비와코에서는 북동부에 이전에 존재한 하야사키나이코(早崎内湖)(89.1ha)의 복원수법을 검토하는 목적으로, 2001년11월부터 내 호의 잔존용지에 논 17ha를 담수하는 실험을 하였고, 2002년에는 쇠뜨기말(*Chara braunii*) 과 낙지다리풀(*Penthorum chinense*) 등의 귀중종의 생육이 확인되었다[30](사진 6-4).

하야사키(早崎) 내 호에서 귀중종의 출현은 표토층의 종자은행에서 발아했다고 생각되지만, 1990년대에 치바(千葉)현에 있는 테가누마(手賀沼) 부근에서 행해졌던 굴삭공사에 따라 계속해서 출현한 좁은잎말(*Potamogeton dentatus*) 과 오토메프라스코모(*Nitella hyaline*)[31, 32] 등은 심토층의 종자은행에 의한 것으로 추정된다.

표토층의 종자은행이 이용 가능한 것은, 현재 혹은 최근까지의 입지의 높은 자연성이 있는, 수준 높은 경우이다.

그 이용의 가불여하의 판단은, 복원 대상지가 비와코의 내 호 등인 경우는, 내 호의 상태가 언제까지 유지될 것인가, 논은 습전(濕田 : 물기가 항상 많아 배수가 안 되는 논)상

사진 6-4 비와코호수에 있어서 귀중종의 생육 확인 실험

① 비와코 북부의 하야사키 내호 잔존용지의 논에서의 담수실험지(2003/8/2)
② 담수실험개시 이듬해에 생육이 확인된 쇠뜨기말(2002/10/18)
③ 담수실험개시 이듬해에 생육이 확인된 낙지다리풀(2002/10/18)

태로 유지될 것인가, 포장정리가 언제쯤 행해져서 건전화(乾田化)되는 것은 언제쯤일까, 본 호(本湖)와 수로 등에 의해 어느 정도 유기적으로 연결될 것인가 등의 입지 평가가 필요하다. 심토층의 종자 은행의 이용에 있어서도 같은 입지 평가를 해야 하지만, 이용하는 퇴적토층의 오래됨이 더욱 큰 중요성을 갖는다. 보전상태도 관계되는 것으로 일률적으로 몇 년 전 종자라면 이용 가능성을 말할 수 없지만, 테가누마(手賀沼)의 매토종자의 발아 실험에서 모모하라(百原)[32]는 50년 이전에 매설된 종자도 식생 재생에 이용가능하다고 생각하고 있다. 오리메(折目) 외[33]는 비와코 동부의 오우미하치만(近江八幡)시에 있는 츠다나이코(津田内湖)의 공터의 밭 표층에서 30cm 이상의 심도에서 채취한 토양에서도 쇠뜨기말(*Chara braunii*)과 침수식물인 붕어마름(*Ceratophyllum demersum*)의 발아를 보았지만, 이 내 호에서 물을 빼내고 농지로서 이용되기 시작한 이후로 30년이 지났고, 수십 년 전에 매설된 종자라면 현실적인 이용도 가능할 것이다(사진 6-5). 또한, 어떤 토층을 이용할 것인가 하는 점에서는 모모하라(百原)[32]와 오리메(折目) 등[33]은 환원적이고 유기물을 대량으로 포함하는 실트질의 토층이 바람직하다는 사고를 피력했다.

2) 연속성의 확보와 호소군(群)으로서의 보전

하야사키 내호의 담수실험에서 담수를 개시한 이듬해 봄에는 침수식물인 가래과식물

사진 6-5 **비와코 동안(東岸) 오우미하치만시의 츠다나이코 잔존용지에서 살포 실험**

① 토양의 채취(2002/3/8)
② 내 호 잔존토지의 토양단면(2002/3/8) 상부 30cm의 경작토양은 이용하지 않았다. 그 바로 아래의 30~65cm의 유기질을 많이 함유한 실트 토양층으로부터의 발아가 가장 많았다.
③ 유기질을 많이 함유한 실트 토양에서의 발아상황(2002/6/28). 왼쪽 옆의 싹이 적은 수조에는 실트층 하부 65~110cm의 점토층의 흙을 깔았다.

사진 6-6 **코카나다모의 번무**

하야사키(早崎) 내호(內湖)의 실험지에서는 2년째에 코카나다모가 우점하고, 재래 수초는 손실했지만 투명도는 증가했다. (2003/6/29)

과 넓은잎말, 그리고 외래종인 코카나다모(*Elodea nuttallii*)의 생육도 확인되었다. 그 후, 코카나다모의 대번무(사진 6-6)에 의해 재래의 두 종은 소실되었지만, 이들 침수식물이

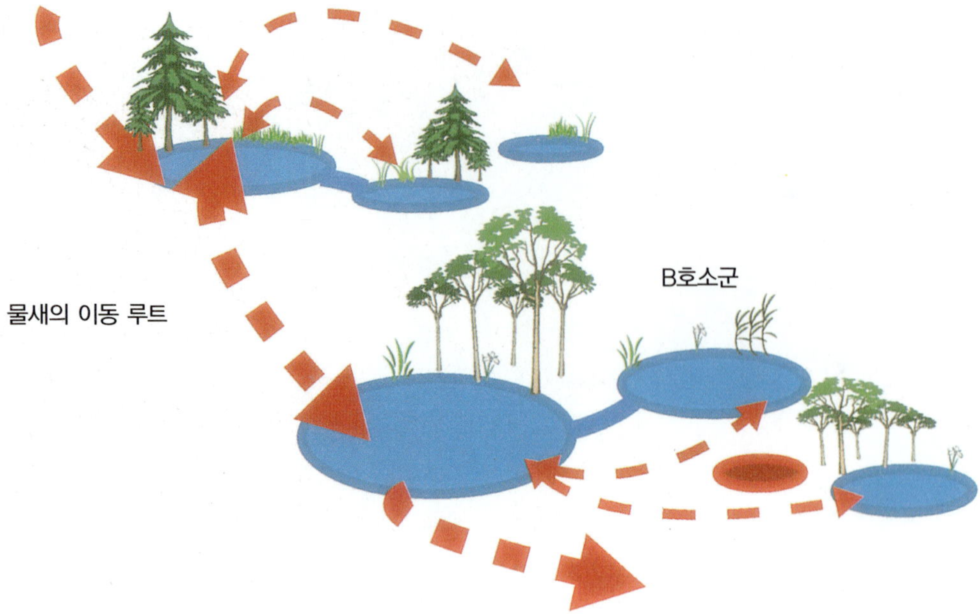

그림 6-6 **생물의 이동을 고려해 넣은 호소습지의 보전의 모식도**

수계(水系)와 물새에 의한 이동을 전제로, 큰 호소를 중심으로 호소군으로써의 보전을 꾀하는 동시에 호소군과 다른 호소군 사이에 물새의 이동 루트의 건전한 확보가 바람직하다.

출현한 것은 매토종자(적어도 코카나다모는 일본에는 웅주(雄株)가 없으므로 종자는 만들어지지 않는다.)가 아닌 물새에 의한 반입으로 추정된다. (사진 6–4)에서도 알 수 있듯이 하야사키 내 호의 실험지는 비와코 안쪽과 호안제방을 사이에 두고 접해있으며, 비와코 안쪽은 침수식물의 풍부한 분포지임과 동시에 일본 유수의 물새 도래지이기도 하고, 2001년부터 2002년 겨울까지는 담수화한 실험지로, 고니를 시작으로 많은 수조가 날아왔다.

이러한 점에서 본 경우는 수조에 의한 수초가 반입되어 번성한 것이라 생각된다. 수초의 이동과 그 곳의 조류의 역할에 대해서는 오래 전부터 알려져 있지만,[34~36] 그 정량적인 파악은 매우 곤란하다. 그러나 카미야(神谷)[37]는 물새의 분뇨에 솔잎가래(*Potamogeton pectinatus*)와 민나자스말(*Najas marina*)의 종자가 포함되어 있고, 분뇨를 산포하는 실험에서는 발아도 확인되어 수초의 이동매체로서 물새는 무시할 수 없는 존재임이 명확하다.

1994년의 갈수 이후, 남호에서 대량의 침수식물이 번무하게 되었지만, 그 회복 당시는 북호에서 흘러들어온 수초의 번식체도 중요한 역할을 한 것이 틀림없다.

그 때문에, 매토종자 등을 이용해서 단독으로 각 호소의 식생복원을 진행하는 것은 중요하지만, 다른 수체(水體)와의 연속성의 확보는 필요 불가결일 것이다. 이 때, 단순히 수계(水系) 네트워크 뿐 아니라 물새의 이동을 고려하는 호소군으로서의 연계, 그리고 이동 루트인 비행 루트에 따른 호소군 간의 유기적 연계를 높여 국경을 넘은 호소생태계의 보전이라는 큰 시점을 파악할 필요가 있을 것이다.[19] 이러한 유기적 연계를 높여 종자를 공급하는 것이 가능하다면 종자의 소실에 대한 보완이 되고 호소생태계가 더욱 안정적으로 유지될 것에 틀림없다(그림 6-6).

– 하마바타 에츠지(浜端悦治)

인용문헌

1) Forel, F, A (1901) : Handbuch der Seenkunde: allgemeine Limnologie, 249pp. Bibliothek geographishe Handbucher, Stuttgart.(直接の引用はできなかった.)

2) 上野益三 (1935) : 陸水生物學概論. 276pp. 養賢堂.

3) 門司正三 · 高井康雄(1984) : 陸水と人間活動, 310pp. 東京大學出版會.

4) 倉澤秀夫 · 沖野外輝夫 · 林 秀剛 (1979) : 諏訪湖大型水生植物の分布と現在量の經年變化「環境科學」究報告 集 B20-R12-2 諏訪湖水域生態系研究經過報告第3號. 7-26.

5) 櫻井善雄 (1981) : 霞ケ浦の水生植物のフロラ. 植被面積および現存量-得に近年における湖の富營養化に伴う變化について-. 國立公害研究所研究報告第22號. 陸水域の富榮養化に關する統合合研究(VI)霞ケ浦の生態系の構造と生物現存量, p.229-279. 環境廳國立公害研究所.

6) Nohara. S (1993) : Annual changes of stands of Trapa natans L. in Takahamairi Bay of Lake Kasumigaura. Japan Jpn J.Limnol. 54(1), 59-68.

7) 後藤直和 · 大'末男 (1994) : 霞ケ浦の水生植物の現狀と過去, 水草研究會會報54, 13-18.

8) 沖野外輝夫 (1984) : 諏訪湖-湖の回復と下水道, 「陸水と人間活動」, 門司生三 · 高井康雄編 p.103-106, 東京大學出版會.

9) 西廣 淳 · 川口浩範 · 飯島 博 · 藤原宣夫 · 鷲谷いづみ (2001) : 霞ケ浦におけるアサザ個體群の衰退と種子による繁殖現況, 應用生態工學4(1), 39-48.

10) 藤井伸二 (1994) : 琵琶湖岸の植物-海岸植物と原野の植物, 植物分類, 地理45(1), 45-46.

11) 鷲谷いづみ (1994) : 絶滅危碁種の繁殖/種子生態, 科學64(10), 617-624.

12) 浜端税治 (2003)：琵琶湖における夏の渇水と湖岸植生面積の化-2000年の渇水調査から-, 琵琶湖研究所 所報20. 134-145.

13) 滋賀縣農林部 水産課 (1954)：水位低下對策 (水産生物) 調査報告書, 61pp.

14) 滋賀縣水産試驗場 (1972)：琵琶湖沿岸帶調査報告書, 121pp. 滋賀縣水産試驗場.

15) 谷水久利雄・三浦康茂 藏 (1976)：びわ湖における沈水植物群集に關する研究 Ⅰ. 南湖における侵入種オオカナダモの分布と生産能, 生理生態17. 1-8.

16) 浜端税治 (1996)：水位低下詩に計測された湖岸植生面積, 琵琶湖研究所所報 13. 32-35.

17) 滋賀縣水産試驗場 (1998)：平成7年度 琵琶湖沿岸帶調査報告書, 178pp. 滋賀縣水産試驗場.

18) 水資源開發公團琵琶湖開發綜合管理所 (2001)：琵琶湖沈水植物圖說. 92pp. 國土環境株式會社.

19) Hambata E. and Kobayashi, Y.(2002)：Present status of submerged macrophyte growth in LakeBiwa: Recent recovery following a summer decline in the water level, Lakes & Reservoirs: Research and management 7, 331-338.

20) 大塚康介・桑原靖典・芳賀裕樹 (2004)：琵琶湖南湖における沈水植物群落の分布および現存量-魚群探知機を用いた推定-陸水學會誌65(1). 13-20.

21) 滋賀縣1990-2001. 滋賀縣環境白書-資料編.

22) Faafeng. B.A. and Mjelde, M. (1998)：Clear and turbid water in shallow Norwegian lakes related to submerged vegetation In: The Structuring Role of Submerged Macrophytes in Lakes(eds E. Jeppesen, M. Sondergaard, M. Sondergaard & K. Chistoffersen) p.361-368. Springer-Verlag, New York.

23) Timms, R, M, and Moss, B. (1984)：Prevention of growth of potentially dense phytoplankto populations by zooplankton grazing. In the presence of zooplanktivorous fish, in a shallow wetland ecosystem, Limnol. Oceanogr. 29(3), 472-486.

24) Scheffer. M,. Carpenter, S,. Foley, J,A,. Folke, C. and Walker. B. (2001)：Catastrophic shifts in ecosystems. Nature 413. 591-596.

25) 寶月欣二・岡西良治・菅原久枝 (1960)：植物プランクトンと 大型水生植物との拮抗的關係について, 陸水學雜誌 21, 124-130.

26) Wetzel, R. G. (2001)：Limnology, lake and river ecosystems, third edition, 1006pp. Academic Press.

27) Schriver, P,. Bogestrand, J,. Jeppesen, E. and Sondergaard, M,(1995)：Impact of submerged macrophytes on fish-zooplankton-phytoplankton interactions: large-scale enclosure experiments in a shallow eutrophic lake Freshwater Biology 33, 255-270.

28) Canfield, D.E, Jr,. Shireman, J,V., Colle, D.E., Haller. W,T., Watkins. C.E. Ⅱand Maceina, M.J. (1984) : Prediction of chlorophyll a concentrations in Florida lakes: importance of aquatic macrophytes, Can, J. Fish, Aquat, Sci. 41. 497–501.

29) 西廣 淳・鷲谷いづみ (2003) : 自然再生事業を支える科學, 自然再生事業- 生物多様性の回復をめざして´鷲谷いづみ・草刈秀紀編, p.166–186. 築地書館.

30) 湖北地域振興局環境農政部田園整備課 (2003) : 早崎內湖ビオトープネットワーク調査., 8pp.

31) 浜端税治 (1999) : 湖岸いおける水草の現況と保全. 淺水生物の保全生態學-復元生態學に向けて一森　試編著, p.171–183. 信山社 .

32) 百原 新・上原浩一・藤木利之・中田法生 (2001) :　千葉縣手賀沼底堆積物の埋土種子の分布と保全狀態, 筑波實驗植物園研報20, 1–9.

33) 折目眞理子・西川博章・(投稿中) : 畑地化していた濕地の植生復元は可能か-滋賀縣近江八幡市津田內湖での事例-.

34) Arber, A. (1920) : Water plants. A study of aquatic angiosperms, 436pp. Cambrige University Press. Cambridge (Reprint, 1972. Verlag von J, Cramer, Lehre).

35) Sculthorpe. C.D. (1967) : The biology of aquatic vascular plants, 610pp. Edward Arnold, London(reprint, 1985, Koeltz Scientific Books, Konigstein).

36) Hutchinson, G.E. (1975) : A Treatise on Limnology. Vol. Limnological Botany, 660pp. John Wiley & Sons, New York.

37) 神谷 要・矢部 徵・中村雅子・浜端税治 (2004) : フライウェーイ濕地の生態系に水鳥が果たす影響, 水草研究會 第26回全集會 (秋田) 講演要旨.

Chapter 07

고산초원(高山草原)

- 니가타(新潟)현 마키하타(巻機)산의 설원초원복원을 사례로서 -

7.1 설원초원의 특징과 식생파괴

적설량이 많은 지대에 있어서 산악 고산대 또는 아고산대에는 설원식생(이하, 설원초원이라고 함)이 분포하고 있다. 이 식생은, 계절풍의 바람이 낮은 서면으로 불고, 다량의 적설에 의한 강한 설압이나 융설 시기가 늦어지며, 짧은 생육기간에 적응한 지형적 극상(極相)으로, 고산초원이라고 할 수 있다. 설원초원을 구성하는 군락으로는 진퍼리새-암은행군락, 진퍼리새-여우꼬리사초군락 등이 보고되고 있다.

설원초원 파괴의 대부분은 등산객이 밟아서 발생한다. 대부분이 경사지에 분포하고 있는데다 우천 시나 융설기의 등산로는 질퍽거려서 미끄러지기 쉽기 때문에 어쩔 수 없이 나지와 초지의 경계 부근을 걷게 된다. 그 부근이 완전히 나지화되면 더욱 바깥쪽의 식생대로 발을 들여 놓는다.

이것이 반복되면서 설원초원의 나지화는 급격하게 진행되고, 급경사지에서는 등산로의 폭이 10m 이상이나 되는 곳도 볼 수 있게 된다. 더욱이 나지화에 의해 호우시의 침식작용이 활발해지고, 표토가 유실되어 심토나 암력(岩礫)이 노출되는 것뿐만 아니라 세굴구(洗掘溝)가 발달하고, 그 곳으로부터 반출된 토사에 의한 식생이나 지당(池塘)의 매몰이라는 이차적인 파괴도 발생한다. 이렇게 해서 파괴되어진 식생을 복원하기 위해서는, 다설 지대의 파괴 특성에 대응한 녹화(綠化) 방법이 요구되므로, 이하로는 니가타(新潟)현 마키하타(巻機)산에 있어서 초원설원의 복원방법과 그 회복과정에 대한 개요를 설명하기로 한다.

사진 7-1 다적설지대의 산악에서 볼 수 있는 설원초원(니가타현 마키하타산(新潟縣巻機山))

7.2 마키하타(巻機)산에 있어서의 설원초원 복원에 대한 대처

니가타(新潟)현과 군마(群馬)현 사이의 경계에 위치한 마키하타(巻機)산(1,967m, 우오누마(魚沼)연봉(連峰)현립자연공원)의 정상 부근에는 설원초원이 펼쳐지고 있다(사진 7-1). 1965년 전후에 제1차 등산붐 시기에 등산객 발에 밟혀 대규모적인 식생파괴가 발생하고, 침식토사에 의한 지당(池塘)의 매설 등 아름다운 산악의 경치가 큰 피해를 입었다. 1976년(쇼와 51)년에 본격적인 조사가 실시되어 다음 해인 1977년까지 필자와 그 외 일행들의 봉사활동을 중심으로 한 식생복원활동이 시작되었다. 그 후, 현이나 지방과의 양호한 협동심을 구축해나가며 오늘에 이르게 되었다.

마키하타산에서는 일련의 복원활동으로 파괴되어진 식생의 회복뿐만 아니라 등산로 정비나 토사로 매워진 지당(池塘) 등, 경관적인 측면의 수복(修復)으로까지 확대되고 경관보전(保全)활동이라고 총칭하여 통합적, 계속적으로 환경관리활동을 전개해 왔다.

일련의 활동 중에서, 식생복원과 관계있는 항목을 사업 추진에 관한 시스템 전체를 포함하여 정리하면 (〈표 7-1〉)과 같다.

표 7-1 설원초원복원에 대한 검토항목

A. 표토잔존지의 녹화대책
① 파종(재료와 방법)
② 이식(재료와 방법)
③ 자연회복의 촉진(밟기 방지대책 등)
④ 표토유실방지대책(녹화네트 등에 의한 피복)
B. 표토유실지의 복원대책
⑤ 녹화 기반공(공법, 객토재료)
⑥ 객토에 따르는 외래종대책
C. 복원 시스템 전체
⑦ 재료의 양산화 · 공급체제 구축
⑧ 효율적인 시공방법(식생 매트 등의 개발)
⑨ 복원사업의 실시방법(봉사활동 체제, 행정과 봉사활동의 연수 등)

1) 식생복원의 방법

마키하타산의 식생복원활동은 27년이라는 세월을 거쳐 시행착오를 거듭하며, 이하의 둘레에 표시된 6개의 방법으로 식생복원을 실시해왔다. 이와 같은 다양한 방법을 취한 이유는 복원대상지의 표토 유무, 지형, 경사도 일치 등의 조건이 복잡하다는 것, 복원재료에 한정이 있다는 것, 그 가운데 새로운 수법의 개발이 되었다는 것 등에 의해서이다.

복원 방법에는 이식과 파종이 있으며, 사용하는 초종(草種)은 설원초원 구성종의 이식 및 파종실험이나 복원활동을 통해 얻을 수 있었던 관찰 결과를 토대로 선정했다(〈표 7-2〉). 단, 이식은 재료의 조달에 한정이 있어 항시 할 수 있는 것이 아니므로 현재는 파종이 주류를 이루고 있다.

(1) 식생복원의 방법

표토잔존지 · 식생 주(株)심기형

이식의 경우에는 자연을 재생하기위해 다른 자연을 희생하는 모순을 해결하지 않으면 실시하기 곤란하다. 마키하타산의 경우에는 사람들에 의해서 토사로 메워진 지당(池塘)에 번식한 수원사초를 이용하는 방법으로 이 문제를 해결했다. 수원사초는 선구 종으로서의 성격을 띠고, 나지(裸地)의 복원재료로 적합하다.

【복원의 순서】 이탄(泥炭)토가 노출된 나지(裸地)에 약 25m의 간격으로 20×15cm정도의 구멍을 내고, 지당(池塘)이 위치하였던 장소에서 파낸 수원사초의 주(株)를 심어놓았다(사진 7-2). 구멍과 그루터기의 크기가 일치하지 않는 경우에는 그루터기를 정형(整形)하기

표 7-2 식생복원재료로서의 평가 및 특성

재료명 \ 평가항목	개난체채이취의도	활착난이도	활성착후의장	외관	식植피被도度	특 성
1. 수원사초 (파종 · 이식) (*Carex omiana*)	◎	◎	◎	△	○	종자의 채취가 용이하고(8월 하순) 발아율이 높다. 파종에 의한 녹화재료로서 가장 사용이 쉬운 종이다. 이식 후에는 잘 활착(活着)하고, 성장은 습윤지에서 왕성하다. 녹화재료로서는 사용이 용이한 종이지만, 치밀한 이탄(泥炭)토양에서 식피의 확대에 난점이 있다. 비교적 조기부터 잎이 시들어 가는 것이 눈에 띈다.
2. 진퍼리새 (파종 · 이식) (*Moliniopsis japonica*)	○	◎	○	◎	○	설원식생의 극상(極相)종의 하나로 우점(優點)종이 되어 가장 일반적으로 볼 수 있다. 이식은 용이하고 이식 후의 성장도 그런대로 괜찮다. 종자의 성숙기는 늦지만(9월중하순) 파종에 의한 녹화재료로서도 뛰어나다.
3. 좀새풀(파종) (*Deschampsis caes pitosaver. festucae folia*)	◎	◎	◎	○	○	토양이 유실된 장소에 넓게 생육하는 선구식물이다. 8월중에 종자가 여물고, 파종하면 연내(年内)의 9월에는 발아한다. 표토 유실지의 녹화재료로서 유용하다.
4.사초과 식물 (이식) (*Rhynchospora yasudana*)	△	◎	○	◎	○	종자는 작고, 성숙기도 늦다(9월 하순). 잎은 밝은 녹색으로 섬세한 느낌을 나타낸다. 이식도 용이하고, 지당(池塘)주변 등의 습윤지에 생육하고, 치밀한 이탄(泥炭)토양에서의 성장도 왕성하다.
5. 골풀과 식물 (이식 · 파종) (*Juncus filiformis*)	○	◎	◎	×	◎	지당(池塘)안이나 수변(水邊)에 생육하며 이식 후의 성장이 왕성하다. 습윤지에서의 녹화재료로 알려져 있다. 파종도 가능하다. 빠른 시기에 잎의 선단(先端)부터 시들어 간다.
6. 황새풀 (이식) (*Eriophorum vaginatum*)	×	◎	◎	◎	△	생육지가 수변(水邊)지로 한정되어 있어서 종자나 모종의 채취에 조금 난점이 있지만, 성장은 습윤지에서 지극히 왕성하고, 건조지에서도 수원사초를 윗돌 정도이다.
7. 사초과 식물 (이식) (*Scirpus hondoensis*)	△	◎	◎	◎	○	지당(池塘) 안이나 수변에 생육하고, 이식 후의 성장은 왕성하다. 실험에서 분배 수효의 증대는 그 정도는 아니지만, 신장량은 크다. 진한 녹색을 띠고 녹화재료로서 사용할 수 있지만, 개체수가 적은 것이 난점이다.
8. 암은행 (이식) (*Fauria crista-galli*)	△	△	○	◎	×	수변에서는 군락을 형성하고 초장(草丈)도 높아졌지만, 설원식생 중에서는 그 정도로 성장은 왕성하지 않다. 녹화재료로서는 별로 적당하지 않지만, 보식(補植)용으로서는 이용가능하다.
9. 암창포(*Tofieldia japonica*)	×	×	×	◎	×	백색의 꽃과 빨간 열매를 지니고 있다. 개체수가 적고, 이식 후의 활착도 좋지 않다.
10. 여우꼬리사초 (*Carex blepharicarpa*)	×	×	×	◎	×	설원식생의 극상종(極相種)의 하나로 개체수도 많지만, 이식은 곤란하다. 종자는 작고, 녹화재료로서는 부적절하다.

평가순서 : 좋다 ◎ ○ △ × = 나쁘다

도 하고 손가락이나 봉을 이용하여 틈 사이에 흙을 넣으면서 뿌리 쪽을 단단히 하였다.

【성 과】 이 방법을 실시한 시기는 20년이 넘는 시기로 이식주 사이의 나지(裸地)부분을 충분히 양생하지 않았기 때문에 그 부분의 표토가 유실되고 이식주가 계곡지대의 방주상(坊主狀)으로 뜨는 결과를 보였다. 이 경우에는 거죽이나 녹화 네트로 피복하고 양생관리를 게을리 하지 않으면 시간은 걸리겠지만 식생회복은 기대할 수 있다. 여기서는, 10년 이상 경과되어 이식주 내에 진퍼리새가 진입해 진퍼리새가 우점하는 형식으로 회복되어 가고 있다(사진 7-3). 단, 외관상으로는 초원으로 돌아갔지만, 구성 종을 조사해보면 완전하게는 복원되지 않았다(그림 7-2)를 참조).

사진 7-2 이식직후의 수원사초

사진 7-3 이식18년후. 진입한 수원사초가 우점

표토유실지 · 식생주 객토형

이탄(泥炭)토양이 유실되고, 심토나 사력이 노출된 입지에 식생주를 포함해서 객토하는 방법이다. 본래, 이식에 의한 복원은 표토잔존지에 한정되어 있지만, 새로운 수법으로서 개발한 것이다.

【복원의 순서】 메워던 지당(池塘)의 뚝방을 높이 올리고, 물이 고인 곳에 번식한 골풀과 식물을 각주별로 점토질의 토양이 묻어있는 채로 파내고, 표토유실지에 운반해서 틈 없이 객토한다. 객토는 엉성하게 해도 설압 때문인지 겨울을 한 번 넘기면 깨끗해진다.

【성 과】 2년 후에는 진퍼리새가 진입하고, 수 년에 걸쳐 우점했다. 좋은 성적의 원인은 운반되어진 토양에 양분이나 종자가 함유되어 있는 점, 식생주의 흙이 부드럽게 진입식생의 뿌리가 자라기 쉬운 점, 식생주의 흙이 함수율이 높다는 점 등이라고 생각되어진다.

이 방법은 속효성과 실효성이 모두 가장 뛰어나지만, 재료조달에 어려움이 있고, 광범위하게 시행하기가 어렵다. 그러나 이와 같은 조건이 맞으면 소규모의 식생복원에 적당하기 때문에 지당(池塘)복원이라고 한다. 잃었던 경관의 부활도 기대할 수 있는 이점이 있다.

(2) 파종에 의한 식생복원

표토잔존지 · 종자심기형

식생복원을 간편하게 계속해서 시행하기 위해서는 현지의 산에서 종자를 파종하는 방법이 가장 현실적이라고 할 수 있다. 그 방법으로 수원사초의 종자를 이용했다. 이 종자는 크기는 깨알만하고 채취의 용이성이 우수하고 발아율도 높다.

【복원의 순서】 채취한 종자를 점토질의 흙과 혼합하여 양을 늘려 나지(裸地)면에 깊이 약 1cm의 구멍을 몇 cm 간격으로 파내고, 종자가 섞인 흙의 소량을 구멍에 심는다(그림 7-1). 그 후, 광합성 박테리아와 영양 활력제를 산포하고, 녹화네트[4]로 피복한다.

그림 7-1 수원사초 파종 순서(일러스트 : 나르세 아스카(成瀬あすか))

【성 과】 이 공법의 이점은 흙으로 중량을 늘리는 것으로 작업효율이 높고, 경사지에서도 종자가 흘러내리지 않고, 발아 후에도 정착하기 쉽다는 것이다(사진 7-4). 수변(水邊)의 조건이 나쁜 입지에서는 활착이 어려웠지만, 녹화네트의 피복을 개선하여 광합성 박테리아 등의 산포로 식피(植被)도 빨랐다(사진 7-5).

표토유실지 · 객토 + 직접파종형

표토유실지에서의 식생복원은 심토나 사력(砂礫)상에 어떠한 기반을 조성하느냐가 문제가 되며, 사용하는 초종(草種)에 의해서도 대응이 다르다. 이 객토 + 직접 채취형은 수

사진 7-4 수원사초의 종자 17년 후

사진 7-5 수원사초의 파종 1년 후. 녹화네트 등의 효과가 크다.

량이 비교적 많고 확보할 수 있는 진퍼리새를 이용한 경우의 방법으로 경관적인 측면에서도 조기에 설원초원에 대한 회복을 기대할 수 있다. 대상지는 거의 경사지로 침식이 강하고, 토양도 유동적이기 때문에 약 1cm 간격으로 외형을 따라 통나무를 고정하여 설치한다. 이 공사는 니가타(新潟)현이 담당하고 있다.

【복원 순서】 지반에 피트모스(Peat Moss)를 약 10cm 두께로 객토하고, 앞서 광합성 박테리아와 영양 활력제를 산포한다. 진퍼리새를 파종하고(사진 7-6) 초탄으로 복토(覆土)한 후 마지막으로 녹화네트로 피복한다. 피트모스는 120℃의 증기에서 24시간 훈증한 것을 사용했다.

【성 과】 발아는 양호하며, 객토에 의한 부드러운 토양이 뿌리의 신장을 촉진하고, 성장, 식피(植被) 모두 빨리 진행되었다(사진 7-7). 녹화네트나 광합성 박테리아 등의 보조도

사진 7-6 초탄객토 후에 진퍼리새를 파종하고, 그 위에 초탄으로 피복한다.

사진 7-7 진퍼리새의 파종 4년 후

크다. 표토유실지에서 조기에 본래의 식생으로 돌아가는 방법으로서 효과적이지만 넓은 면적의 경우, 객토재의 조달, 자금 등 사업의 전반적인 문제를 해결할 필요가 있다.

표토유실지 · 직접파종형

이것은 심토나 사력위에 객토하지 않고 직접파종하는 방법이다. 보전활동으로 인해 도로변 환경이 안정되었으며, 지금까지 개체수가 감소했던 좀새풀이 증가하고, 채취가 용이해진 유효성으로 인해 실용화되었다. 좀새풀은 표토유실지에 최초로 진입하는 선구식물로서의 성격이 강하다.

【복원 순서】 통나무를 고정하여 토양의 유동이 없게 한 뒤 좀새풀을 파종하고 녹화네트로 피복한다. 토양이 없기 때문에 광합성 박테리아 등은 사용하지 않는다. 좀새풀의 종자는 훑어서 채취하는 것이 곤란하기 때문에 이삭을 채취하여 그대로 산포한다.

【성 과】 발아력이 강하고 파종 후 1개월 이내로 발아한다. 성장도 놀라울 정도로 빠르다(사진 7-8). 수량이 확보되면, 토양이 유실된 곳을 객토하지 않고 녹화하는 방법으로서 유효하다. 기반정비를 제외하면 저비용으로 가능한 것도 이점이다.

표토유실지 · 통나무뿌리덮개 + 직접파종형

등산로의 재정비나 보수 시, 실제 발생하는 통나무 계단의 폐자재(廢資材)를 재활용을 겸하여 표토 유실지를 피복(mulching)하는 것으로 좀새풀을 파종한 결과, 그 효과가 높으므로 이를 실용화했다.

【복원 순서】 통나무를 무작위로 부설하고 통나무의 주위에 좀새풀을 파종한다. 녹화네

사진 7-8 좀새풀의 파종 2년 후

사진 7-9 통나무 피복효과로 왕성하게 성장하고 있는 좀새풀

트의 피복은 통나무가 이동하기 쉬워지기 때문에 실행하지 않았다.

【성 과】 극히 양호하게 발아하고 성장도 빠르다(사진 7-9). 통나무 등의 흙막이 처리가 되어 있지 않은 경사지에서도 폐자재가 있으면 유효한 방법이다. 이것은 사막 녹화로 이용되어지는 식재 멀칭과 같은 작용이 일어나는 것이라고 사료되어 마키하타(巻機)산에서의 실험에서도 증발억제효과, 보수(保水)효과, 표토유실억제효과가 인정받고 있다.

2) 식생복원공사 후의 회복과 정리

표토잔존지에 있어서의 식생복원공사 후의 회복 과정을 나타내면 (그림 7-2)와 같다. 조건이 좋은 곳에서는 2~3년에 우점종인 진퍼리새가 진입하고, 15년 정도에 그것들이 우점하고 외견상으로는 본래의 식생과 같은 상황을 나타내게 된다. 하지만 20년 이상 경과해도 구성종과 그 역할을 관찰하면 본래의 식생으로의 완전한 회복은 어려운 현실이며, 수십 년은 더 경과해야 될 것으로 사료된다.

앞으로의 과제로서 두 가지를 지적해두고 싶다. 한 가지는 외래종 문제이다. 표토 유

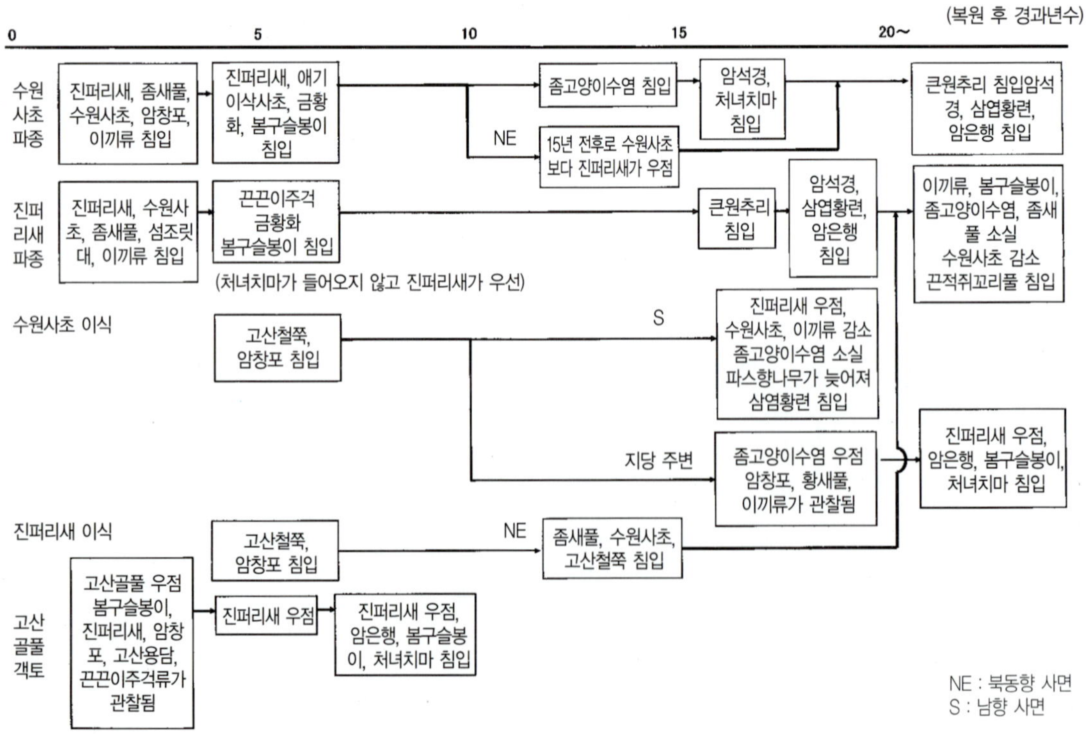

그림 7-2 식생복원 공구(표토잔존지)에 있어서의 회복프로세스(기무라(木村))[6]

실지를 복원하기 위해서 피트모스를 주로 사용하는 객토를 실시했지만, 그 훈증이나 그 후의 관리가 불충분했기 때문에 네잎클로버, 새포아풀등의 꽤 많은 양의 외래 잡초가 침입해버렸다. 현재, 이에 대한 대처방법이 큰 과제가 되고 있다. 한편, 좀새풀은 표토가 유실한 토지에서도 생육하고, 객토를 필요로 하지 않기 때문에 외래 잡초의 침입을 방지한다고 하는 관점에서부터 그 유효성을 검증할 필요가 있다.

또, 효율적인 식생복원 시스템의 확립도 중요한 과제이다. 현장에서는 원재료의 공급에는 한계가 있고, 그것이 한 시즌의 작업량을 결정하는 제한요인이 되고 있다. 산기슭에서의 재료생산 공급체제의 확립과 과혹한 산악의 환경 아래에서 단기간에 작업을 마치기 위한 식생매트 등의 효율적인 시공방법의 개발도 남겨진 과제이다.

7.3 전국의 산악지에 있어서의 식생복원사례

산악식생의 복원은 1966년에 오세(尾瀨)에서 시작된 것이 최초이지만, 전반적으로 보급은 늦어져 1980년대 중반부터 실시되어졌다. 하지만 산악식생의 복원은 독자적인 방법으로 실시된 적이 많고, 다른 사례가 발생한 경우는 적다. 여기서는 각지의 식생복원사례를 (〈표 7-3〉)에서 소개하고자 한다. 효과적인 방법의 도입이나 개발을 고찰해볼 수 있는 계기가 되었으면 한다.

표 7-3 전국 산악지에 있어서의 식생복원사례

핫코다(八甲田山)~이도악(井戸岳)[7] 식생 : 풍충(風衝)고산지대 토양 : 화산암류 풍화토 방법 : 삽목, 파종 시공주체 : 아오모리현(青森縣) 기간 : 1984년~1998년	• 식재는 제주산버들의 삽목. 초기는 채취한 파종을 포트식재한 후 다음해인 봄에 삽목. 중기는 삽수(挿穗)를 저온보관한 후 다음해 봄에 삽목. 후기에는 가을에 채취한 그대로 삽목. 삽수의 길이는 30~40cm. 1m²당 7~12개를 식재. 건조, 동상 등의 영향으로 활착률은 10% 이하. • 파종은 고산식물 10수종을 혼합 파종. 기존의 흙막이공의 사이에 초탄을 20cm두께로 토사(토양유실을 막기 위해 전후에 초탄을 넣은 마(麻)자루)를 고정하고, 피복재로서 흰꽃나도사프란을 덮는다. 하치만타이 하치만호(八幡平 八幡沼)
하치만타이 하치만호(八幡平 八幡沼) 식생 : 습원, 설원초원 토양 : 이탄토(泥炭土), 심토 방법 : 파종 시공주체 : 하치만타이(八幡平)자연식생연구회 기간 : 1993년~	• 기반토양을 갈아엎고, 고산식물의 종자를 혼합 파종(일부는 단수파종). 파종 후에는 복토하지 않고, 갈아엎은 흙과 서로 섞이게 한다. 피복재는 당초 거적을 사용했지만 후에 녹화네트 또는 그와 비슷한 것으로 이행. • 토양이 거의 유실된 곳이나 이탄토에서도 식물이 활착하기 어려운 곳은 주변에서 모은 토사를 객토하고 기반을 만든다. • 채취한 종자는 건조시킨 후 부드럽게 만든다. • 파종이 고르지 못한 것을 막기 위해 파종은 증량제로서 태운 왕겨와 혼합한다. • 이 사업은 행정의 직접 관여는 없고, 봉사활동 주체로 시행된다.
갓산 우바가악(月山 姥ケ岳) 식생 : 설원초원 토양 : 이탄토, 심토 방법 : 파종 시공주체 : 야마가타현(山形縣) 기간 : 1988년~1993년	• 시공지의 외주를 초탄을 넣은 토낭(土嚢)으로 둘러싸 본갱으로 고정하고, 거기에 설압에 의해 토양의 이동이나 무너짐을 방지하기위한 돌로 누른다. 기반에 초탄을 객토하고, 고산식물의 종자 20종 남짓을 혼합 파종한 후, 비료를 산포하고 거적을 덮는다. 거적은 짚 끈으로 고정한다. • 시공지로의 우수(雨水)유입을 막기 위해 토양부에서 물기빼기를 한다. • 객토 두께는 이탄토 잔존면에서 6cm 정도. 심토 노출면은 10cm 이상을 표준으로 한다. • 시비(施肥)는 고도화성비료(15-15-15)를 100m²당 30~40kg산포.
쿠리코마산(栗駒山) 식생 : 설원초원 토양 : 습성 회백토(podzol)토양, 화산쇄설물 미고결(未固結)토양 방법 : 삽목 시공주체 : 미야기현(宮城縣) 기간 : 2001년~2004년	• 사전대책으로서 지대에 모이는 유말수(流末水)를 관거에 의해 배수처리 한다. 도중, 침식요지면(侵食凹地面)을 이용해 모아둔 흙을 조성하고, 표류수의 집수효율을 높인다. • 식생복원의 기반정비로서 목책공을 실시하고, 그 사이에 인공토양을 객토(객토 두께는 평균 20cm전후)한다. 인공토양은 산모래와 밭의 흙을 동률로 혼합한 것으로 토양의 응결력을 높이기 위해, 연결재료로서 구약나물의 구경(球莖)의 전분을 토양 1개 당 15kg을 더한다. 추가로 침식이 기층에 도달에 있는 부분에서는 조약돌을 채워준다. 피복재는 사용하지 않는다. • 식생복원은 삽목만으로 약 90%는 제주산버들을 사용. 채취한 것을 임업시험장에서 2년간 육성해 이식. 3년간으로 약 1만개 육성(收率 약 70%)했다.
아이즈코마악(會津駒ケ岳)~츄몽악(中門岳) 식생 : 습원, 설원초원 토양 : 이탄토 방법 : 파종 시공주체 : 히노에마타무라(福枝岐村)-후쿠시마현(福島縣) 기간 : 1985년경~	• 기반에 초탄을 객토하고, 수원사초, 대구사초, 골풀과 식물 등을 파종. 피복재로서 야자나무 매트를 덮는다. • 야자나무 매트는 부식성이 있는 화학섬유 실로 짠 거친 네트에 야자나무의 섬유를 끼운 것. 섬유의 밀도가 거칠기 때문에 발아되기 쉬운 듯하지만, 섬유가 빠져나가기 쉽다. • 시공지는 완경사지~평탄지가 많고, 식생회복은 진행되고 있다. 식생파괴의 정도가 경미하고, 주변 식생으로부터 수분공급이 되는 경우도 많다.

오세(尾瀨) 식생 : 습원, 설원초원 토양 : 이탄토, 심토 방법 : 파종, 묘목이식 시공주체 : 군마현(群馬縣), 후쿠시마현(福島縣), 오세(尾瀨)임업, 오세산 코야(小屋)조합 기간 : 1966년～	•【아야메 평원】이탄토가 노출된 기반을 경운하고, 이탄과 목탄의 혼합분말로 토양개량한 후, 미타케사초를 파종. 피복재로서 거적을 덮고 판자로 시공지를 둘러싼다. 초기에는 식생 블록의 이식이 주류였지만 기대했던 만큼의 성과를 올리지 못해, 파종으로 바꿨다. •【오세 들판(尾瀨ヶ原), 오세 늪(尾瀨沼)주변】이탄토가 노출된 기반에 진퍼리새, 수원사초, 좀고양이수염의 종자를 물이끼류의 절판(絕版)과 섞어서 파종. 아울러 진퍼리새 등의 종자를 열포트로 육성한 모종을 이식. 피복재로서 진퍼리새 등의 엽경(葉莖)을 전체에 빈틈없이 깐다. •물이끼류의 절판(絕版)산포가 물이끼류의 증식에 의한 식물의 성장촉진과 나지면의 피복화가 빨라지게 한다는 것이 인정받고 있다. •【시부츠산(至佛山)】설원초원이 자몬암(蛇紋岩)의 심토가 노출된 기반에 표류수를 유도, 흙막이 등의 처리를 시행하고, 현지산의 흙을 객토(근처의 작은 습지에서 운반). 수원사초 등 모종의 이식과 미타케사초, 참나무류 등의 종자를 파종한다. 피복재는 녹화 네트 또는 동질의 재료를 사용. •모종 이식은 부식성 포트에서 육성한 모종을 포트와 함께 이식한다. 포트의 흙은 초탄 넣기에 물이끼류를 혼합한 것을 사용.
시로우마악(白馬岳) 식생 : 풍충(風衝)고산초원, 습성고산초원 토양 : 심토 방법 : 파종, 이식 시공주체 : 시로우마촌(白馬村)-나가노현(長野縣) 기간 : 1981년～1990년	•기반정비로서, 돌쌓기에 의해 시공지대를 둘러싸는 방법과 지반을 파서 주변에서 모은 돌을 큰 자갈에서 작은 자갈 순으로 쌓아 올리고, 그 상부에 비료를 혼합한 굴삭토를 얹는 방법이 있다. •파종은 시공지 주변에서 수량을 많이 기대할 수 있는 고산식물의 종자를 사용. 시비(施肥) 후, 화학섬유 네트(網)로 피복. •이식은 현지 산의 식생주와 지상에서 자란 실생묘를 이식. 실생묘의 경우에는 모종을 부식성 열 포트에 넣고 포트 째로 이식하는 방법과 이식 구멍에 자갈을 깔고, 뿌리 주변을 물이끼류로 감싼 주(株)를 심어서 표면에 다시 자갈을 까는 방법을 취한다. 기본적으로 1주 정도 단위로 이식하고 일부 블록(block) 이식도 실시.
타테산(立山) 식생 : 습원, 설원초원, 습성고산초원, 붕괴지성 사력지(砂礫地) 토양 : 이탄토, 점토, 심토, 사력 방법 : 파종, 이식, 삽목 시공주체 : 토야마현(富山縣) 기간 : 1969년～	•【미다(弥陀)평지】기반정비로서 기층부의 노출부는 사리(砂利) 충전 후 초탄을 객토. 표토유실부는 초탄객토. 이탄토 잔존부는 경운하고, 비료와 양생제 산포 후, 현지산의 종자 8종류 남짓을 파종. 이식은 두메오리나무, 사스래나무의 실생묘(實生苗)를 사용. 삽목은 제주산버들, 참오글잎버들을 사용. 피복재는 짠 실로 마(麻)실(통상은 나일론 실)을 이용한 거적을 사용. •【텐구(天狗)평지】표토유실부분에 초탄 객토. 이탄 잔존부분은 경운하고, 비료를 혼입(混入)한 후, 10종류의 고산식물을 파종. 이식은 눈잣나무, 두메오리나무 등. 삽목은 제주산버들을 사용. 거적으로 피복. •【무로도(室堂)평지】시공은 파종만이며, 방법은 텐구(天狗)와 동일하다.
식생 : 산지고경(山地高經)초원, 풍충(風衝)초원 토양 : 화산회토(火山灰土) 방법 : 삽목, 이식 시공주체 : 돗토리현(鳥取縣), 오야마(大山)의 정상을 보호하는 모임 기간 : 1985년～	•기반정비로서 통나무에 의한 흙막이. 능선의 붕괴부분은 통나무법으로 고정한다. 세굴된 곳은 토석으로 메워 놓는다. •식재(植栽)에 의한 복원을 위해, 앞서 거적을 덮고 간벌촌(間伐村)과 기초 핀으로 고정하고, 그 위해서부터 굴을 파서 심는다. 굴파기는 착암기를 사용한다. 삽목은 설악눈주목, 인진쑥을 현지에서 채취하고, 포기를 나눠서 심는다. 마무리에 비료를 살포. •이 사업은 봉사활동의 조직적인 활동에 의존하는 부분이 크다.

인용문헌

1) 石塚和雄・齋藤員郎・橘ヒサ子 (1975)：月山および葉山の植生「出羽三山(月山・羽黑山・湯殿山)・葉山」別刷. 山形縣統合學術調查會. p.59-124.
2) 松本 清 (2000)：よみがえれ池塘よ草原よ. 山と溪谷社.
3) 栗田和彌・麻生 惠 (1995)：多雪山岳地における雪田植生の復元方法に關する研究. 日本綠化工學會誌20(4). 223-233.
4) 原田幸史 (2004)：雪田植生復元を目的とした光合成細菌材料による土壤環境改良効果の検討. 東京農業大學地域環境科學部森林統合科學科卒業論文.
5) 中里太一 (2004)：マサ土斜面におけるストーンマルチ效果の實驗的檢討. 東京農業大學地域環境科學部森林統合科學科卒業論文.
6) 木村江里 (1999)：雪田植生復元の回復プロセスに關する研究. 東京農業大學地域環境科學部造園科學科卒業論文.
7) 高山植生保全セミナー實行委員會 (1996)：植生回復の技術と事例.
8) 東京電力株式會社 (1998)：ヤナメ平濕原回復のあゆみ.
9) 立山黑部觀光株式會社 (1974~1997)：中部山岳國立公園立山ルート綠化研究報告書. 第1報~第3報.
10) 財團法人國立公園協會 (1997)：立山の植生復元施設. 國立公園No.553.
11) 大山の頂上を保護する會 (1996)：大山の頂上保護活動10年のあゆみ.

Chapter 08

자연림(自然林)

-가나가와(神奈川)현 탄자와(丹澤)산지를 사례로-

8.1 자연림의 새로운 문제

자연림에서는 지금까지 삼림벌채나 임간도로 개발 등에 의한 변화가 문제시되어왔으나 최근 몇 년 사이 새로운 문제로써 일본사슴(*Cervus nippon Temminck*:이하. 사슴)의 채식압(採食壓)이나 답압(踏壓) 등의 영향에 의해 식물이 쇠퇴하고 있는 것이 지적되었다. 예를 들면 교목의 벗겨진 수피에 의해 갱신저해나 임상(林床)식생의 퇴행, 희소식물의 감소 등이다. 이와 같은 문제가 발생해 온 배경에는 많은 요인이 있을 것이라 생각된다. 그 원인들은 명치시대 이후 100년 남짓 평야부를 본래의 서식지로 하는 사슴을 산지의 상부 자연림에 가둬 온 것, 삼림벌채로 인해 사슴의 먹이를 증가시킨 것, 난동(暖冬)에 의한 월동가능지역의 확대, 그리고 그에 동반되는 사망률의 저하, 포식자의 감소(메이지시대 이후의 일본이리의 멸종 등), 수렵압(狩獵壓)의 저하, 인간 활동의 퇴조에 의한 사슴의 생활권 확대와 암컷사슴 밀렵의 감소와의 시너지효과 등이다. 이 같은 요인의 대부분은 인위적인 것이다. 일본 내에서는 도치기(栃木)현의 닛코(日光), 나라(奈良)현의 오다이가하라(大台ケ原)와 함께 카나가와(神奈川)현의 탄자와(丹澤)산지에서는 비교적 조기에 사슴문제가 발생했다. 여기서 카나가와현 탄자와산지를 사례로 하여 지금까지 실시해 온 식생회복의 연구와 향후 과제에 대해서 기술하고자 한다.

8.2 생태계의 상황

탄자와산지는 카나가와현의 북서부에 위치하고, 동서 40km, 남북 20km에 이르는 산맥이다. 주위에는 코보토케(小佛)산지, 도우시(道志),산지 후지산(富士山), 하코네(箱根)산지가 늘어서 있으나, 큰 하천이나 국도로 둘러싸여 있기 때문에, 섬 상으로 되어 있다. 최고봉은 산지중앙부에 위치하는 히루가타케(蛭ケ岳)로 해발고도 1,673m이다.

탄자와산지의 지형적인 특징은, 유라시아판과 필리핀해판 사이에 위치하고 있어, 지진이 잦아 쉽게 붕괴되는 점이다. 또한 빙하시대의 심한 침식으로 인해 산중턱에는 급경사면이 많다. 하지만 침식전선에 다다르지 않는 해발고도 1,300m 이상의 산등성이나 산정상부는 완만한 경사면으로 이루어져 있다. 산정상의 완사면에 대해서는 화석주빙하(化石周氷河)사면일 가능성이 지적되고 있다. 1932년에 일어난 관동대지진에 의해, 산중턱에서 붕괴가 자주 발생했으며, 토석이 협곡을 메워 돌 바위가 많은 상태의 하상으로 되어 있는 장소도 있다.

탄자와산지에는 많은 생물이 생육 · 서식하고 있고, 지금까지 관다발식물 약 1,550종, 포유류 약 30종, 조류 약 160종이 기록되고 있다. 대형포유류로는 사슴 이외에 반달가슴곰, 산양이 서식하고 있다.

식생은 해발고도 700~800m을 경계로 해서 난온대림과 냉온대림으로 구분된다. 난온대림에는 삼목 · 노송나무와 같은 식림이 많고, 계곡물줄기 주변에는 물푸레나무 · 굴피나무림이나 벚꽃나무림이 발달되어 있다.

사진 8-1 붕괴지에 생육하는 후지엉겅퀴

사진 8-2 계류의 암벽에 생육하는 뻐꾹나리의 일종

사진 8-3 나무줄기에 생육하는 만년초

또, 탄자와산지 동부의 큰 산, 후다카케(札掛)지구는 중간온대림인 전나무림으로 이루어져 있다. 해발고도가 높은 곳에는 소나무과나 자작나무과 등과 같은 아고산성수목이 생육하고 있기는 하지만 아고산 침엽수림은 존재하지 않는다. 냉온대림의 하층림은 조릿대가 광범위하게 생육하나 해발고도가 높은 산정상의 완사면에서는 조릿대를 대신하여 미나리아재비과, 국화과, 백합과 식물 등의 고경초본이, 계곡물줄기 근방에서는 자소과, 국화과, 쐐기풀과 식물 등의 초본이 생육하고 있다.

식물지리학적으로 살펴보면 냉온대림에서는 포사마그나(Fossa Magna: 일본 혼슈지방을 남북으로 분단하는 고산 지구대)요소, 북방요소, 소하야키요소가 섞인 식물이 발견되고 산기슭의 인공림에서는 남방계식물, 특히 양치류로 분포가 북방한계, 동방한계로 이루어진 종류가 있다. 이들 가운데 고산 지구대 식물은 탄자와산지의 특징 중 하나이고, 그 서식지는 붕괴지, 계류의 암벽, 나무줄기 등 특수한 환경에 적응해 온 종류가 많다(사진 8-1~3).

이처럼 경관성과 생물상의 다양성이 높기 때문에, 1965년에 산지의 대부분이 탄자와오오야마(丹澤大山)국립공원으로 지정되었고, 접근성 측면에서 동경이나 요코하마 등의 대도시와 가깝기 때문에, 매년 100만 명을 상회하는 등산을 겸한 여행객(hiker)들이 방문한다.

8.3 자연림재생을 행하는 배경과 이유

대도시와 가까움에도 불구하고 자연이 풍부하였던 탄자와 산지에서 1980년대 이후로 삼림구조의 현저한 변화로써 상층목(上層木)의 고사(枯死)와 임상식생의 쇠퇴가 문제시되었다. 주요 능선에서 너도밤나무가 고사(사진 8-4)하거나 조릿대 등의 임상식생의 퇴행을 예로 들 수 있다(사진 8-5).

당시에는 그 원인이 불명확했기 때문에 실태조사를 목표로 하여 1993년부터 3년에 걸쳐 탄자와오오야마 자연환경 종합조사가 실시되었다. 그 결과, 너도밤나무 등 교목의 고사원인으로써 오존, 토양건조화, 너도밤나무잎벌의 유충(해충) 등의 복합요인이 지적되었다. 또한, 임상식생의 퇴행은 사슴의 누적적인 채식(採食)영향에 의한 것으로 밝혀졌다. 임상식생의 퇴행의 예로 말나리, 백합과식물 등 다년생고경활엽초본의 감소, 비기호

사진 8-4 **너도밤나무 등 수목의 고사**

사진 8-5 **조릿대의 퇴행과 함께 고사목이 자주 관찰되게 됨**

식물과 일년생초본의 증가를 들 수 있다. 또한, 소나무과와 물푸레나무종 등의 고사 원인으로는 사슴이 수피를 뜯어먹은 것이 직접적인 영향을 미친 것으로 밝혀졌다.

더불어 최근 몇 년 사이 토양유출에 의한 수원함양기능 및 생물다양성보전기능의 저하도 지적되었다. 그 이면에서는 조수보호구역 내의 사슴개체군의 저질화, 즉 영양상태가 악화되어 온 것으로 알려졌다. 이는 식물과 사슴의 문제 이상의 생태계 전체의 문제로써 동향을 파악하는 것이 중요함을 시사한다.

이처럼 탄자와산지의 생태계를 보전 · 회복시키기 위해서는 사슴의 보호와 관리가 우선항목임이 인식되었다. 이와 동시에 긴급대응책으로써 임상식생의 쇠퇴가 현저하게 나타나는 탄자와오오야마국립공원이 특별보호구역으로 지정되어 식생보호방호책이 논의되었다.

8.4 자연림재생의 목표설정의 사고방식

너도밤나무의 고사, 수피를 뜯어먹는 사슴에 의한 소나무과의 고사, 조릿대 등 임상식생의 퇴행과 같은 문제에 대해서, 현(縣)은 탄자와오오야마 자연환경종합조사의 결과에 따라, 1999년에 '탄자와오오야마보전계획'을 책정했다. 그 주요 내용은 '탄자와오오야마의 생물 다양성의 보전 · 재생'을 목표로 하였다.

이는 1993년에 조약을 맺은 생물다양성조약과 연관된 것이다. 목표 실현을 위한 3가지의 기본방향, ① 너도밤나무림과 임상식생의 보전, ② 사슴 등의 대형동물 개체군의 보전, ③ 주민과 행정과의 연계가 기술되어 있다.

2003년에는 '카나가와(神奈川)현이 일본사슴 보호관리계획'을 책정하고, 그 와중에 '생물다양성 보전 · 재생'을 목표로 설정하여, 그 외 지역개체군의 유지, 농림업 피해의 감소 등 세 가지 항목이 사슴보호관리의 목표로 지정되었다. 이 계획의 특징은 지형 및 식생을 고려하여 탄자와산지를 56개의 관리 단위로 구분하고, 각 관리 단위의 자연환경의 정보, 사슴개체군의 정보, 농림업의 피해상황에 근거하여 '자연식생회복지역', '서식환경관리지역', '피해방제대책지역'의 세 개 지역으로 구분한 것이다(그림 8-1). '자연식생회복지역'은, 주로 탄자와산지의 해발고도가 높은 곳에 자리 잡고 있는 탄자와오오야마국립공원의 특별보호지구가 대상이고, 현재 상황은 위에서 기술한 것처럼 자연림의 임상식생이 사슴의 채식 영향으로 쇠퇴되고 있는 지역이다. '서식환경관리지역'은 사슴의 서식환경을 보전 · 정비하는 지역에 자리 잡고 있으며, 주로 중간산지를 대상으로 사슴 피해를 없애면서 인공림의 정비로 임상식생을 풍부하게 하거나 사슴의 월동지를 조성하는 지역이다. '피해방제대책지역'은 주로 저산지를 대상으로 하여 피해방제대책을

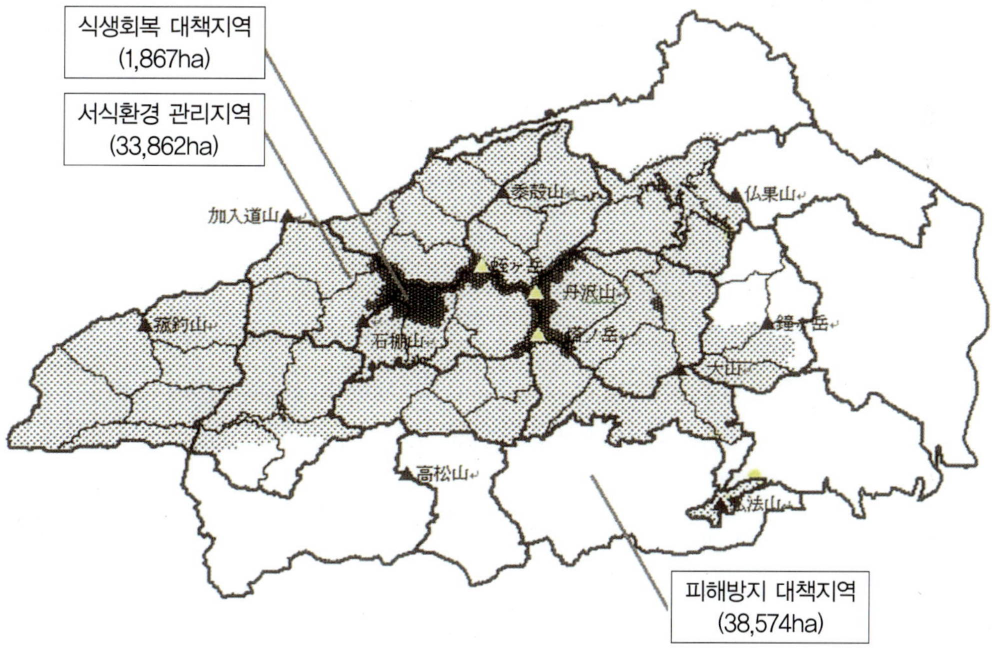

그림 8-1 조닝 구역도[23)]

중요한 목표로 삼은 지역이다.

자연림에 있어서 식생회복의 구체적인 기준은, 단기적으로는, 1960년대의 자연림의 상태, 혹은 현재라도 사슴의 채식 영향이 현저하지 않은 탄자와산지 서부의 자연림 상태를 들 수 있다.

1960년대 당시는 사슴이 서식하면서도 조릿대 등의 임상식생이 밀생해 있었고, 현재는 멸종 위기종인 초본류도 생육하는 것으로 보고되어 있다. 장기적인 목표는, 필요최저한의 인위적 수단을 강화하는 것으로 하여, 자연림의 생태계가 자율적으로 계속 존재하고, 그곳의 생물이 멸종되지 않고 생육·서식하는 것이다.

8.5 자연림재생을 위한 구체적 방법

사슴의 채식압에 의해 쇠퇴한 식생을 회복시키는 수단은 크게 두 가지로 구분할 수 있다. 첫 번째는, 식생보호울타리와 수피보호망 등으로 물리적으로 사슴의 채식을 방지하는 방법이며, 두 번째는 개체수 관리로 사슴을 포획하는 방법이다.

사슴 문제가 빈번하게 발생하는 지역에서는, 개체수 관리를 적극적으로 실시하는 곳이 전국적으로 많지만, 탄자와산지는 인공림에서 방록책(防鹿柵)을, 자연림에서 식생보호울타리를 설치하는 것을 사슴 방제대책으로 여겨왔다. 이는 1960년대 후반에 유령(幼齡)인공림에서 피해가 발생하여, 그것에 대해 방록책을 1970년에 설치한 것이 계기가 된 것이었다.

그 후, 1980년대부터 조수보호구역에서 자연림의 임상식생이 쇠퇴하기 시작하여 탄자와오오야마 자연환경종합조사에서 사슴이 임상식생퇴행의 주원인이라는 결과가 나왔을 때도 방록책의 경험을 살린 식생보호울타리(사진 8-6)나 수피보호망(사진 8-7)이 1997년부터 설치되었다. 이는 조수보호구역을 위해 개체수의 관리가 제대로 이루어지지 않았다는 것뿐만 아니라 개체수의 관리를 실시하는 체제가 갖춰지지 않았다는 것과, 조수보호구역에서 사슴을 포획하는 것에 대해 주민과의 합의가 이루어지지 않았다는 점을 시사한다. 탄자와오오야마 종합조사 결과, 탄자와자연환경관리센터의 설치가 논의되어 2000년에 5개의 기관을 포함하는 자연환경보전센터가 생겼으며, 이로부터 사슴의 보호관리 체계가 마련되었다.

사진 8-6 **식생보호울타리**

사진 8-7 **수피보호망**

'카나가와현 일본사슴 보호관리계획' 을 책정하는 과정에서 조수보호구에서의 사슴포획에 대한 합의를 도모함으로 2003년도부터 자연림의 쇠퇴가 현저하게 나타나는 지역에서 관리포획을 실시하고 있다.

그 실행은 카나가와현의 독자적인 자연환경관리시스템을 기본으로 하고 있다. 이는 다음 세 가지 관리, 즉 개별사업이나 행정계를 초월한 '통합형 관리', 과학적인 모니터링을 기초로 한 '순응형 관리', 행정과 주민과의 공동과 연계에 따른 '파트너십형 관리' 로 이루어진다.

다음으로 각각의 대책의 실시상황에 대해서 알아보자.

1) 식생보호울타리

식생보호울타리는 주로 임상식생을 보호할 목적으로 설치되었으며, 사슴의 채식을 방지함으로써 목본 · 초본류의 생활환경을 철저히 정비시키고 종(種)을 보호하는 것을 목표로 한다. 1997년부터 임상식생의 쇠퇴가 현저하게 나타나는 탄자와오오야마 국정공원특별보호구를 중심으로 현(縣)의 사업에 의해 설치되었다. 2003년 3월에 총길이 18㎞, 총면적 15㏊, 설치울타리 수는 170개였다. 당초 탄자와산지의 특별보호 지역 1,867㏊의 약 30%정도에 해당하는 620㏊를 범위로 정하고, 그 가운데 사슴의 이동 경로, 채이(採餌)장소 등을 고려하여 약 30% 정도인 175㏊를 식생보호울타리 설치의 목표치로 정하였다. 현재까지의 진도율은 10%에 지나지 않지만, 현장을 알고 있는 필자의 입장에서 생각해보면, 설치가 가능한 완경사지는 대체적으로 설치가 끝난 상태여서 새롭게 설치할 수 있는 장소는 그다지 많지 않은 느낌이 든다.

식생보호울타리의 규모는 한 변이 40m인 사방을 표준으로 하여 동일 지역에 여러 개를 설치하였다. 이는 지형의 기복, 파손에 의한 전면퇴행의 회피 및 동물의 이동경로를 고려한 것이다. 식생보호울타리의 규모는 현지의 미지형과 수목의 성립상황에 맞춰져 있으므로 보호울타리는 작게는 한 변이 10m, 크게는 한 변이 50m에 이른다. 또한 울타리 색은 경관을 고려한 브라운 계열로 정하였다.

2) 수피보호망

수피보호망은 전나무 등의 수피를 뜯어 먹히기 쉬운 수목, 높은 나무에서부터 낮은 나무까지 개체보호를 목표로 설치되어 있다. 수피를 보호함으로써 삼림의 계층구조를 유지하고, 종자의 공급원을 보호하는 것이 목표이다.

탄자와산지의 자연림에 있어서 사슴이 수피를 뜯어먹은 나무로써 확인 가능한 종류는 높은 나무에서 작은 나무에 이르기까지 22과(科) 39종(種)이다. 그 중 사슴이 자주 먹는 수목은 소나무과 전나무속, 층층나무과, 목서과 등이다.

특히 전나무속은 직경 1m 이상의 대경목(大俓木)이 원형박피로 인해 고사되었던 것이 1997년부터 주민 봉사활동에 힘을 얻어 수피보호망을 두르게 되었다. 지금까지 전나무속을 중심으로 약 1,000개의 나무에 수피보호망을 설치했다.

3) 개체수의 관리

개체수의 관리는 포획구역의 수렵과 조수보호구역 내 관리포획에 의해 실시되고 있다. 자연림의 임상식생의 쇠퇴가 현저하게 나타나는 지역에서는 식생의 회생을 목표로 사슴의 서식밀도를 현존상태의 50% 또는 80%로 유도하는 것을 목표로 하고 있다. 2003년도에 시작된 것이 100마리를 포획 목표로 하여 포우회(捕友會)의 협력으로 실시되었다.

8.6 대책실시 후의 평가 · 현황

1) 식생보호울타리

식생의 회복을 평가하는 방법은 사슴에 의한 자연식생의 영향으로 지적되고 있는 5 항목, 즉 희소식물의 감소, 조릿대의 퇴행, 후계수(後繼樹)의 감소, 비기호식물의 증가, 1년생 초목의 증가를 목표로 하여, 각 항목의 변화에서 회복의 정도를 평가하는 것이 적당하다고 여겨지고 있다. 여기에서는 식생보호울타리를 설치한 후에 각각의 지표의 변화에 대해서 살펴보고자 한다. 색생보호울타리를 설치하기 전의 데이터가 없는 경우에는, 설치 후 울타리 내외의 차이로 평가했다. 조사결과의 일부로 1993년과 1994년에 시험적으로 설치된 소규모 식생보호울타리(한변의 길이 2m, 높이 1.5m)도 포함했다.

(1) 희소식물

어느 지역에 식생보호책을 약 30군데 설치한 뒤에 4~5년마다 희소종의 생육상황을 조사한 결과, 14종의 현존 희소종의 초본을 확인할 수 있었다. 내용은 '카나가와 멸종위기종(Red-data) 생물조사보고서' 에 의한 멸종종류 3개종, 멸종위기종 3개종, 감소종류 4개종, 신종 2개이다. 이들 가운데 멸종위기종인 말나리, 백합과, 국화과, 3종류와 감소종인 삿갓나물 1종은 사슴 채식 감소의 원인으로 여겨지고 있다.

과거 이 지역의 식물목록과 군락조사결과을 비교하면, 14개종 가운데 4개종은 사슴의 채식 영향이 발생하지 않은 1980년대까지의 기록은 있지만 그 후 채식 영향이 심해진 1990년대에는 기록에 없었던 종이고 희귀종 2종은 어떤 기록에도 남아있으며, 나머지 8종은 이번 조사로 인해 해당 지역에서 새롭게 발견된 종이다. 14개 종 가운데 울타리 밖에서도 생육을 확인할 수 있었던 종은 희귀종 2개 종 뿐이었다.

사슴의 영향이 심했던 1990년대부터 소실됐다고 여겼던 희소종 4개종이 출현한 것은 모두 다년생초본인 것을 상기하면, 지상부가 왜소화된 상태에서 생육했다든지 혹은 지하부의 저장기관인 뿌리줄기나 비늘줄기가 남아있을 가능성이 높다. 4종류 모두 조사시점에서 개화 · 결실을 확인할 수 있었던 것은 식생보호울타리를 설치해 채식압을 제거함으로써 생활이 정상적으로 돌아갔다는 점을 시사하고 있다.

식생보호울타리를 설치하여 멸종한 종을 포함해 희소종을 확인한 것은 식생보호울타리의 효과를 나타낸다. 그러나 식생보호울타리 내의 희소종의 개체수는 단 1종으로 너무 적었고, 많은 종이라도 10종에 머무르는 것으로, 다른 종류와의 경쟁 및 그 환경이 불안정한 상태이거나, 근교약세로 인한 절멸(絕滅)화가 우려되는 예측할 수 없는 상황이었다.

(2) 조릿대

식생보호울타리를 설치한 후 3년째와 7년째 되는 시점에서 울타리 내외의 조릿대를 조사한 결과, 3년이 지났을 무렵 울타리 안 조릿대의 평균길이가 15.5~17.6㎝이었던 것에 비해 울타리 밖은 10㎝ 내외였다. 또한, 7년째 되어서는 울타리안의 평균 길이는 약 70㎝인 것에 비해 울타리 밖은 10㎝ 내외였고, 잎의 크기도 작았다. 이처럼 울타리 내외 양적 차가 현저하게 나타났다. 이후로 울타리 안의 조릿대는 점점 회복되어져갔다. 다만 조릿대의 길이는 평균적으로 1.5~2.0m로, 본래의 적당한 길이가 되기 위해서는 장시간이 요구될 것으로 보인다.

(3) 후계수(後繼樹)

냉온대자연림에 자생하는 고목성목본 16종을 대상으로 식생보호설치시점과 설치 후 5년 경과한 시점의 어린나무의 높이 변화를 조사했다. 그 결과, 어떠한 종류라도 높이가 어느 정도 인지될 정도의 높이가 되었다. 그러나 울타리 밖에서 성장을 나타내는 나무는 없었다. 울타리 밖에서는 5년이 경과해도 오히려 높이가 낮아진 나무 종류가 네 개 있었다.

식생보호울타리를 설치한 후에 나무의 높이가 높아진 것은 사슴 채식압의 제거와 더불어 조릿대의 퇴행도 원인으로 여겨진다. 다시 말해, 조릿대 등의 백합과는 수목의 갱신저해요인이기 때문에 사슴의 채식압이 적었던 시기에 조릿대가 밀생한 지역에서는 어린나무가 정착할 수 있었을 가능성이 높다. 그 후, 사슴의 채식압이 증가함과 동시에 조릿대가 퇴행함으로써 임상의 빛 환경이 개선되고 정상적인 성장이 정착할 수 있도록 되었다고 여겨진다.

향후의 동태는 조릿대와 어린나무와의 경쟁관계에 의해 적어도 두 가지의 방향을 고려해 볼 수 있다. 첫 번째는, 조릿대가 밀생한 임상으로 돌아가는 방향, 두 번째는, 후계수군이 성립되는 방향이 그것이다. 두 방향으로 모두 변화될지는 향후의 지속적인 관찰을 필요로 한다.

(4) 비기호(不嗜好)식물

탄자와산지에서 비기호식물이라고 여겨지는 종에는 냉온대림에서 곰취, 매혜초, 꽃대, 송풍초, 점박이천남성과 등의 식물이, 난온대림에서는 개감수, 알꽈리, 긴잎모시풀,

들깨과 식물, 점박이천남성과 등의 식물이 있다.

냉온대자연림에서 식생보호책 설치 시점과 설치 후 5년 경과한 시점의 출현빈도를 비교한 결과, 울타리 안에서의 변화는 보여지지 않았지만 울타리 밖에서는 꽃대, 곰취가 증가했다. 이것은 채식압에 견딜 수 있는 종이 한번 확정되면 사슴으로 인한 채식압을 제거하더라도 임상에 오랫동안 존재하게 될 것임을 시사하고 있다.

(5) 일년생초본

탄자와산지에서 사슴의 채식영향이 강한 지역에서 볼 수 있는 일년생초본에는 쐐이풀과인 큰물통이, 마디풀과 세뿔여뀌, 장대여뀌, 벼과인 나도바랭이새, 민바랭이새 등이 있다.

식생보호울타리를 설치한 전후 혹은 설치한 후 울타리 내외에서 조사한 결과, 이들의 종은 임상식생이 번무하면 감소함과 동시에 사슴의 영향이 지속되는 지역에서는 증가하지 않고 유지되는 경향이 보여진다.

이상의 결과로부터 식생보호울타리는 사슴의 영향으로 감소하기 쉬운 종군(種群)을 회복시키고, 다른 한편으로 사슴의 영향으로 증가하기 쉬운 종의 증가를 저지하고, 경우에 따라 감소시키는 효과가 있는 것이 밝혀졌다. 그러나 울타리 내의 희소종이나 후계수는 향후 임상식생의 번무의 형태에 따라서는 감소할 가능성도 있다. 그 때문에 앞으로도 계속적인 추적조사가 필요하다.

2) 수피보호망

수피보호망을 설치하여 7년이 경과한 시점에서 환상(環狀)박피의 도입으로 고사방지의 목적은 달성되고 있다. 그러나 그와 다른 새로운 문제도 발생하고 있다. 이는 지금까지 사슴들이 먹지 않았던 나무를 먹게 되었다는 점이다. 또한 수피보호망을 설치해도 강풍에 의해 가지가 부러져 고사하는 개체가 생기게 되었다. 이러한 고사 개체는 망을 설치하기 이전에 수피의 일부가 벗겨져 있는 경우였거나, 부후균(腐朽菌)이 침투해 수체(樹體)를 약화시켜 가지가 부러지는 원인이 되었다고 추정된다.

3) 개체수 관리

개체수 관리는 조수보호구역에서 실시해야 하기 때문에 다른 동물에 대한 영향을 고려하여 사냥개를 이용하지 않고 사냥 몰이꾼에 의해 사슴을 축출해 내어 포획하는 방법이나 건초로 만든 사료 등을 미끼로 유인하여 포획하는 방법을 이용했다. 포획한 개체수는 2003년도에는 100마리를 목표로 했지만 45마리에 그쳤다. 그 원인으로는 과거에 포획이 시행되지 않았던 지역에서 실시했기 때문에 포획지점 대부분이 급경사 지역이었던 관계로 몰이꾼의 행동이 제한되었던 점 등으로 연유된다. 향후 안전을 고려하여 덫, 사냥개를 사용하는 식의 방법을 검토할 필요가 있다.

8.7 자연림의 보전 · 재생의 과제와 전망

식생보호울타리 설치와 같이 자연림의 보전 · 재생을 위해 실시해 온 사업들은 실시기간이 짧으면서도 특정한 효과를 봤다고 생각할 수 있다. 그러나 장기적 목표를 달성하기 위해서는 많은 기술적 · 제도적 과제를 해결해야 한다. 기술적인 과제의 경우, 식생보호울타리의 경우 울타리의 크기, 개수, 배치 등 설치방법 또는 개체수 관리방법, 효과적인 사슴의 포획방법의 검토 등을 들 수 있다. 제도적인 과제로는 지역의 자연환경관리를 궤도에 올려 계속적으로 관리해 나가는 점을 들 수 있다. 또한, 탄자와산지의 자연림의 문제는 그것만으로 끝나는 것이 아니라, 물이나 대기 등의 물질순환에 의해 평야부의 도시로도 연결된다는 문제이다. 이 때문에 탄자와산지 뿐만 아니라 유역전체를 염두에 둔 프로젝트가 필요하다고 지적된다. 2004년부터 2006년까지 3년 동안 신 탄자와오오야마 통합 조사가 실시된다. 이는 물, 생물, 경제 순환의 재생, 보전 · 재생의 구체적 목표의 명확화, 시민에게 개방된 조사의 세 가지 원칙을 기본으로 하고 있다. 이 기본적인 원칙을 근거로 삼아 새로운 탄자와오오야마 보전계획을 책정하고 탄자와의 보전 · 재생 비전을 그려내는 것을 목표로 한다. 조사는 지금까지의 통합조사로 알게 된 생물목록을 작성하는 것에 주안점을 둘 뿐만 아니라, 문제해결을 위한 분야초월적인 조사를 특징으로 내세우고 있다. 이 때문에 생물다양성의 보전 · 재생을 목표로 한 '생물 재생팀' 뿐만 아니라, 토양, 물, 대기의 건전한 순환을 목표로 한 '물과 토양 재생팀', 지역자원을 활용한 순환 지역사회구축을 목표로 한 '정보 정비팀' 으로 4개 팀을 편성하였다. 뿐만 아니라, 4개 팀과는 별도로 정책검토워킹그룹을 만들고 조사결과를 보고서만으로 끝내지 않고 보전 · 재생의 미래를 실현하는 제도의 검토와 자금의 도입방법도 검토하고 있다.

이 종합적인 조사에 따라 향후의 탄자와산지의 보전 · 재생이 한 걸음 더 나아 갈 것으로 기대된다.

– 타무라 아추시(田村　淳)

인용문헌

1) 井上 健 (2003) ： シカ植食防止要望書について.日本植物分類學會ニュースレター9, 10-11.

2) 梶 光一 (2003)：被害：共生 森林科學 39, 28-34.

3) Takatsuki S. and Gorai T. (1994) : Effects of Sika deer on the regeneration of a Fagus crenata forest on Kinkazan Island, Northern Japan, Ecological Resezrch 9. 115-120.

4) Takatsuki S. and Hirabuki Y. (1998) : Effects of Sika deer browsing on the structure and regeneration of the Abies firma forest on Kinkazan Island, Nothern Japan, J. Sustainable Forestry 6, 203-221.

5) 小金 正昭 (1998)：縣境を越えるシカのシカの保護管理について. 森林科學39, 41-45.

6) Nomiya H., Suzuki W., Kanazashi T., Shibata M., Tanaka H. and Nakashizuka T. (2003) : The response of forest floor vegetation and tree regeneration to deer exclusion and disturbance in a riparian deciduous forest, central Japan, Plant Ecology 164, 263-276.

7) 櫻井裕夫 (2003)：栃木縣におけるシカの保護管理について. 森林科學39, 41-45.

8) 長谷川順一 (2000) ：ニホンジカの食害による日光白根山の植生の變化. 植物地理・分類48. 47-57.

9) Akashi N, and Nakashizuka T. (1999) : Effects of bark-striooing by Sika deer (Cervus nippon) on population dynamics of a mixed forest in Japan. Forest Ecology and Management 113, 75-82.

10) 古林賢恒ほか(1997) ： ニホンジカの生態と保全生物學的研究 丹澤大山自然環境統合調査報告書, 319-421.

11) 山根正伸(1999) ：丹澤山地におけるニホンジカ個體群の榮養生態文的研究. 神奈川縣森林研究所研究報告26. 1-50.

12) 古林賢恒(2003) ：特集の總括にかえて一野生動物との共存の探る一森林科學39.49-51.

13) 三浦愼悟(2003) ：獸害特集によせて體生態系界管理と試行錯誤. 森林科學39. 2-3.

14) 古田公人(2002) ：ニホンガシ個體數增加の背景と原因. 林業技術724. 2-6.

15) 棚瀨充史(1997) ： 丹澤山地のマスムーブメント.丹澤大自然環境統合調査報告書. 64-73. 神奈川縣環境部.

16) (財)神奈川縣公園協會・丹澤自然環境統合調査團企劃委員會(1997) ： 丹澤大山統合調

査報告書, 丹澤山地動植物目錄. 389pp,. 神奈川縣環境部.
17) 勝山輝男・高橋秀男・城川四郎・秋山　守・田中德久(1997)植物相とその特色I種子植物・シダ植物. 丹澤大自然環境統合調査報告書543-558. 神奈川縣環境部.
18) 古林賢恒・山根正伸（1997）：丹澤山地長尾根での森林伐採後のニホンシガとスズタケの變動. 野生生物保護2. 195-204.
19) 星 直斗・山本詠子・吉川菊葉・川村美岐・待田幸良・遠山樹夫（1997）：丹澤大山自然林, 丹澤大山自然環境統合調査報告書, 175-257, 神奈川縣境部.
20) 村上雄秀・中村幸人（1997）：丹澤山地における動的・土地的植生について. 丹澤大山自然環境統合調査報告書, 122-167, 神奈川縣環境部.
21) 田村　淳・山根正伸（2002）：丹澤山地ブナ帶のニホンジカ生息地におけるフェンス設置後５年間の林床植生の變化, 神奈川縣自然環境保全センタ・研究報告29, 1-6.
22) 神奈川縣（1999）：丹澤大山保全計劃-丹澤大山の豊かな自然環境の保全と再生を目指して-. 138pp+1app., 神奈川縣環境部自然保護課.
23) 神奈川縣（2003）：神奈川縣ニホンジカ保護管理計劃, 35pp., 神奈川縣環境農政部綠政課.
24) 宮脇　昭・大場田達之・村瀨信義（1964）：丹澤山地の植生. 丹澤大山學術調査報告書, 54-102, 神奈川縣.
25) (財)神奈川縣公園協會・丹澤大山統合調査團企劃委員會（1997）：丹澤大山自然環境統合調査報告書, 635pp., 神奈川縣環境部.
26) 田村　淳・人野彰夫・山根正伸・勝山輝男（印刷中）：丹澤山地における植生保護柵による希少植物のシカ採食からの保護效果. 保全生態學研究.
27) 神奈川縣レッドデータ生物調査團（1995）：神奈川縣レッドデータ生物調査報告書. 257pp., 神奈川縣立生命の星・地球博物館.
28) 神奈川縣植物誌調査會 (1998)：神奈川縣植物詩1988. 1442pp., 神奈川縣立博物館.
29) 神奈川縣植物誌調査會 (2001)：神奈川縣植物詩2001. 1580pp., 神奈川縣立生命の星・地球博物館.
30) 大野啓一・尾關啓史 (1978)；丹澤山地の植生(特にブナクラス域の植生について). 丹澤大山統合調査報告書, 103-121, 神奈川縣環境部.
31) 田村　淳・人野彰夫(2001)：丹澤山地の特別保護地區に設置された植生保護フェンス內の植生-2000年の調査結果-. 神奈川縣自然環境保全センター研究報告28, 19-27.
32) 鈴木貞夫 (1978)：日本タケ科植物總目錄. 384pp., 學習研究社.
33) Nakashizuka T. and Numata M. (1982)：Regeneration process of climax beech forests I. Structure of a beech forest with the undergrowth of Sasa. Jap. J. Ecol. 32, 57-67.
34) 羽山伸一 (2003)：神奈川縣丹澤山地における自然環境問題と保全・再生. 自然再生事

業, p.250-277, 築地書館.
35) 丹澤大山統合調査實行委員會(2004)：丹澤大山統合調査計劃書.

Chapter 09

반자연초원(半自然草原)

9.1 생태계의 상황과 특징

식물의 생육에 적합한 온난다습한 기후조건을 가진 일본열도는 일반적으로는 극상(極相)의 산림식생이 성립된다. 극상의 초원식생이 성립되는 곳은 고산대나 해안풍충지, 습원 등 식물의 서식조건이 특히 엄격한 장소에 한정되며, 이들을 자연초원이라 부른다.

한편, 그 대상인 참억새초원(사진 9-1)과 잔디초원을 포함하는 반자연초원은 자연 조건하에서 이루어지는 자연초원과는 달리 극상의 삼림식생이 성립되는 장소에서 수확, 방목, 또는 땅을 기름지게 하기 위하여 마른 풀을 태우는 등의 인위적 압력이 가해진 환경 하에서 성립된 초원을 말한다. 일본을 대표하는 반자연초원에는 아소(阿蘇)쿠쥬국립공원-구마모토(熊本)현, 오이타(大分)현-잔디초원이나 조릿대초원, 참억새초원이 있고, 산베산(三瓶山)-시마네(島根)현-잔디초원, 기리가미네(霧ケ峰)고원이나 히가시야마(東山)고원-나가노(長野)현-참억새초원 등이 있다. 이들 초원은 산간지에 있어도 장기간에 걸쳐 사람과의 관계에 의해 성립, 유지되어 온 것이다.

현재 도시에 사는 사람들이 일상적으로 접할 수 있는 초지식생은 도시공원, 골프장의 잔디밭, 하천부지, 제방의 풀밭이 거의 대부분이다. 하천부지를 제외한 이들 풀밭의 대부분은 조성 후에 녹화 재료로써 원예종이나 외래 목초가 파종되거나 심어져 완성된 인공풀밭으로 반자연초원과는 그 성격을 달리 한다.

반자연초원은 예로부터 채초지(採草地)나 방목지로의 생산적인 목적으로 이용되고 유지, 관리되어 왔다. 1960년대 이전의 채초지는 논밭의 비료나 가축의 사료, 지붕을 덮는

사진 9-1 **참억새초원**

사진 9-2 **야시마가하라(八島ケ原)습원에서 바라본 기리가미네**

재료를 생산하기 위해서, 방목지는 가축의 사육장, 사양지로서 사용되어 왔다. 그러나 고도의 경제성장 이후 이들의 기능은 급속히 쇠퇴하여 지금은 반자연초원으로서 유지되는 장소가 희박하다.

대부분의 반자연초원은 조림지나 인공초지, 택지, 공장부지 등 다른 형태의 토지이용으로 바뀌거나 방치된 채로 황무지나 삼림으로써 황폐화되거나 다른 식생으로 변화되어 왔다. 또한, 1991년부터의 쇠고기수입 자유화가 일본의 축산업에 커다란 타격을 주면서 방목지로의 반자연초원의 이용은 경제적으로도 곤란한 상황에 놓이게 되었다.

현재 남아있는 반자연초원은 극소수이고 그 면적규모도 해마다 축소되는 경향이다. 반자연초원을 소유하는 지역에서는 생산적인 기능을 잃어 버렸기 때문에 초원경관을 관광자원으로 활용함으로써 초원에 경제적인 가치를 산출하려 하지만 유지관리 비용 및 수지균형과 관리기술의 미약함이 문제가 된다.

반자연초원은 2차림(二次林)과 동일하게 인위적인 영향 하에서 성립되는 2차 식생이지만 이들 군락은 재래의 초원성 식물로 구성되어 있고, 동물상을 포함하는 대부분의 초원성 생물의 서식지이자 일본의 초원생태계의 심장부로서 기능해 왔다. 가령, 일본의 식물상을 형성하는 중요한 종군요소로써 대륙의 온대초원(사진 9-3)을 기원으로 하는 가는잎할미꽃, 노랑제비꽃 또는 가을의 대표적인 일곱 가지 풀 중에서 가장 친근한 마타리(사진 9-4) 등의 만선(滿鮮要素)요소라 불리는 초원성식물종군들은 큐슈(九州)북부, 츄코쿠(中國)지방에서 중부지방의 반자연초원을 중요한 서식지로 삼고 있다. 만선요소종군은 마지막 빙하기에 육지로 이어진 한반도를 경유하여 일본열도로 건너와 화산활동이 심하고 초원환경이 비교적 유지되기 쉬웠던 화산재 대지 등의 지역에 정착했다고 여겨지고 있다. 그 후 만선요소는 인간 활동의 영향에 의해서 발생한 반자연초원과 2차림의 임상 등의 초원환경에 생육지를 서서히 확대시키고, 본격적인 농경이 시작되기 전인 조몬(繩文)시대 전기에는 이미 새싹이 잘 돋아나도록 마른풀을 태우거나 화전에 의해 초원환경이 마련되었으며, 이들은 장기간에 걸쳐 만선요소를 비롯하는 초원성 식물을 길러왔다고 생각된다. 그 후 야오이(彌生)시대로부터 시작된 수전(벼농사) 농경은 초원환경이 제공해 준 풋거름에 의해 유지되어 왔기는 하나 이러한 초원이용은 결국 수천 년 동안 이어져 온 오랜 역사를 지니는 것이다.

그러나 전술한 바와 같이 반자연초원의 변질이나 쇠퇴로 초원성 식물 대부분은 현재 멸종위기에 처해있다.

동물상은 식물의 만선요소에 잘 적응한다. 대륙의 온대초원을 기원하는 나비류의 서식지로서 반자연초원의 그 존재적 중요성이 지적되고 있다.

환경성(省) 평가에 멸종위기종으로 지정되어 있는 왕은점표범나비는 1960년대까지 일본 각지에 일반적으로 출현했으나 유충의 식용풀인 제비꽃의 한 종류가 자라는 잔디나 억새풀로 대부분 이루어진 반자연초원이 감소한 결과, 급격히 감소하여 현재는 서일본의 산지초원에 겨우 서식지가 남아있을 뿐이다. 마찬가지로 멸종위기종으로 지정된 남방부전나비는 초원성 나비로, 혼슈(本州)에서는 거의 멸종되었고 아소(阿蘇)의 반자연초원에서만 서식하고 있다. 남방부전나비의 멸종원인은 유충의 식용 풀인 고삼이 생육하

사진 9-3 中國 內蒙古 자치구의 온대초원(스텝)

사진 9-4 마타리(오사카부 이와와키산-岩湧山)

는 반자원초원이 감소해 버린 까닭으로 알려졌다. 초원성초본식물인 고삼은 적당한 채초(採草)에 의해 천이의 진행이 억제된 초원을 생육지로 삼아왔다. 그러나 초원을 이용하지 않게 되면서부터 방치에 의한 천이 진행에 따라 본종은 멸종했다. 그 밖에도 온대초원을 기원으로 삼는 나비류인 파리팔랑나비나 수풀꼬마팔랑나비, 기생나비 등이 생육지인 반자연초원의 감소에 의해 감소하고 있는 것으로 보고되었다.

담흙부전나비는 초원성 식물과 직접적인 관계는 아니지만 본종의 유충은 초원환경에서만 서식하지 않는 오배자면충, 일본왕개미로부터 먹이 자원을 제공받는다는 특수하고 강한 종간(種間)관계를 가졌기 때문에 마찬가지로 멸종되었다. 나비류의 사례에서 보듯이 반자연초원은 초원성 식물의 서식지일 뿐만 아니라 초원과 밀접한 관계를 맺으며, 특히 이는 동물의 서식지로서 중요하다는 점이 지적되었다.

곤충류 외에도 초원을 서식지로 삼는 조류나 포유류, 치목의 감소가 보고되었다. 반자연초원의 생물학적 가치가 평가받고 얼마 지나지 않아 각각의 분류군에 대해서 군집의 현상해석도 불충분한 단계에 있다는 점에서 초원과 초원에 서식하는 생물은 더 이상의 멸종을 회피하기 위해서라도 하루 빨리 이에 대한 충분한 연구가 이루어지길 바란다.

9.2 반자연초원의 재생

1) 재생계획 전의 유의점

지금까지 서술해 온 것처럼 반자연초원은 이전부터 생산적 기능을 잃은 까닭에 그 면적 규모 또한 감소해 왔다. 반자연초원을 서식지로 삼아 온 생물의 감소나 멸종이 문제시 되어 초원생태계의 복원을 시행할 필요성이 부각된다. 초원생태계의 복원에 착수하기 위해서는 생태계의 기반이 되는 1차 생산자인 반자연 초원식생을 재생시키는 일이 급선무이다.

하지만 반자연 초원식생을 재생시키는 수단이라 하여 무의미한 나지를 만들고 그 토지에 유례없는 식물의 종자나 포기(株)를 도입하는 것은 피해야 한다. 지금까지 행해져 온 자연재생사업 가운데는 남겨진 귀중한 반자연초원에 중장비가 반입되고 대규모의 나지를 조성하여 그 곳에 원예종(종명은 재래종이라 해도 명확하게 원예품인종자를 도입하고 있는 경우도 있다)이나 타 지역으로부터의 반입종자를 도입하는 무리한 시도가 있었으며 결과적으로 자연파괴를 행하였다. 이처럼 사업이 지닌 자연재생의 이념에서 벗어날 수 있는 위험성을 사업 담당자는 인지해야만 한다. 새로운 나지를 조성하거나 토양을 어지럽히는 것은 외래식물의 침입과 정착을 촉진시키는 원인이 되기 쉽다. 어떤 지역에 성원귀화(成員歸化)나 우점귀화(優占歸化)할 가능성이 있는 외래식물이 일단 정착해버리면, 이들을 억제하는 것은 어렵고 그 후의 식생관리에 문제를 남기는 결과가 된다. 또한 나지의 조성이나 토양의 교란은 외래식물이 기존의 반자연초원에 침입 정착할 원인이 되고 이들이 재래생태계에 주는 영향은 크다. 그러므로 자연재생사업에 사용되는 녹화재료 등의 식물재료는 원예종이나 타 지역을 산지로 하는 것은 이용하지 말고, 대상지역을 산지로 하는 종자나 포기와 같은 개체가 이용되어져야 한다. 그러나 이들의 식물재료 조달이 매우 곤란하기 때문에 업자에게 맡겨버리는 경향이 있어 근처 야산으로부터 자생종의 종자나 포기들을 무질서하게 채집하는 일이 많다. 또한, 자연재생사업에 이용되는 식물재료는 장기간의 식물재료육성기간을 계획하여 도입해야 한다. 자생지로부터 식물을 채집할 때에 남겨진 자연을 파괴하는 일이 없도록 세심한 주의를 기울이는 것도 중요하다. 최근에는 원예품종을 취급하는 홈센터에서 손쉽게 구하여 가정에서 비오톱(Biotope)을 만들기 위한 수생식물이나 산야초의 명칭으로 원예종의 등골나무나 마타리 등의 식물재료가 시중에 판매되고 있으나 이들 식물재료는 원예품으로 취급하여야 하며, 원칙적으로는 자연재생의 재료로 이용되어서는 안 되고, 더욱이 이들을 가능하면 산야로 나오게 해서는 안 된다.

이상 서술한 바와 같이 사업 담당자는 자연재생사업이 목적과는 정반대인 자연파괴를 초래하는 결과로 연결되지 않을 것인지에 대해 전문가의 의견을 참고하면서 신중하게 계획을 검토할 필요가 있다. 자연성이 높은 지역이나 인적교란의 영향을 받기 쉬운 지역, 가령 자연공원 내부나 산악지역에 있어서는 특히 세심한 주의를 기울어야 한다.

초원식생은 삼림식생과 비교하여 나지에서 비교적 단기간에 재생시킬 수 있는 것이 가능한 식생이라고 이해하면 빠를 것이다. 기존의 반자연초원을 방불케 하는 참억새, 마타리, 도라지 등의 상징적 식물 종을 화단 등에서 배양하는 방식은 원형적 의미에서의 자연재생이 아니다. 초원식생이 생태계의 기능을 수행하기 위해서는 회생된 식생이나 미생물, 동물간의 상호관계가 오래시간에 걸쳐 회복되는 것이 정상이다. 그러기 위해서는 이전에 반자연초원이 존재하던 장소를 거점으로 하여 재생사업을 행하는 것이 좋다. 초원이 성립되어 있는 장소의 토양에는 초원식생의 구성종의 매토종자나 미생물이 보존되어 있을 가능성이 있으므로 그 환경조건을 회복시키기 위해 식생뿐만 아니라 이들 생물들 사이의 상호관계를 통한 복원이 이루어지기 쉽다.

2) 재생의 목표설정과 방법

재생계획의 검토는 대상지역에 성립되었던 반자연초원에 관한 자료를 수집하고 분석하는 것에서부터 시작한다. 과거의 기상데이터, 초원식생의 식물상이나 상관식생도, 군락구조에 관한 학술적 자료가 있으면 그것을 참고하여 대상지역에 재생 가능한 목표가 될 만한 초원식생이나 그 장소를 모색한다. 그러나 목표가 되는 초원식생은 과거의 것이 아니라 현재의 입지조건을 근거로 하였을 때 성립 가능한 식생이어야 한다.

초원생태계를 복원할 때에는 동물상 등에 관한 학술적 자료를 수집하는 것도 중요하다. 그러나 참고가 될 만한 학술적 자료나 환경조사 자료는 전문가에 의한 조사가 선행되어 있지 않으면 수집이 어려운 경우가 많다. 대상지역에 대한 자료가 존재하지 않는 경우에는 주변지역에 비슷한 환경조건(기후조건이나 해발고도, 토양조건 등)에 성립하는 반자연초원의 자료를 참고로 하는 것도 가능하다.

한편으로는 고문서나 고지도 등의 향토자료, 지형도, 공중사진을 수집분석하고 청취조사 등을 실시하는 등의 일련의 활동을 통해 과거에 반자연초원이 분포하던 범위나 면적, 채초지나 방목지, 화전지 등의 생산지로서의 용도나 관리방법과 관행, 소유자나 소유형태의 변천을 아는 것도 중요하다. 과거에 반자연초원이 성립된 장소가 방치되어 저목림화 되어 있었다 해도 경과년수가 짧으면 초원성 초원식물과 경합종이 되는 목본종의 벌채나 조릿대류와 덩굴성 식물 등의 식물을 제거하는 예초관리를 행함으로써 천이를 퇴행시키고 다시 초원화시키는 것은 가능하다. 앞에서 말한 것처럼 과거에 초원이었던 장소를 찾아 강도 높은 인위적 교란을 피하고, 토양 속에 보존된 생물상을 살리며 초원식생을 복원시키는 것이 가장 좋은 방법이다. 이 경우, 과거에 초원이었던 저목림을 초원식생으로써 복원할 수 있을지의 여부를 판단하기 위해서는 현재식생이나 군락의 현상의 파악을 위해 전문가에 의한 조사를 시행하고, 소면적의 초원화 실험구역을 설정하여 그 결과를 토대로 검토한다. 실험 결과로부터 초원화가 가능하다고 판단된 경우에도 일시적으로 대면적의 저목림을 벌채하거나 그 경과로 필요 없는 토양교란이 생긴다면 외래식물의 침입정착을 촉진시키거나 자연 파괴로 연결될 가능성이 높아진다. 실제로는 초원을 복원하는 작업이 주변의 생태계에 미치는 영향의 내용은 사업마다 다르며, 예측하는 것 또한 어렵다. 그러므로 작업을 시행할 때에는 주변에 미치는 영향을 모니터링하면서 장기간에 걸쳐 서서히 작은 면적 단위로 진행해 나갈 필요가 있다.

한편, 대상지역의 초원이 과거에 어떤 용도와 관리방법을 행하였는지 알아보는 것은 당시의 초원식생을 알 수 있는 실마리가 된다.

반자연초원은 식생 천이 도중 성립되기 때문에 항상 인위적인 관리로서 천이의 진행 방향을 억제할 필요가 있다. 이미 생산 기능을 잃어버렸거나 목표로 한 식생이 다를 경우에는 과거의 관리방법을 그대로 적용시키는 것이 불가능하다. 그러나 일반적으로 과거의 관리방법은 새로운 관리를 검토할 때 참고가 된다. 또한 초원의 과거 용도나 관리방법을 인지하는 것은 지역 안에서의 반자연초원의 문화적인 자리매김을 파악하기 위해서도 중요하다. 예전에는 취락마다 풋거름용이나 지붕을 덮는 용도나 가축의 사료용으로서 채초지나 방목지 등 많은 종류의 반자연초원이 있었고, 그것들은 인가(人家)나 논밭 주변의 2차림과 관계를 가지면서 성립되었다. 지역에 있어서 반자연초원을 포함한 토지이용이나 생산 활동, 생활의 변천은 지역문화가 형성되어온 과정이기도 하다. 반자연초원의 재생은 단순한 자연재생을 넘어 인간과 자연과의 연계인 자연공생문화를 재검토하는 것이기도 하다.

반자연초원이 잔존하는 지역에 있어서도 마찬가지로 과거의 자료를 수집 분석하는 것이 중요하다. 또한 식생과 관리에 관한 현상을 파악하기 위하여 식생조사나 청취조사를 실시할 필요도 있다.

한편, 남겨진 초원식생이 목표로 설정될 식생인가의 여부를 검토할 필요가 있다. 현존상 초원 식생과 현재 및 과거의 관리와의 관계를 고려하는 것에서부터 대상지역의 입지조건에 성립하기 쉬운 목표식생을 설정한 후에는 그것에 맞는 관리방법까지 검토할 수 있다.

자연재생을 목표로 하는 사업의 계획일 경우에는 대상지역에 현존하는 자연을 가능하다면 존치시킬 필요가 있다. 그러나 실제의 계획상 자연을 파괴해야 하는 경우도 있으며, 이는 커다란 문제가 될 수도 있다. 반자연초원이 이루어져 있는 장소에 구조물을 세우기 위해 초원을 파괴하고, 나지를 조성하여 다른 대체지로 이를 재생시키려는 계획의 경우를 예로 들 수 있다. 이러한 계획은 가능하다면 회피하는 것이 바람직하지만 일시적으로라도 반드시 자연을 파괴해야만 하는 경우에는, 대체지에 재생시킬 자료로 삼기위해 처음에 있었던 자연(식생, 식물상, 동물상, 입지환경 등)의 현재상을 전문가에 의한 조사로 명확하게 파악해 둘 필요가 있다. 즉, 매토종자 등이 보존되어 있는 현지에 표토를 일시적으로 보존해 두고 대체지에서의 표토박피에 의한 식생재생을 실시하는 등, 장기간에 걸쳐 현존하는 생물자원을 살릴 수 있는 계획이 검토되어야 한다. 현재, 파종법은 식생을 회생시키기 위해 다용되어 왔으나 보존 중인 매토종자의 생존 조건은 다르고 모든 식물 종을 재생할 수 있는 것은 아니기 때문에 결코 최상의 방법은 아니라는 것을 인식해 둘 필요가 있다.

주변에 이용할 수 있는 자연식생이 사실상 남아있지 않은 지역이나 임해매립지 등에서 자연을 재생하는 사업을 진행시키는 것은 자연재생의 이념에서는 벗어나 있을지도 모르며, 새로운 문제를 일으키는 원인이 될 수 있다. 반자연초원에 적합하지 않은 조건의 장소, 가령 임해 매립지에 견본원(見本園)과 같은 반자연초원을 만들려 하는 경우에는, 그 장소에서 멀리 떨어진 자생지에서 생육하고 있는 식물 종(특히, 멸종위기종 등의 희소종에 관해서는 커다란 문제임)의 종자나 포기를 안일하게 채집하여 식물재료로써 사용하는 것은, 자연 파괴에 연결될지도 모른다. 이와 같은 경우에는 가능하다면 주변지역에서 식물재료가 조달 가능한 일반 종을 중심으로 한 초원식생이 목표식생이 되어야 할 것이다. 주변지역 근처에 개발로 파괴될 것 같은 반자연초원이 있다면, 전술한 바와 같이 대체지에 표토파종방법에 따라 식생을 재생하는 것도 시도할 만하다. 그러나 어디까지나 대상지역에서의 입지환경조건에 있어 성립할 수 있는 식생이어야만 한다.

3) 계속적인 식생관리와 모니터링조사

식생천이 도중에 자리 잡은 반자연초원을 재생하는 사업에는 계속적인 식생 관리가 필수적이다. 풀베기나 방목, 산을 태우는 등의 식생관리는 반자연초원의 천이를 진행 또는 편향시킨다고 여겨지는 목본류 등의 경합종을 억제, 제거하기 위해서 필요하다. 초원성 식물로 유지, 보전되는 종과 경합종으로써 제거해야 하는 종을 어떻게 설정할 지를 목표식생으로서 판단한다. 또한, 현재 실시하고 있는 식생관리를 계속하는가의 여부는 정기적인 모니터링조사를 통하여 검토될 수 있다.

초원이 생산적인 기능을 잃었을 경우에는 관리비나 모니터링조사의 비용 조성이 어려워지며, 한편, 자연재생사업에서 환경보전으로써의 가치를 발견하는 시민의 새로운 인식이 필요하다.

9.3 반자연초원의 재생사례

1) 아소(阿蘇)의 반자연초원

구마모토(熊本)현에서 아소의 반자연초원은 삼림과 농림의 저장창고라 불리며 광범위하게 국민공유의 생명자산으로 자리 잡고 있다. 농촌과 도시에 사는 시민과 행정이 서로 연계되므로 이 그린창고를 후세에 물려주는 것을 목적으로 설립된 재단이 초원의 유지관리사업을 실시하고 있다. 반자연초원의 땅을 기름지게 하기 위해 산의 마른 풀을 태우는 작업이나 풀베기 작업이 주민들의 봉사 활동에 의해 이루어지고 있다. 축산과 연계되는 초원의 기능이 남겨져 있는 지역이기도 하므로 자연재생과 생업, 양 방향으로 기대를 모으고 있다. 봉사활동 작업의 안전성을 높이기 위한 연수 등도 시행된다.

2) 산베산(三瓶山)의 반자연초원

시마네(島根)현 산베산의 잔디형 초원은 방목에 의해 유지되어 온 생물학적으로도 귀중한 반자연초원이었으나 생산지로써의 기능이 소실된 채 방치되어 황무지화와 삼림화가 진행되었다. 그러나 1996년부터 축산농가나 시민단체, 연구기관이 협력하는 초원의 보전활동이 실시되었고 그 일부가 방목지로써 부활되었다. 시민단체를 중심으로 땅을 기름지게 하기 위해 풀을 태우고 소를 방목하기 위해 방화(防火)지대를 마련하였으며, 연구기관에 의해 식생이나 희소식물의 동태에 대한 모니터링 조사도 행해져 그 생태적 수준이 높아졌다.

3) 이와와키산(岩湧山)의 키토라(억새)

키토라라고 하는 것은 모산(茅山 : 억새산)을 의미하며, 이 지역은 지붕을 덮는 재료를 채집하기 위한 반자연초원이다. 오사카남부에 있는 이와와키산의 정상은 키토라를 이용한 반자연초원이었지만, 1860년대에는 그 생산적 기능이 소실된 채 방치되어 저목림화가 진행되었다. 그러나 1980년대가 되어 취락의 키토라가 황폐해지자 예전으로 돌아가고 싶은 마음에 주민들과 삼림조합, 전철회사, 관광협회를 중심으로 이와와키산 보전협의회가 출범하여 수확관리를 실시(사진 9-5, 9-6)함으로써 초원의 재생에 성공했다. 거둬들인 억새는 중요문화재원의 지붕을 덮는 재료로 문화재청이 구입하고 있다. 한편, 정상에는 하이킹 코스가 조성되어 있어, 초원이 짓밟히거나 식물채집으로 인해, 초원식생에 부

사진 9-5 억새초원의 풀베기 작업(오사카부 이와와키산)

사진 9-6 풀베기 후 억새초원(오사카부 이와와키산)

정적인 영향이 미칠까 염려되고 있다.

4) 기리가미네(霧ケ峰)고원에서의 외래식물 제거

나가노(長野)현의 기리가미네고원에서는 외래식물의 침입과 정착이 문제화되었다. 특히 개망초의 번식 문제가 컸다. 이로 인해 일부의 지방자치단체에서는 관광자원을 지키기 위하여 시민들의 도움을 받아 외래식물을 선별하는 제초작업을 실시하였다. 그러나 제초효과는 보이지 않았고 그 결과로 선별작업에 의해 새롭게 나지로 형성된 땅이 오히려 외래식물에 새로운 종자발아의 안전한 부지가 되었다. 최근에 지역을 횡단하는 관광도로인 비너스라인이 무료화 되어 앞으로 이용자가 증가할 것이므로 새로운 외래식물의 침입, 정착과 초원의 과잉이용이 우려되고 있다.

5) 치바현 국립중앙박물관생태원의 억새초원

치바(千葉)현 국립중앙박물관에 있는 생태원은 치바현을 대표하는 식물군락을 재현하고 전시할 목적으로 조성된 야외전시시설이다. 억새초원이 중심이고 그 밖에는 구실잣밤나무나 후박나무로 구성된 조엽수림부터 개서어나무, 졸참나무 등의 낙엽광엽수림, 해안식생 등의 식물군락이 전시되어 있다. 억새초원은 조성된 토지에 억새가 포기심기 방식으로 육성되었다. 자세한 경위는 생태원의 기록서고에도 있는 '도시를 만드는 자연'을 참고하길 바란다.

– 오쿠보 쿠미코(大窪久美子)

인용문헌

1) 大窪久美子・土田勝義 (1998)：第Ⅱ編７半自然草原の自然保護, 自然保護ハンドブック, p.432-476, 朝倉書店.

2) 田村　源 (1988)： 日本の植物相―その成り立ちを考える17, 大陸要素の分布と植物帶. 日本の生物, p.2-6, p.21-25.

3) 我が國における保護上重要な植物種および植物群落の研究委員會植物文科會編 (1989)：我が國における保護上需要な植物種の現狀. 320pp., 日本自然保護協會・世界自然保護基金日本委員會.

4) 日浦　勇 (1978)： 現生生物の分布パタン―とウルム氷期, 第四紀(第四紀統合研究連絡詩), p.7-25.

5) 柴谷篤弘 (1989)：日本のチョウの衰亡と保護, やどりが特別號日本産蝶類の衰亡と保護第１集(浜榮一・石井實・柴谷篤弘編), p.1-15, 日本鱗翼學會.

6) 室谷洋司 (1989)：青森縣におけるオオルリシジミの衰亡, やどりが特別號日本産蝶類の衰亡と保護第１集(浜　榮一・石井　實・柴谷篤弘編), p.90-97, 日本鱗翼學會.

7) 清　那彦 (1988)：富士山にすめなかった蝶たち, p.180, 築地書館.

8) 大窪久美子 (2001)：刈り取り等による半自然草原の維持管理, 生態學からみた身近な植物群落の保護 (大澤雅彦監修・日本自然保護協會編), p.132-139, p.142-145. 講談社サイエンティク.

9) 高橋佳考 (2001)：鳥根縣三瓶山の放牧草原の維持・回復, 生態學からみた身近な植物群落の保護(大澤雅彦監修・日本自然保護協會編), p.140-141, 講談社サイエンティク.

10) 土田勝義 (2001)： 長野縣霞が峰高原の半自然草原の維持・管理・生態學からみた身近な植物群落の保護(大澤雅彦監修・日本自然保護協會編), p.146-147, 講談社サイエンティク.

11) 大窪久美子 (1996)： 自然草原の復元―ススキ植栽群落の初期の變化と今後の課題―, 都市につくる自然―生態園の自然復元と管理運營―(沼田眞監修・中村俊彦・長谷川雅美編), p.65-71, 信山社.

Chapter 10

저수지(貯水池)

– 니이가타(新潟)현 나카우오누마(中魚沼)군 '기노쿠보(義ノ窪)연못' 정비사업을 사례로 –

10.1 저수지에 대한 자연재생의 목적과 대책

저수지는 농지에 안전하게 물을 대기 위해 인공적으로 조성된 수역(水域)을 말하며, 계곡에 흙 제방(土堤)을 구축한 '계곡연못(谷池)'과 평야부에 구축하여 빗물(雨水)과 용수(用水)를 저류하는 '접시연못(皿池)'으로 구분된다. 전국적으로 수많은 저수지와 저류지가 존재하며 오사카(大坂)부와 효고(兵庫)현에는 면적 1ha 이상인 것만 5만 5천 개소에 달한다.

준공 후 세월이 경과하면, 저류지의 제방, 계곡수의 유입부, 연안에 희소종의 동식물이 정착하고 있는 경우가 많다. 동식물이 정착한 저류지는 그 자체로 생물다양성을 계승하는 거점 비오톱이 되며, 물이 흐르는 소하천과 그 물을 끌어대는 농지는 동식물에게 수공급원이 된다.

그러나 저류지의 흙 제방은 오래 시간이 경과하면 제방사면의 끝단이나 통문의 틈새로부터 누수가 발생하게 되고 방치된 상태로는 안정된 저수가 어려우며, 연안의 수서생물과 수생식물의 정착에도 지장을 초래한다. 이러한 연유로, 일반적인 토지개량조합과 같은 영농인조직 및 지방자치단체의 농지사무소, 기초지방자치단체가 누수 방지를 위해서 제방의 개수공사를 실시하는 경우가 많다.

종래의 흙 제방 개수로는 저류지에 정착한 희소동식물의 존재가 무시된 채로 대부분이 정비된 관계로, 멸종위기종을 비롯한 다양한 수서동식물이 사라져갔다. 현재는 농업기본법, 토지개량법도 '환경' 중시를 명시하는 것으로 개정되어 있다. '누수'의 개량을 예정하는 각각의 기관에서 지역의 자연환경을 실로 귀중하게 여긴다면 본 사례를 필히 참고해 주기를 바란다. 저류지에서 동식물에 대한 배려는 '누수'에 한정된 것이 아니다. 저수용량을 늘리기 위하여 제방을 높이거나 과잉 퇴적된 낙엽과 가지, 사니 등의 청소 등 그 범위는 다양하다. 어떠한 경우라도 적절한 대책이 요구되어진다.

10.2 수서동식물을 배려한 '저류지' 제방의 개수공사

서식 중인 동식물을 배려한 흙 제방의 개수사례로 니이가타현 나카우오누마군의 국영 포장정비사업인 '기노쿠보 연못'의 제방개수공사(호쿠리쿠(北陸)농정국)를 사례로 제시하였다. 이곳은 표고 약 460m로 산의 북방산록에 위치하고, 연평균기온은 11~12℃, 연간강수량은 2,500㎜에 달하는 너도밤나무 수림대로서 그 부근에는 우오누마를 대표하는 쌀을 생산하기 위해 포장정비를 마친 광대한 논이 펼쳐져 있다.

1) 사전조사

개수 전에는 희소 종에서 시작하여 생태계의 현지조사를 실시하여 그 결과를 바탕으로 전문가의 의견을 포함한 실시계획을 입안한 뒤 실행에 옮기는 것이 선행과제로서 중요했다. 현지조사를 행하지 않으면 방침이나 보전계획을 세울 수 없다. 실시 시기는 춘하추동의 사절기로 동식물의 활동이 가장 활발해지는 봄에서 초여름까지의 현지조사는 복수조사가 바람직하다. 적설량이 많은 지방에서는 동절기조사를 제외해도 무방하다.

2) 시공시기

동식물을 위한 배려에는 개수를 위한 시공시기의 조정도 포함된다. 봄에서 여름에 걸친 저류지의 일사량은 활동량이 많은 기간에 속하게 될 동식물에게 커다란 손상을 준다. 그러므로 일반적으로 동식물의 활동이 둔화되어 동면기에 들어가는 가을로부터 산개구리나 가스미도롱뇽 등이 산란하는 이른 봄 이전까지의 동절기가 시공의 적기라 할 수 있다. 그러므로 서 일본에서는 산란이 시작되는 2월까지 시공을 마무리 하는 빠른 대응이 요구된다.

그러나 쯔난(津南)지방은 일본 내에서도 굴지의 적설지대로 통상 11월에 내리기 시작한 눈은 이듬해 4월말까지 남아 있어 그 적설량은 평야부에서도 최대 2~3m에 달한다. 그러므로 수개월의 시공기간이 요구되는 정비공사의 경우에는 시공기간에 동식물이 활동하는 초여름에서 가을까지의 시기를 제외하는 것이 어렵다. 그러므로 이 지역의 흙 제방을 고치는 것은 7월에서 11월까지로 설정되어 수서동식물이 여름을 넘기기 위한 대책이 강구되었다.

3) 모니터링조사와 보완시공, 육성관리

시공 후에는 대상 동식물을 중심으로 그 정착 상황을 모니터링 하도록 한다. 또한, 결과를 기본으로 보완공사와 육성관리의 내용, 계획을 검토한다.

각지의 저류지에서는 통상적으로 제방이나 연안의 풀베기나 수면저부의 퇴적물의 제거(굴취)가 이루어진다. 이러한 육성관리는 수서동식물에 있어서도 식생의 천이를 조정하여 서식환경을 갱신, 유지하는 중요한 역할을 완수해 왔다. 멸종위기종과 같은 희소동식물이 정착하고 있는 경우에는 개체군의 존속을 배려한 육성관리공법을 검토할 필요가 있다.

10.3 동식물을 배려한 공사

'기노쿠보' 연못의 제방공사에서는 시공에 앞서 저류지와 그 주변의 생태계조사가 실시되었다. 그 결과, 저류지에는 황어와 미꾸리, 은붕어 등의 어류를 비롯하여 참개구리와 도마뱀 등의 양서 · 파충류, 물방개와 큰별박이왕잠자리, 장구애비 등의 곤충류가 다수 확인되었다. 이 중 참개구리와 물방개, 장구애비는 니이가타현의 멸종위기종이다. 식물은 현지정 멸종위기종인 조름나물과 수련, 물레나물이 확인되었다. 이 때, 멸종위기종을 필두로 다종다양한 동식물을 멸종시키지 않게 하기 위하여 제방개수에 있어서 수서생물의 일시적 피난과 수생식물의 현지 확보를 실시했다.

1) 어류 및 수서생물에 대한 대응

수서생물의 일시적 피난 모식도는 (그림 10-1)에 제시되어 있다.

(1) 가두리 수조의 설치

염화비닐관으로 골격을 만들고 이에 2~3㎜간격의 그물어망을 이탈되지 않도록 고정한 뒤 염화비닐 틀에 부표를 설치한다(사진 10-1). 이 가두리를 별도의 저류지 연안에 고정하고 원래의 연못에 다시 방류할 때까지 어류 등을 피난시킨다.

가두리 수조 1개당의 크기나 깊이, 그리고 설치하는 수심은 수서생물의 종류와 크기에 의해 달리한다. 사진 10-1은 성어를 중심으로 한 가두리로, 5㎡의 크기, 깊이 80㎝ 정도로 되어 있다. 그물망의 간격이 크면 작은 물고기가 그물 사이로 빠져나가고, 블랙베스 등의 육식성 귀화생물이 서식하는 저류지에서는 가두리로 침입하여, 그 안의 수서생물을 포식할 수 있다. 수조의 설치개소는 크기가 다른 어류나 육식성 수서생물의 동종섭식 및 상호섭식을 억제하기 위해서 여러 개 설치한다.

(2) 저류지의 물 빼기

저서생물이나 어류의 유출을 방지하기 위해 저류지의 물은 하부의 마개를 열어 일거

① 가두리 수조의 설치
↓
② 개수 대상인 저류지에서의 물 빼기
↓
③ 어류, 수서생물의 포획
↓
④ 운반용 수조로 어류, 수서생물의 방류
↓
⑤ 운반, 가두리 수조에의 방류
↓
⑥ 가두리 수조의 생물종의 생육상황 확인
↓
⑦ 가두리 수조의 생물종을 회수
↓
⑧ 제방 개수 저류지의 물 채우기
↓
⑨ 운반, 개수준공 후의 어류를 연못에 방류
↓
⑩ 저류지 생물종의 모니터링 조사
↓
⑪ 보완시공 / 육성관리

그림 10-1 수서생물 일시적 피난의 순서도

사진 10-1 수서생물 일시적 피난용 가두리 수조

에 빼는 것 보다는 상단에서 하단으로 한 칸씩, 수일에 걸쳐 줄여나간다. 또한, 저류지의 퇴적물에는 수서생물의 매토종자를 비롯한 수서생물의 알이나 유충이 포함되어 있으므로 제방개수를 하면서 전면배수를 하게 되면 자원이 큰 폭으로 감소한다. 제방의 개수 전에 이러한 생물종을 전부 포획하는 것은 어려우므로 상부의 물을 빼주는 방법이 채용되었다.

(3) 개수할 저류지에서 어류 및 수서생물의 포획

수면하부에 자리한 수중펌프로 연못물을 빼내면서 수위를 내림과 동시에 수직그물과 보트로 어류를 한곳으로 몰아 보트선상이나 연안에서 수서생물을 어망으로 채집한다(사진 10-2). 진흙 속에 숨어들어 채집할 수 없는 개체가 다수 존재하므로, 차후에 수생식물의 대책에서 기술한 내용과 같이 물을 줄인 후의 저류지에서는 바닥 토양의 건조를 방지하기 위한 대책을 세우는 것이 중요하다.

연안에서 그물 등으로 수서생물을 포획할 경우에는 연못 저부에 모래진흙이나 진흙층이 잔류하고 있으므로 방수복이나 고무장화를 착용한다.

또한, 진흙에 빠져 움직일 수 없게 될 위험성이 있으므로 깊이 들어가지 않도록 유의해야 한다. 포획한 어류 중 잉어는 육식성이 강하고 잠자리나 물방개의 유충과 같이 저서 생육하는 수중식물을 먹으므로 저류지의 생태계에 대한 부하가 크다는 점에서 재방류하지 않는다. 또한, 저류지의 잉어나 붕어는 연못 청소 시에 식용으로 포획되기도 한다(사진 10-3).

사진 10-2 **보트나 연안에서 수서생물을 포획**

사진 10-3 **포획한 잉어는 포식압이 크므로 연못에 되돌리지 않는다.**

(4) 어류 및 수서생물의 운반에서 일시적 피난, 개수 후의 재방류

포획한 수서생물에 대해서는 크기와 종류 별로 물을 1/3 정도 채운 수조에 옮긴 뒤에 가두리 수조를 설치한 별도의 연못으로 운반하여 방류한다. 이 때, 어종의 두부손상을 방지하고 물방개나 잠자리의 유충 등의 육식성 수서생물의 경우 상호섭식을 방지하기 위하여 베어낸 풀을 넣어줌으로써 크고 작은 공간 구조를 형성한다. 또한, 운반할 때와 같이 가두리 수조에도 베어낸 풀을 넣으면 작은 어종과 수서생물의 은신처가 형성되어 백로나 물총새 등의 포식이 어려워져 일시적 피난의 효과를 높이게 된다.

이 가두리 수조는 6월 중순에서 제방 개수를 종료하는 11월 상순까지 일시적으로 피난시키고 그 사이 10일에 1회 정도로 이상 여부를 확인하기 위한 감시를 실시했다. 개수 후 저류지에 방류할 때는 가두리 수조를 들어 올려 그물 안에 있는 어종과 수서생물을 버킷 등으로 탱크에 옮겨서 운반한다(사진 10-4). 은붕어나 황어 등의 성어는 제방 부근의 개방수면에 방류해도 지장이 없으나 이동 능력이 떨어지는 물방개나 잠자리의 유충, 그리고 치어는 제방 부근의 개방수면에 방류할 경우 적합한 서식환경으로 이동하기까지 시간이 소요되어 포식압이나 수온저하에 의해 이동이 곤란해질 가능성이 있다. 그러므로 원래의 서식환경에 있는 추수식물이 산재하는 추이대(Eco-tone)를 선택하여 방류한다.

(5) 개수 후의 모니터링 조사

어류를 일시적 피난시키지 않고 연못물을 배수시키면 어도(魚道, Fish way)가 없는 저류지에서는 연못으로 회귀한다는 보장을 할 수 없다. 이 때, 올바로 옮기지 않으면 개수 후에 어종이 서식하지 않는 저류지가 될 가능성이 있다. 가두리 수조 안에서 사망하는

사진 10-4 탱크에 의한 이식 어류의 운반

사진 10-5 모니터링 조사에 의한 수서생물의 정착/번식상황

개체, 포식되는 개체도 있다. 하지만 적절한 관리 하에서는 전체 개체가 소멸하는 일은 없다.

수서생물에 관하여 물방개는 멸종위기종이므로, 지역개체군에 부하가 걸리지 않게 하는 것이 중요하다. 큰별박이왕잠자리나 산잠자리 등의 유충은 알에서 성충으로 성장하기 까지 2~3년이 소요된다. 이러한 생물이 저류지에서 배수할 때에 흘러내려가거나 바닥토양의 건조로 사망한다면, 개수 후에 1~2년생의 유충이 감소하여 이듬해 성충이 발생하지 않을 가능성이 높아진다.

또한 성충으로 우화(羽化)하는 잠자리도 일시적인 곤란함에 놓일 위험이 있다. 물이 없는 상태로 6~10월까지 5개월 동안 마른 상태의 저류지에서는 유충의 성장이 곤란하다. 그러므로 가두리 수조 내 우화는 일시적 피난의 효과로서 이해할 수 있다.

'기노쿠보' 연못에서는 제방 개수를 실시한 이듬해 초여름, 여름, 가을에 수서생물의 모니터링 조사를 실시했다. 그 결과, 날개가 없고 이동능력이 떨어지는 도롱뇽과 참개구리의 유생, 미꾸리와 은붕어, 밀어의 치어가 다수 확인되었다(사진 10-5). 이들 유생과 치어는 일시적으로 피난한 부모 세대, 혹은 건조하지 않도록 유지한 바닥 토양이나 저류지 내의 물길에서 살아남은 어미가 산란한 알에서 부화한 개체라고 할 수 있다. 이외에도 멸종위기종인 물방개의 유충, 성충 등, 개수 이전의 수서생물의 대부분이 확인되었다. 이와 같이 개체의 일시적 피난이나 저류지 바닥토양의 건조방지대책은 저류지 개수에 있어 수서생물의 보호대책으로서 유효하다는 점이 검증되었다.

10.4 수생식물에 대한 대응

대상 저류지의 개수 이전 조사에서 멸종위기종으로 지정된 수생식물인 수련과 조름나물, 물레나물 등의 자생이 확인되었다. 앞에서도 기술한 바와 같이, 쯔난(津南)지방에서는 예년 11월에 첫눈이 오고 평야부에서도 최대 2~3m까지의 적설량이 있어 이듬해 4월 말까지 녹지 않는 관계로 동절기의 개수공사는 곤란한 상황이었다. 이 때, 흙 제방 개수에 의한 감수기는 6~10월까지이므로 저류지의 바닥토양에 포함되는 토습이 극단적으로 말라버리면 수생식물의 근경이 말라버릴 가능성이 높았다. 수생식물에 대한 현지보호의 순서도는 (그림 10-2)에 제시한 바와 같다.

연안의 건조한 장소에 자생하는 수련을 관수기까지의 기간 내에 건조로부터 보호하기 위해 엽상에 거적을 깔고 바람에 의한 거적의 비산을 방지하기 위한 조치로 블록이나 현장발생토를 그 위에 부설했다(사진 10-6). 이로 인해 거적의 틈새에서 수련의 잎새에 태양광이 도달하여 약간이나마 광합성도 가능했다.

또한, 바닥토양의 건조를 방지함은 거적을 깔아주지 않은 장소의 수생식물도 고사하지 않고 생존할 가능성을 높인다(사진 10-7). 습원의 머리부와 용수가 분출하는 부분에서는 물이 광범위로 펼쳐질 수 있도록 물줄기를 넓혀 바닥토양의 건조를 방지하였다. (사진 10-8)은 감수 후 2개월이 지난 8월 중순의 상황이다. 수련의 경엽이 고사하지 않고 생존해 있다.

또한, 습원 머리부나 용수개소로부터의 수량은 제방의 시공개소에 이르는 직전까지 흘려보내 연못바닥면의 건조를 회피하였다. 통문의 개수개소는 물이 유입하지 않도록 철판으로 둘러싸고 펌프로 배수하는 대책이 강구되었다(사진 10-9). 또한, 시공 전에 수생식물을 굴취하여 일시적으로 적정한 관리조건에서 보식하여 시공 후에 재이식하는 것도 고려할 수 있다. 하지만 이 경우에, 이식부지와 관리, 재이식의 수고가 발생한다.

시공 이듬해, 수변에 자생하는 멸종위기종의 모니터링조사가 실시되었다. 그 결과, 연안의 에코톤 식생대는 대체로 원상태로 복원되어 물레나물군락, 조릅나물군락이 개수

① 흙 제방 개수시공범위/공정/배수계통의 확인

↓

② 습원 머리부에서 기존유입수와 좌우호안에서 침출용수에 의한 감수시의 바닥토양의 토습조건의 유지검토

↓

③ 수생식물 생육지에 거적 부설에 의한 증산억제

↓

④ 부설된 거적의 비산방지를 위한 누름돌설치

↓

④ 수생식물의 생육상황의 감시확인

↓

⑤ 모니터링 조사, 수위회복기에 있어서 수생식물 생육조건의 확인

↓

⑥ 보완시공/육성관리

그림 10-2 수생식물 현지보호 순서도

사진 10-6 건기에 있어서의 거적덮기에 의한 바닥토양의 건조방지

사진 10-7 거적덮기에 의한 수생식물의 보호

사진 10-8 용수의 물줄기를 넓히는 것에 의한 수서동식물의 보호

사진 10-9 통문개수 현장에서의 물길 돌리기

사진 10-10 통문개수 후의 조름나물군락의 재생상황

사진 10-11 통문개수 1년 후의 수련군락의 재생상황

사진 10-12 제방식생을 존치시킨 통문의 개수

전과 거의 대등한 상황이 되어 있었다(사진 10-10). 또한, 수면에는 수련이 엽상을 전개하였다(사진 10-11). 이로써 복수의 방법으로 하계 바닥토양의 건조방지를 실시하는 것은 희귀한 수생식물을 현지보존하기 위해 유효했다고 볼 수 있다.

또한, 바닥토양의 건조방지를 위한 배려는 수생식물 뿐 아니라 진흙층에 잔존하는 수생식물의 보호에도 기여하여 복합적인 효과를 지닌다고 할 수 있다. 그러므로 수생식물을 이식하는 재이식 공법을 도입하는 경우, 수생식물의 현지보호를 실천하기 위해서라도 이 공법의 실시가 필요하다.

10.5 제방식물에 대한 대응

개수 전의 사전조사에 의해 제방에는 군생하는 띠꽃과 억새의 틈새에 가을테리아와 하고초, 벌노랑이, 미역취, 엉겅퀴 등의 야생초화류가 혼생하는 것이 확인되었다. 억새와 띠꽃은 근경을 토층의 표면층에 자리 잡아 제방의 붕괴와 누수를 방지하는 기능을 지닌다.

이러한 초종이 우점하는 식생은 장기간에 걸친 년 2~3회의 풀베기와 태워줌으로써 육성되어 왔다. 혼생하는 야생초화류는 이 농법으로 형성된 억새와 띠 군락과 공존하여 정착한 군락이다.

제방을 전면 개수하여 현지의 표토를 처분하면 이러한 야생초화류의 생육기반이나 매

사진 10-13 동문개수 1년 후의 제방식생

사진 10-14 식생기반으로서 제방표토를 박피한 예

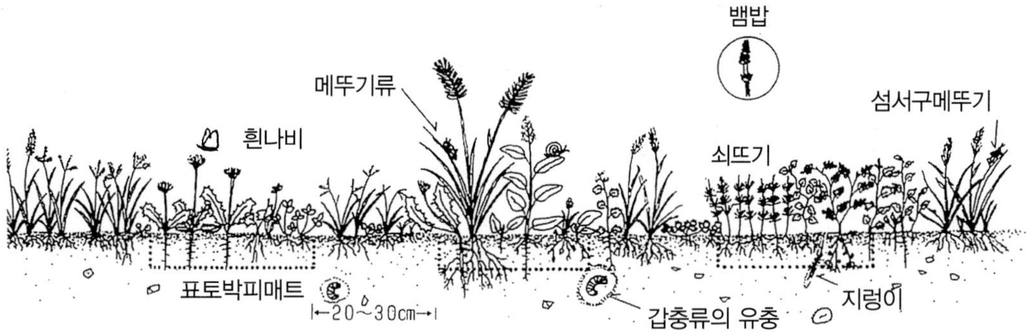

그림 10-3 흙 제방표토의 블록채취 및 부착에 의한 식생회복 모식도

토종자가 괴멸되는 상태가 된다. 이에 대한 실천사례로 제방의 개수면적을 새로운 용수통의 축조에 필요한 부분과 누수부로 최소화 하도록 억제해 원생의 제방식재를 절반 이상 남겨두고 시공하였다(사진 10-12). (사진 10-13)은 개수 준공 1년 후의 식생 상황이다. 개수부의 식생은 양안의 기존식생에서 지하경의 신장과 종자의 비산에 의해서 발달해 나갈 것으로 판단되었다.

통상적으로 이러한 조성부의 나지에서의 표토층 침식을 방지하기 위하여 켄터키블루그라스를 비롯하여 목초나 초화류, 족제비싸리 등의 외래종의 시드스프레이가 시도된다. 그러나 이러한 행위는 종래의 제방식생의 정착을 늦추고 지역에 출현하는 기존식생을 교란시킬 수 있다. 그러므로 외래종에 의한 녹화는 원칙적으로 실시하지 않는다.

침식이 발생할 정도로 넓은 면적의 나지가 나타나는 경우에는, 사전에 토양구조가 파손되지 않도록 구 제방의 표토를 박피하여(사진 10-14), 시공종료 전에 제방을 정형화할 때 잔디 뗏장을 시공하는 방법과 동일한 요령으로 실시하는(그림 10-3) 등, 기존식생을 배려하는 공법을 검토할 필요가 있다.

– 야부 시노부(養父志乃夫)

인용문헌

1) 養父志乃夫(2002) : 自然生態復元工學入門, p.97–122, 農文協.
2) 養父志乃夫(2003) : ホームビオトープ入門, p146–161, 農文協.
3) 養父志乃夫(2005) : 田んぼビオトープ入門, p6–20, 農文協.

Chapter 11

용수지(湧水池)

여기서 기술하는 용수지란, 용수 자체와 이에 의해 지탱되어 형성되는 생물적 자연을 포함하는 것을 의미한다. 용수지는 자연 지형을 기반으로 성립되고 일단 파괴되면 재생이 매우 어렵기 때문에 일의적(一義的)으로 보전의 대상이 된다. 최근 각지에서 용수가 고갈되어 가면서 용수지 특유의 생물종이나 한랭지성의 생물종이 지역적인 절멸(絕滅)의 위기에 처해 있어 용수지의 자연재생이 시급한 상황이다.

용수지의 자연재생에는 용수 그 자체를 재생하는 것, 용수지에 부수되는 생물적 자연을 재생하는 것, 유사적인 용수에 의해 생물적 자연의 재생을 도모하는 것 등이 포함된다.

11.1 용수지 자연환경의 특징

용수지는, 지형적 조건을 토대로, 다음의 네 가지 형태로 구분할 수 있다. 첫째, 선상지형(扇狀地型)으로 하천수가 일단 복류하여 재차 지상으로 용수하는 지점, 즉, 선상지 끝단 부근에 존재하는 타입이다. 예를 들면, 나가노(長野)현 아즈미노(安曇野)의 용수군은 두개 하천의 선상지, 동경도 타마(多摩)지방의 하케라 불려지는 언덕지대의 용수군은 타마가와 선상지 끝단에 위치한다. 둘째, 화산산록형(火山山麓型)으로 화산 산악의 스코리아(scoria, 화산분출물)나 용암 등의 침투성이 높은 지질에서 강우가 빠르게 지하에 침투되어 침투성이 저하되는 지질로 변화되어가는 산록에서 분출하는 형태를 이룬다. 후지(富士)산록, 아소(阿蘇)산록 등 많은 화산 기슭에서 발견된다. 셋째, 석회암지형(石灰巖地型)으로 석회암의 공극이나 공동에 우수가 침투하는 형식이다. 넷째, 사구형(砂丘型)이다. 사구에 침투한 우수가 사구열의 저부에서 뿜어 오르는 형식이다. 이는 비교적 대규모의 사구에서만 볼 수 있으며, 돗토리(鳥取)사구, 토오카이아지가우라(東海阿字ケ浦)사구 등이 있으나 일본 내에는 그 수가 적다.

용수의 공통적인 특징은, 수문 · 수질이 안정되어 있다는 점이다. 바꿔 말하면, 용수 수온은 연교차가 수 ℃ 정도로 비교적 적은 것이 그 지역의 연평균 기온에 가깝다. 또한, 수량도 안정되어 있어 유황계수가 하천과 비교했을 때 극단적으로 적다. pH는 석회암지대를 제외하고는 대체적으로 pH7~pH6사이의 중성에서 약산성을 띤다. 특히 용수는 일반적으로 빈 영양으로서 영양염류가 적고 투명도가 높다. 이러한 용수의 제반성질은 수량의 변화가 현저하고 수온이 외기온도와 함께 크게 변동하여 수질의 계절변화가 인정되는 바, 일반적으로 부영양화가 진척되는 하천수와는 대칭적이라 할 수 있다.

상기한 바와 같이 이로운 수문 · 수질적 특징을 지니고 있으므로 용수는 생물에게 있어서 온화하고 안정된 서식환경을 제공하고 있는데,[1] 잠자리류인 방패실잠자리도 용수지에 특화된 종이라 할 수 있다. 이러한 종에 있어서 수온과 수량의 안정성이 서식환경 조건의 열쇠가 되고 있는 것으로 볼 수 있다.

실잠자리, 조름나물, 매화마름 등은 한랭지에서는 넓게 분포하지만, 중부일본과 서남일본의 온 · 난대에서는 용수지에서만 징검다리처럼 분포하고 있어 주위와 비교하여 저온인 환경이 수년에 걸친 생존을 가능하게 하는데, 이는 빙하기로부터 유지, 보존된 영향으로 판단된다.

일반적으로 용수지에서 양호한 생육을 지속하는 종으로서 부처미꾸라지, 도롱뇽, 영원도롱뇽 등을 예로 들 수 있다. 이들 종은 일정한 수량이 있고 수질이 양호한 수역이라면 본래 광대하게 서식하지만, 도시지역과 농촌지역에서는 이러한 장소가 현저하게 줄어든 관계로 용수지와 그 주변지역에만 잔존하고 있는 경우가 많다.

11.2 용수지의 개변

고도경제성장기 이래로 일본 전국에 걸쳐 용수지의 개변이 크게 진척되었다. 용수지

개변은 다음과 같은 사례로써 설명될 수 있다.

첫째, 용수지의 매립으로 가장 직접적인 파괴라 할 수 있다. 용수지는 토목 및 건축공사에 의해 도시적인 토지이용으로 변환되어 분출된 수량은 암거 등에 의해 배수되도록 되어 있다. 이러한 형태의 개변은 고도 성장기에 많이 이루어졌으나 최근에는 시민의 용수에 대한 의식이 높아짐에 따라 거의 이루어지지 않는다.

둘째, 용수가 고갈된 경우다. 주위의 환경개변의 영향에 의해 점차 용수량이 감소하다 결국 고갈되는 형태로 도시부에서 많이 볼 수 있다. 주요 원인은 포장면 증대에 의한 우수의 지하 침투량 감소, 지하구조물의 구축에 의한 지하수 유동 장애, 표층지하수의 과도한 사용으로 인한 지하수위의 저하 등이 있으며, 이들이 복합적인 요인으로 함께 나타나는 경우가 많다.[2] 도시부에 있어서 수량수급수지의 사례로 동경도의 수량수급수지를 (그림 11-1)에 제시했다.[3] 그 대책으로는 우수침투조의 설치, 지하수사용규제 등이 시행되었다. 대표적인 사례로, 동경의 노가와(野川)유역의 우수침투조의 설치는 이미 8만기

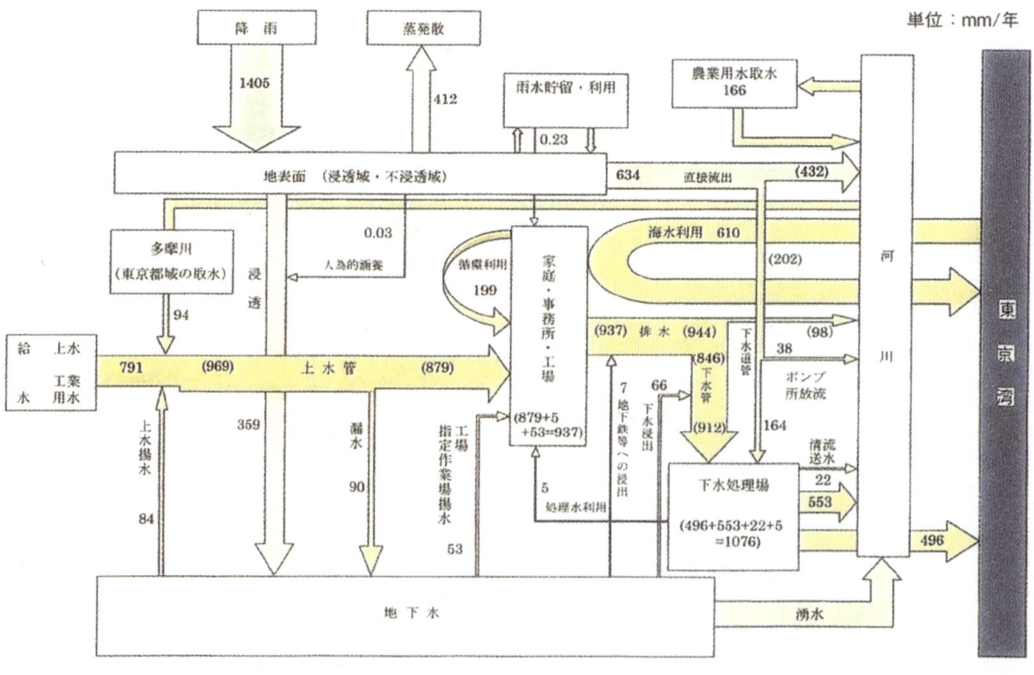

그림 11-1 동경도에 있어서의 수량수급수지

지표면이나 하수관에서의 유출량이 많고, 지하 침투수량이 적다. 용수는 지하로 침투된 수량에 의존하기 때문에, 용수를 보전 · 재생하기 위해서는 지하 침투수량을 증대시켜야만 한다. 우수침투조 등에 인공적인 지하수함양량은 현재로는 적다고 할 수 있다(출전: 동경도 수환경 보전계획, 1998).

이상이 설치되어 1기당 1년에 약 60t, 합계 약 500만t이 지중으로 침투되며 일부 용수가 회복경향을 보이고 있다고 한다.[4)]

셋째, 용수의 수질오염이다. 특히 큰 문제가 금속부분세정에 사용되고 있는 토리클로로에틸렌 등의 유기염소계 화합물에 의한 화학세정이다.

이러한 오염은 공장배수의 지하침투와 매립된 폐기물로 인한 유해물질의 용출 등에 의해 발생한다. 하지만 1990년대 중반부터 강력한 규제가 실시되어 현재는 화학적인 오염물질에 대한 나름의 방책이 강구되고 있다.

넷째, 용수 지점과 그 직접적인 영향권인 하류 수변환경의 개변이다. 말하자면 명수지, 도시공원이나 사찰 내의 용수지에서는 친수 시설과 물을 끌어올리는 시설을 정비하여 잉어의 방류 등에 의한 본래 용수지에 존재하였던 생물적인 자연의 손실은 감소되었다. 용수를 단지 수경이나 음용수 중심의 "명수(名水)"로서 취급하는 풍조가 뿌리 깊게 남아있는 것이 이 형태의 개변의 근본적인 요인이라고 할 수 있다.

11.3 용수지의 재생

상기한 바와 같이 개변은 사회적 환경의식의 향상과 함께 총체적으로 감소하는 추세에 있다. 하지만 과거에 완전히 소실된 용수지와 현저하게 개변되어버린 용수지가 많아 전체적인 감소 정체상태라고 할 수 있다. 1985년에 환경청에 의한 명수백선과 그에 부응하듯 일어난 명수 붐으로 인해, 용수 자체에 대한 의식은 높아졌지만, 용수지의 생태적 자연을 보전하는 움직임은 지금도 충분하다고는 할 수 없다. 용수지 특유의 생물종군의 절멸을 회피하거나 시민과 용수생물의 공생을 되돌리기 위해서는 잔존하는 용수지를 보전함과 동시에 과거에 잃어버린 용수지의 자연재생을 도모하는 것이 꼭 필요하다고 할 수 있다.

용수지 재생의 첫발은 과거의 용수지가 어디에 존재했고 각각의 용수지가 어떠한 상태였는지에 관한 정보를 수집하는 것이다. 그 자료로 옛지도, 기초 자치단체의 간행물과 지역별 자연환경조사 등의 문헌류, 또는 경관사진을 찾아볼 수 있다. 또한 연장자 주민에 대한 청취조사가 주요한 수단이기도 하다. 수집한 자료에서 용수지의 위치, 수량, 수질, 수변의 구조, 수리, 생물상 등을 가능한 한 명확히 하여 용수지점의 분포도와 각 용수지의 데이터베이스를 작성한다. 이 때, 상세한 기입이 불분명 하더라도 최소한 용수지 점은 지도상에 표기한다. 용수지는 개발과 함께 감소하여 왔기 때문에 시대별 변화를 추이할 수 있으면 더욱 좋다. 또한 각 시대에 있어서의 토지이용도를 구지도 및 항공사진으로부터 작성하여 지표면의 투수성을 추정하는 작업 또한 용수 자체의 재생을 도모하는 프로젝트에 있어 필요한 작업이다.

다음으로 과거의 상태를 현 상태와 함께 비교한다. 용수지의 직접 영향권에 관한 조사 데이터가 입수된 경우에는, 이를 활용하여 과거의 상태와 직접 비교하도록 한다. 그러나 그러한 자료를 입수할 수 없을 시에는 현지조사에 의해 용수지의 현 상태를 밝혀낸 후 비교한다.

이러한 비교에 의해 개변의 정도, 시기, 원인 등을 명확히 할 수 있다. 개변의 내용과 정도를 ① 지형개변, ② 용수의 고갈이나 용수량의 감소, ③ 수질악화, ④ 수변구조의 개변, ⑤ 수변식생의 개변이나 식재, ⑥ 수서동물의 외래종 등의 침입과 방류, ⑦ 이수나 어린이들의 물놀이와 같은 인간과의 관계 등의 항목들로 상세하게 기재한다.

세 번째는, 상기의 비교를 토대로 하여 지역 용수지 재생의 목표를 설정한다. 목표로서 정할 내용들로는 ① 용수의 양과 질, ② 수변의 구조, ③ 용수지의 생물상, ④ 인간과의 조화성 등이 있다.

용수 자체가 고갈되거나 현저하게 수량이 감소하는 경우에는 그 재생은 극히 어렵다고 할 수 있으나 지금까지의 경우에 따르면, ① 용수함양권역에서의 우수침투를 촉진함, ② 지하수를 끌어 올려 공급함, ③ 지하수를 끌어올리는 것 이외에 대체수원에 의해서 물을 공급하는 것과 같은 방법이 적용되어 왔다. ①은 근본치료법적인 대책이고 장기적으로 보아 가장 바람직하지만, 전술한 바와 같이, 이 방법으로 용수가 재생된 사례는 지금까지 소수에 불과하다. 우수침투조를 설치하고 투수성포장을 도입하려면, 지하수 함양권역의 많은 개소를 정비하여야만 충분한 효과가 나타나므로 이후로도 착실하게 실천해 나아갈 필요가 있다. ②는, 도시공원 등에서 자주 채택하는 방법이지만, 더 많은 지하수의 고갈을 초래할 우려가 있고 동시에 오늘날에는 지하수 사용에 대한 규제가 엄격하고 충분한 수원으로 삼는 것은 극히 어렵다. 그렇기 때문에 대체요법임은 부정할 수 없으나 희귀한 수서생물의 보전에 지하수가 필요불가결인 경우에는 부득이 이 방법을 취할 수도 있다. ③은 최근에 몇 개 사례가 더해졌으며, 지하구조물 등에서 분출되는 지하수나 하수의 고도 처리수 등으로 이용된다. 이 중 잉여지하수는 용수 자체이므로 수질이나 수온이 이상적인 수치의 것을 얻을 수 있는 경우도 있다. 하수의 고도처리수는 수질적으로 양호한 것이 많으나 수온이 외기온도에 의해 변화하기 때문에 용수와는 그 특질이 다르므로 용수지 특유의 생물의 서식환경을 형성하는 자원으로 삼는 것은 어렵다.

인공적인 용수 지점을 어떠한 구조로 설정하는가가 수서생물의 서식환경을 크게 좌우한다. 재생한 용수지는 대체적으로 수량이 많지 않아 즉시 수온이 상승하므로 용수 의존형 생물의 서식에 적합하지 않은 환경이 되기 쉽다. 그러므로 수온의 상승을 최대한 억제하도록 한다. 나무그늘을 조성하여 직사광선이 수면에 도달하지 않도록 하는 것과 수량을 대량으로 저류시키는 연못은 용수 지점에 조성하지 않는 것이 중요하다.

용수지에 있어서 생물의 우선순위는 ① 큰가시고기류 등의 용수에 강하게 의존하는 생물, ② 부처미꾸라지 등의 빈영양수(貧榮養水)를 선호하는 생물, ③ 반딧불이 등의 일반적인 유수성생물, ④ 잉어와 같이 부영양수(富榮養水)에서도 서식 가능한 생물로 하고 이 순위로 용수 지점에서 가까운 장소에 서식장소를 설정하는 것으로 한다. 잉어 등의 부영양수 지수(止水)구역에서도 서식 가능한 어류는 용수 지점 부근에 방류하는 것은 용수 의존형 생물의 서식을 배제하는 것이 되므로 바람직하지 않다. 이들은 하류지역에 배치하여 상류 쪽으로 이동할 수 없도록 수중에 그물 등의 장해물을 설치하도록 한다. 또한, 청류(淸流) = 잉어라는 사실과 다른 이미지가 깊이 자리 잡고 있으므로, 이러한 배려를 하는 이유를 현지에 간판을 세우는 등의 조치로서 계몽할 필요성이 있다.

11.4 용수지의 재생관련사례

1) 산포지(三寶寺) 연못

동경도 네리마(練馬)구 도립 샤쿠지이(石神井)공원에는 산포지 연못의 소택지(沼澤地) 식물군락으로서 국가의 천연기념물로 지정된 습지가 위치한다(사진 11-1). 천연기념물로서 지정된 1935년에는, 특산종인 샤쿠지이통발을 시작으로 수초류, 잔가시고기, 모래칠성장어, 쌀미꾸라지 등 용수를 선호하는 담수어류, 빙하기의 유존종(遺存種)으로 판단되는 조름나물 등이 일일 추정량 3만 톤의 풍부한 용수에 지탱되어 서식하고 있었다. 그러나 1950년대 중반 이후, 주변의 급속한 택지화가 진척되면서 지하수의 함유량이 급감하여 1960년대 중반 이후에 이르러서는 용수가 완전히 고갈되었다. 동경시는 별 수 없이 2개 소의 우물을 굴착하고 일일 수량으로 합계 2천 톤의 수량을 연못에 공급함과 동시에

표 11-1 도립 샤쿠지이공원에 있어서의 자연재생목표[7)]

			종의 공급 포텐셜		
			대 ←	→	소
입지 포텐셜	대	초 지 (草地)	쑥새, 종다리, 물결부전나비	굴뚝나비, 노랑나비	
	↑	소림지 (疎林地)	쇠찌르레기	큰멋쟁이나비, 긴꼬리제비나비, 애기세줄나비	
		수림지 (樹林地)	두견이, 솔잣새멋장이새	먹그림나비, 들신선나비, 작은녹색부전나비	
		개방수면 (開放水面)	검은댕기해오라기	진노란잠자리, 묵은실잠자리, 노란실잠자리	
		습 지 (濕地)	깍도요, 물닭, 측범잠자리, 중간밀잠자리, 여름좀잠자리	동경달마개구리, 옴개구리	
	↓	유 수 (流水)	장수잠자리, 작은노란측법잠자리, 어리장수잠자리	피라미	납자루, 줄종개
	소	용수지 (湧水地)		방패실잠자리	잔가시고기, 부처미꾸라지, 모래칠성장어

입지 포텐셜은 종의 공급 포테셜에서, 자연재생의 가능성을 평가하여 단계적인 목표로서 제시했다. 환경포텐셜이 높으면 높을수록 그 재생은 용이하다. 종명은 과거에 샤쿠지이공원 주변에 서식하였던 종에서 해당되는 것을 그 사례로 제시했다. 좌측 상부에서 우측 하부로 이동하면서 재생곤란도가 증가한다. 우측 하단의 용수성 생물은 그 재생이 가장 어렵다. 빈칸은 이 지역에 해당되는 종이 없을 경우(출전 : 히오키 외, 2000)

인위적인 식생관리에 의해 조릅나물 등의 수종의 수초류를 유지관리하고 있다. 하지만 본래의 용수가 고갈된 관계로 샤쿠지이통발과 잔가시고기는 절멸하게 되었다.[6)] 또한 이곳에서는 과거의 환경과 생물상이 확인되었으므로 단계적인 자연재생이 제안되고 있지만(<표 11-1>),[7)] 주변이 도시화가 현저하여 현재로서는 본격적인 재생에 착수하기는 어렵고 장기간에 걸친 대

사진 11-1 1930년대의 산포지 연못

사진 아래쪽이 천연기념물인 소택지식물군락으로 이 부근에 용출수가 있다.

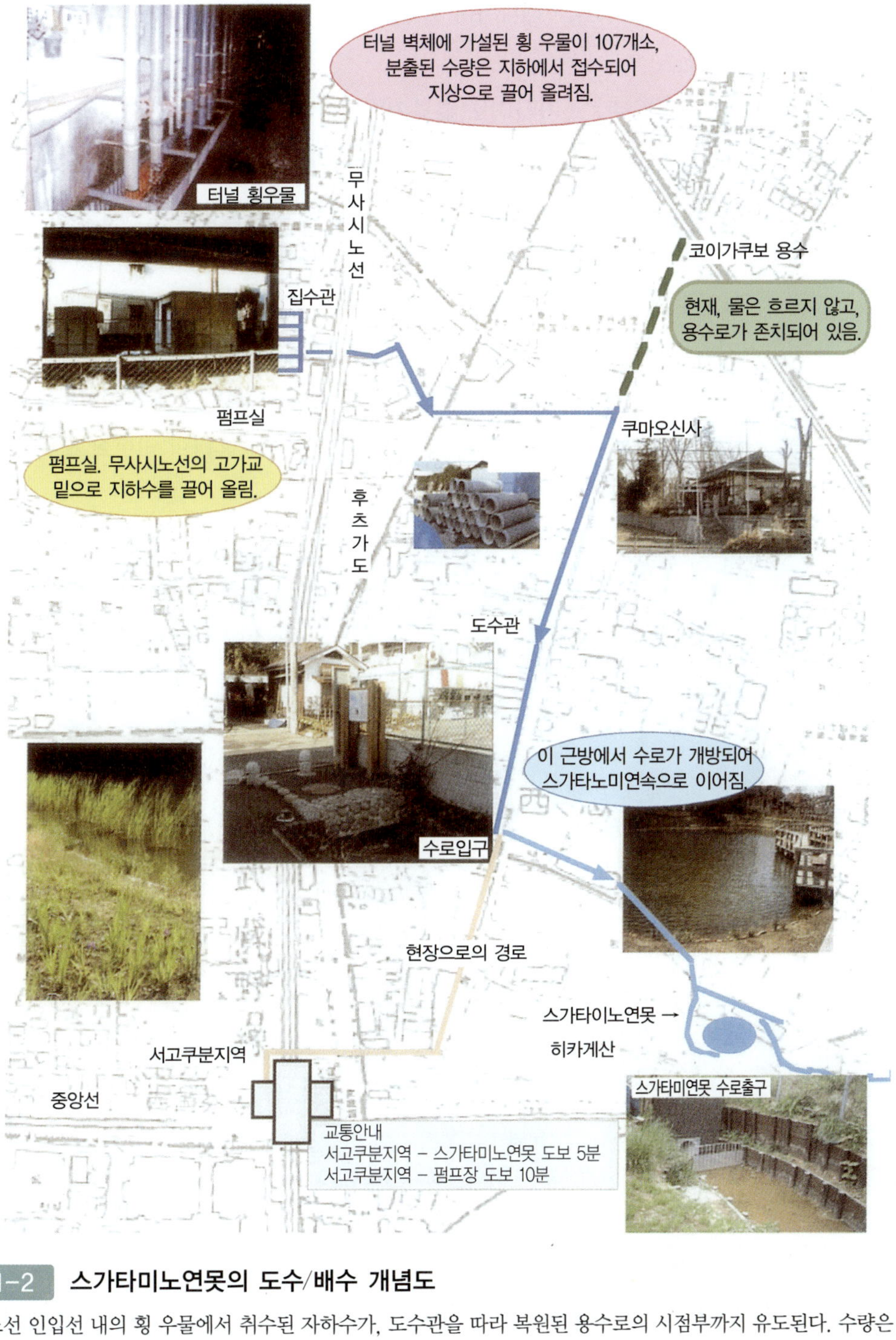

그림 11–2 스가타미노연못의 도수/배수 개념도

JR무사시노선 인입선 내의 횡 우물에서 취수된 자하수가, 도수관을 따라 복원된 용수로의 시점부까지 유도된다. 수량은 수로로 흘러들어 스가카미노연못까지 유입되고, 배출구에서 암거로 노가와의 원류로 유도된다. 계획수량은 일일최대 3,000m³(t), 평균치가 1,400m³(t). 실측수량은, 2003년 10월에 약 2,500m³, 2004년 1월에 약 1,000m³(계획수량은 고쿠분지시의 자료, 실측수량은 동경도의 자료에 의거함). (출전 : 고쿠분지시가 발행한 팜플렛 '野川最源流姿見の池')

증요법을 지속적으로 실시해나가야 할 입장이다.

2) 고쿠분지(國分寺) 스가타미노(姿見の)연못

스가타미노연못(동경도 고쿠분지시)은 타마가와(多摩川)하천의 지류인 노가와(野川)의 최상류부에 있는 용수지였지만 1950년대 중반에 용수가 고갈되어 매립되고 말았다. 하지만 연못의 흔적과 인접한 장소에 잡목립(雜木林)과 전작지(田作地)가 잔존하였으므로 이와 일체를 이루도록 1993년에 동경 시의 녹지보전지역으로 지정되었다. 종래의 녹지보전지역은 “현 상태가 양호한 자연지대일 것”이 지정 요건이었으나, 이 지정은 당초로부터 어느 정도의 자연재생을 의식하였다는 점에서 획기적인 사안이었다고 할 수 있다. 스가타미노 연못에는 가마쿠라(鎌倉)시대의 무장과 유녀의 비연의 설화가 전승되고

복원전, 스가타미연못 적지의 모습

그림 11-3 스가타미노연못의 재생계획 평면도

북서측에서 동남으로 향하여 과거 코이노키보 용수의 이미지와 연계한 용수로가 조성되었다. 연못이 조성된 장소는 약간의 곡지로서, 1950년대 중반까지 연못이 있었던 장소이다. 남측의 수림지대는 기존의 잡목림, 북측의 수림지대는 식재에 의해 조성되었다(출전 : 고쿠분지시 ‘姿見の池周邊整備基本計劃 雜木林の保全復元と水邊の再生’).

사진 11-2 고쿠분지 스가타미노연못의 용수로

사진 11-3 재생된 스가타노미연못

갈대, 부들 등의 습성식물의 번무하여, 물오리 등이 서식하게 되었다.

있어 특유의 문화적 배경도 이 용수지가 재생될 동기를 부여하고 있다. 스가타미노 연못의 유입원수로는 JR(Japan Railroad) 무사시노(武藏野)선 인입선의 터널 내에서 분출되는 용수가 사용되고 있어 지하구조물의 잉여용수의 본격적인 이용의 첫 번째 사례로 알려져 있다.[4] 사업은 고쿠분지 시가 JR동일본의 협력으로 시공하여 2001년도에 완공하였다. 용수는, 먼저 지하유도관에 의해 스가타미노연못 근방까지 유도된 후, 과거의 코이가쿠보(戀ケ窪)용수로를 연상하여 복원된 수로에 흘려보내 하류에서 스가타미노연못으로 유입된다(그림 11-2, 3, 사진 11-2, 3). 연못에서 하류는 암거에 의해 노가와 원류로 도입되는 것으로 노가와의 수량 증가의 효과도 보고 있다. 본 사례는 대체 수원을 도입하여 용수환경을 재생한 사례로 특필할 내용에 해당된다.

3) 사와다(澤田)용수지

사와다용수지(이바라기(茨城)현 히타치나카시)는 국영히타치해빈(海浜)공원 내에서 용출되는 유로 1km에 못 미치는 사와다 하천을 경유하여 아지가우라에 흘러드는 전형적인 사구형 용수지이다.

이곳에는 사구 사이에 풍부한 용수에 의한 윤택한 습지가 있어서 본래 한랭지에 서식하는 실잠자리를 비롯하여 부처미꾸라지, 영원도롱뇽등의 수서동물 및 많은 수생 · 습성식물이 서식, 생육되어져 왔다.[8] 그런데 1990년대 초기까지의 일일 2,500t 정도였던 용수가 근린의 항만공사를 위한 굴착의 영향으로 해마다 감소되기 시작했고, 지하수위의 저하도 현저해졌다. 이러한 연유로 습지가 건조화 되었고 용수지의 고갈과 육상식물의 침입을 초래했다. 끝내는 실잠자리의 서식에 불가분의 관계인 용수성의 연못이 말라버리자 1999년에는 절멸의 위기에 봉착했다.

그러므로 긴급대응시책으로 실잠자리의 번식장소가 될 수 있는 연못을 조성하게 되어서 환경포텐셜평가에 의거해 연못을 굴착(그림 11-4)함과 동시에 용수기원인 사와다 천에서 지하도수관에 의한 급수를 추진하는 유사 용수지(그림 11-5, 사진 11-4)를 조성하여 개체수의 회복을 도모하였다. 이 대책은 커다란 성과를 얻게 되었고, 실잠자리의 개체수는 극적으로 회복되었다. 하지만 용수량 자체의 감소는 여전히 지속되고 있어 보다 근본적인 대책안이 요구되고 있다.[9]

가장 큰 문제는 항만공사에 의한 지하수의 유출로 지하댐의 설치나 잉여유출지하수의 용수 지점으로의 도수 등의 대책을 검토할 필요가 있다. 또한, 사구성의 용수지는 수원함양지역의 면적이 비교적 협소하나, 사질토임으로 우수침투능력이 높으므로 함양지역 내에서의 침투성의 유지가 매우 중요하다. 이러한 측면에서 국영공원의 주차장에는 우수지하침투시설을 설치하고 공원 내의 우물에는 지하수 취수층을 천층에서 심층으로 전환하는 등의 대책이 강구되었다. 이후로도 국영공원 외부의 시설에서도 우수침투시설을 설치해 나아갈 필요성이 있다. 또한 수목의 수관에 의한 우수차단효과에 대해서도 검토할 필요가 있다. 대처요법에서 근본적 치료로 향하는 것이 자연재생의 기본일 것이다.

– 히오키 요사유키(日置　桂之)

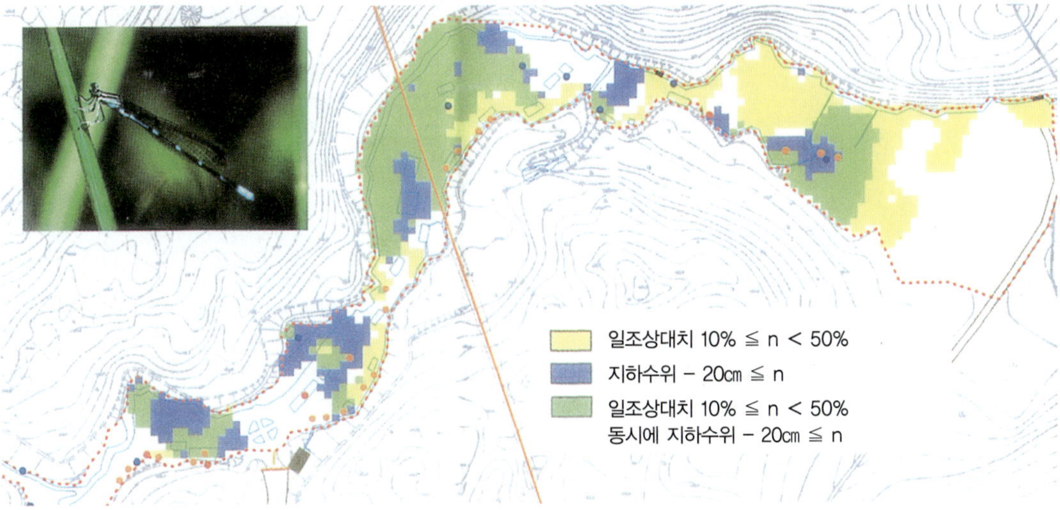

A 연못의 조성개소(출전 : 히오키 외, 2003)

지하수위가 20㎝보다 낮고, 상대조도가 10~50%의 나무사이의 빛이 있는 장소가 연못의 조성에 적당하다. 지하수위가 높다는 것은, 조성에 따른 토공량을 최소한으로 억제하기 위해 중요하다.

B 실잠자리의 이동(출전 : 우라도 외, 미발표)

포획/재포획법에 의해서 실잠자리의 연못 간의 이동 실태가 파악되었다. 이동한 개체의 평균이동거리는 19.1m, 최대이동거리는 58m로 나타났다. 조사결과에서 이 습지에 서식하는 실잠자리는, 모든 연못을 상호 왕래하고 있을 가능성이 높고, 새롭게 연못을 조성할 시는 연못 상호간의 거리를 20m 이하로 하면 충분한 이입이 가능하다고 사료됨.

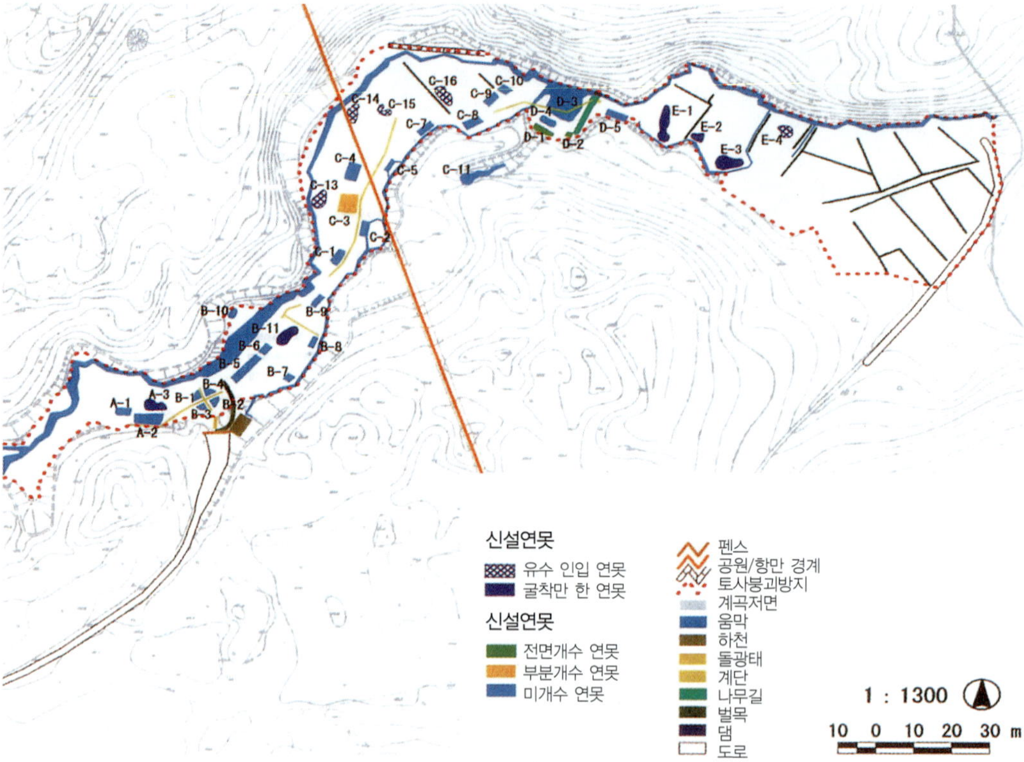

C 연못의 조성개소(출전 : 히오키 외, 2003)

A 도면에서 잠재적인 조성적지로 평가된 장소에, 실잠자리의 번식용지가 10개소 굴착되었다.

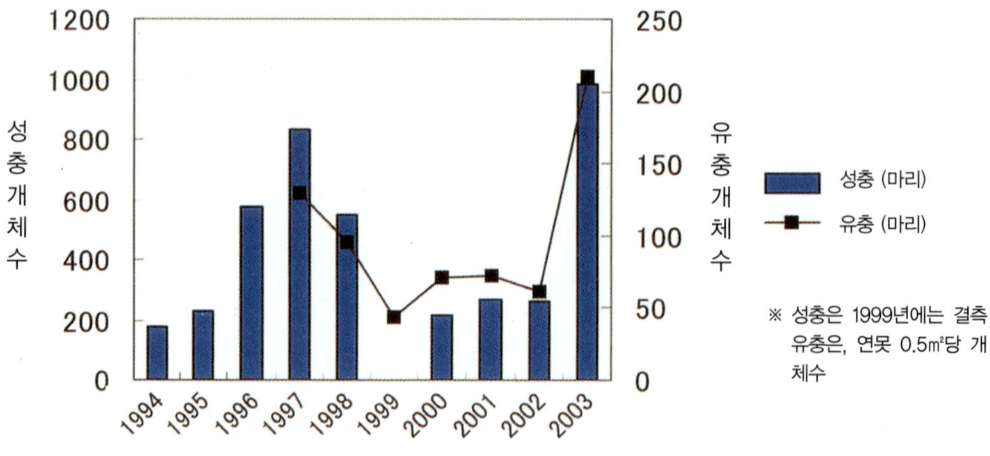

D 실잠자리의 개체수 변동(출전 : 우라도 외, 미발표)

2002년 4월에 C 도면에 제시된 위치에 새롭게 연못이 조성된 결과, 극적으로 개체수가 증가하여, 원래의 수준을 상회했다.

그림 11-4 조성적지의 추정과 이동거리에서 추정된 실잠자리의 번식지 위치

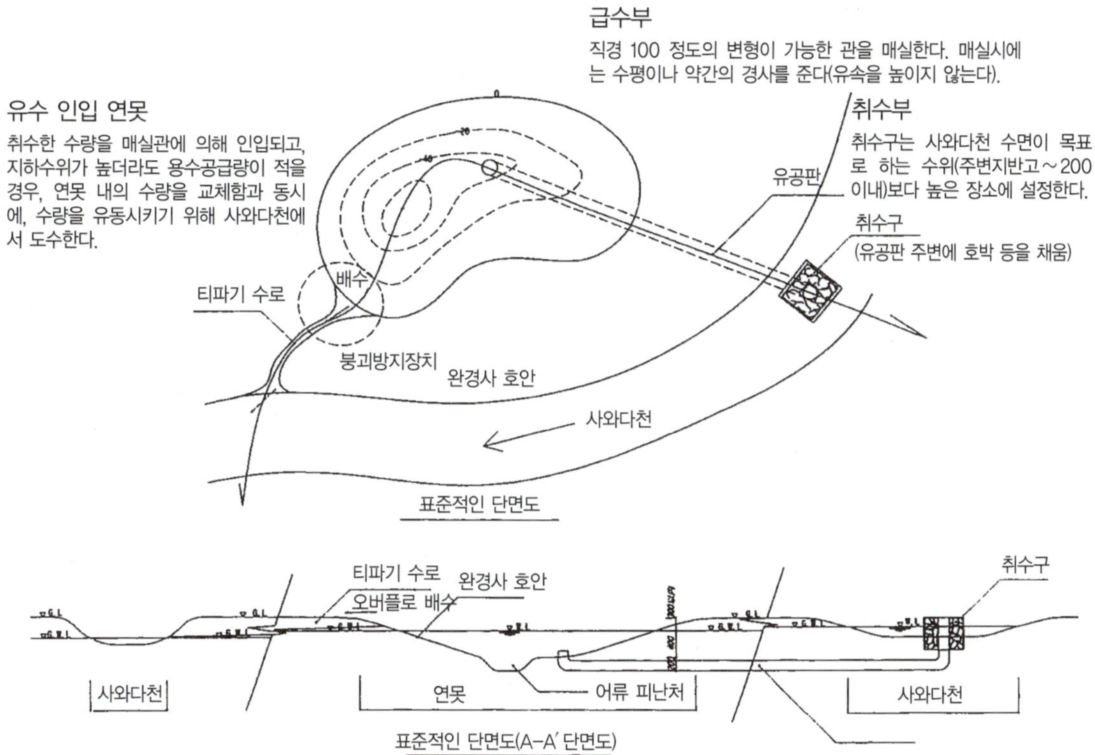

그림 11-5 **유수인입연못의 구조도(원도 : 코노 스구루)**

용수기원인 사와다천에서 유수를 지하펌프로 도입하여, 연못 바닥에서 뿜어 올리도록 했다. 큰비가 내리는 경우에도 토사가 붕괴하지 않는 구조이므로 연못의 수명은 장기간 유지가능하다. 이러한 형태의 연못은 한여름의 수온을 21℃ 이하로 유지가 능하므로, 23℃ 이하를 적합한 번식환경으로 하는 실잠자리에게 최적의 연못이 되었다.

연못의 조성 직후(2002년 4월)

연못 조성 후 3개월 후(2002년 7월)

사진 11-4 **자하수위가 높은 곳에 굴착된 번식용 연못(출전 : 히오키 외, 2003)**

이 연못에서는 조성 후 2개월반의 기간에(2002년 4~7월), 성충인 수컷 17마리, 암컷 1마리가 확인되었다.

인용문헌

1) 森 誠一 (1997) : トゲウオのいる川, 中公新書.
2) 水みち研究會 (1998) : 井戸と水みち, 北斗出版.
3) 東京都 (1998) : 東京都水環境保全計劃 −人と水環境のかかわりの再構築を目指して−
4) 高村弘毅 (2003) : 多摩の湧水散策, 水と綠のひろば33號, 5−9, (財)東京都公園協會.
5) 日本地下水學會 (1994) : 名水を科學する, 技報堂出版.
6) 日置佳之 · 須田眞一 · 百瀬 浩 · 松村健一 · 裏戸秀幸 · 中野隆雄 · 宮畑貴之 (2000) : ランドスケープの變化が種多様性に及ぼす影響に關する研究 −東京都立石神井公園周邊を事例として−. 保全生態學研究5, 43−89.
7) 日置佳之 (2000) : 都市公園における生物相復元の可能性, 都市綠化技術 No.38, 24−29.
8) 日置佳之 · 須田眞一 · 裏戸秀幸 · 宮畑貴之 · 星野−今給黎順子 · 松林健一 · 大原正之 · 箕輪隆一 · 小俣信一郎 · 村井英紀 · 川上寛人 · 長田光世 · 越水麻子 (1998) : 環境ユニットモデル用いた 谷戸ミティゲーション計劃 − 國營ひたち海兵公園 · 常陸邦珂港澤田湧水地における生物多様性保全の試み, 保全生態學研究3, 9−35.
9) 日置佳之 · 半田眞理子 · 岡島桂一郎 · 裏戸秀幸 (2003) : 繼續的なモニタリングによるオゼイトトンボの個體群の絶滅危機回避, 造園技術報告集2003, 日本造園學會.

Chapter 12

대하천(大河川)

12.1 저수지에 대한 자연재생의 목적과 대책

1) 생태네트워크로서의 하천회랑

하천은 다양한 규모로 존재한다. 이 장에서는 대 하천, 즉 지형적으로 원류가 산지에 있는 경우의 하천을 다루고자 한다.

하천은 물을 매개로 하여 항상 집수영역의 영향을 받는다. 하천은 호소(湖沼, 호수와 늪)에 비해, 유량의 변동이 크고 그에 동반되는 수질이나 유사(流砂) 또한 크게 변화한다. 그 변동 패턴은 계절에 따른 규칙성을 보인다.

하천은 가늘고 긴 형태로 주변의 자연지대를 이어주는 자연 회랑으로서의 기능이 있으므로 Corridor(回廊)로서 취급할 수 있다. Forman과 Godron[1)]은 이 같은 맥락에서 하천회랑(그림 12-1)이라는 견해를 제안하였다. 하천회랑은 최근 도시계획에 있어서 중요시되는 생태네트워크의 구성요소가 되었다.

1990년부터 건설성에 의해 다자연형하천만들기가 시작되었다. 이로 인해 인간 이외의 생물을 주체로 한 자연환경 보전 · 복원사업이 시행되어지고 하천 기술자의 의식도 크게 변화하였으며, 생태학과의 연관성이 커지면서 응용생태공학연구회도 발족하게 되었다.

2) 세그먼트

세그먼트(Segment, 분할구획)는 경사와 하상재료에 의해 지배되는 하도형태가 유사한 구간을 지칭한다. 대부분의 경우, 상류에서 계곡, 선상지, 자연제방지대, 하구역으로 변천한다.

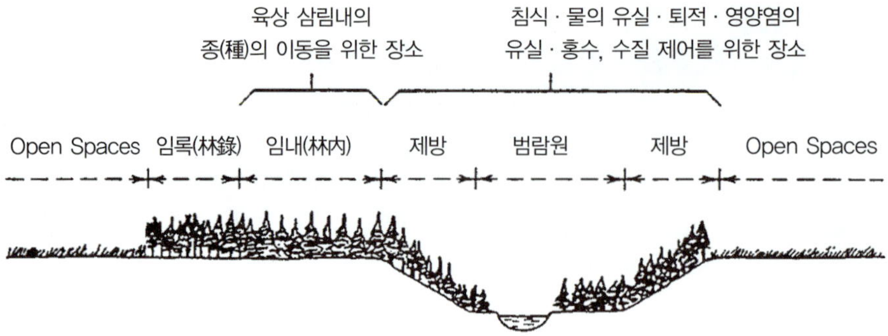

그림 12-1 **하천회랑의 구조화 기능(Forman and Godron[1])을 개정)**

① 계곡부 : 여울과 소, 도목, 계반림 등

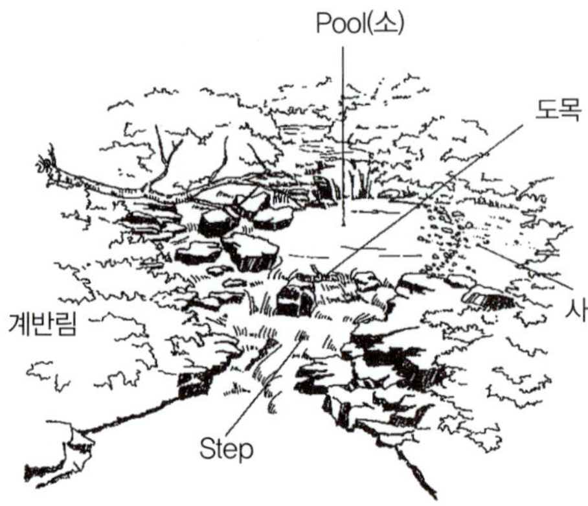

② 선상지 : 복수의 물줄기, 여울과 소, 천변지대, 버드나무숲, 배후수역(개방형/고립형 습지), 용수 등

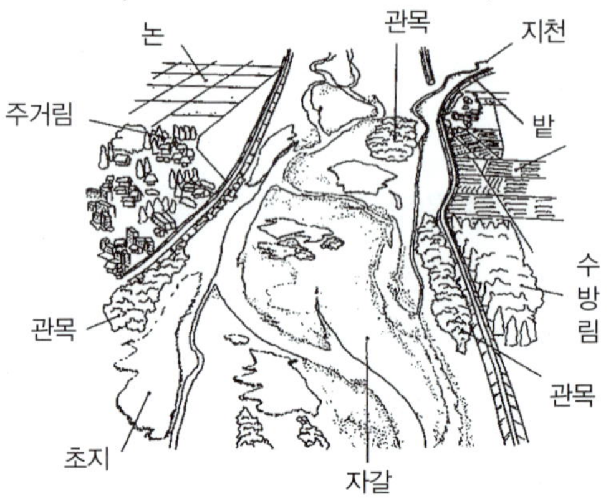

③ 자연제방지대 : 여울과 소, 사주(砂洲), 구하도 등의 배후수역, 배후습지, 버드나무림 등

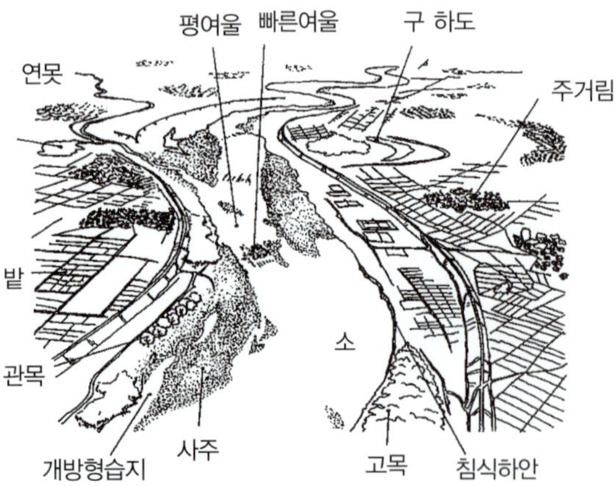

④ 하구역 : 갈대밭, 염생습지, 간석지 등

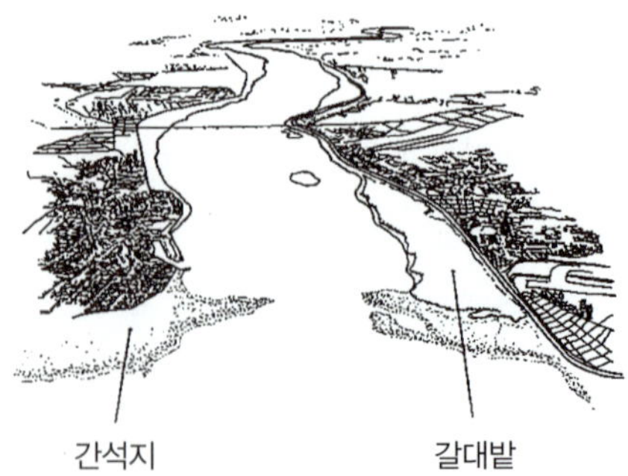

그림 12-2 **하천의 중요한 서식처(棲息處, Habitat)[2])**

(시마타니 사치유키(島谷幸宏, 2000) : 하천환경 보전과 복원–다자연형 하천만들기의 실제, p.17–18로부터 전재)

하천의 중요한 서식처(棲息處, Habitat)는 (그림 12-2)와 같다. 계곡부에서는 여울과 소, 도목군(倒木群), 계반림(溪畔林) 등이 나타난다. 선상지에서는 복수의 물줄기, 여울과 소, 천변지대, 버드나무숲, 배후수역(고립형/연결형 습지), 용수 등이 나타난다.

자연제방지대에서는 여울과 소, 사주(砂州), 구하도 등의 배후수역, 배후습지, 버드나무숲 등이 존재하며, 하천구역에서는 갈대원, 염생습지, 간석지 등이 나타난다. 이들 서식처는 생성 후 소멸에 이르는 동적 평형 아래 존재하고 있기 때문에 하천의 동태를 살피는 것이 중요하다.

3) 유역

유역(basin)은 물에 의해 운반되어지는 물질순환의 단위이며, 육역과 수역을 연결하는 선형을 형성하고 있다.[3] 하천의 수량, 수질 등의 유사(流砂)는 유역 내 토지이용의 영향을 강하게 받게 된다. 따라서 하천 자연복원에 있어서 원칙적으로 유역단위로 사업을 진행할 필요가 있다. 그러나 일본의 경우, 유역의 인구가 조밀하여 토지이용 변경이 어려운 관계로 자연재생사업이 유역이 아닌 하천 내에서만 시행되어 온 경향이 있다. 이러한 경우, 하천에 있어서 유역의 변화를 도와주는 자연재생사업이 필요하게 된다.

'당신은 어느 유역인입니까?' 라고 질문 받은 적이 있는가? 우리들은 대부분 어느 곳의 하천 유역에서 생활하고 있다. 시민이 자기가 살고 있는 장소가 어느 하천 유역인가를 의식하고, 그 하천의 자연에 대한 책임감과 주인의식을 갖는 것이 국가의 하천을 재생하는데 있어서 꼭 필요로 하는 사항이다.

4) 시스템으로서의 대하천

하천생태계는 개방형의 계(系)이다. 상류에서는 물과 함께 토사와 영양염, 그리고 유기물이 흘러든다. 그 중의 일부는 하류에 흘려보내진다. 이처럼 흐르는 에너지와 물질은 하천 주위의 하변림(河邊林) 등의 유역으로부터 공급되어지는 경우가 많다. 상류에서 하류로의 이동 방향성에 반한 연어의 소상과 같은 예는 물질이나 에너지가 해양 혹은 상류에서 하류로 되돌려지는 과정에 해당된다.

하천생태계를 전통적 생태학적 견해인 구조와 기능면에서 본다면, 구조는 미지형(微地形)과 하천 식생, 기능은 수량(水量)과 운반퇴적물, 영양염, 에너지의 흐름, 생물군집의 전체적으로 통합된 Habitat가 인식된다. 미지형은 하변식생의 입지에 직접적인 영향을 주는 동시에 물 흐름의 속도와 수심을 좌우하고 퇴적물의 퇴적 또는 침식 상황에 영향을 준다. 하변식생은 퇴적상황을 통해 미지형에 영향을 주면서 동물군집을 지탱하고 있다. 예를 들면, 타마가와(多摩川) 나가타(永田)지구에서는 천변지대 고유 식물의 생육장소는 퇴적이 진행되기 쉽고 그 결과로, 더 큰 대형 식물이 침입함과 동시에 퇴적이 진행되는 것이 확실시되고 있다.[4] 이 때, 물은 토사와 유기물, 영양염을 운반하는 것과 동시에 침식, 운반, 퇴적작용에 의해 미지형을 형성한다. Habitat는 몇 가지의 다른 스케일로 받아들여질 수 있으며, 특정 종을 기준으로 했을 때에 환경 복합체로서의 공간이 된다.

5) 임팩트(Impact)에 대한 응답

자연재생에 있어서 Impact – Response의 관계를 명확하게 해 둘 필요가 있다.

상류역에 있어서 임팩트는 치산사업, 사방사업, 댐사업, 도로사업, 살림벌채 등을 들 수 있다.[2] 삼림벌채의 임팩트는 하천에 공급되는 에너지의 감소, 표면유출의 증가, 토사유입 등을 들 수 있다. 이에 의해, 하천의 생물군집과 유량의 변동패턴에 변화가 일어난다.

중류역에 있어 임팩트는 모래채취, 호안의 정비, 유역의 도시화, 포장정비 등을 들 수 있다. 그 결과로서는 하상저하, 하도의 고정화, 용수의 감소와 용수에 의존하는 생물의 감소, 천변지대의 감소와 천변지대에 의존하는 생물의 감소를 들 수 있다.

하류역에 있어 임팩트는 도시화, 공업개발, 항만개발, 하구언의 건설 등을 들 수 있다. 응답으로서는, 염생습지와 간석지의 감소, 치어의 서식처와 산란 장소의 감소를 들 수 있다.

또한, 기존의 하천부지를 이용하려는 프로젝트로 인한 임팩트에 의해 하천회랑이 분단되고 있다.

12.2 하천재생의 목표설정과 평가 및 전망

1) 목표설정

히오키(日置)[5]에 의하면 생태공학에 있어서 목표설정이란, 생태계와 인공계의 관계를 정비할 때, 구체적으로 수준(水準)을 정하는 것이며, 그 조정 방법으로는 현존하는 생태계 보전에 역점을 둔 보전형의 조정과 손실된 생태계를 조정하는 복원형의 조정이 있다.

보전형에서는 대상으로 하는 생물 또는 공간이 존재하기 때문에 목표를 정하기가 용이하다. 복원형의 목표설정방법에는 모범형과 Potential형이 있다(상세한 것은 총론 2. "자연재생의 방법론"을 참고하기 바란다). 대 하천에 있어서 모범형의 목표설정은 인근장소의 인위적영향이 적은 다른 하천을 목표로 한다. 이 때, 같은 하천 상 · 하류의 인위적영향이 적은 장소를 목표로 한다. 또한, 과거의 하천 모습을 목표로 하는 방법이 있다. 더 구체적으로는, 목표로서 생물 또는 생물군집을 Target으로 하는 경우, Habitat를 목표로 하는 경우, 크게는 Habitat의 기능을 성립시키는 환경에 목표를 두는 경우가 있다.

2) 메커니즘과 수법

하천재생의 목표는 하천의 자연생태계를 재생하는 것이다. 이를 위해서는 하천의 자연생태계의 동적인 과정과 기능을 회복해야 한다. 즉, 역학(Dynamics)적 회복을 의미하며, 이 때 서식지의 다양성과 복잡성 및 하천생태계 시스템의 연속성 그리고 교란질서의 부활이 중요하다.

최근 들어 하천 생물상이 크게 변하고 외래종의 영향이 커지고 있다. 이는 하천의 동적 과정과 기능을 회복시키는 것만으로 대응할 수 있는 것은 아니지만, 방치한다면 하천의 동적인 과정과 기능에 악영향을 주는 것이다. 생물의 관리는 개방계인 하천으로서는 어렵겠지만, 피해갈 수 없는 일이다.

3) 평가와 전망

하천은 유역과 일체화되므로 자연재생을 진행하는데 있어서 유역의 자연재생이 필요하다. 그러나 대하천은 유역면적이 크고 인구도 많기 때문에 유역환경을 대폭적으로 바꾸는 것은 쉬운 일이 아니다.

하천부지 내의 지형이나 유량변동 패턴을 바꾸는 것은 비로소 그 출발점에 서는 것이고 이제부터 사례를 축적하여 기술의 체계화를 모색할 수 있으리라 본다.

12.3 구체적 하천재생의 과정과 사례

1) 타마가와(多摩川) 나가타지구(永田)의 지연재생

(1) 배경

타마가와 나가타지구에서는 하천생태학술연구회의 통합적인 조사연구가 진행되어져 왔다. 건강한 물과 물질의 순환이 확보되고, 생물이 서식 · 생육하기 쉬운 하천의 상태를 건강하게 유지하기 위하여, 하천공학과 생태학을 병합한 새로운 통합적인 연구가 1996년부터 개시되었다. 2000년에 "타마가와의 통합연구"로서 제1차 지침이 행하여진 것이다.[6] 그 중, 나가타 지구에서는 대량의 토사 채취와 상류에서의 토사공급 감소로 인해 선상지 특유의 평탄한 하천에서부터 유로와 육역의 큰 단차가 있는 복단면의 하도로 변화되었고 그 결과 천변지대 감소와 천변지대식물이 감소되고 아까시나무, 서양톱풀의 증가와 같은 변화가 나타나게 되었다.

케이힌공사사무소(현재, 케이힌하천사무소로 명칭변경)의 주최에 의해 하천생태학술연구회, 연안지자체(아키루노市, 후쿠오市), 그리고 시민단체 대표들로 구성된 나가타지구 식생관리방침검토회가 개최되어 나가타 지구의 치수(治水)에 있어서 적정한 하천 형태, 식생 및 천변지대 특유의 고유생물의 보전복원을 위한 검토가 이루어졌다.

나가타지구는 타마가와 하구로부터 52km부근에 위치한 길이 1,600m의 구간이다. 상류에는 하무라(羽村)취수제가 있고 유수량의 대부분이 타마가와죠스이(玉川上水)에 의해 취수되어 출수 시기 이외의 경우에는 하류에 통상 2m³/s의 방류가 이루지고 있다.

연구 성과로 하상이 저하하고 유로가 고정되어 타마가와 나가타지구의 치수 · 환경면에 있어 그 현상과 과제가 아래와 같이 밝혀지게 되었다.

A. 치수측면

① 좌안하안의 세굴(洗掘)

② 하도의 내수림화

B. 환경측면

① 고수부(高水敷)의 안정화

② 천변지대의 감소

③ 천변지대 고유생물의 감소

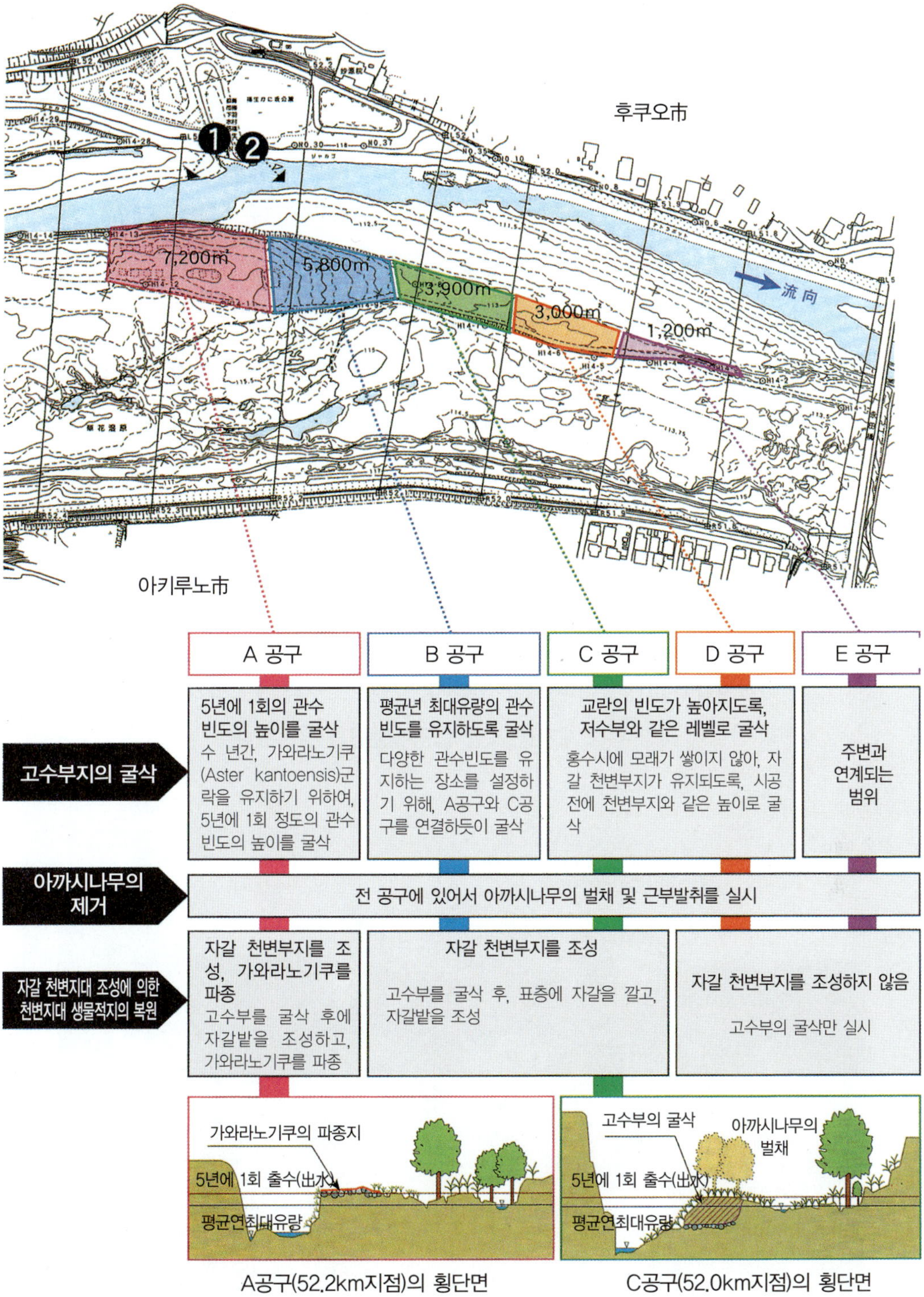

그림 12-3 자갈 천변지대의 재생[7)]

이를 토대로 치수면, 환경면에서의 현상인식과 과제정리를 통해 고수부의 굴삭, 자갈 천변지대의 복원, 수림 벌채라는 기본적 방침을 세워 하도수복계획을 검토했다(그림 12-3). 이는 2001~2002년 기간 중에 시공된 것으로서, 이 때 지향해야 할 환경 목표는 아래와 같다.

목표1 가와라노기쿠(Aster kantoensis)등의 천변지대 고유생물의 보전

목표2 선상지 하천에 어울리는 다양성의 보전

(2) 나가타(永田)지구 자연재생계획

나가타지구 자연재생의 진행방법은 시민과 연대하여 기본적인 방침을 명확하게 하고 통합적인 조직을 민관협동으로 실시할 예정이다.

① 스텝1

자갈 천변지대를 재생하고 천변지대 고유종의 서식 · 서식적지의 복원, 수림의 제거(아까시나무의 벌채, 금부발취) 또는 퇴적토사를 제거한다(사진 12-1). 그 구체적 실시 내용은 아래와 같다.

- 아까시나무 등 수림의 벌채, 근부발취

  아까시나무는 성장이 빠르고 뿌리 및 근경으로부터 증식하기 때문에 굴삭 및 표토의 박취에 의한 뿌리 제거를 포함해 근부발취를 실시했다.

사진 12-1 자갈 천변지대를 재생하기 위한 협동작업

• 퇴적한 토사 제거

소규모의 출수로 관수되지 않는 높이(5년에 1회 정도)에서 년 2, 3회 정도 관수하는 높이까지 다양한 관수빈도를 가진 천변습지를 조성한다.

• 자갈 천변습지의 조성

현지에서 발생한 토사를 10㎝×15㎝ 눈금의 버킷으로 흔들어 1층에 균일하게 깔은 자갈 천변습지를 조성했다. 자갈 천변습지 시공에 있어서는 5종류의 자갈 천변습지(토사를 제거한 대로 커다란 자갈 1층, 작은 자갈 1층, 취수제 퇴적물, 커다란 모래 자갈 3층)에 대하여 가와라노기쿠 실생의 출현상황을 실험하고 가와라노기쿠가 생육하기에 적당한 자갈 천변지대를 검토한 결과이다.

• 가와라노기쿠의 파종

조성한 자갈 천변지대에 가와라노기쿠의 종자를 파종하여 가와라노기쿠의 보전을 도모했다. 2004년 가을에는 10만 주 정도가 개화했다.

② 모니터링 실시와 계획

나가타지구(永田地區)에서의 실행은 미숙한 부분도 많아 그 경향을 정확하게 파악하기 위한 모니터링이 2002년부터 전문가에 의해 실시되었다.

③ 스텝2

하상저하의 완화, 선상지 하천에 어울리는 다양성 높은 하천형태 조성 또는 저수로의 폭을 넓이는 등의 하상상승대책을 실시한다.

2) 아라가와타로유에몽(荒川太郎右衛門) 지구의 자연재생

(1) 대상

아라가와(荒川) 중류지역에 있어서 양호한 습지환경이 남은 타로유에몽교(太郎右衛門橋) 하류 약 4㎞구간을 자연재생 대상이 되는 구간으로서 타로유에몽(太郎右衛門) 자연재생지라 부른다(그림 12-4).[8]

구유로는, 70년전 하천개수공사에 의해 생겨난 것으로서 유수효과을 높이기 위한 횡단제방으로 인한 3개의 연못(상지, 중지, 하지)으로 분단되어 현재의 상태가 되었다.

(2) 과제

① 건조화

상지와 중지에서는 개방수면의 면적 감소가 두드러지고 건조화 되고 있다. 또한, 하상

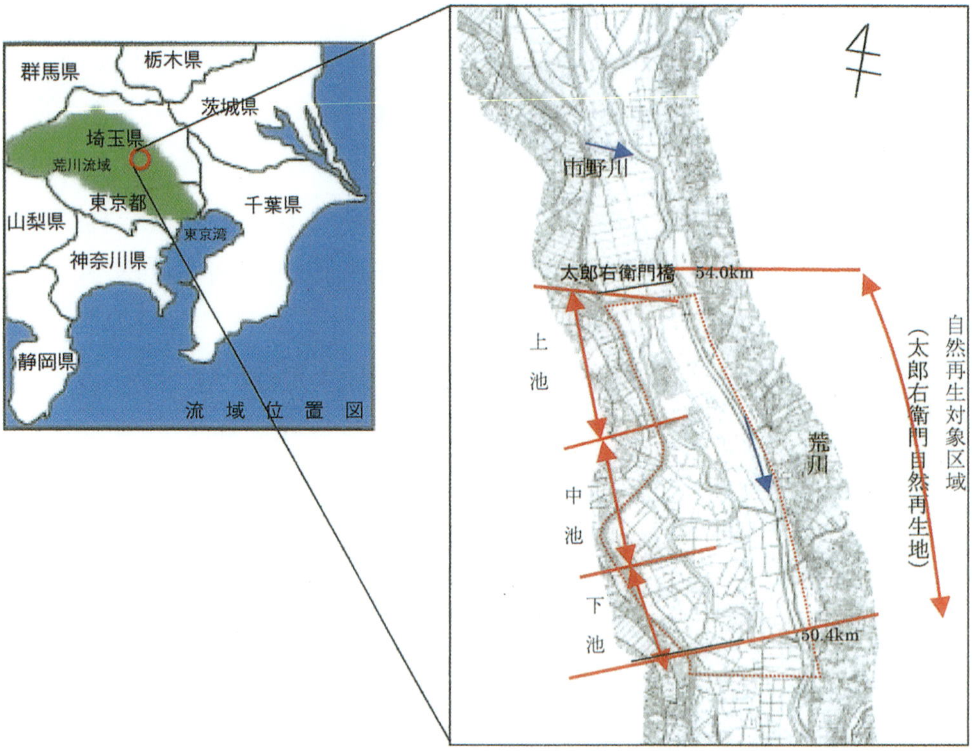

그림 12-4 **아라가와타로유에몽(荒川太郎右衛門) 자연재생지의 자연재생 대상이 되는 구역의 위치도**[8)]

저하에 의한 고수기에 연못으로 물이 공급되는 빈도가 감소하고 있다. 장기적으로 보면 연못으로의 토사 유입이 많아 상지의 구유로의 용수가 감소하고 있다.

② 오리나무림의 고목림화

방치된 논에 서식하는 오리나무림이 유수 공급의 감소로 인하여 어린 나무가 줄어들고 있다.

(3) 자연재생 목표

자연재생 목표는 다음과 같이 제시되었다.

① 다양한 고유생물을 보전하고 그들이 생육 · 서식할 수 있는 습지환경을 보전한다.

② 과거에 확인된 다양한 고유생물이 살 수 있는 환경 재생을 목표로 한다.

③ 주변지역도 포함한 Ecological Network의 핵이 되는 구역으로 정비한다.

④ 습지환경을 보전 · 재생함에 있어서 아라가와(荒川) 본류수, 우수, 용수 등의 자연적인 물을 활용하며, 다양한 수심의 개방수면을 확대한다.

⑤ 약 70년 전 사행형태가 지금까지 변하지 않고 남아있는 역사적으로 귀중한 아라가와(荒川) 구 유로를 보전하여 후세에게 남겨준다.

⑥ 장래에 걸쳐 치수 면에서도 효용성이 증대되도록 자연재생사업을 한다.

구체적으로는 ①은 과제에 직접적으로 대응하는 것이고, ②에서는 재생이 기대되는 종들로 흰눈썹뜸부기, 남미호사도요, 일본빨간개구리, 펄조개, 이삭물수세미, 앵초를 들 수 있고, 습지에 생육 · 생식하는 종의 재생을 의도하였다. ③은 아라가와(荒川) 비오톱, 또는 미츠마타누마(三ツ又 沼) 비오톱 등의 자연 거점과 핵이 되는 타로유에몽(太郎右衛門) 자연재생지의 습지의 Ecological Network화를 목표로 한다(그림 12-5). ④는 Eco-tone의 재생으로 그 수량 확보에는 고수시의 하천수, 우수 및 용수 등의 자연적인 물을 활용하고자 한다.

이들은 동시에 실행하는 것이 아니라 순차적으로 모니터링을 하며 실시해 나간다.

3) 효신(標津)천의 다양한 자연환경의 재생

북해도 효신천에서는 치수안전도를 확보하며, 어업과 농업이 공존 · 공영할 수 있는 하천환경을 목표로 한 자연재생사업이 진행되고 있다.[9]

직선화, 단순화된 하천 재생이 실행될 때 다음의 과제가 중요하다.

① 직선화에 의한 난류지역 등의 Habitat 감소

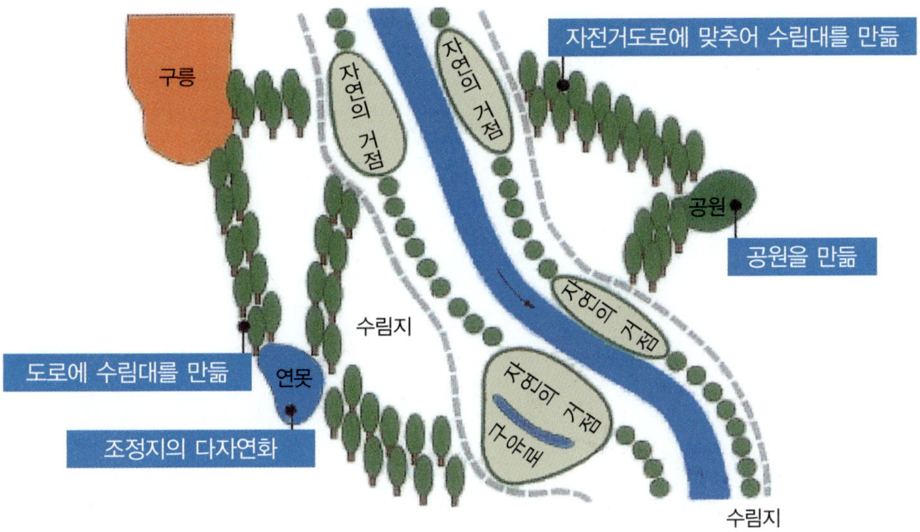

그림 12-5 Ecological Network를 향한 시책

② 하천개수에 의한 범람원 상실 및 버드나무 단층림의 출현
③ 삼림 또는 습원 개발에 의한 보수성 감소, 수질 악화, 토사유출 증가
④ 직선화 등에 의한 하상 저하 및 해안 결괴

여기에서는 사행복원시험지를 설치하여(그림 12-6) 하도와 생물의 서식상황에 관하여 조사되고 있다. 그 결과, 복원하천에서는 직선하천보다도 수심이나 유속에 의한 다양한 환경이 형성되고 있고 어류 종수가 많고 수생곤충의 현존량도 많다는 것이 판명되고 있다. 더욱이 효신천에 관해서는 카와구치(河口), 나카무라(中村)[10]의 "효신천 재생사업의 개요와 재사행실험의 평가"가 응용생태공학, 제7권 2호에 게재되어 있으므로 참고 하기 바란다.

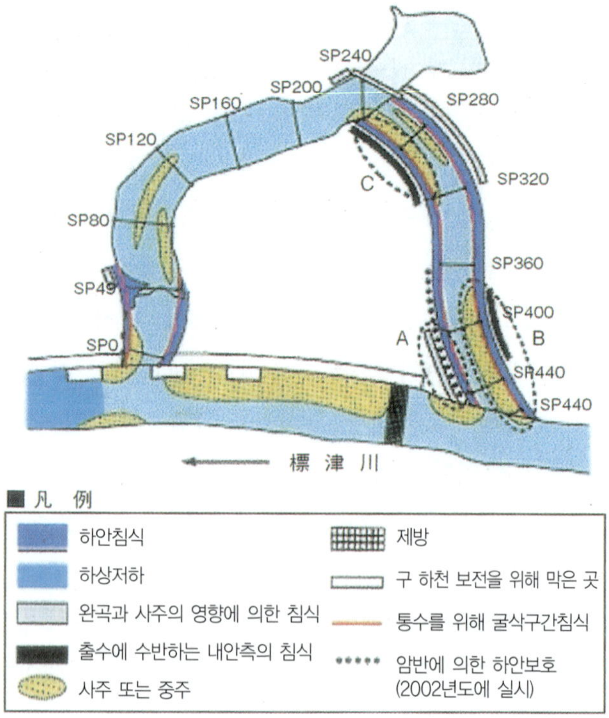

그림 12-6 **효신천의 재사행화의 영향**[9]

– 쿠라모토 노보루(倉本　宣)

인용문헌

1) Forman R.T.T. and Godron M. (1986) : Landscape Ecology, 619pp., John Wiley & Sons.
2) 島谷幸宏 (2002) : 河川環境の保全と復元-多自然型川づくりの實際, 198pp., 鹿島出版會.
3) 倉本 宣 (1987) : 河川綠地の植生管理, 高橋理喜男・龜山 章編, 綠の景觀と植生管理, p.16-141, ソフトサイエンス社.
4) 山本晃一・藤田光一・望月達也・塚原陸夫・李 參熙・渡邊 敏 (2002) : 立地條件と植生繁茂との關係, 河川生態學術研究會多摩川研究グループ, 多摩川の統合研究, p.640-666.
5) 日置佳之 (2002) : 目標設定, 龜山 章編, 生態工學, p.121-123, 朝倉書店.
6) 吉田成人 (2003) : 多摩川の自然再生への試-多摩川氷田地區の事例紹介-, 多摩川リバーフロント43, p.14-17.
7) 河川生態學術研究會 (2004) : 多摩川氷田地區における自然再生, 國土交通省關東地方整備局京浜河川事業所, 11p.
8) 荒川太郎右衛門地區自然再生協議會 (2004) : 荒川太郎右衛門地區自然再生事業自然再生全體構想, http://www.ktr.milt.go.jp/arajo/saisei/05.html
9) 劍持浩高 (2003) : 標津川の多様な自然環境の再生, リバーフロント43, p.20. または http://www/ks.hkd.mlit.go.jp/kasen/sibetucon/report/6tec.htmlを參照
10) 河口洋一・中村太士ら (2005) : 標津川再生事業の概要と再蛇行化實驗の評價,應用生態工學7(2), 139-200.

Chapter 13

중소하천(中小河川)

- 동경도 다치카와(立川)시 다치카와공원 네가와(根川)녹도를 사례로 -

일찍이 일본 고향땅에서 사는 사람들은 자연과 적절히 타협하며, 자연이 가진 힘을 저하시키지 않으면서도 최대한으로 끌어내는 방법을 모색해왔다. 일본의 밭과 논, 잡목림과 소하천 등이 만들어 낸 풍경은 사람과 자연과의 협동에 의한 것이다.

"봄의 소천"과 "송사리 학교"의 가사에서 알 수 있는 초등학교 동요는 전원을 평온하게 흐르는 소하천의 정경을 묘사한 것이다. 소천이나 논밭 두둑을 채색하는 수영과 석산, 갯버들 등, 거기에 얕은 곳에 사는 송사리와 올챙이, 진흙 속으로 파고드는 미꾸라지, 수면의 물매암이와 소금쟁이, 그리고 해안가 풀에 앉아 날개를 쉬는 검은물잠자리와 실잠자리는 다양한 동식물이 한숨 돌리는 수변 풍경이고 야생생물의 숨결이 만재하는 자연정원이다.

이러한 인위와 자연이 걸맞게 손잡은 다양한 일본의 전원 풍경은 안타깝게도 급속히 사라져가고 있다. 그 중에서도 특히 섬세한 수변공간은 효율적인 토지이용의 추진으로 인하여 인공적인 공작물 도입과 기계적이고 획일적인 토목적인 조성에 의해 개변이 진행되면서 다양한 수변 생태계는 동강나게 되었고, 자연의 수변환경을 거점으로 살아가는 동식물 대부분이 절멸 위기에 처해 있다.

이 장에서는 전원에서 도시지역에 걸친 작은 하천 또는 작은 수로를 "수로로서의 기능을 가지면서 야생 동식물의 서식환경으로서의 질이 향상되며, 자연적 수로경관에 다가가기"를 위한 다자연형하천만들기의 일환으로 동경도 다치카와 시의 "다치카와공원 네가와녹도"의 사례를 소개했다.

13.1 다자연형하천만들기의 의의

다자연형하천만들기는 하천을 단순히 "물 흐르게 하는 수로"라고 규정짓는 생각에 머물지 않고 본래의 자연하천이 갖고 있는 수질정화, 영양염류 운반, 수변이나 수생 동식물의 서식환경, 하천변 풍경에 의한 정서안정 등의 역할에 있어 생태적인 밸런스를 지속적으로 발휘하도록 하여 그 효과의 총체를 향유하자는 취지를 지닌다.

1) 하천의 기능

하천은 인체로써 설명하면, 생존에 불가결한 순환기능의 역할을 다하는 "혈관"에 해당된다. 지구상의 생물이 지구 표면을 둘러싸는 식물에 의해 살아가고 있다는 것을 생각할 때에, 생물에 필수불가결한 우수를 모아 광범위하게 배급하는 하천은 인류 생존에 있어 대단히 중요한 역할을 담당하고 있는 셈이다.

체코 민요 "푸른 목장"의 가사에는 "눈 녹아 골짜기 개울을 이루고 평지에 흘러서 강물이 되었네, 들판을 흐르며 논밭을 적시며 노래를 부르네 풍년가를…"라는 부분이 있다. 이는 나무들이 무성한 산에서 함양되어 조금씩 모인 물이 강이 되고, 밭이나 논을 윤택하게 하며 흘러 내려가는 모습을 노래한 소절이다. 미네랄 등의 영양분을 포함한 강물은 결국 바다로 흘러 들어가 연안의 작은 물고기들을 양육한다. 그리고 해양에서 증산수는 다시 비가 되어 들과 산으로 돌아간다. 이러한 하천의 의의는 물 순환의 본래의 의미보다 물질순환이나 생태계의 시점 안에서 통합적으로 취급되어야 한다. 물과 육지의 접점에 해당되는 수변은 '생명의 요람' 이라고 하듯, 동식물의 다양성을 포함하는 면에서 이는 생태계에도 매우 중요한 의의를 갖는 것이다.

사람은 보통 수변이나 습지 풍경에 마음이 온화해진다. 폭포, 수로, 연못을 가까이 두고자 하는 것은 생물로서의 인간의 본능과 무관하지 않으며, 수변 풍경이 사람의 정신위생에 미치는 역할을 강조하는 것이다.

2) 생물 서식환경의 다양화의 요점

다자연형하천만들기의 목적은 생물 다양성을 높이는 것에 있으며, 그 이전에 하천의 치수를 유지하는 범위라는 큰 전제를 지닌다. 그러므로 우선 대상이 되는 하천의 안전기능을 파악하여 그 조건 범위 내에서 다자연화를 목표로 설정해야 한다.

야생동물이 채이(採餌)와 휴식, 번식과 피난 등에 이용하는 영역을 Habitat라 하고 하천은 많은 야생동물의 Habitat를 포함한다. 이 장에서는, 이들 서식환경을 중점적으로 하천의 형태적 면에서 설명하며, 가능한 한 종 다양성이 있는 Habitat의 형성을 큰 목표로 한다.

13.2 다자연형 소하천의 복원계획 - 다치카와공원 네가와녹도를 사례로 -

생태계 보전에 중점을 둔 하천만들기는 그 양상과 목표에 의해 대략 다음의 세 유형이 상정되었다.

- 보전형 : 현상의 하천 자연환경을 지속적으로 유지, 향상시키기 위해 일부의 개수를 포함한 보전 조치를 취한다.
- 복원형 : 현저한 개변으로 자연환경이 단조롭게 된 하천을 일부 또는 전면적으로 수정하여 원래 상태로 되돌린다.
- 창출형 : 본래 하천이 없었던 장소에 새로운 하천 생태계를 만든다.

이상의 세 가지 유형은 개념적인 것으로 그 정도나 부분적 특성에 의해 복수의 유형이 조합되는 등 명쾌하게 선을 그을 수는 없지만, 하천만들기에 임함에 앞서 우선적으로 어떠한 양상에서 시작해야 하는가를 인식해 두는 것이 중요하다.

계획사례로서 들 수 있는 "다치카와(立川)공원 네가와(根川)녹도"는 인공적으로 개변한 녹도를 예전의 자연하천으로 되돌리는 "복원형"의 경우이나 기존 강기슭 수림과 수로가 벚꽃가로수를 보전하고 있다는 점에서 "보전"을 그 기본에 두고 있다고도 할 수 있다.

1) 다치카와공원 네가와녹도 정비의 중요성

다치카와공원 네가와녹도는, 국토교통성 "아쿠아파크 모델사업"의 일환으로 국가와 동경도의 보조금을 받아 네가와의 수변환경에 청류와 자연성을 회복시키는 동시에 청류를 둘러싼 녹지공간을 개선하여 시민에게 양호한 생활환경과 휴식장소를 제공하는 것을 목적으로 하여 정비한 "복원형 하천만들기"이다.

대상지는 동경도 사이코(西郊)로 JR다치카와역 남쪽 약 1km 지점에 위치한다. 이는 다

사진 13-1 다치카와공원 네가와녹도의 정비 전(左)과 정비 후(右)

정비 전 : 콘크리트 소수로를 상록수가 덮고 있다. 왕벚나무는 수간으로 분별할 수 있을 정도.
정비 후 : 상록수를 빼고, 왕벚나무를 경관적으로 간벌하고, 점토와 호박돌 자연수로로 복원.
(설계 : 아이쇼쿠브츠(愛植物)설계사무소, 시공 : 1992~1996년)

치카와 강기슭선(崖線)과 다마가와 사이에 낀 구 하천을 매립하여 콘크리트의 소수로를 중심으로 정비되었던 평균 폭 30m, 길이 약 1.4km 녹도의 개수이다. 니시키(錦)하수처리장에서 고도처리수의 경상적인 급수 시, 소수로를 자연상토, 돌, 식물로 재구성하여 수변·수생식물의 생육환경에 다양성을 주고 과밀한 수로가의 벚꽃과 다른 상록 교목류를 솎아내고 임상이나 흐름에 빛을 주어 식물을 다양화시켜서 예전의 벚꽃 명소를 청류경관과 함께 부활시킨다는 계획이다(사진 13-1).

2) 기본계획

① 물을 소중히 사용하여 자연으로 돌려주는 시스템으로 재생한다.
도시의 수환경과 물 순환 재생을 기본으로 하여 수자원의 소중함을 인식하고 고도처리수를 자연수 순환으로 융합시키도록 한다.

② 무사시노(武藏野)에 걸 맞는 물과 녹지 풍경을 만든다.
무사시노다움을 나타내는 물살이 빠른 흐름이나 수변가의 잡목림 등이 일체화된 풍경을 만든다.

③ 벚꽃 명소를 복원하여 기분 좋은 산책길을 만든다.
예전의 벚꽃 명소를 되찾고 타마가와를 따라 녹지와 산책길을 잇도록 하여 광역의

산책길 네트워크로서의 일환을 담당한다.

④ 야생생물이 서식 가능한 수변환경을 만든다.

자연의 수 순환과 영속성이 있는 수변녹지로서 수변생태계를 구축하고, 지속적으로 육성 관리해 간다.

⑤ 물과의 만남을 즐길 수 있는 친수공간을 만든다.

수변 생물을 관찰하고 사계절마다의 풍경을 즐기며, 물놀이도 할 수 있는 물과의 다양한 관계를 가질 수 있는 장소로 조성한다.

⑥ 네가와녹도 유지와 관리를 포함한 시민참가 영역을 넓힌다.

시민과 행정의 협력에 통해 지속적으로 풍부한 수변공간이 유지될 수 있도록 구조와 방도를 검토, 실천한다.

이상이 네가와녹도의 전체적인 기본방침이며, 존(Zone)별 정비방침은 (그림 13-1)에 표시되어 있다.[1)]

3) 설계감리

생물 서식환경에 크게 영향을 주는 미세한 지형의 변화와 식물의 배치는 도면 안에 모두 표현하기에는 한계가 있다. 설계 의도를 정확히 전하고 정확한 시공을 진행하기 위해서는 현장에 있는 설계자와 시공자 논의와 협동의 과정이 없이는 실현되지 않는다.

본 사업에서는 야생수서동물의 Habitat 복원을 목표로 하며, 기존수림의 솎아내기 등을 시공할 때 현장에서 판단해야 할 사항이 많기에 설계 감리로서 호안(護岸)과 하도 등의 세부사양과 벌채목의 Marking과 정지(整枝) 등의 표시, 수초의 이식 또는 키버들의 꺾꽂이, 어류를 쇼와(昭和)용수로부터 이입하는 등을 실행했다. 이에 의해, 생물의 다양성을 회복시키기 위한 현장에서의 세부정리를 매우 세밀하게 실시할 수 있게 되었다.

13.3 다자연형하천만들기의 요점

하천 공간은 "자연작용"에 의한 토사 침식, 운반, 퇴적, 그리고 "인위작용"에 의한 하천형태의 개변 등이 조합되어 기본적인 형태가 만들어지며, 이 때, 식물은 그 입지에 맞

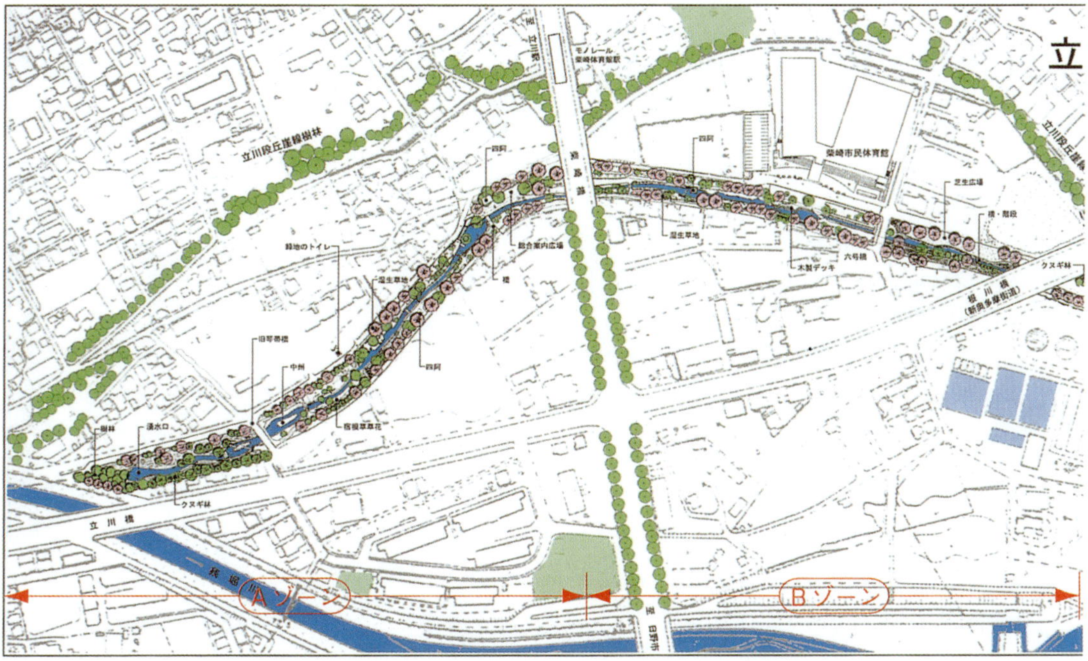

A Zone : 물기슭(崖線)수림과 잔굴천(残堀川)에 근접한 끝단에 해당됨.
정비방침 : 고도처리수가 용출하는 하천의 최상류부로서, 수림에 쌓여, 개연꽃 우거진 용수지에서 흘러나온 청수가, 석창포가 무성한 호박돌바닥재의 여울로 실개울을 만든다.

B Zone : 네가와녹도 중앙부에 해당하며, 모노레일역에 가장 가깝게 위치하고 있다.
시바자키(柴崎)체육관에 접하고 있어, 많은 사림이 모인다.
정비방침 : 녹도의 중심부로서, 또한 체육관 앞 정원광장으로서의 이용을 겸한, 포장된 공간을 확보한다.

그림 13-1 다치카와공원 녹도 평면도

추어 다양한 방식으로 살아간다. 하천공간을 생물 생육환경의 다양화라 칭하는 입장에서 생각하면, "하천형태의 다양화"가 목표수립의 기본이 된다. 여기서는, 하천공간의 부위를 ① 항상 물이 흐르는 "수역" ② 관수 등의 영향을 받아 습윤한 "수제선" ③ 일상적으로는 물의 영향을 받지 않는 "육역"의 세 공간으로 나누어, 각각의 항목에 관해 유의해야 할 점을 다치카와네가와 녹도(이하, "네가와")의 구체적 사례를 포함하여 설명한다.

1) 수역

항상 물이 흐르고 있는 "수맥"은 수서동물 서식지의 핵이 된다. 어류와 새우, 잠자리와 반딧불이의 유충, 물장군, 물방개, 소금쟁이, 물매암이 등의 곤충류와 도마뱀, 도롱뇽, 개구리 등의 양서류와 가막조개, 우렁이, 다슬기 등의 패류 등의 하천 바닥에 사는 저서동물은, 그 생활사에 있어, 대체로 거의 수역 내에 의존한다.

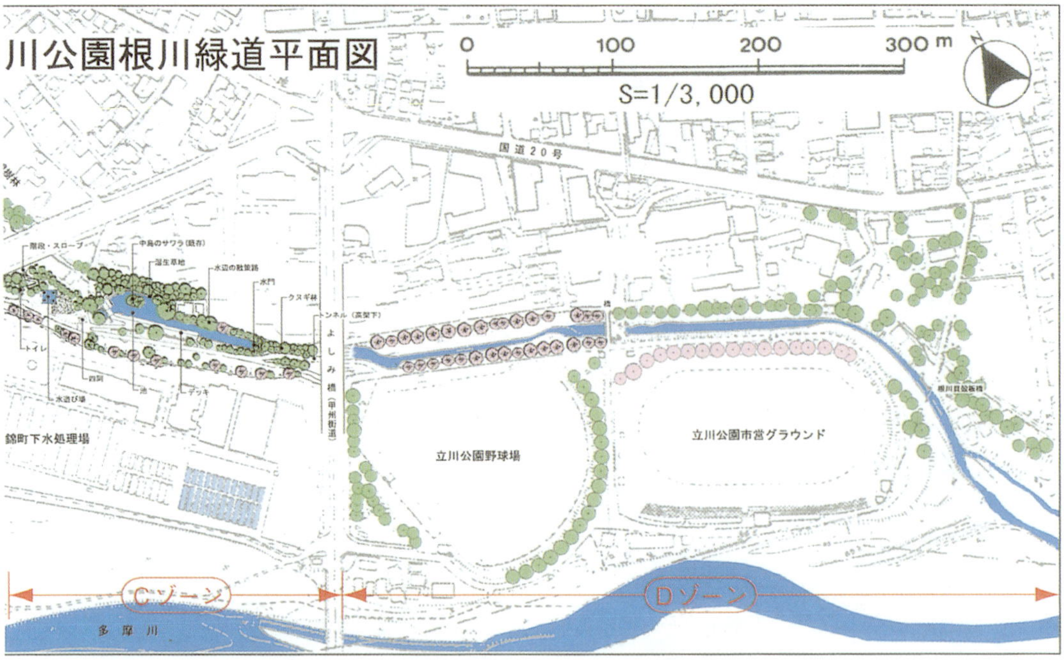

C Zone : 북측의 물기슭수림과, 남측의 처리장 벚꽃가로수에 둘러싸인, 폭이 넓고, 밝은 공간과 물기슭의 하류를 흐르는 기존소수로가 있고, 요지의 큰 벚꽃이 인상적이다.
정비방침 : 정비구간의 최하류부로서, 물기슭수림을 배경으로, 붕어와 납자루가 살고 있다. 넓고, 깊은 호수를 만든다. 넓은 공간을 활용하여, 상수를 이용한, 하계한정의 물놀이 시설을 만든다. 서단의 신오쿠다마(新奥多摩)가도와 동단의 코슈(甲州) 가도에 접하여, 무사시노의 상수리나무림을 완충 녹지로 창출한다.

D Zone : 정비구간 한층 더 하류부에 해당되며, 네가와 최하류부이고, 흐름 끝은 다마가와에 접한다. 예전의 하도와 토수의 벚꽃이 남아있어, 네가와 원풍경의 으뜸이 된다.
정비방침 : 녹도정비 구간에는 포함되어 있지 않지만, 현상태의 하천경관 유지와 향상을 목표로 관리는, A~C Zone과 일체적으로 진행한다. 흙 제방의 풀베기 빈도를 바꾸는 등으로, 사계의 하천변의 풍경 명소를 늘린다.

또한, 하천은 산에서 바다에까지 길게 연결되어 그 유역에서 주변까지 합류하는 지천(支川)과 논의 수로 등과 종횡에 연유하는 객체들에 의해서 물을 근간으로 하는 생물의 다이내믹한 생태계 네트워크를 형성한다는 사실을 인식해야만 한다. 그러므로 하천이 댐과 제방 그리고 암거(暗渠) 등에 의해 분단 · 고립되어 버리면 하천특유의 생태계 회복이 어렵게 된다.

그러므로 하천 정비 시 계획은 우선적으로 하천 가로, 세로 방향의 수리관계의 실태를 확인한 다음 대상지의 하천에 관한 검토에 들어간다. 이 때, 수역에 관한 생물 생육환경을 좌우할 항목은 "수량(水量)", "수질" 및 "하천의 형태"이다.

(1) 수량의 확보

긴 거리를 흐르는 하천의 수면에서 증산되거나 물가의 흙에서 모세관현상으로 빨아들인 물의 양은 예상 외로 많다. 수원을 상수와 정수(井水)에 의존하여 순환수로 만드는 인공적인 흐름에 있어 지속적인 증산수의 보급이 없으면 그 흐름은 곧 건천화 된다. 자연 수원에 의해 작은 하천도 계절적으로 수량이 적어지면 그 분량만큼 수서동물의 서식종류와 수량이 감소하며 계절적으로 수로의 물을 빼는 논에 서식하는 종 수 또한 격감한다.

수변생태계의 다양성 유지에는 "한 해 동안 안정된 수량의 보급"이 중요한 의미를 가진다.

"네가와"의 경우, 수원인 하수처리장에서 매분, 1.73톤(2,700톤/일 · 24시간 유수)의 물이 항시 공급되는 것이 전제되어 "완만하게 흐르는 자연의 소하천 풍경"을 상정하여 유속을 매초 10~35㎝, 수심을 5~40㎝(연못부에서는 깊이 10~100㎝), 수로 폭을 1.0~3.0m으로 설정하였다. 이러한 수로 폭, 수심, 유속 등은 공급되는 수량에 의해서 필연적으로 그 선택 폭이 정해지지만, 구체적인 수치를 결정함에 있어서는 목표로 하는 유사하천을 참고로 하여 정하는 것이 정확성을 높인다. 이는 자연 하천을 개수하는 경우에도 마찬가지이다(사진 13-2).

사진 13-2 **수원(水源)**

개연꽃이 무성한 용수구와 배경의 물기슭 수림

(2) 수질 확인

〈표 13-1〉은 "수질 계급과 지표생물의 범위"를 (Ⅰ) 깨끗한 물, (Ⅱ) 조금 오염된 물, (Ⅲ) 오염된 물, (Ⅳ) 매우 오염된 물의 4단계로 표시한 것이다. 또한, 〈표 13-2〉는 수질 외에 저질, 유속, 수심, 먹이량, 은신처 등의 요소를 포함하여 "담수어류별 자연도 지수"로서 표시한 것이다. 이 두 개의 표와 〈표 13-3〉의 자프로비(Saprobitata)성에 의한 하천 수질계급을 비교함으로써 대략 그 하천에 서식할 수 있는 수서동물의 종류를 상정할 수 있다.

"네가와"의 경우는, 고도처리수 수질이 바로 하천의 수질을 의미했다. 이 수치에서 특히 유기물의 분해에 크게 영향을 미치는 BOD(생물화학적 산소요구량), 평균 2.8㎖/ℓ 과

표 13-1 수질계급과 지표생물의 범위(환경청 수질보전국, 1985)

번호	수질계급 / 지표생물	I 깨끗한 물	II 조금 오염된 물	III 오염된 물	IV 매우 오염된 물
1	플라나리아류	────			
2	담수게	────			
3	은어류	────			
4	강도래목	────			
5	날도래목 일부	────			
6	하루살이 일부	────			
7	뱀잠자리류	────	─ ─		
8	5 이외의 날도래목	────	────		
9	6, 11 이외의 하루살이류	────	────		
10	물가등근물삿갓벌레	─ ─	────		
11	하루살이 일부		─ ─	────	
12	거머리류		─ ─	────	
13	물벌레류		─ ─	────	
14	왼돌이 물달팽이			────	────
15	요시마쯔깔따구			─ ─	────
16	실지렁이류			─ ─	────

1~9: 깨끗한 물의 지표생물
8~10: 조금 오염된 물의 지표생물
11~14: 오염된 물의 지표생물
14~16: 매우 오염된 물의 지표생물

표 13-2 담수어류별로 분류한 자연도 지수((재)일본자연보호협회, 1996)

지수A	지수B	지수C	지수D
매우 좋은 환경	좋은 환경	조금 좋은 환경	주의할 필요가 있는 환경
곤들메기 산천어 은어 큰가시고기류 둑중개류	쌀미꾸리 모래무지 납줄갱이 황어 뱀장어	새코미꾸리 버들치 망둥어류(말뚝망둥어, 민물두줄망둑 등) 피라미, 메기 송사리	붕어류 버들개 미꾸라지 참붕어

표 13-3 자프로비성*1)에 의한 하천의 수질계급(아키야마 외, 1986)

오탁수질 계급	용존산소량 함유량(mg/ℓ)	용존산소량 포화도(%)	BOD*2) (mg/ℓ)	하천의 상황	오탁의 진행
빈부수성수역	8.45~8.84	95~100	0.0~0.5	산간계류	
빈~β중부수성수역	7.50~8.45	85~95	0.5~2.0	하천상류부	
중β부수성수역	6.20~7.50	70~85	2.0~4.0	촌락지대하천	
β~α중부수성수역	4.40~6.20	50~70	4.0~07.0	주택지하천	
α중부수성수역	2.20~4.40	25~50	7.0~13.0	도시내하천	
α중~강부수성수역	0.90~2.20	10~25	13.0~22.0	하수량이 많은 도시하천	
강부수성수역	0~0.90	<10	>22	악취가 있는 도시하천	높음

* 1) 자프로비(Saprobitata)성 : 수중 유기물의 박테리아에 의한 분해정도를 측정하여, 그 결과를 수질오염도로 보는 기준
* 2) BOD(생물화학적 산소요구량) : 세균이 유기물을 분해할 때, 소비되는 산소량, 유기물(오탁)의 기준

DO(용존산소량), 평균 10mg/ℓ 을 〈표 13-3〉에 적용해 보면, 하천의 상부에서 산간 계곡에 해당되는 "빈～β중부수성 수역"의 "깨끗한 물"에 해당되는 수질을 얻을 수 있다.

(3) 종횡단의 관계

연어, 장어, 은어가 바다나 하구에서 산란을 위해 모천회귀하고 메기, 붕어, 장어가 큰 하천에서 좁은 수로와 얕은 논(水田)으로 되돌아온다. 그러나 오늘날 이처럼 하천의 다양한 형태를 복합적으로 이용한 어종의 자연하천에서의 번식이 인위적인 하천 개수에 의한 생태계의 단절로 인하여 위기에 처해 있다.

대상이 되는 하천에 관해서는 우선 수원지와 수원을 함양하고 있는 지형과 식생과의 관계, 하천 중 · 하류구간과 그 주변의 수계, 지형, 식생과의 관계, 하구부와 흘러가는 위치와 수계와의 관계 등, 계획지에 접한 부분의 수계를 이루도록 원활하게 연결되게 한다.

"네가와"의 경우는, 기존 하도가 완성되어 있어 타마가와에 합류하는 합류부와 정비존과의 사이를 차단하고 있는 콘크리트 댐과 암거를 개 · 보수 할 수 없었지만, 정비구간 내의 유역에서는 어류의 왕래를 자유롭게 하는 종단면을 조성하였다(그림 13-2).

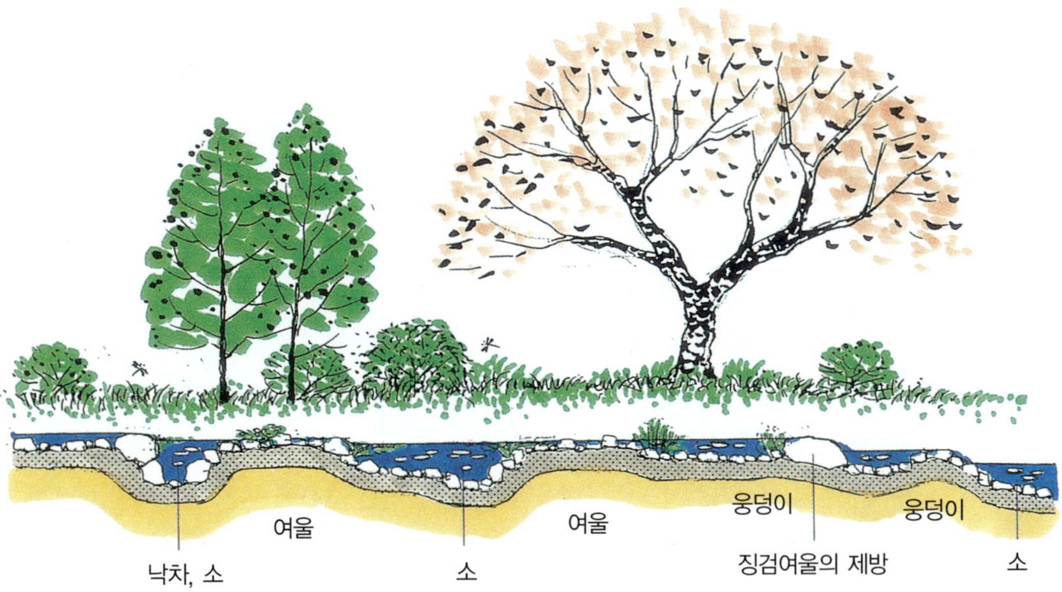

그림 13-2 수로표준종단단면도

(4) 하천 형태의 다양화

하천 배수로가 물을 신속하게 유하하기 위해서는 하도의 직선화와 정형적인 단면화가 진행되는 것은 피할 수 없다. 그러나 이를 안이하고 획일적인 방식으로 진행함은 생태계의 다양성을 부정하는 것이나 다름없다. 다자연형 하천 형태는 그 안전성과 다양성을 해당 상황에 따라 무리 없이 맞추어 가지 않으면 안 된다.

하도 단면을 획일적인 구형(矩形)이나 대형형(台形型)으로 하면 수심과 유속이 일정해져서 "여울"과 "소"가 없는 단조로운 흐름이 되고 여울과 소를 필요로 하는 동물의 정착과 서식에 바람직하지 못하게 되는 동시에 생태계도 전체적으로 단조롭게 되고 만다. 그러므로 되도록 자연하천 하도의 형태에 가깝게 조성하기 위해서는 하상과 물가를 고정시키지 않고 자연수의 흐름에 의해 여울이나 소가 자연적으로 만들어지는 것이 이상적이나, 사람이 사는 마을에 가까운 하천에서는 안전성과 토지이용의 제약으로 안정된 형태로 될 수 있으면, 자연하천을 모방해 인위적으로 만들게 된다.

자연하천에서는 수류가 호안에 부딪쳐 깊게 도려낸 듯한 "소"는 물이 괴어 있어 흐름이 정체되어 그 곳에 모이는 먹이를 찾는 어류의 집합장소가 된다. 또한 겨울에도 수온이 안정되어 있어 "깊은 소"는 어류의 서식장소로서 중요한 의미를 지닌다. 또한 얇고 흐름이 빠른 "여울"도 유수를 좋아하는 수생곤충과 어류의 모이는 장소이다. 그 외에도, 수중 경사지를 나타내는 "Drop off"와 "붕(棚)", 수면 높낮이에 의한 "낙차", 호안이 육지쪽으로 들어간 "만곡부"와 물이 천천히 정체하는 "물웅덩이" 등은 낚시꾼의 포인트로서 이처럼 유사 자연 하천의 형태를 되도록 많이 만드는 것이 다자연형하천만들기의 핵심이라 해도 좋다.

"네가와"하도의 선형 부지는 폭 2.5m의 산책로를 포함한 녹도의 평균 폭이 약 30m로 좁고 지형도 평탄하기 때문에 전체적으로는 완만한 사행곡선을 이루어 미지형에 변화를 주기 위해 수류와 수심의 다양성을 높였다. 하도의 "기본구조"는 하천 밑에서의 누수와 흡수에 의해서 "한정된 수량"을 줄지 않게 하기 위해 옥석, 모래, 점토저질의 하부에 방수시트를 부설하고 있다.

수서동물의 서식거점이 되는 "여울과 소"는 완만한 수류에 의해 만들어진 미세한 변화점으로 유역에 편입시키고 더 나아가 하상에 변화를 주기위해서는 크고 작은 하천석을 "부석"(사진 13-3)으로 배치하여, 수류와 공극에 변화를 주었다. 또한, 하천을 건너는 징검다리(징검여울)의 수제효과를 이용한 "낙차"(사진 13-4) 와 하천 유수가 도달하는 넓은 연못의 가장 깊은 곳에 수심 1m정도의 "깊은 소"를 만드는 등의 고안을 하고 있다(그

사진 13-3 **부석**

부석의 그늘은 물고기와 수생곤충의 은신처가 된다.

사진 13-4 **낙차**

좁은 징검다리의 간극에서의 낙차

사진 13-5 **물고기의 방류**

림 13-3).

(5) 지역의 기존 수서동물의 보호와 번식

기존의 생물은 그 토지고유의 유전자를 가진 생물 다양성의 보전 상 중요한 의미를 갖게 된다. 특히, 하천이 자연성이 높은 지역에 위치하는 경우에는 동일종이라도 함부로 타 지역으로부터 이입하지 말아야 한다.

"네가와"의 경우, 기존 조성 수로의 개수로 인해 인근주변이 도시화되어 있었고, 자연회복목표는 정비 후에도 지속적으로 각종의 개체군을 유지할 수 있을 정도로 상정했지만, 기존수로에 서식하고 있던 동물 중 자생하는 바지락, 다슬기, 미꾸라지를 보호대상으로 하고 조성공사 단계에서 하천 밑의 진흙과 함께 채집하여 정비 후의 하도로 되돌렸다. 또한, 미꾸라지 이외의 어류의 경우, 인접한 쇼와(昭和)용수에 서식 · 생육하고 있던 피라미, 삼지연붕어를 포획, 방류하였다(사진 13-5).

(A) 돌망태와 옥석의 호안

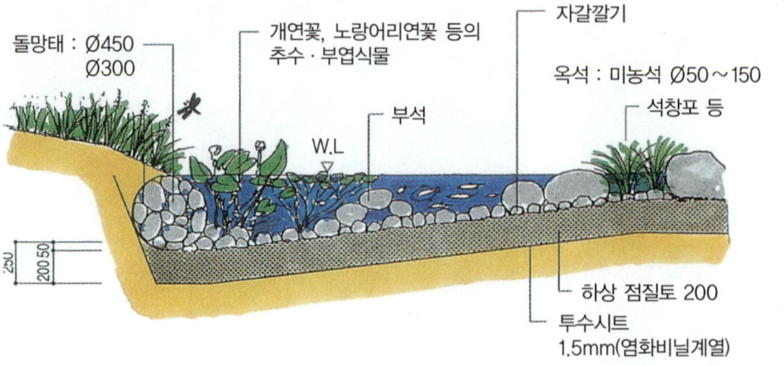

하도: 정비 중(상)과 정비 후(하): 완곡의 사행곡선을 이루는 하도는 옥석의 하부에 점질토와 방수시트를 깔고 있다.

(B) 이불형 돌망태의 호안

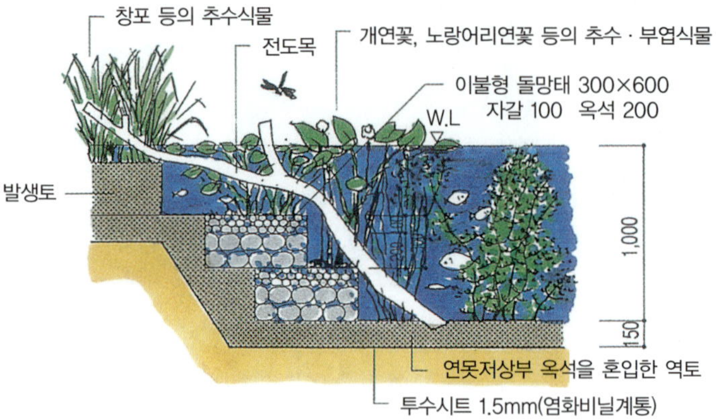

가장 안쪽의 연못 : 정비 중(좌)과 정비 후(우) : 수심 1m를 확보한 가장 안쪽의 연못은 이불형 돌망태와 돌망태의 조합에 의해 호안을 안정시키고 있다. 수초는 창포 등.

그림 13-3 수로 호안의 주요표준횡단도

2) 수제선(水際線)

수역과 육역의 접선인 수제선은 수류와 파랑 등에 의해 다양한 형태를 나타내며, 각각의 장소에 맞추어 수생과 육생의 식물이 뒤섞여 수제선에 특유한 식생을 성립하고 있다. 이는 수생, 육생 쌍방의 야생동물의 채이(採餌), 번식, 피난 등의 장소로 사용되는 "야생동물서식영역(Habitat)"로서 매우 소중한 장소이다. 그러나 이처럼 물과 육지와의 미세한 관계에서 성립되어 있는 "수제선"은 수위의 변동 정도에 의해 좌우되는 극히 섬세한 입지라고 말할 수 있다.

수위변동이 적다면 상시 육역에 같은 조건에서 수분이 공급되므로 목본류와 다년초에 의해서 안정된 수제선의 식생이 형성되지만, 빈번하게 침수와 육역화를 반복하는 천변지대나 댐 용지 등에서는 식생이 안정되지 않고 나지의 많은 일년초 군락으로 되기 쉽다. 그러므로 수위가 다변적인 경우는 수위의 변동을 되도록이면 적게 하도록 하여 안정된 수제선의 식생을 복원한다.

"네가와"의 경우, 상시 안정된 수량이 공급되는 고도처리수를 수원으로 하고, 주변에서의 유입수도 적기 때문에 안정된 식생의 유지가 쉽다.

(1) 생태를 배려한 호안

자연의 수제선을 만드는 데에는 자연 수류에 의해 자유자재로 변화하는 유연한 구조가 이상적이지만, 부지와 주변의 토지이용이 제한된 하천에서는 변동이 적은 안정된 형태의 "호안"을 만들 필요가 있다. 호안 주변을 강우와 수류에 의한 큰 침식으로부터 지켜냄과 동시에 생물의 은신처로도 사용될 수 있는 "호안"의 소재로는, 다공질의 자갈과 암석과 말뚝 등의 자연소재가 적당하지만, 그보다 하천 독자적 생태계의 복원, 경관과 친숙해진다는 점 등에서 하천 주변에 있는 소재로 하는 것이 이상적이다.

예전에는 옥석의 천변지대였던 "네가와"의 경우, 하상과 같은 "옥석"을 사용했지만, 호안의 안정과 수심 확보라는 점에서, 옥석 외에도 옥석쌓기와 돌망태, 이불형 돌망태를 사용하여 수제선을 안정시켰다(그림 13-3 참조).

(2) 하반(河畔) 식생의 보전과 복원

하반 식생은 강수를 지엽(枝葉)으로 막아내는 근계로 흙을 유지시키고 하천 주변으로부터 흘러 들어오는 수량을 조절하여 수질을 정화한다. 관수빈도가 적은 하반에는 버드나무와 오리나무, 물푸레나무 등의 목본류에 의해 하반림이 성립된다. 목본과 초본류에서 본위적으로 구성된 하반림은 포유류, 조류, 곤충 등의 이동통로(Eco-corridor)가 되는 동시에 Habitat이 된다. 수면에 그늘을 만드는 수목 그늘은 물고기의 휴식처와 피난처가 되고, 물가 식물의 지엽과 뿌리주변에 서식하는 소 동물은 물고기, 개구리, 영원, 게 등의 먹이가 되고, 잠자리와 반딧불의 우화, 휴식처가 되는 등 많은 수생동물의 서식환경으로서 중요한 역할을 한다. 그러나, 수중에 빛이 들어올 수 없는 정도로 수변 수목이 너무 무성하면, 오히려 수중 생태계의 다양성을 잃어버리기 쉬워 습성초지, 낙엽수의 소림에 약간 적은 상록수를 섞은 녹음이 적절히 조합되어진 하반이 바람직하다.

"네가와"의 경우, 녹도정비를 할 때에 식재된 상록성 교목과 저목류가 왕성하게 우거져 수로에 거의 해가 들지 않는 음울하고 단조로운 환경이어서 하도와 산책로 개수와 더불어 상록광엽수와 저목성 원예종 대부분, 외래 낙엽광엽수, 하도를 차지하고 있는 교목을 제거하고, 오리나무, 키버들 등의 목본류을 보식하며, 석창포, 부처꽃 등의 습성식물, 개연꽃, 창포, 세모고랭이(사진 13-6) 등의 추수(抽水)식물, 노랑어리연꽃 등의 부엽식물을 물가 식생의 기본종으로서 도입했다. 이 때, 창포, 말즘 등, 인접하는 쇼와용수에 생육하고 있는 개체들을 이식했다.

사진 13-6 호안에 정착한 세모고랭이

3) 육역

하천의 수원이 되는 우수를 받아 놓는 움푹 패인 지형을 "집수역"이라 하며, 이는 이 육역의 지형, 토양, 식생 등이 하천에 흘러 들어오는 수량과 수질, 토사의 유입과 생물 서식 등에 크게 영향을 준다. 여기서 말하는 육역은 침수의 빈도가 낮고 표토가 안정되며, 육생 식물이 성립하는 구역을 말한다.

(1) 육역 형태는 일률적이지 않다

하천 침식에 의해 생긴 V자 계곡의 사면림, 완만한 천변에 기대되는 구릉지의 잡목림과 평지림 등 하천과 주변 지형은 상호 작용에 의해 천변 고유의 환경을 이루고 있다.

목표로 하는 천변의 육역의 형태도 되도록이면 기존의 지형을 보전, 복원하는 것이 좋다. 그러나 도시근교 하천에서는 안전성의 중시해야 하고 인접한 토지이용에서의 제약이 많으므로 인공적인 구조물과 공작물의 사용이나 도입은 피할 수 없다. 특히 "하천녹도" 등 하천에서 물놀이나 관상 등의 "친수성"을 요구하는 경우, 산책로, 다리, 데크(deck) 등의 도입에 의한 제약이 많게 된다.

"네가와"의 경우, 수원부에 조성되어 있던 게이트볼 장에, 성토에 의한 사면림을 조성한 것 외에 왕벚나무 등의 기존수를 남기기 위해 육역 지형의 대부분은 원지형에 하도를 맞추듯 계획했다.

(2) 기존 교목과 식생을 활용 한다

하천의 경우, 육역을 포함한 전부를 새롭게 만들어 내는 경우는 극히 적다. 하도 주변에는 많은 기존 식물이 자라고 있다. 그것이 교목의 경우는 지역 역사를 전하는 한 무리의 녹음이라면 그 지역에 자생하는 야생동물의 서식거점이 되고 있는 가능성이 높다. 기존 식생이나 수목 보호는 표토 보전으로도 이어지고, 개체의 이식으로는 실현할 수 없는 생태계보전의 의미를 갖는다.

"네가와"의 경우, 네가와와 일체화되어 친밀한 관계를 유지해 온 "왕벚나무 명소를 복원한다."라는 전제가 있기 때문에, 우선 왕벚나무와 경합 할 수목과, 빛을 차단하고 있는 상록광엽수를 제거한 다음, 경관적, 생리적으로도 과밀되었던 왕벚나무를 "수관이 하늘로 뻗는" 풍경을 전제로 하여 거의 반 정도를 솎아내는 "수경간벌(修景間伐)"을 실행하였다. 또한, 호안선수림의 구성종인 팽나무, 느티나무 교목은 네가와의 상징으로서 최우선으로 존치시켰다.

13.4 순응적 관리

자연 하천은 기상 변화와 식물 생육상황 등에 의해 언제나 같은 상태가 아니다. 특히, 하천을 둘러싸고 있는 식물의 무성한 번식은 야생동물의 서식환경에 크게 영향을 미친다. 한편, 야생동물에는 생활사도 정확하지 않는 것이 많다. 즉, 자연에는 파악되지 않은 "미지성(未知性)", 시간과 함께 형태가 변해가는 "부정상성(否定常性)", 대상범위를 한정할 수 없는 "개방성(開放性)"의 특성이 있음을 이해할 필요가 있다. 관리 또한 이를 전제로 행해져야 한다. 관리대상지 자연의 변화와 생물의 동향을 관찰하면서 유연하게 관리내용을 바꿔가는 "순응적 관리"의 사고방식은 "신 · 생물다양성국가전략(2003년 3월 결정)"과 "자연재생추진법(2003년 1월 시행)" 중에도 도입되어 있다. 다자연형녹지만들기를 목표로 하는 데에는 이러한 "순응적 관리"를 전제로 하는 것이 중요하다(사진 13-7).

하천 특유의 다양한 Habitat는 수중에서부터 수제선까지 생육하는 수생, 습성의 식물군에 의해 만들어지는 다양한 공간이다.

축축한 육역에서부터 수제선에 걸쳐서는 갈대, 부들, 줄, 석창포, 사초류, 골풀, 금방동사니, 부처꽃 등의 다채로운 습성식물이 생육하고 1m이상의 수심역에는 말즘, 솔잎말

사진 13-7 **하류**

수변의 식물관리는, 생육상황을 지켜보면서 진행하는 순응적 관리를 전제로 한다.

사진 13-8 **음양의 콘트라스트**

호안부 식물의 우거진 상태에 의한 음지와 양지의 콘트라스트는, 생물의 생육, 서식환경의 다양성을 늘린다.

등의 침수식물이 생육 가능하다. 그 중간역의 일조가 좋은 얕은 곳은 노랑어리연꽃, 마름, 수련 등의 부엽식물과 개연꽃, 창포 등의 추수식물이 적응하기 쉬운 영역이다.

이 식물들의 거처를 나누는 일은 반드시 명확하지는 않다. 실제로 갈대는 수심 1m에도 생육할 수 있고 마름과 줄말 등의 부엽, 침수식물도, 본래는 일조가 좋은 얕은 수역을 선호한다. 수변의 식생을 방치하여 세력이 왕성한 식물만으로 단순화되지 않기 위해서는 침략적으로 번식하는 식물을 막고 피압되어 있는 식물을 부활시키기 위해 상황에 순응한 "선택적 제거"가 불가결하다. 이것이 "순응적 관리"의 사고방식이 빠질 수 없는 이유이다. 플라이 낚시가 활발한 영국에서는 어류 서식에 적당한 하천을 유지하기 위해 수변과 수중 식물의 무성한 번식을 억제하여 어류서식지역을 유지한다. 전문 "River keeper"가 있어 수초를 베어주는 등의 관리를 실행하고 있다. 이러한 수변에서부터 수중에 걸쳐 다양한 형태를 가진 식물군락을 지속적으로 유지하는 것이 많은 수생동물이 사는 다자연형하천만들기 관리의 중점 사항이다.

"네가와"의 경우, 유역 대부분을 차지하고 있는 유속이 있는 얕은 흐름은 바닥의 토질이 뿌리를 내리기 어려운 자갈이고, 수초에 의한 수면 피복은 진행되어 있지 않다. 또한 수초가 생육하기 쉬운 점질토양의 얕은 곳은 수제부 일부에 한정되고 침략성 왕성한 갈대, 부들 등은 처음부터 의도적으로 도입하지 않았기 때문에 석창포, 개연꽃, 창포, 노랑어리연꽃 등의 부분적인 솎아내기를 적절히 실행하고 있는 정도이다.

한편, 호안변 식물의 무성한 번식은 수면을 덮을 정도로 왕성하여, 수면에 되도록이면 빛이 들어가도록 수제선 대형식물의 제거와 전정을 집중적으로 지속하고 있다(사진 13-8).

13.5 모니터링조사의 관리차원에서의 반영

"순응적"이라고 하여 무계획이고 임시 변통적으로 관리해서는 관리책임자가 바뀔 때마다 관리내용도 변할 수밖에 없다. 관리내용에 알맞은 효과를 올리기 위해서는 현지 생물의 번성 · 쇠퇴와 생물 동향을 가능한 파악해 둘 필요가 있고 이를 위해서는 "모니터링 조사"가 불가결하다.

네가와의 경우, 정비 후 수서동물의 서식변이에 관하여 1996년에 통합적인 모니터링 조사를 실행하고 있다.[2] 이는 질소와 인 등의 영양염류 농도가 감소하고 있다는 것, 이식한 피라미, 줄몰개, 참붕어 등의 어류가 세대교체를 하고 있고, 다종의 저서동물이 서식하고, 유수성 실잠자리가 날아다니는 것을 많이 볼 수 있는 등, 수생동물에 있어 양호한 서식환경으로 회복되고 있음을 확인하였다. 또한, 흰뺨검둥오리, 물총새, 쇠백로 등도 빈번하게 날아옴으로써 수조를 정점으로 하는 소하천 생태계가 형성되어 가고 있는 것도 확인되었다(사진 13-9). 그러나 한편으로는 노랑어리연꽃과 가래 등의 부엽식물과 말즘 등의 침수식물의 감소와 소멸이 나타나 그 원인이 판명되지 않았으며, 이는 앞으로 지속적인 관찰에 의한 "네가와" 독자적인 생태관리기술 확립을 요구한다.

사진 13-9 양호한 수서동물의 서식환경

세대 교체한 피라미와 스와모로코가 흐름에 무리지어 있음(왼쪽), 먹이를 쪼아 먹는 물오리의 무리(오른쪽).

13.6 관리와 인간의 개입

수역, 육역 쌍방에서의 영향을 동시에 받는 하천은 정비 후에 지속되는 관리 내용이 생물 서식환경의 적합여부를 크게 좌우한다. 또한, 이용자의 하천과 관계도 생태계에 큰 영향을 미친다(사진 13-10).

"네가와"의 경우, 벚꽃 명소로서 녹도를 동반하는 적극적인 하천 접근을 전제로 하고 있다. 그만큼 야생동물에게 있어서는 사람에 의한 스트레스가 크다. 그 대책으로서,

① 사람의 접근을 제약하는 Zone 설정과 해설판 설치
② 관리자의 자연제어관리 이해와 구체적이고 철저하게
③ 잉어와 금붕어 등의 제거와 방류금지간판의 설치와 전단지 배포
④ 야생동물 서식환경유지 중요성의 이해를 도와주는 이벤트 개최

사진 13-10 **사람이 물을 만지거나, 들어 갈수 있는 장소를 특정하여, 다른 장소에의 근접을 제한한다.**

왼 쪽 : 어린이 물놀이가 가능한 장소의 특정
오른쪽 : 안에 들어가 놀 수 있는 체육관앞 광장앞의 얕은 흐름.

등을 실행하고 있고 정비 후에 발족한 "네가와녹도를 좋게 하는 모임" 에 다자연형녹도의 가치와 위치를 협조 받아 그룹이 관리, 홍보, 이벤트, 감시 등의 활동에도 협력하고 있다.

– 야마모토 노리히사(山本紀久)

인용문헌

1) 山本紀久・中田研童 (1994)：立川公園「根川綠道」の修景計劃, JAPAN LANDSCAPE, No. 32, 28–31.
2) 葉 素惠 (1997)：清流復活事業による都市河川の生物生息環境の回復–高度處理水を用いた根川清流復活事業における事例研究–, 東京農工大學大學院研究科修士論文.
3) 山本紀久 (1993)：水邊の生物, 水邊のリハビリテーション–現代水邊デザイン論–, 龜山章・樋渡達也編, p.42–54. ソフトサイエンス社.

column

칼 럼

자연재생과 외래종

근래에 지방자치체와 민간단체 등에 의한 비오톱 연못 등의 수변 환경정비가 실행되어 다양한 수변생태계가 복원 · 창출되게 되었다.

그러나 그 생태계에 큰 영향을 끼치는 외래종은 외국과 국내에서의 이입을 불문하고 종수, 분포지역과 함께 해마다 증가하는 경향이 있으며, 이는 여러 수역으로 방출되고 있다. 여기서 외래종으로 그다지 인식되고 있지 않은 친근한 예로 미국가재와 잉어 2종을 들 수 있다.

미국가재는 하천과 연못 늪, 논, 용수의 정체수역에서 흐름이 완만한 수역에 넓게 서식하는 미국원산이고 쇼와(昭和)초기 이입 이후, 급속도로 일본 각지에 분포를 확대시킨 종이다. 식성은 잡식성으로 수중곤충과 수생식물 등의 수역에 생육 · 서식하는 모든 것이 먹이의 대상이 된다. 또한 생명력이 왕성하고 습지 등의 얕은수역이나 연못 등의 굴착으로 발생하는 일시적인 흙탕물 같은 장소에서도 생존한다. 실제로 미국가재가 수역생태계에 끼치는 영향에 관한 보고는 많지 않으나, 비오톱 연못 등의 소규모 수역에서는 이입된 시기를 경계로 종 다양성이 저하되어 버린 곳이 적지 않다. 미국가재에 관한 문제를 복잡하게 하는 것은 교육 교재로서 이용되고 있는 것도 있어 마치 시민권을 얻은 것 같은 풍조가 퍼져 있고, 외래종이라는 인식이 다른 종과 비교해 낮다는 것이다.

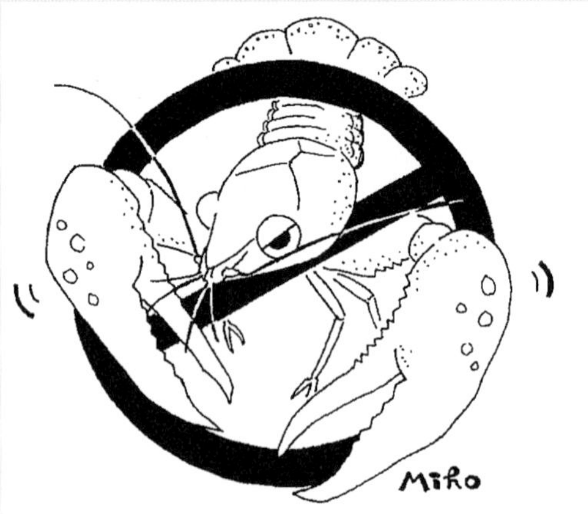

잉어의 경우, 일본전국에 분포되어 있는 점에서 외래종에 해당되지 않는다고 생각되기 쉬우나 기념 이벤트 등으로 만들어지는 여러 수역에 대수롭지 않게 방류한 경위가 있어 잉어는 국내이입종으로 취급되어야만 한다. 잉어가 특히 수역생태계를 교란하는 요인은 그 채이방법에 있다. 그것은 흡음섭이(吸飮攝餌)라 불리는 방법으로 입안에 물과 바닥진흙과 포획물을 함께 빨아들여 먹이가 되는 것만을 먹고 그 외의 것은 아가미로 배출한다. 이 때, 수저 수생식물을 흡입하여 먹거나 아가미에서 배출하는 물의 힘으로 수생식물 뿌리가 씻기기도 하여 감소될 가능성이 있다.

그 곳은 잠자리류 유충을 시작해 수중곤충의 양호한 서식장소이고, 더욱이 송사리와 붕어, 참붕어 등의 어류 산란기반 지역인 동시에 생물 다양성을 보전하는 데에 있어서 매우 중요한 환경이다. 또한 어류와 패류 등은 서식환경이 수역으로 한정되어 있기 때문에 폐쇄적인 수역에서 이러한 교란에 의한 귀중한 종이 절멸해 버리면 그 복원 · 재생을 위한 대책이 매우 곤란하게 된다.

이처럼 습지와 소규모의 폐쇄수역은 취약한 환경에 처한 곳이 많고 외래종이 들어온 경우, 그 영향이 조기에 나타날 것이라고 사료된다.

학교와 공원 등의 공공시설에 정비된 비오톱 연못은 비오톱 네트워크를 형성한 다음에 중요한 거점으로서 위치를 정해 건전한 생태계가 형성 · 유지될 것이 요구된다. 혹시 이 거점이 외래종의 소굴이 된다면, 네트워크 형성에 의해 유치된 잠자리류가 산란을 하였다 해도 알과 유충은 외래종에 포식되어 버리고 만다. 그 이후의 네트워크 형성은 두절되고 말 것이다.

– 이노우에 추요시(井上　剛)

Chapter 14

간석지(干潟地)

14.1 조성간석지의 발달과정

간석지가 조성되면 그곳에서는 박테리아, 해조류와 같은 미생물을 시작으로 하여 조개류, 다모류 등의 저생동물, 그리고 조류까지도 볼 수 있게 된다.[1~7] 이는 간석지 생태계를 구성하는 주요생물(생산자, 분해자, 1차소비자, 2차소비자 등)이 새로운 서식지(habitat)에 자연스럽게 정착하고, 간석지 생태계로서의 구성이 성립되었다는 것을 의미하게 된다.

조성 장소에 있어 생물이 정착하기 시작하면, 수질정화기능과 갯벌에서의 조개잡이, 야조 관찰(Bird Watching)로 대표되는 어메니티(Amenity) 기능 등을 정착생물에 의해 얻을 수가 있다.[4, 8, 9] 단, 이 초기단계에 있어서는 간석지 환경이 급변하는 경우도 많고 서식생물의 대사활성과 현존량이 불안정하기도 하며, 때로는 파탄에 이를 때도 있다.

그러나 시간이 경과됨에 따라 간석지 환경이 안정되고 곧 서식생물의 현존량과 활성이 어느 정도의 변동 폭을 가지면서도 평형상태로 유지되어 생태계의 구조와 기능이 자율적으로 안정되어 간다. 자율적으로 안정된 그 생태계는 유사한 구조와 기능을 나타내는 것도 있을 것이고 자연과는 전혀 어울리지 않는 양상을 보이는 시기도 있을 것이다.

14.2 조성간석지에 있어서의 지형변화와 대형저서생물(Macro Benthos)의 응답 - 미카와(三河)만에 있어서의 사례 -

1) 조성간석지에 있어서 현저한 지형변화

간석지 생태계가 자율적으로 안정되기 위해서는 그 생태계 내에서 "개체군이 근절되는 것과 같은 극단의 환경조건 변화가 일어나지 않도록 하는 것"이 중요하다. 조성 후 얼마 되지 않은 "미성숙"상태의 조성간석지에서는 파도와 흐름 등의 외력과 지형경사도와 퇴적물의 입경(粒徑)과 밸런스가 맞지 않아 지형변화가 크게 일어나는 경우가 많다.[10~12]. 이런 경우, 지형변화 발생과 함께 퇴적물의 교반과 표고의 변화에 의한 간만(干滿)의 시간 변화가 생겨 저생동물 밀도가 크게 변동될 것으로 예상된다. 따라서 지형변화는 간석지 생태계의 자율안정화에 커다란 영향을 준다고 생각된다.

여기서는, 미카와만의 서포지구조성 간석지에서 조사된 지형변화에 대한 대형저서생물군집의 반응에 관해 소개하려 한다.

2) 미카와(三河)만에 있어서의 간석지 재생

미카와만의 만구부에 위치한 나카야마(中山) 수도항로 준설에 의해 발생되는 모래를 유효하게 활용하기 위해 국토교통부와 아이치(愛知)현은 1998년부터 미카와만의 각지에 간석지와 천장(淺場)의 조성사업을 진행하였다(그림 14-1, 사진 14-1). 이를 위해 2002년도까지 32지구(연면적 약 450ha)의 간석지, 천장이 조성되었다. 이들 조성지구 가운데 가

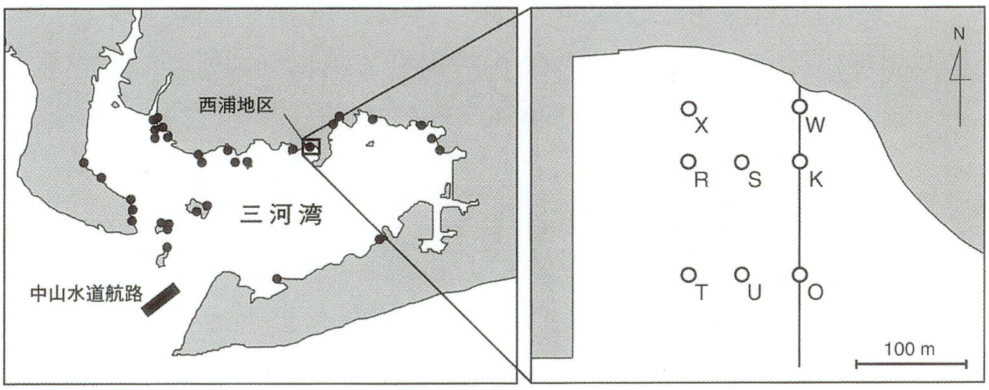

그림 14-1 미카와만에서 진행되고 있는 간석지와 천장 조성사업의 위치도(2002년도 말 시점)(왼쪽)와 아이치현 가마고오리시 니시우라지구 조성간석지에 있어서의 조사정점, 측선(오른쪽)

사진 14-1 니시우라지구 조성간석지의 항공사진(2003년 6월 2일 촬영, 국토교통부 중부지방정비국 미카와만 사무소로부터 제공), 간석지에서는 사주가 동서방향으로 발달하고(하얗게 보이는 부분), 그 북측에서는 석호, 남서측에는 평탄부가 형성되어 있다.

가마고오리시(蒲郡市) 니시우라(西蒲)지구 간석지는 그 준설모래(중앙입경 약 0.18m, 실트점토 함유율 약 3%)를 포함하여 1999년 7월에 조성되었다.

3) 지형변화의 모습

간석지 조성시(0개월 후)의 지형은 물가에서 먼 바다방향으로 약 200m까지 거의 평탄하고 표고는 약 +0.8m D.L.(평균수위는 약 +1.3m D.L.)이다(그림 14-2). 그 후로 간석지 내에서 사주가 형성되기 시작한다. 조성으로부터 6개월 후에 물가에서 약 120m의 장소를 중심으로 한 사주는 물가로 점차 이동하면서 발달하고 18개월 후에는 Stn. K 위치하는 물가에서 약 75m의 장소로 이동하며, 사주의 표고 최고부가 +2.7m D.L.로 되어 있다.

4) 대형저서생물의 출현과 증가

Stn. K에 있어서 대형저서생물 밀도 및 표고의 경시변화를 (그림 14-3)에 나타냈다. 간석지 조성 후 3개월을 경과할 때쯤부터 대형저서생물의 정착이 보이기 시작해 밀도가 현저하게 증가하고 있다.

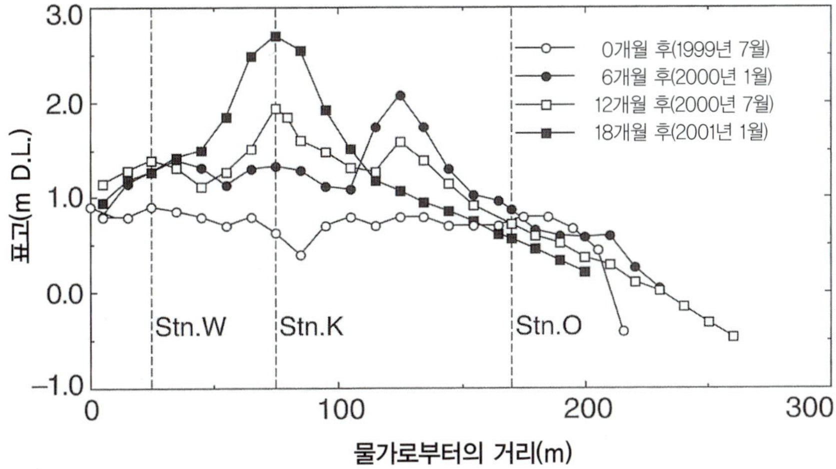

그림 14-2 간석지 조성시(0개월 후)(○), 6개월 후(●), 12개월 후(□) 및 18개월에 있어서 측선상(연안방향)의 표고(m D.L.)의 경시변화

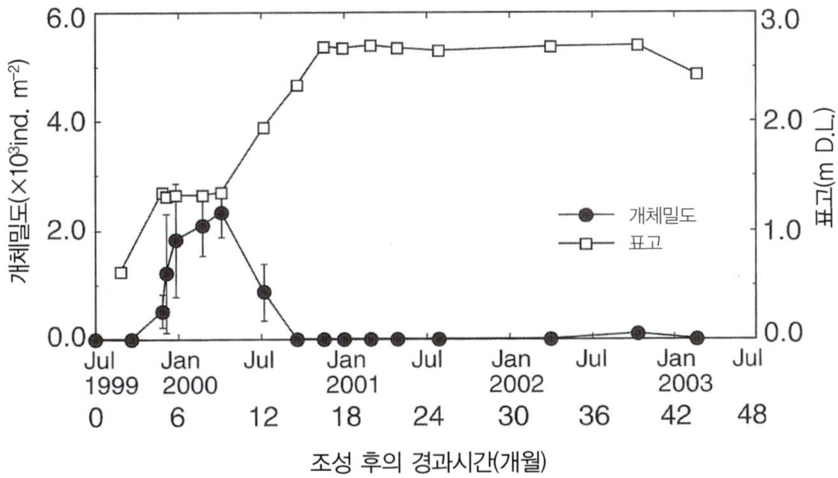

그림 14-3 Stn.K에 있어서 대형저서생물의 밀도(ind. m^{-2})(●) 및 표고(m D.L.)(□)의 경시변화. Error Bar는 표준오차(n=3). 쿠와에(2005)[13]를 일부개정

이매패류인 바지락, 동죽(개량바지락), 갯지렁이류의 다모류가 주요 우점종이다. 그리고 조성으로부터 9개월 후의 전 개체밀도는 약 2,300ind.m^{-2}에 달하고 있다.

5) 급격한 지형변화와 대형저서생물의 감소

그러나 그 후, Stn. K에 있어 사주의 급격한 발달로 인하여 표고가 상승하기 시작함과 동시에 대형저서생물 밀도는 감소하고, 표고가 +2.3m D.L.로 된 2000년 8월에는 대형저서생물이 서식하지 않게 되었다.

전정점에 있어서 표고와 대형저서생물 밀도와의 관계를 (그림 14-4)에 나타냈다. Stn. T와 Stn. U에서는 표고변화가 비교적 작았던 것으로서 조사기간 중에 표고가 약 0.8m 변동되었다. 사주 발달에 의해 표고변화가 컸던 Stn. K와 Stn. X에서는 조사기간 중에 표고가 2.0m 이상 변동되었다.

조사된 표고 약 −0.5m D.L.부터 약 +3.0m D.L.의 범위와 약 −0.3m D.L.부터 약 +0.7m D.L.에서, 표고도의 대형저생생물이 관측된 경우가 보고되었다. 한편, 표고가 +1.3m(평균수위) 보다 높아지면 고밀도의 대형저생생물이 관측되지 않았다. 또한, 표고 약 +2.0m D.L. 보다 높아지면 대형저생생물이 거의 서식할 수 없다는 것을 알 수 있다.

6) 조성시 유의점

지형변화에 의해 표고가 상승하면 간출시간이 길어지기 때문에 퇴적물이 건조되기도 하고 온도와 염분이 급격히 변화되기도 하는 등의 혹독한 환경조건에 처하게 되기 때문에 일반적으로 저생생물의 밀도와 종류의 수는 감소하게 된다. 이는 긴 간출시간을 통하

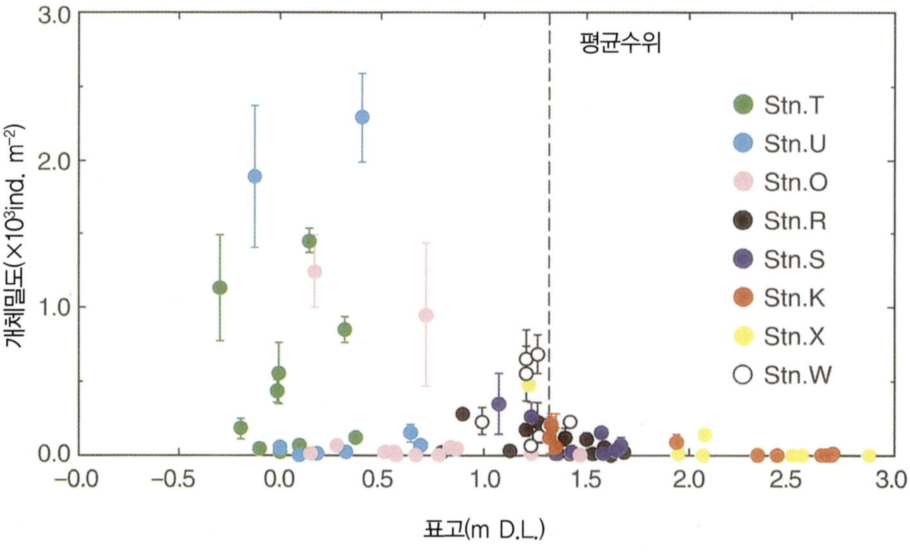

그림 14-4 **전정점에 있어서의 표고(m D.L.)와 대형저서생물 밀도(ind.m^{-2})와의 관계 Error Bar는 표고오차(n = 3), 파선은 평균수위를 나타내고 있다.**

桑江 (2005년)[13]을 일부 개정.

여 혹독하게 바뀌어 가는 환경조건에 견딜 수 있는 저생동물은 한정되어 있다는 것을 의미한다.

니시우라지구에서는 표고가 평균수위보다 높아지면 고밀도의 대형저생식물을 관측할 수 없게 된다. 게다가 표고가 +2.3m D.L. 보다 높아지면, 만조 때에 있어서도 퇴적물표면이 해수에 침윤되지 않기 때문에, 대형저생식물이 거의 서식하지 않는 환경으로 되고 만다. 이러한 사주의 발달 등 지형변화 특히 표고상승은 대형저생식물을 현저하게 감소시켜 서식계의 자율안정화를 방해하는 요인이 되었다.

이상을 근거로 하면, 간석지 조성에 있어서 큰 지형변화가 일어나지 않도록 장소의 선정과 외력 제어에 관해 충분히 배려할 필요가 있음이 분명하다.

14.3 간석지 조성 후, 시간경과에 따른 마크로 벤토스군락의 성숙화 - 간석지 Mesocosm에 의한 실험 -

1) 자율안정에 필요한 시간

조성간석지에 있어서 저생생물의 현존량이 변화하는 큰 요인으로는 앞에서 서술한 “환경조건의 큰 변화” 외에도 “조성 후 시간경과와 함께 생태계의 성숙화”를 들 수 있다. 후자에 관해서는 자연간석지에서 볼 수 없는 조성간석지 특유의 요인이다.

현장에서는 보통 시간경과에 관련하여 환경조건이 변화기 때문에 간석지조성 후 시간경과와 생물군집과의 관계를 명확화 하는 것이 불가능하다.

여기서는 생태계조성 후 대형저생생물군집의 시간경과와 함께 변화의 특성을 밝히기 위해 실시된 간석지 Mesocosm군집을 활용한 실험결과를 소개하며, 생태계 자율안정에 필요한 시간에 관해 검토해 보기로 한다.

2) 간석지 Mesocosm의 개요와 실험방법

Mesocosm은 “중규모의 우주(공간)”라는 의미로 생태계 실험에 있어서는 자연에 가까운 환경을 인공적으로 조성하는 어느 정도 큰 장소를 지칭하며, 중규모의 폐쇠생태계 모델(Mesocosm)의 장점은 자연에 가까운 환경 내에서 생물과 환경조건을 목적에 따라 조정하면서 비교실험을 시도할 수 있다는 점이라고 하였다.[14]

간석지 Mesocosm의 내부 모습을 사진 14-2에 제시, 실험수조의 평면도와 실험해수의 흐름도를 (그림 14-5)에 제시한다. 치바(千葉)현 기사라즈(木更津)시 반슈(盤洲)간석지에서 채취한 퇴적물을 각각의 실험수조에 깊이 50㎝가 되도록 투입하였다. 이 퇴적물은 투입 전에 햇빛에 20일간 건조하였기에 성체인 저서생물은 포함되지 않고 있다. 1994년 12월에는 실험수조에 해수를 도입하고 조석(潮汐)을 부여하여 실험생태계를 창출하였다. 일주일에 2~3회 빈도로 수조 내의 해수와 구리하마(久里浜)만에서 끌어 올린 미처리해수를 교환하였다. 헤이사쿠(平作)천에서 담수가 구리하마만으로 유입되기 때문에 우수시의 취수는 저염분의 해수가 간석지수조에 공급된다. 이 때, 파도와 같은 흐름에 따라 퇴적물에 물리적 교란이 발생한다. 한편, 지붕이 덮혀있기 때문에 기상요란(氣象擾亂)에 기인하는 간석지지형이나 퇴적물 입경의 변화는 볼 수 없었다.

이 실험기간 중에는 생물을 인위적으로 수조에 투입하지 않았다. 즉, 실험수조에 가입된 모든 생물은 구리하마만의 해수에서 유래한(알, 포자, 유생, 종자 등) 것이라고 할 수 있다. 상옥이 존재하므로 조류(鳥類)의 접근도 없었으며, 해수의 취수구에는 펌프를 보호하기 위한 그물이 설치되어 있어 어류 및 마크로벤토스(macrobenthos) 성체의 이입도 거의 없었다.

사진 14-2 간석지 Mesocosm의 내부

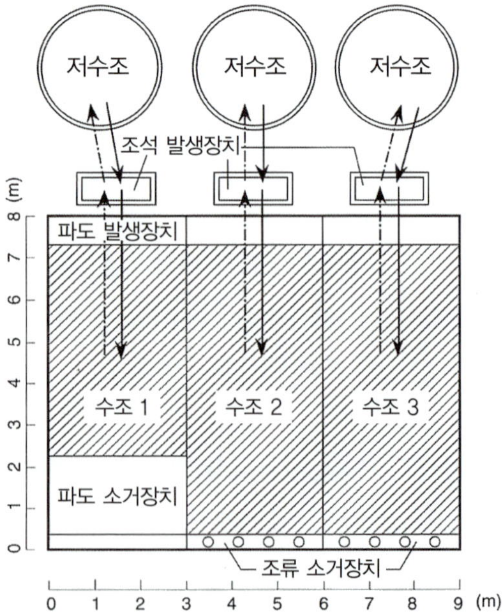

그림 14-5 간석지 Mesocosm의 평면도와 실험해수 흐름도

실선이 만조, 파선이 간조를 나타냄.

3) 시간경과에 따른 개체밀도와 종수의 변동

6년간의 실험기간 중에 간석지 Mesocosm에서 우점한 마크로벤토스는 갑각류(*Corophium sp.*)로는 단각류(*Grandidierella japonica*), 갯지렁이류인 실갯지렁이(*Capitella sp.*)와 참갯지렁이(*Ceratonereis erythraeensis*), 복족류인 포도고둥(*Haloa japonica*) 등이 있다.[15]

간석지 Mesocosm에서는 어느 수조에서도 생태계 창출 후의 경과 시간과 마크로벤토스의 개체밀도간의 관련성을 볼 수 없었다(그림 14-6). 한편, 생태계 창출 후의 경과시간과 마크로벤토스의 종수 사이에는 모든 수조에서 명확한 관련성을 볼 수 있었다. (그림 14-6)에서는 근사곡선의 경사도에서 매년 1~2종씩 종수가 증가하고 있는 것을 알 수 있다.

4) 평형상태에 도달하기까지의 시간

미에(三重)현 아고(英虞)만[3], 나가사키(長崎)현 이사하야(諫早)만[16], 오사카(大阪)부 한난(阪南)지구[17], 효고(兵庫)현 오자키(尾崎)시[6] 등, 현지에 조성된 간석지의 관찰 결과에 따르면, 마크로벤토스의 종수는 길어도 2년 정도면 평형에 도달하는 경우가 많았고 간석지 Mesocosm의 수조 2에서는 6년이 경과되어도 평형상태에 도달하지 않는 등 그 결과는 다르게 나타났다. 그 이유는 간석지 Mesocosm가 현장해역에서 격리되어 있기 때문에 ① 유생의 공급효율이 낮다는 점, ② 분산성이 낮은 유생기를 거치는 종이나, 직접발생하는 종이 가입하는 것, 혹은 ③ 해수의 취수구를 그물로 감싸고 있는 관계로 어류 및 마크로벤토스 성체의 이입이 거의 없다는 점을 들 수 있다.

5) 유생의 공급과 성체의 이입을 고려한 조성간석지의 발달 촉진

실제적인 간석지의 조성에 있어 조성 후 간석지의 발달을 인위적으로 촉진하여 빠른 시일 안의 완성에 대한 요구가 존재할 것이다. 앞에서 기술한 간석지 Mesocosm에서의 결과를 고려하면, 조성간석지의 발달촉진에는 유체의 공급과 성체의 이입이 중요하다고 예상된다.

그러므로 이에 입각한 발달 촉진을 위한 구체적인 기술 방안으로서는

- 효율적인 마크로벤토스의 유생공급과 성체의 이입이 일어나도록 하고, 기존 간석지에 가까운 장소를 선택할 것
- 유생의 공급경로(흐름에 의한 유생의 운반)을 고려한 장소를 선정할 것
- 번식기의 성체를 도입하는 것으로 수정란과 유생이 해당 간석지로의 접근기회를 증

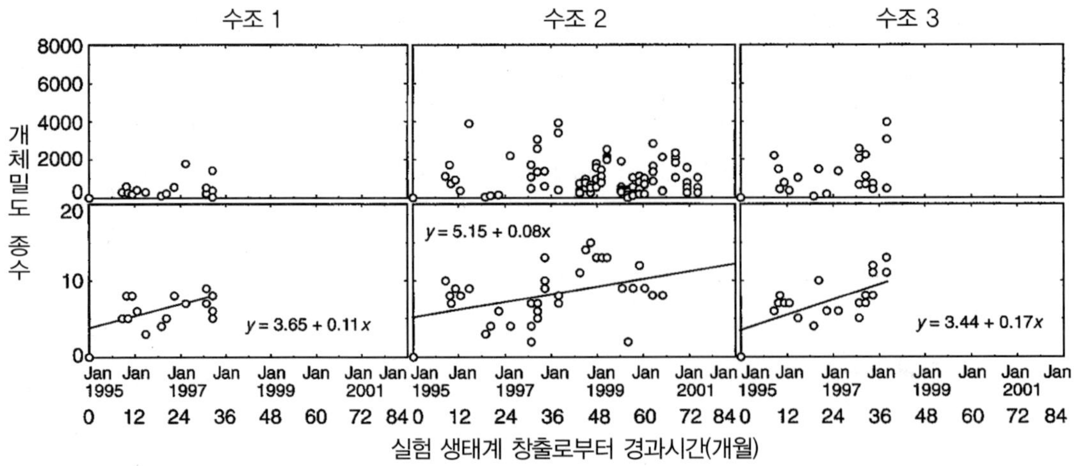

그림 14-6 간석지 Mesocosm의 각 실험수조에 있어서의 마크로벤토스의 개체밀도(상단) 및 종수(하단)의 시간별 변화

근사곡선은 통계적으로 유의 ($P < 0.05$), 구와에 외(2002)[15]를 일부개편

대시킬 것(단, 유생과 성체를 외부에서 도입하는 것이 주변생태계에 교란을 일으킬 우려도 있으므로, 주의하여야 한다)

등을 고려할 수 있다. 이러한 기술방안이 발달촉진에 대해 유효한 수단인지에 대한 검증 여부는 이후로도 검토해 나아갈 필요가 있다.

6) 장기간에 걸친 사후 모니터링의 필요성

간석지 Mesocosm에서는 유생의 공급과정에 제한이 있다고는 생각되나 6년을 경과하여도 종수가 평형상태에 도달하지 못했다. 더욱이 간석지 Mesocosm에는 실험시기에서 9년 경과한 후에 대형 마크로벤토스인 줄새우류(*Pakaemon sp.*)가 처음으로 출현하였다.[18] 이는 다시 말해 조성된 후 몇 해가 경과되지 않은 간석지에 있어서 종수와 다양성에 대해서 최종평가를 할 때, 현저한 과소평가를 할 가능성이 있다는 것을 시사하고 있다. 그러므로 적어도 종수에 관련하는 항목을 평가하기 이전에 사전 모니터링을 충분히 장기간에 걸쳐 실시할 필요성이 있다고 사료된다.

또한, 조성된 생태계에서는 수명은 짧으나 자손을 많이 생산하는 r-선택종이 우점한 상태로 생태계 발달의 초기단계가 수십 년이 흐를 수 있다는 사실을 고려하면[19~21] 조성 간석지의 사후 모니터링을 장기간에 걸쳐 실시할 필요성이 높다고 볼 수 있다.

– 쿠와에 토모히로(桑江朝比呂)

인용문헌

1) 今村 均・羽原浩史・福田和國 (1993) : ミチゲーション技術としての人工干潟の造成−生態系と生息環境の追跡調査−, 海岸工學論文集 40, 1111−1115.

2) 上野成三・高橋正昭・原條誠也・高山百合子・國分秀樹 (2001) : 浚渫土を利用いた資源循環型人工干潟の造成實驗, 海岸工學論文集 48, 1306−1310.

3) 上野成三・高橋正昭・高山百合子・國分秀樹・原條誠也 (2002) : 浚渫土を用した干潟再生實驗における浚渫土混合率と底生生物の關係について, 海岸工學論文集 49. 1301−1305.

4) 木村賢史・市村 康・西村 修・木幡邦男・稻森悠平・須藤隆一 (2002) : 人工干潟における水質淨化機能に關する解析, 海岸工學論文集 49, 1306−1310.

5) 西村大司・岡島正彦・加藤英紀・風間崇鑛 (2002) : 浚渫土を用いた干潟造成における環境改善效果について, 海洋開發 論文集 27, 25−30.

6) 石垣 衛・大塚耕司・桑江朝比呂・中村由行・上月康則・上嶋英機 (2003) : 大阪灣奥の閉鎖性水域に造成した捨石堤で圍われた干潟の效果と課題, 海岸工學論文集 50, 1236−1240.

7) 桑江朝比呂・河合尙男・赤石正廣・山口良永 (2003) : 三河灣の造成干潟および自然干潟飛來する鳥類群集の觀測とシギ・チドリ類が果たす役割, 海岸工學論文集 50, 1256−1260.

8) 李 正奎・西嶋 涉・向井徹雄・瀧本和人・清木 徹・平岡喜大典・岡田光正 (1998) : 自然および人工干潟の有機物淨化能の定量化と廣島灣の淨化に果たす役割, 水環境學會誌 21, 149−156.

9) 矢持 進・宮本筐宏・大西 徹 (2003a) : 浚渫土砂を活用した人工干潟における窒素收支−大阪灣阪南2區人工干潟現地實驗場について−, 土木學會論文集No. 741/Ⅶ−28, 13−21.

10) 古川惠太・藤野智亮・三好英一・桑江朝比呂・野村宗弘・萩元幸將・細川恭史 (2000) : 干潟の地形變化に關する現地觀測−盤洲干潟と西浦造成干潟−, 港灣機研資料 No. 965, 1−30.

11) 姜 閏求・高橋重雄・奧平敦彦・黑田豊和 (2001) : 自然および人工干潟における地盤の安定性に關する現地調查, 海岸工學論文集 48, 1311−1315.

12) 岡本庄市・矢持 進・大西 徹・田口敬祐・小田一紀 (2002) : 大阪灣阪南2區人工干潟現地實驗場の生物生息機能と水質淨化に關する研究−浚渫土砂を活用した人工干潟における地形變化と低生生物の出現特性−, 海岸工學論文集 49, 1286−1290.

13) 桑江朝比呂 (2005) : 造成された干潟生態係の發達過程と自立安定性, 土木學會論文集, 印刷中.

14) 西條八束・坂本 充 (1993)：メソコスム湖沼生態系の解析, 名古屋大學出版會.

15) 桑江朝比呂・三好英一・小沼 普・中村由行・細川恭史 (2002)：干潟實驗生態係における低生生物群集の6年間にわたる動態と環境變化に對する應答, 海岸工學論文集 49, 1296–1300.

16) 川上佐知・羽原浩史・條崎 孝・鳥井英三・古林純一・菊池泰離 (2003)：人工的に生成した干潟の成熟性評價に關する硏究, 海岸工學論文集 50, 1231–1235.17) 矢持 進・平井 硏・藤原俊介 (2003b)：富榮養淺海域における生態係の創出–人工干潟現地實驗場での生物と窒素收支の變遷–, 海岸工學論文集 50, 1246–1250.

18) 桑江朝比呂・三好英一・小沼 普・井上徹教・中村由行 (2004)：干潟再生の可能性と干潟生態係の環境變化に對する應答–干潟實驗施設用長期實驗–, 港灣空港技術硏究所報告 43, 21–48.

19) Levin, L.A.(1984)：Life history and dispersal patterns in a dense infaunal polychaete assemblage: community structure and response to disturbance, Ecology 65, 1185–1200.

20) Moy, L.D., and L.A. Levin (1991)：Are Spartina marshes a replaceable? A functional approach to evaluation of marsh creation efforts, Estuaries, 14, 1–16.

21) Trueblood, D.D., E.D. Gallagher, and D.M. Gould (1994)：Three stages of seasonal succession on Savin Hill Cove mudflat, Boston Harbor. Limnology and Oceanography, 39, 1440–1454.

column

칼럼

인공간석지를 도요새 · 물떼새 네트워크의 등록지로

도요새 · 물떼새 네트워크란 정식적으로는 "동아시아 · 오스트레일리아 지역 도요새 · 물떼새류 중요서식지 네트워크"라 칭한다. 이 활동은 도요새 · 물떼새류에게 있어서 중요한 서식지를 국제적 인증이라는 부가가치를 부여하는 것으로 법적규제의 유무에 귀속되지 않고, 정보교류, 환경학습 등을 중심으로 한 보급계발을 통하여, 지역주체의 환경보전을 진행해 나아가는 것을 목적으로 하고 있다(http://www.chidori.jp/network/index.html). 2003년 9월 현재, 동아시아에서 오스트레일리아에 걸쳐서 도요새 · 물떼새가 이동하는 루트상의 11개국, 33개의 습지가 네트워크에 참가하여, 그 참여의 폭을 넓혀가고 있다. 일본에서는 8개소가 등록되어 있고, 이 중에 1989년에 개원한 동경만 야조공원(동경도 오오타(大田)구)과 1983년에 개원한 오사카 남항 야조원(오사카시 스미노에(住之江)구)은, 당시의 선구적인 자연재생의 시도에 의하여 창출된 것이다.

위와 같이, 인공적으로 창출되어 도요새 · 물떼새 네트워크에 등록 가능한 요건을 갖춘 장소가 동경도 에도가와(江戸川)구에 있는 카사이카이힌(葛西海浜)공원이다. 이 공원은 1970년에 시작된 카사이 근해 토지구획정리사업에 의해 조성된 공원으로서, 면적은 442.5ha이고, 그 중에 417.5ha가 수역에 해당된다. 인접하는 카사이 임해공원을 포함하면 626.0ha가 되는 대규모 공원이다. 공원의 육지부분은 두 개의 인공섬인 "동저(東渚)"와 "서저(西渚)"로 이루어져 있고 "동저"는 인간의 출입을 금지한 야조보호구역으로 수역을 포함한 면적이 약 30ha이고, 최근의 5개년의 조사데이터에서 도요새 · 물떼새가 도래한 수치는 네트워크에 등록할 수 있는 기준을 만족하고 있다(표 참조). 이후로 지역 자치단체와 NGO 등이 협력하는 것으로 등록의 길이 열릴 것이라 한다. 이 공원에는 도요새 · 물떼새류만이 아닌, 그 외의 다양한 야조류가 도래하고 있다. 카사이임해공원의 부분도 포함하여 지금까지 기록된 조류가 230종에 이른다고 한다. 그 중에는 저어새, 노랑부리백로, 검은머리갈매기 등의 세계적으로 희소종으로 알려져 있는 종도 포함되어 있다. 또한, 카사이임해공원 내에는 담수연못, 기수(汽水)연못, 수림, 초지 등을 복원하여 관찰시설을 병행한 "조류원"이라 명명된 면적 27ha의 조류보호구역(Bird Sanctuary)이 조성되어 있어, NPO(Non profit organization, 비영리단체)와의 협력에 의해 야조관찰이나 환경학습의 거점으로 활용되고 있다.

이렇게 자연재생에 의해 창출된 인공간석지 및 인공해빈이더라도, 기존의 자연간석지와 같이 도요새 · 물떼새류 등에게 있어서는 국제적으로 중요한 서식지로 성립가능하다. "재생이 가능하다는 것"이 파괴의 면죄부가 되는 것은 애석하게 생각하지 않으면 안되지만, 이미 잃어버린 간석지와 해빈을 재생할 때의 목표로 할 수는 있을 것이다.

– 나카무라 타다마사(中村 忠昌)

도요새 · 물떼새 네트워크에 등록할 수 있는 기준을 만족하는 도요새 · 물떼새류와 그 개체수

2001년	봄	중부리도요	200마리
2001년	가을	흰목물떼새	73마리
2002년	봄	검은머리물떼새	51마리, 중부리도요 168마리
2003년	봄	검은머리물떼새	27마리
2004년	봄	검은머리물떼새	51마리, 중부리도요 150마리

* 네트워크에 참가가 가능한 기준의 하나로서 "도요새 · 물떼새류의 특정종(또는 아종)의 추정개체수의 1% 이상의 개체가 정기적으로 이용하고 있음"이란 조건이 있다. 이 기준에 관해서는, 봄/가을의 도래계절은 개체군의 교체를 상정하여, 기준치의 1/4, 0.25%을 기본적으로 적용하고 있다.

Chapter 15

해안사구(海岸砂丘)

- 국영 히타치해빈공원 내의 사구재생을 사례로 -

1993년에 이루어진 자연환경보전 기초 조사에 의하면, 일본의 해안선의 총연장은 약 32,800km이고 그 중에서 해안의 정선(汀線)에 공작물이 존재하지 않는 자연해안은 약 18,100km(55.2%)로서 전체의 반을 점유하고 있다. 이는 1984년의 조사 결과와 비교할 때 296km가 감소된 것이다.[1] 해안사구의 연장은 1,900km로서 해안선 전체의 7%를 차지하고 있고 그 면적은 224만ha에 달한다.[2]

연안지역(沿岸地域) 자연환경 중에서 조장(藻場), 간석지(干潟地), 산호초에 대해서 전국적인 현황조사가 이루어져 그 질과 감소 실태가 명확하게 나타났다. 이에 반해, 해안사구에 서식하는 사구식생에 대해서 그 자연성의 질에 관한 양상이 전국적 규모로 명확하게 밝혀지지 않은 실정이다. 이 점에 관해서는 일본 각지의 해안식생을 조사한 경험으로부터 크게는 "해안의 식물자연은 최근 수십 년간에 급속히 다양성을 잃어 가고 있다는 실감이 강하다. 해안의 이용변모는 개펄(潟)이 가장 급격하고, 모래해안(濱)이 그 다음이며, 암석해안(磯, 바위벼랑 등)은 대부분의 자연이 그 원형을 유지하고 있다"[3]고 보고된 바 있다. 또한, 식물군락 Red data book에 의하면 새롭게 보호할 필요성과 긴급성이 "긴급한 대책이 필요"로 판단된 군락복합 중에서 그 건수가 많았던 것이 군락복합타입의 하나로 사빈(沙濱)식생이 등장하고 있다.[4] 사빈은 인간에게 있어서 비교적 이용하기 쉬웠던 장소적 특성을 지니므로 자연성이 높은 사빈 식생이 잔존하고 있는 장소는 극히 드문 상황이다. 이러한 맥락에서도 자연재생을 실시하는 대상지로서 사구는 가장 우선도가 높은 대상 중 하나라고 할 수 있다.

사구의 자연재생에 관한 선구적인 사례로서 돗토리(鳥取)사구를 예로 들 수 있다. 이곳에서는 이전에 농지의 확보와 취락의 보전을 목적으로 모래의 이동을 막기 위하여 방풍림의 식재가 대규모로 이루어졌다. 이러한 조치로 모래의 이동이 억제되고 사구가 초지로 변하였으며, 자연경관이 변화하여 왔다. 그 대책으로서 1965년에는 사구의 중심부를 국가 천연기념물로 또한, 1963년에는 사구전체를 국립공원으로 지정하여 보호 대상으로 명시한 결과, 서서히 보호와 재생에 대한 관심이 증대되어, 사구의 초지화를 촉진시키는 보안림이 벌채되었다. 하지만 충분한 성과를 올리지 못했고 1990년부터는 본격적인 보호 · 재생사업이 진행되어 현황파악과 대책검토를 위한 조사 및 3개년 제초실험과 모니터링조사가 실시되었다. 이에 더하여 1998년부터는 본격적인 제초작업이 개시되어 현재는 사구 본래의 형상으로 되돌아가고 있다.[5] 이곳의 특징은 초지화가 넓은 면적에서 진행되었기 때문에, 그를 나지화하기 위해서 기계를 도입하여 대규모의 제초를 실시하였다는 점에 있다.

본장에서는 이바라기(茨城)현의 태평양 연안 히타치나카(日立なか)시 도카이(東海) · 아지가우라(阿字ケ浦)사구의 일부인 "국영 히타치해빈공원 내의 사구"에 있어서의 사구재생의 사업을 사례로 하여 그 재생의 사업 순서에 따라 구체적으로 해설하기로 한다. 이 공원 내 사구는 모래의 이동 등 사구의 환경경사도에 대응한 고유의 사구 식생의 배열이 매우 양호한 상태로 대규모가 잔존하고 있다. 그러므로 돗토리사구와 같이 기계를 도입한 대규모 제초의 실시 여부의 가불이 아직 결정되지 않았으며, 현재는 시험단계에 머물러 있는 상황이다.

15.1 해안사구의 성립배경과 환경

사구란, 바람에 의하여 운반된 모래(風成沙)가 퇴적되어 만들어진 낮은 언덕과 제방 형태의 낮은 고지[2]로서, 해안(海岸)사구, 내륙(內陸)사구, 해반(海畔)사구, 호반(湖畔)사구로 구분되고, 일본은 대부분이 해안사구이다. 도카이 · 아지가우라사구는, 아지가우라에서 히타치항만까지 약 12km, 동서로는 가장 긴 곳이 3km에 이르며, 돗토리사구와 비교하여도 손색이 없는 규모의 넓은 면적의 사구이다. 하지만 현재는 다양한 용

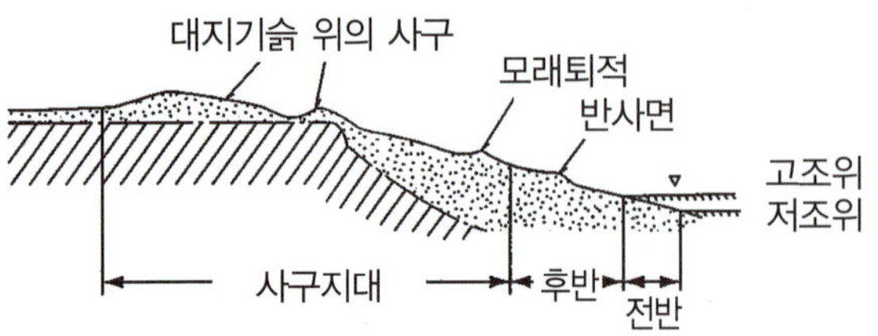

그림 15-1 국영 히타치해빈공원 부근의 지형단면[6]

도로 사용되고 있어, 과거의 사구가 잔존하는 곳은 한정되어 있다.

국영 히타치해빈공원은, 도카이 · 아지가우라 사구의 남단에 위치하여, 약 350ha의 공원전체가 사구 상에 위치한다. 이미 정비된 약 1/3을 제외하고 내륙측은 조림과 이차림에 기원하는 소나무와 낙엽광엽수의 교목림으로, 해안측의 약 400~500m에 자연성이 높은 해빈식생이 발달하고 있다. 이 사구는 구시(久慈)천 등에서 유출되는 모래가 표사(漂砂)가 되어 해안에 퇴적되고, 이 모래가 북동의 탁월풍(卓越風)에 의해서 해안선상에 있는 대지기반의 상부까지 밀려올라가는 것에 의해 형성되고, 표고 30m를 넘어 대지의 깊은 곳까지 동북에서 남서방향의 종열상으로 나지화 한 부분이 내륙 쪽으로 파고들고 있다(그림 15-1, 사진 15-1). 또한 이곳의 사빈식생이 양호한 상태로 유지되어 온 것은, 1938년에 구 일본군이 접수한 상태에서 2차대전 이후 미토대지사폭장이 반환된 1973년까지 원칙적으로 출입이 금지되어 해빈부의 인공교란이 거의 이루어지지 않았다는 것이 커다란 이유라 할 수 있다.

사진 15-1 국영 히타치해빈공원의 사구현황

사구 상에 성립되는 사빈식생은 정선(汀線)에서 자연나지(自然裸地), 1년생초본군락, 다년생초본군락, 저목군락, 교목군락으로 연속적으로 변화하고, 이들 식물군락의 조합에 의하여, 일본에 있어서의 사빈식생이 6개 유형으로 분류하는 것이 가능하다[6](그림 15-2). 국영 히타치해빈공원 내의 사빈식생은 이 중에서 혼슈(本州)중부 · 서부와 시코쿠(四國) · 큐슈(九州)에 분포하는 통보리사초-흑송형(동백군망 아형)에 해당한다. 대체로 해안선을 따라 남북으로 1km, 그 깊이가 동서로 300m의 면적을 차지하며, 1년생초본군락 이외의 일련의 군락타입이 총망라되어 있다(그림 15-3). 또한 다년생초본군락의 폭이 넓게 우점하는 군락의 배후지로, 왕잔디, 털잎하늘지기 등이 생육하는 식생대가 넓게 펴져있고, 자연성이 높은 군락이 성립되고 있다.

1년초를 주축으로 하는 군락	다년초를 주축으로 하는 군락	저목군락	교목군락	입접하는 내륙의 삼림	식물군락에 의한 해안의 유형		주요 분포지역
툿 군목(群目)	갯씀바귀-기장대풀 군단(群團)	기장대풀-순비기나무 군단(群團)	아단 군집(群集)	**동백 군망(群網)**	1	기장대풀-아단 형(型)	류큐(오키나와)
	통보리사초 군단(群團)	**띠풀-순비기나무 군단(群團)**	**산검양옻나무-흑송 군집(群集)**		**2**	**통보리사초-흑송 형(型) (동백 군망 아형)**	**혼슈 남해안 시코쿠 · 규슈**
			맥문동-흑송 군집(群集)				**혼슈 중부**
		해당화 군단(群團)	처진개벗나무-흑송 군집(群集)	너도밤나무 군망(群網)	3	통보리사초-흑송 형(型)(너도밤나무 군망 아형)	동북 지방 서해안
			물참나무-소나무 군집(群集)		4	통보리사초 -소나무 형(型)	동북 지방 태평양 연안
			개구릿대-떡갈나무 군집(群集)		5	통보리사초 -떡갈나무 형(型)	북해도 동북지방 북해안
	갯하늘지기-갯그령 군단(群團)		개구릿대-졸참나무 군집(群集)		6	통보리사초 -졸참나무 형(型)	북해도 동부 및 북단부

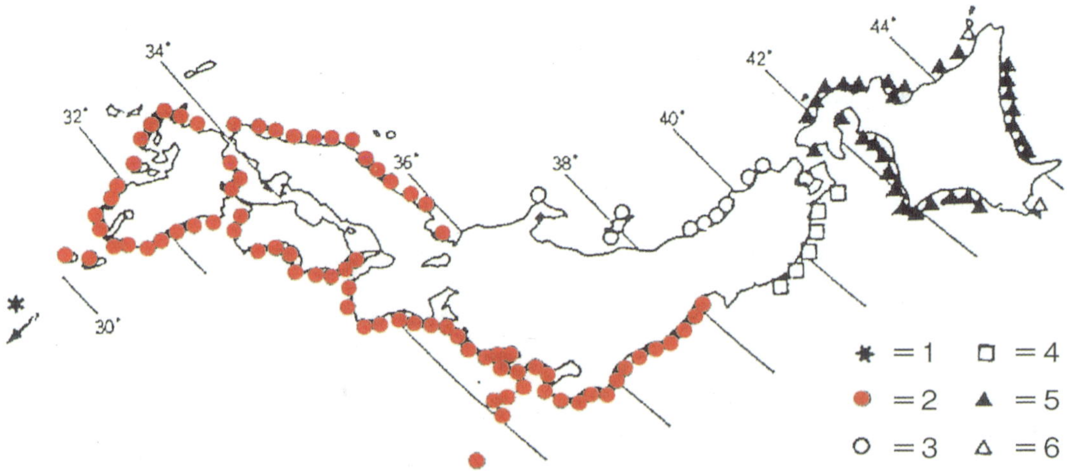

그림 15-2 일본열도에 있어서의 사빈식생의 유형구분과 분포

(문헌6)을 기반으로 해당지역을 진한 글씨와 ●로 표기함.

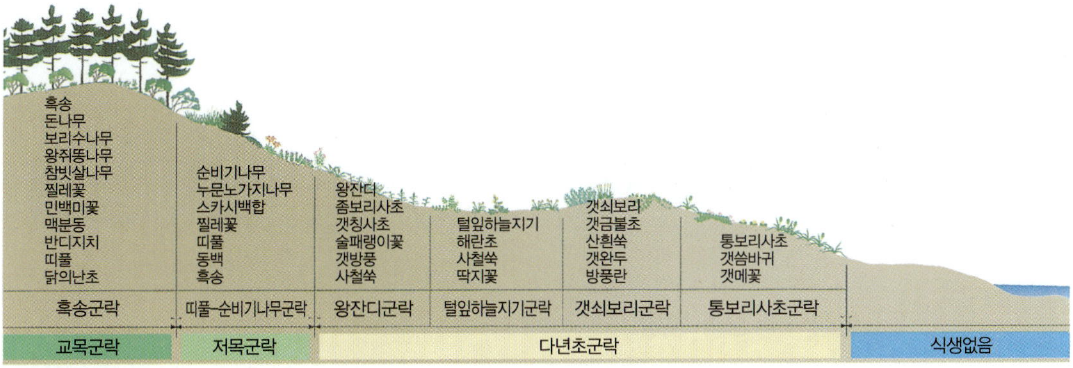

그림 15-3 국영 히타치해빈공원 내의 사구식생 단면모식도

15.2 사구식생의 배경과 그 이유

일본에서는 앞에서도 기술한 바와 같이 자연성이 높은 상태로 하나로 통합되어 잔존하는 장소는 극히 적고 국영 히타치해빈공원 내의 사구식생은 전국적으로도 드문 존재라 할 수 있다. 사구식생 중에는 국가의 Red data book에서 절멸기우(絕滅危懼) IA류에 해당하는 가는장대를 비롯해 닭의난초, 개싸리, 방풍란 등이 국가 또는 이바라기현의 Red data book에 기재되어 있는 식물이 다수 생육되고 있고, 갯금불초를 대표로 하는 남방계와 산흰쑥이 대표가 되는 북방계의 해빈식생의 두 개 유형이 함께 생육하는 장소로서 특이한 존재라 할 수 있다. 또한, 태평양 해안의 사구로서는 규모 및 형상의 측면에서도 일본 내 유수의 장소로서 그 중요성은 다른 장소와 비교될 수 없을 것이다.[7]

하지만 최근, 본래 내륙에 생육하는 식물의 해안으로의 진출, 귀화식물 등 본래의 해빈식생이 아닌 종의 생육지 확대 등이 급격히 진행하고, 고유의 해빈식생의 존속이 위기에 처해있다. 이는 구시천에서 유출된 모래가 항만정비에 의해 흘러들지 못하여 표사(漂砂)의 공급이 감소한 것과 해안제방에 현도(縣道) 조성이 탁월풍(卓越風)에 의해 내륙으로 운반되는 모래를 감소시키는 것이 주요 원인이었다. 이러한 원인의 제거는 곤란하고, 더욱이 즉석에서 해결하기는 어렵다. 가능하다 하더라도 많은 시간이 소요된다. 이대로 방치하면 급속하게 식생이 변화하고, 고유의 식생이 변질되어 버리는 위험성이 높다. 현 상태의 식생변화가 진행되는 것은 상당히 위기적이며, 그 희소성 등을 고려하면 진행을

막던지 적게라도 원생으로 되돌리는 자연재생의 필요성이 높다고 사료된다.

15.3 목표의 설정

1) 목표설정의 배경과 방법

국영 히타치해빈공원 내의 사구에 있어서의 사빈식생은 그 장소에 따라서 다양함을 보여준다.

자연재생의 대상으로 하고 있는 사구는, 전체적으로 모래의 유동량이 감소하고 내륙 식생이 해안으로 진출, 귀화식물 등의 생육지 확대로 이어지고 있는 지역이다. 본 장에서 자연재생의 대상으로 하는 공원 내 사구의 북측은, 탁월풍이 불어오는 발원지 방향에 항만의 부지가 있어 공원과의 경계선에 흑송 등을 식재 하는 등 모래의 공급과 이동이 남측보다 감소하고 있다. 그러므로 사빈식생의 최전선인 자연나지와 통보리사초가 우점하는 군락은 적으며, 다년생초본군락의 배후지에 출현하는 왕잔디가 우점하는 군락과 저목군락과 함께 출현하는 띠풀이 우점하는 군락이 넓게 분포하고 있다. 근년에는 띠풀의 분포영역이 확대되어 그 보다 안쪽에 생육하는 흑송이 해안가로 진출하여 오고 있다.

구체적인 목표설정에서는 상기와 같은 식생변화의 과정과 그 원인을 명확하게 함으로써 그 원인의 제거가 어디까지 가능한가, 또한 변화 이전의 식생으로 어디까지 되돌릴 수 있는가에 대한 검토가 중요한 과제이다.

2) 식생변화의 과정과 그 요인

식생변화 과정과 그 요인에 대해 과거와 현재의 항공사진(1984, 1999, 2003년)을 비교함으로써 파악하고 항만이나 도로의 개발 및 정비의 경위와 중첩시켜 변화 요인의 가설을 설정하였다.

그 결과, 대상지에서는 현재로서는 흑송이 상당수를 차지하고 수관이 거대한 것도 확인되나, 20년 전에는 수관이 작은 흑송이 점재하는 정도였다는 것이 파악되었다. 대상지에 존재하는 흑송의 최고수령은 25년생 정도이므로, 이것만 보아도 과거에는 흑송이 적었다는 것을 알 수 있다(사진 15-2). 또한, 현재 자연나지로 되어 있는 장소는 거의 보이지 않지만, 20년 전에는 자연나지가 커다란 면적을 차지하였던 것을 항공사진에서 확인

사진 15-2 1984년과 2003년의 항공사지에 의한 식생비교

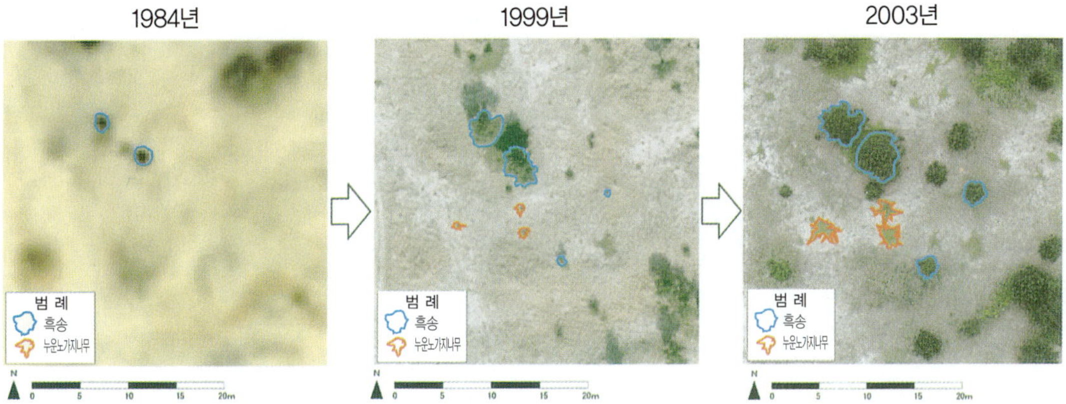

사진 15-3 1984년에서 2004년끼지의 흑송과 누운노가지나무의 동일개체에서의 수관 비교

할 수 있었다.

실제로 같은 개체로 식별되는 흑송에서 수관 크기의 변화를 확인해 보면, 20년 전의 직경이 약 3m이였던 것이 현재는 직경이 8m로 성장하였다. 그 증가량은 최근에 들어 커지고 있다. 저목인 누운노가지나무는 20년 전의 사진정밀도가 떨어지므로 확인되지 않으나, 최근의 사진비교에 의하면 수관이 커지는 속도가 빠르다는 것을 알 수 있다(사진 15-3, 그림 15-4).

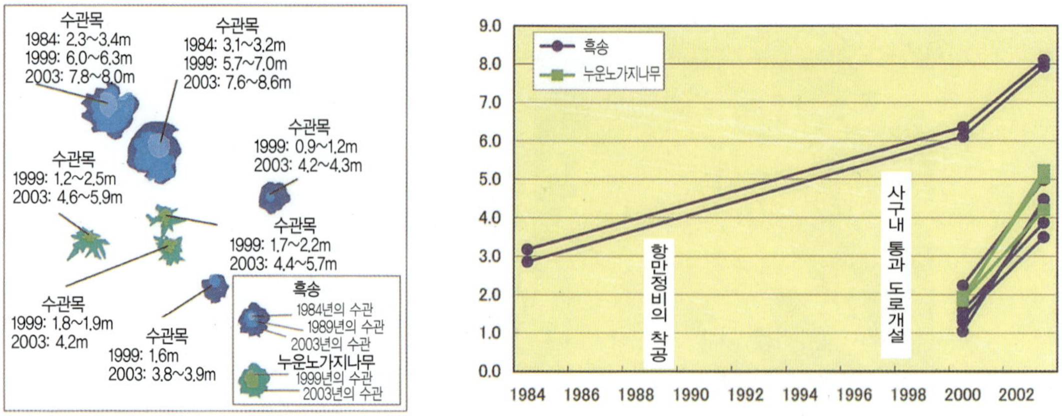

그림 15-4 1984년에서 2004년까지의 흑송과 누운노가지나무의 동일개체에서의 수관성장

(본 도면은 사진 15-3의 수관측정에 의해 작성함)

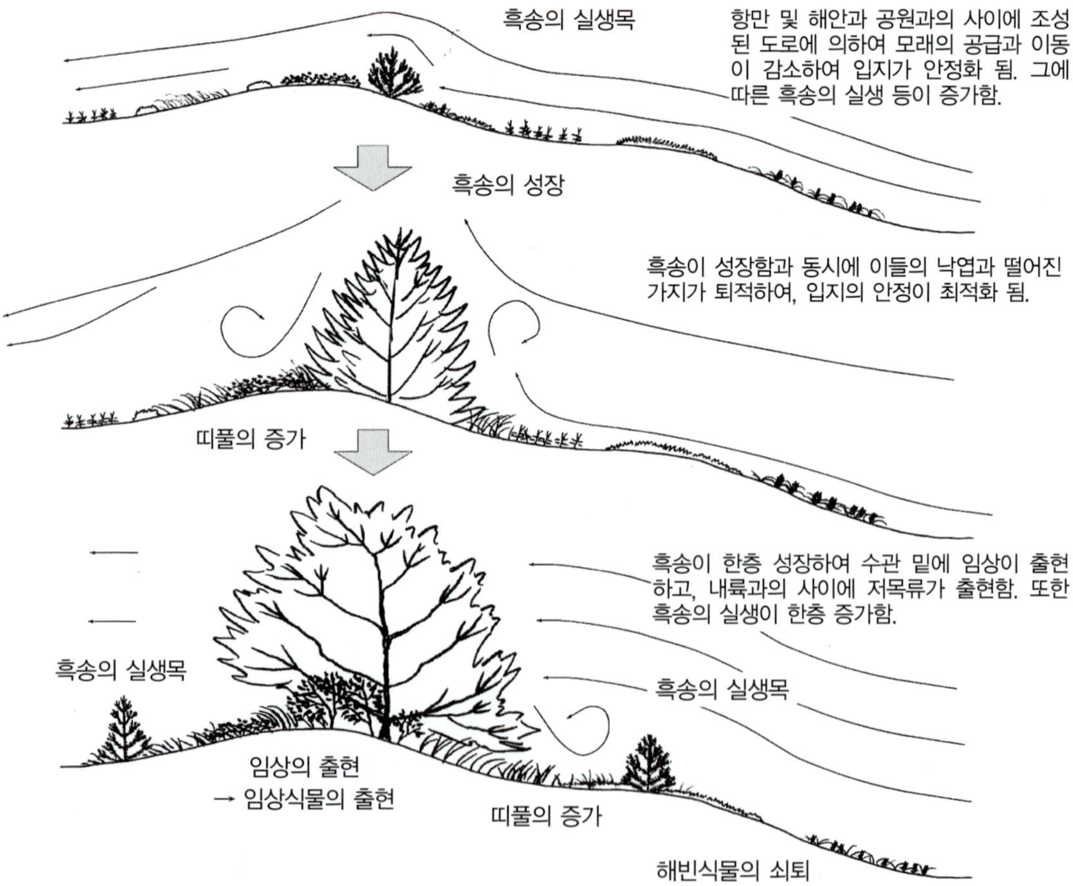

그림 15-5 흑송의 성장과 식생변화

흑송의 생육상황을 세세하게 관찰해 보면, 흑송의 실생이 정착하여 생육함에 따라서 나뭇잎과 가지가 떨어져 퇴적됨과 동시에 탁월풍의 배후지의 바람이 약해져 모래의 움직임이 적어지고 띠풀 등이 생육하기 쉬워졌다. 또한, 흑송이 성장하면서 수관 밑에는 돈나무 등의 저목류가 출현하고 주위에는 흑송의 실생이 증가하여 띠풀도 더욱 그 분포를 확대하여, 토양 중 무기물량 또한 증가한다(그림 15-5).

귀화식물에 있어서도 애기달맞이꽃, 달맞이꽃, 백령풀 등이 해안 측에 진출하여, 그 분포를 확대하고 있다.

이러한 상황을 감안하여 식생변화와 그 요인을 정리하면, 항만이나 도로정비가 원인으로 모래의 유동량이 감소한 것에 의해 교목인 흑송, 저목인 누운노가지나무, 초본인 띠풀, 귀화식물 등, 해안 측에는 생육하지 않았거나 생육하였었다 하더라도 수량이 적었던 식물이 증가해 그에 따른 모래의 이동이 더욱 적어지는 상승작용이 일어났다고 할 수 있다. 이후로도 내륙 측에서 생육하던 식물이 급속도로 증가할 가능성이 있다.

3) 목표로 하는 식생

자연환경 재생의 목표는 모래의 공급과 이동이 활발하게 이루어졌던 시기의 상태로 되돌리는 것으로, 흑송의 해안 쪽으로 진출한 것이 25년 전에 시작되었다고 한다면, 그 이전의 상태로 되돌리는 것을 고려할 수 있다. 하지만 모래의 유동량이 감소한 근본적인 원인인 항만이나 도로의 존재에 대한 대응은 당분간은 곤란하기 때문에, 모래를 인위적으로 공급하는 것과 해안으로 진출한 식물을 제거하는 것이 차선의 대응이 될 수 있다.

그러므로 당분간의 목표는 모래를 공급하여 이동을 최대한 촉진시킴과 동시에 해안으로 진출한 육역의 식물인 흑송과 띠풀 및 귀화식물의 증가를 저지시키거나 또는 감소시킨다. 이에 더하여, 다년생초본군락의 배후지에서 생육하는 왕잔디 등이 우점하는 사빈의 다년생초본군락 등을 확대시키는 것에 의해 사구경관을 되돌리는 것에 있다.

이들 식물의 제거도 단 한 번에 실시하는 것은 곤란하기에 가능한 곳에서부터 단계적으로 상황을 보아가며 실시할 필요가 있다. 구체적으로는 흑송과 귀화식물 등의 제거를 선행과제로 하고 띠풀 등의 제거는 상황을 파악하면서 실시토록 하였다. 흑송의 제거는 사구의 통풍을 원활하게 하여 모래를 이동시키는 조건으로 정비할 수 있다. 귀화식물 등은 그 분포가 급속하게 확대되는 상황이 인식되는 장소로부터 제거하는 것이 중요하다고 사료된다. 띠풀에 대해서는 밀생하고 번식력이 강하기 때문에 제거하는 것이 곤란하므로 그에 대한 유효한 방법검토가 필요하다.

15.4 기술적 방법

당면목표를 달성하기 위한 대책은 흑송, 띠풀, 귀화식물 등의 제거 대상 식물의 제거와 모래의 공급에 있다. 여기서는 전자에 대해서 제거 대상 식물의 설정과 그 중에서 선행적으로 이루어지는 흑송과 귀화식물의 제거에 관한 기술적인 방법을 기술한다.

표 15-1 보호식물의 카테고리

카테고리			상 황
보호식물	X	절멸 · 소식불명식물	과거에는 생육이 확인되었음에도 불구하고, 최근에 10년 이상의 기간에 확실한 생존정보가 없고, 절멸하였을 우려가 큰 식물
	A	최상중요보호식물	개체수가 적음, 생육환경이 극히 한정되어 있다거나 생육지가 환경개변의 위기에 처해 있는 등의 상황에 있어, 방치하면 가까운 시일 내에 절멸, 또는 그에 가까운 상태가 된다고 추정됨
	B	중요보호식물	개체수가 적음, 생육환경이 한정되어 있음. 대부분의 생육지가 환경개변의 위기에 처해 있는 등의 상황에 있어 방치하면 현저한 개체수의 감소를 피 할 수 없음. 장래에 절멸, 또는 그에 가까운 상태가 된다고 추정됨
	C	필요보호식물	생육환경 및 분포지역이 한정되어 있음. 대부분의 생육지가 환경개변의 위기에 처해 있는 등의 상황에 있어 방치하면 현저한 개체수의 감소를 피할 수 없음. 장래에 절멸, 또는 그에 가까운 상태가 된다고 추정됨
	D	일반보호식물	분포지역이 한정되어 있음. 선택적 채취, 포획 등이 시행되고 있음. 대부분의 생육지가 환경개변의 위기에 처해 있는 등의 상황에 있어 방치하면 현저한 개체수의 감소를 피할 수 없으며, 자연환경의 구성요소로서 역할에 커다란 쇠퇴가 예측됨
정기 모니터링 식물	E	보호유의식물	현 시점에서는 정상적인 생육상황으로 인정할 수 있음(가능한 한 빈번한 모니터링을 실시함)
	F	일반식물	현 시점에서는 정상적인 생육상황으로 인정할 수 있음(적어도 10년 빈도로 모니터링을 실시함)
유해 제거 식물	G	일반유해식물	해당지역의 외부로부터 이입된 식물로서, 본래 그 지역에서는 볼 수 없었던 식물. 현재로서는 그 지역에 커다란 영향을 주지 않는다고 사료되는 것
	H	중요유해식물	해당지역의 외부로부터 이입된 식물로서, 본래 그 지역에서는 볼 수 없었던 식물. 지역의 자연환경에 커다란 영향을 미치고 있거나 장래에 커다란 영향을 줄 수 있다고 생각됨

※ 문헌8)을 기준으로 작성

1) 제거대상 식물의 설정

자연재생에 있어서 멸종위기식물종의 보호뿐만이 아닌 멸종위기식물종의 생육환경을 압박하는 외래식물을 제거하여 그 번식을 방지할 필요가 있다. 여기서 보호식물의 카테고리를 9개로 나누고[8] 지역에 자생하는 모든 식물을 진단하여 위계를 정하였다(〈표 15-1〉).

이 중에서 제거 대상 식물은 F: 일반식물, G: 일반유해식물, H: 중요유해식물의 3개의 카테고리에 해당한다(〈표 15-2〉). 이들 중에서, F의 흑송과 H의 귀화식물 등의 제거방법을 아래에 기술한다.

2) 흑송의 제거

흑송의 제거는 식물자체를 감소시키는 것에 한정하지 않고 모래의 유동을 더욱 활발하게 하기 위한 조건을 복원하는 것이 목적이다. 그러므로 제거의 방법을 정하고 그에 기반을 둔 제거수목의 선정과 그 우선순위를 설정하여 벌채수량과 장소를 정비하고, 벌채수목을 결정하였다. 또한, 기존의 식생에 악영향을 주지 않는 벌채방법을 선정하는 것도 중요하다.

흑송의 제거방침은 탁월풍이 부는 바람의 주요방향과 그에 의하여 사구가 발달하는

표 15-2 대상지에 있어서의 제거대상 식물

카테고리			상 황
F	일반식물	사구에 있어서 생육기반의 안정화나 부영양화를 촉진하는 종[주]	흑송, 띠풀, 독나무
G	일반유해식물	G-1 귀화종 · 면출종	개쑥갓, 털별꽃아제비, 자주광대나물, 서양민들레, 돼지풀, 단풍잎돼지풀, 울산도깨비바늘, 미국가막사리, 빗자루국화, 서양금혼초, 주홍서나물, 자리공, 비수리, 족제비싸리, 외래보리수류(뜰보리수 등) 등
		G-2 전답지 잡초 등	바랭이, 민바랭이, 왕바랭이, 애기수영, 명아주 등
H	중요유해식물	H-1 귀화종 · 면출종	백령풀, 달맞이꽃, 점달맞이꽃, 애기달맞이꽃, 망초, 애기망초, 실망초, 양미역취, 콩다닥냉이, 능수참새그령, 흰털새, 해마강초, 피라칸타
		H-2 전답지 잡초 등	수영

주) 일반식물 중에서 사구에 있어서 생육기반의 안정화나 부영양화를 촉진시키는 종은 추출하여 제거대상물에 선정하였다.

표 15-3 흑송의 제거방법

고려해야 할 사항	제거방법
1. 바람의 주방향	• 모래가 더욱 활발하게 움직이는 방향이여야 하며, 그 방향이 열리도록 흑송을 제거함.
2. 사구발달위치와 그 방향성	• 모래가 더욱 활발하게 움직이는 잠재력이 있는 장소이고, 방향이기 때문에, 이 위치와 방향의 흑송을 우선적으로 제거한다.
3. 지형조건	• 바람의 주방향에 대해서 바람이 부드럽게 흐르는 계곡과 산능선에 해당하는 흑송을 우선적으로 제거한다. • 바다 쪽에서 보아 사구의 전방과 후방의 사이에 해안선에 평행하여 경사가 조금 급한 장소가 있다. 이 지형 그 자체가 배후부의 바람을 약화시키고, 그곳에 흑송이 존재하는 것에 의해 더욱 바람이 약해진다. 그러므로 이 경사면 상부 끝단부에 있는 흑송을 우선적으로 제거한다.
4. 현존식생	• 대상지의 도로제방을 제외하고, 모래가 불안정한 장소에서 안정된 장소에 걸쳐서, 왕잔디 군락, 왕잔디-띠풀 군락, 순비기나무 군락, 누운노간지나무 군락, 띠풀 군락, 흑송 군락으로 추이하여 간다. 사구의 재생은 현 상태로 모래가 더욱 불안정한 입지에 성립하는 왕잔디 군락이 어느 장소를 기점으로 그 면적을 넓혀가는 것이 효과적이고, 이러한 군락이 총체적으로 형성된 장소에서 우선적으로 흑송을 제거한다.
5. 경　　관	• 관찰원로의 조망지점에서 바다로의 시야를 확보한다. • 사구의 북쪽과 동북방향은 자동차 진입로와 항만이 있어, 흑송은 그를 차폐하는 역할도 한다. 그러므로 상기의 조건을 저해하지 않는 범위에서 흑송을 남겨두도록 한다. • 또한, 사구 중에 점재하는 흑송도 자연식생이고, 정경이 있는 경관이므로, 상기의 조건에 저해되지 않는 한도 내에서 흑송을 존치시킨다.

위치와 그 방향, 바람의 흐름을 좌우하는 지형조건, 현재의 상태에서 왕 잔디가 우점하는 군락 등, 목표가 되는 식생의 특성이 나타나는 장소 등의 식생조건, 그리고 관찰원로나 조망지점에서 바다 쪽으로의 시선을 확보하는 등의 배려를 하는 것이 요점이라 할 것이다(〈표 15-3〉).

벌채방법은 뿌리까지 굴취하는 것이 바람직하나 굴취에는 백호 등의 중장비를 도입할 필요가 있고, 기존의 식생을 교란할 위험성이 높다. 한편, 인력작업으로는 근부굴취가 곤란하고 지상부 제거에 머무른다. 그러므로 영향이 적은 장소에서는 중장비를 사용하여 근부굴취까지 시도한다. 그 이외의 장소에서는 인력으로 시도하는 것이 바람직하다. 그리고 벌채한 수목을 반출할 때, 기존 식생에의 영향을 최소화 하는 경로를 설정하는 것이 중요하다. 이 경우, 공사 관계자 전원에게 방법 등을 숙지시킬 필요가 있고 벌채의 배경과 목적, 위치설정, 벌채방법 등에 대해서 관계자를 소집한 강습회를 실시하는 것도 효과적이다.

3) 귀화식물의 제거

귀화식물은 종류가 많고 분포역도 넓어 매토종자의 실태도 알 수 없으므로 단기간에 제거하는 것은 어려우므로 계속적인 제거를 실시하는 것을 필요로 한다. 제초에 있어서는 각 식물종의 생활양식이나 식물의 생활사를 충분히 이해하여 가장 효과가 높다고 판단되는 시기에 실시한다. 1년생 초본은 기본적으로 개화하지 않는 개체는 개화당년에 없어지기 때문에, 개화개체를 중심으로 제거하는 것으로 감소할 것이다. 월년초와 다년초도 개화개체를 뽑아버리는 것으로 종자의 공급이 없어지므로 감소할 것이다. 그러므로 제초는 기본적으로 대상종의 개화기에 맞추어 개화 · 결실을 맺은 개체를 대상으로 수회 시행하는 것이 효과적이라 할 수 있다. 대상지의 경우는 주요한 제거대상 식물의 생활사에 맞추어 4회 정도 실시하는 것이 바람직하다(그림 15-6). 단, 그 빈도와 시기에 대해서

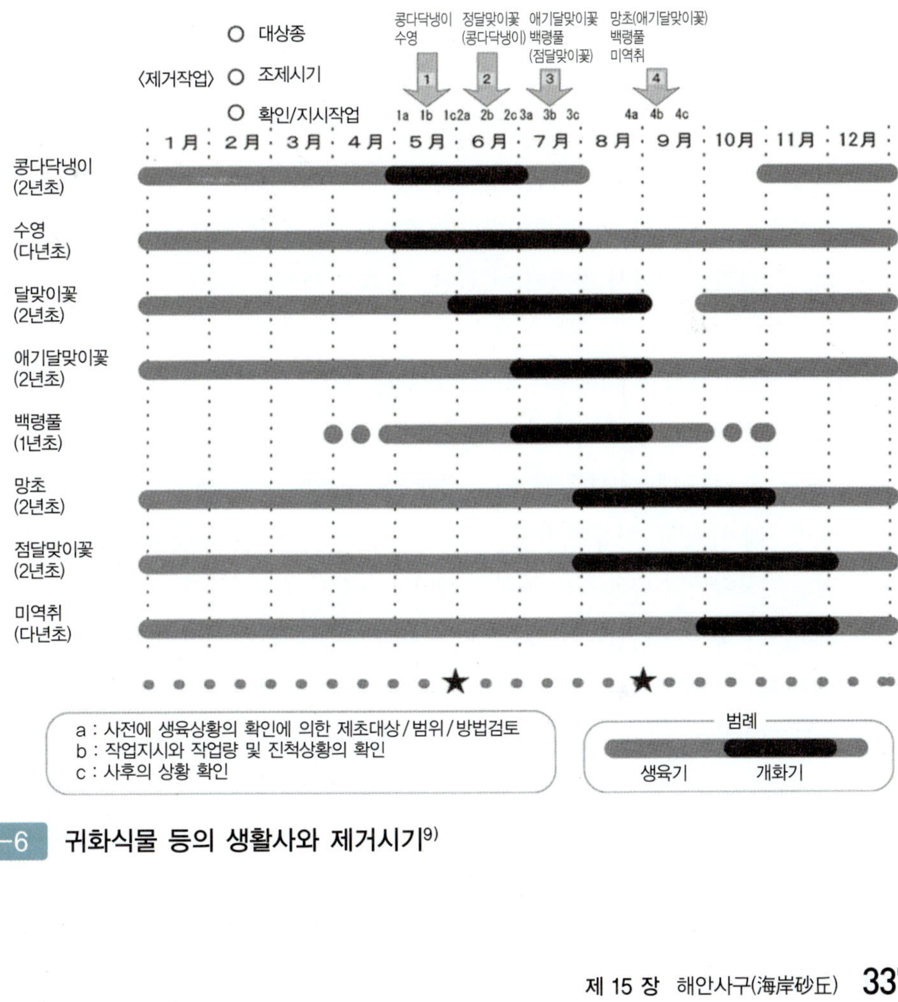

그림 15-6 귀화식물 등의 생활사와 제거시기[9]

는 실제로 제초작업을 실행하면서 상황을 관찰하여 가장 좋다고 생각되는 시기로 수정해 나아간다.

15.5 평가와 과제

국영 히타치해빈공원에 있어 사구의 자연재생은 시험적인 접근단계이고 당면의 목표에 대한 사업의 평가는 한정적이다. 그러므로 현상에서의 평가와 모니터링조사 및 다음 과제와 전망에 대해서 기술하기로 한다.

흑송과 귀화식물의 제거는 직접적으로 그를 감소시키는 것이 된다. 특히, 흑송의 생물량(bio mess)은 크고 벌채 전의 상태로 되돌리는 것으로만 20년 정도의 시간이 걸리므로 벌채의 효과는 크다. 또한, 경관적으로도 흑송의 번무에 의해서 시야가 차단되었던 것이 벌채에 의해 시야가 열리고 본래의 넓은 사구의 경관을 재생하게 되었다(사진 15-4).

당면목표에 대해서 그 달성상황을 평가하기 위해서는 목표로 한 내용에 따라서 ① 모래의 이동량이 증가하고 있는가? ② 흑송, 띠풀, 귀화식물 등이 현상유지이거나 감소하고 있는가? ③ 왕잔디가 우점하는 군락이 넓혀가고 있는가? 더욱이 ④ 본래의 사구경관을 회복하고 있는가?의 관점을 확인할 필요가 있다. 모니터링조사는 이러한 점을 확인하여, 그 결과를 받아서 차기에 시행하는 유효한 대책을 검토하기 위해서 실행하는 것이다.

상기의 ②③④에 대해서는 각각 관련되는 사항이 있으므로, 대상으로 하는 식물종이나 식생의 분포상황에 대해 고정된 방형구(方形區)나 벨트상의 조사구, 그 재생의 대책을 시행하지 않는 대조구(對照區)를 설정하여 경년변화를 비교하고 장래의 대책을 비교하는 것이 기본이 된다. 띠풀은 왕잔디가 우점하는 군락에 서서히 침투하여 분포를 넓히는 관계로 분포확대의 속도 등의 동태를 파악하는 것이 주요과제가 된다. 모래의 이동량을 파악하기 위해서는 기상청과 국소적인 모래의 움직임을 파악하는 것이 필요하다. 또한, 흑송의 제거 등에 의한 시공에 의해 기존의 식생이 교란되어 그곳에 귀화식물이 침입하는 것도 고려하여 그러한 상황에 대해서도 감시하여 대책을 강구하는 것도 필요하다.

모니터링을 통해 항만시설이나 도로에 의한 모래의 공급과 이동이 감소하였다는 근본적인 원인에 장기적으로 대응해 나아가는 것이 이후로의 과제라 할 수 있다. 도로에 대

사진 15-4 흑송의 벌채 전후의 상황

(상 : 벌채 전 하 : 벌채 후)

해서는 지역주민과의 합의를 도모하여 도로를 폐지하거나 지하화를 추진하는 등의 조치로 바다로부터의 연속성을 회복하는 것이 가장 중요한 사안이 된다. 또한, 사구에 있어서 자연성이 높은 사구식생의 희소성은 아직 일반적으로는 인지되지 않고 있으므로 전국적인 상황파악을 실시하여 중요성을 인지해 나아가는 것도 필요하지 않을까?

제거대상식물의 제거에 대해서도 시민의 협조 하에 진행하는 것으로 많은 사람들의 이해를 얻는 것이 중요하며, 그를 위해서는 다양한 정보발신을 실행해 나아가는 것도 필요하다.

– 초 케니치(趙 賢一), 사토 리키(佐藤 力)

인용문헌

1) 環境省(2002)：平成14年度環境白書, p.202−205, きょうせい.
2) 赤木三郎(1991)：砂丘の秘密, p.11, 青木書店.
3) 大場達之(1991)：多様さの衰退, 海洋と生物 75, 241.
4) 我が國における保護上重要な植物及び植物群落研究委員會編(1996)：植物レッドーデーターブック, p.74−75. アボック社出版局.
5) 自然環境研究センター(1995)：山陰海岸國立公員 鳥取砂丘, 新・美しい自然公園13, p.37, 自然公園美化管理財團.
6) 大場達之(1980)：日本の海岸植生類型①, 海洋と生物 4, 63−64.
7) 國營常陸海浜公園事務所 編(2001)：國營ひたち海浜公園ガーデンGuide Book, p.4−5.
8) 大場達之(1980)：千葉縣の自然誌別編 4, 千葉縣植物誌, 縣史シリーズ51, p.Ⅷ−Ⅸ, 千葉縣史料研究財團.
9) 國營常陸海浜公園事務所・公園綠地管理財團(2002)：自然環境保全・活用計劃檢討事務報告書, p.150.

Chapter 16

해조류번식지(藻場)

16.1 해조류번식지의 특징

바다는 대기의 1,000배의 밀도인 해수로 채워져 있고 그로 인한 커다란 부력이 발생하여 파도 · 조류 등의 물리적 교란에 의해서 강하게 지배되는 특징을 보인다. 그러므로 바다에 서식하는 생물은 그에 적응하기 위해 부유생활을 하는 종은 해류의 힘에 대응하기 위해 유선형으로 되어 있고 해저에 고착 · 부착해서 생활하는 종은 단단한 고정을 위해 촉수나 뿌리 등이 있고 유연한 몸의 구조를 지니고 있다. 더욱이 연안부(沿岸部)나 기수역(汽水域, estuary)에서는 수온의 변화, 염분의 변화, 혼탁도에 의한 광량의 변화, 수중의 산소농도의 변화, 조석(潮汐)에 의한 수심(干出 · 侵水)의 변화 등 많은 환경변화를 수반한다. 이러한 장소에 적응한 식물이 해초조류이며, 그들이 만들어가는 해조(海藻, marine algae, seaweed, 해초)군락과 그 장소를 이용하는 다양한 생물을 통칭하여 "해조류번식지(바다숲, 조장(藻場), seaweed bed)"이라 한다. 이 중에서 "조장(藻場)"은 장소를 표현하는 언어임과 동시에 장소가 지니는 기능을 포함하고 있다.

해조류번식지는 구성하고 있는 주요생물종과 생육기반 등에 의해 분류되어 암초성(岩礁性)의 해안에는, 모자반류를 주체로 하는 모자반장, 다시마류를 주체로 한 다시마장, 대황 · 감태를 주체로 한 해중림(海中林, submarine forest) 등 암초성바다숲이 형성되고 사니성(砂泥性)의 해안에는 거머리말을 중심으로 하는 열대성해초조장(熱帶性海草藻場) 등 사니성의 해조류번식지가 발달한다.

해조류번식지는 해역의 물리적 · 화학적 · 생물적 환경요인에 의해 형성의 상황을 달

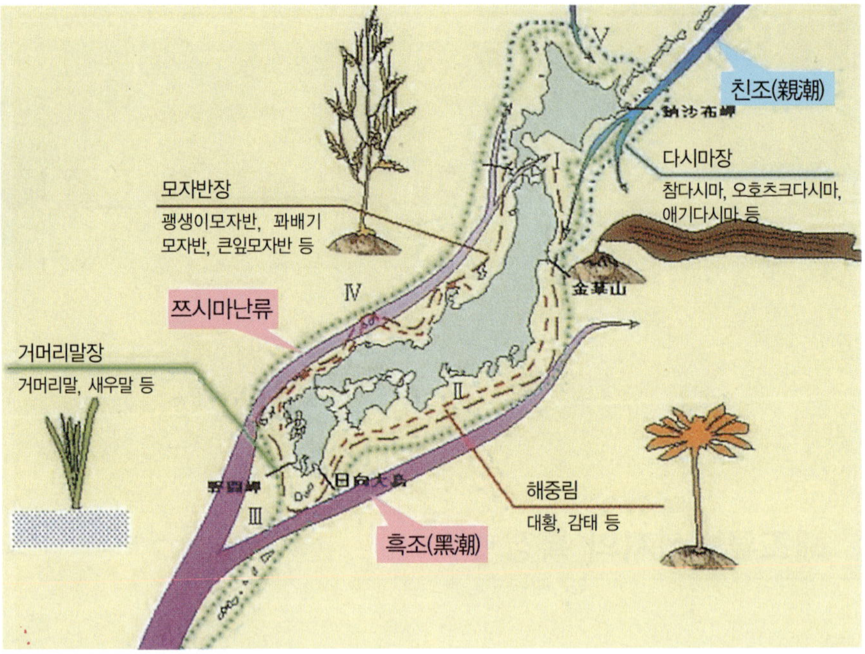

그림 16-1 **일본의 해조상 구분도**[1)]

ぎょうせい, 海の自然再生ハンドブック: 제3권 조장편에서 전제

리한다. 특히, 육상식물분포가 위도와 고도에 의해 분류되는 온도조건에 지배되고 있는 것에 비해 해초조류의 분포는 주로 해류의 수온조건과 밀접한 관계가 있다(그림 16-1).[1)]

16.2 해조류번식지 자연재생의 의의와 긴급성

해조류번식지는 천해역(淺海域)에 없어서는 안 되는 다양한 기능이 있다. 예를 들면

① 얕은 해역에서는 식물성 프랭크톤을 상회하는 경우가 있어 기초생산을 담당하는 기능

② 먹이사슬 중에서 어개류(魚介類)로 대표되는 일차소비자의 유지와 고사한 유기퇴적물(detritus)을 중심으로 분해, 전환에 의한 고차생산자를 유지하는 기능

③ 무늬오징어가 청정한 거머리말장을 산란장소로 이용하거나, 어류의 유 · 치어가 보육장소로 이용하는 기능

④ 어개류가 생활사(生活史, life cycle)의 일시기 또는 전생활사의 섭이(攝餌) 및 은둔(隱遁)장소로 이용하는 기능

⑤ 숲의 캐노피효과에 의한 저질의 퇴적촉진이나, 수온의 변화를 완화시키는 환경안정화 기능

⑥ 거머리말장에서는 6~7월에 성숙한 모자반류가 유출되어, 어류의 은둔처나 섭이장소, 산란장소로서 이용되는 부유조류를 공급하는 기능 등이 대표적인 기능이다.[2)]

이와 같이, 해조류번식지는 장소와 기능이 밀접하게 관련되는 장소임으로 해조류번식지에 있어서의 자연재생은 기능의 재생이라고 볼 수도 있다. 즉, 해조류번식지로서의 지형(기반)과 텍스처(기질)의 재생, 그리고 이를 이용하는 생물과 그를 둘러싼 수질 · 저질 · 외력조건 등(환경)의 재생에 대한 관점이 해조류번식지 생태계 전체의 재생에 절대적으로 필요하다.

1992년의 일본전체의 해조류번식지 면적은 20,100ha이며, 1978년의 조사에 비하여 약 6,000ha의 해조류번식지가 감소하고 있다.[3)] 그 쇠퇴의 원인은 매립에 의한 서식지의 소실(28%)과 백화(15%), 환경변화(16%)로 추정되고 있지만, 대부분(41%)의 감소원인은 해명되지 않은 상태이다. 빠른 시일 내의 원인해명을 진행함과 동시에 재생을 위한 노력이 더욱 필요한 실정이다. 더욱이, 초식성어류에 의한 새로운 타입의 백화현상(白化, 사막화, 해조류가 고사하고 석회조류가 번무)이 보고되기도 하고,[4)] 내만(內灣)지역이나 청정지역에 있어서 청태의 표착문제가 현저하게 나타나는 새로운 문제가 진전되고 있어, 빠른 시일 내에 재생에 대한 방향설정을 제시할 필요성이 대두된다.

16.3 해조류번식지의 재생 메커니즘과 자연재생에 있어서 목표설정의 고려사항

바다 속 해초조류의 군락은 육상삼림의 식생과는 달리 "극상(極相, climax)"이라는 개념이 없다고 여겨지고 있다. 예를 들면, 조하대(潮下帶)의 해조군락은 초기의 산호말의 번무에서 소형다년생해조를 경유해서 대형다년생해조가 우점하는 해중림에 도달하는 계열이 있다. 이를 근거로 해중림이 극상으로 인지되는 경우도 있었으나, 실제로는 깊은 장소에서 얕은 장소에의 대응까지 대상분포와 명확한 대응이 있어 대상분포의 대극을 이루는 산호말군락과 해중림은 상호 간 확대와 축소를 반복하고 있다.

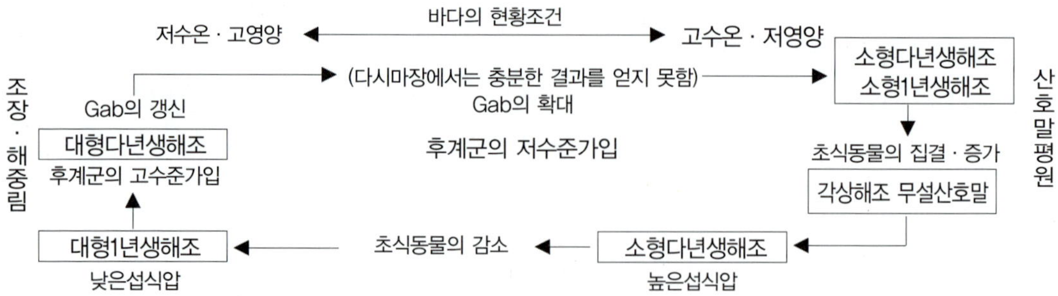

그림 16-2 **조하대에 있어서의 해조군락의 순환변천**[5)]

(社)全國沿岸業業振興開發會議 백화현상진단협회로부터 전재

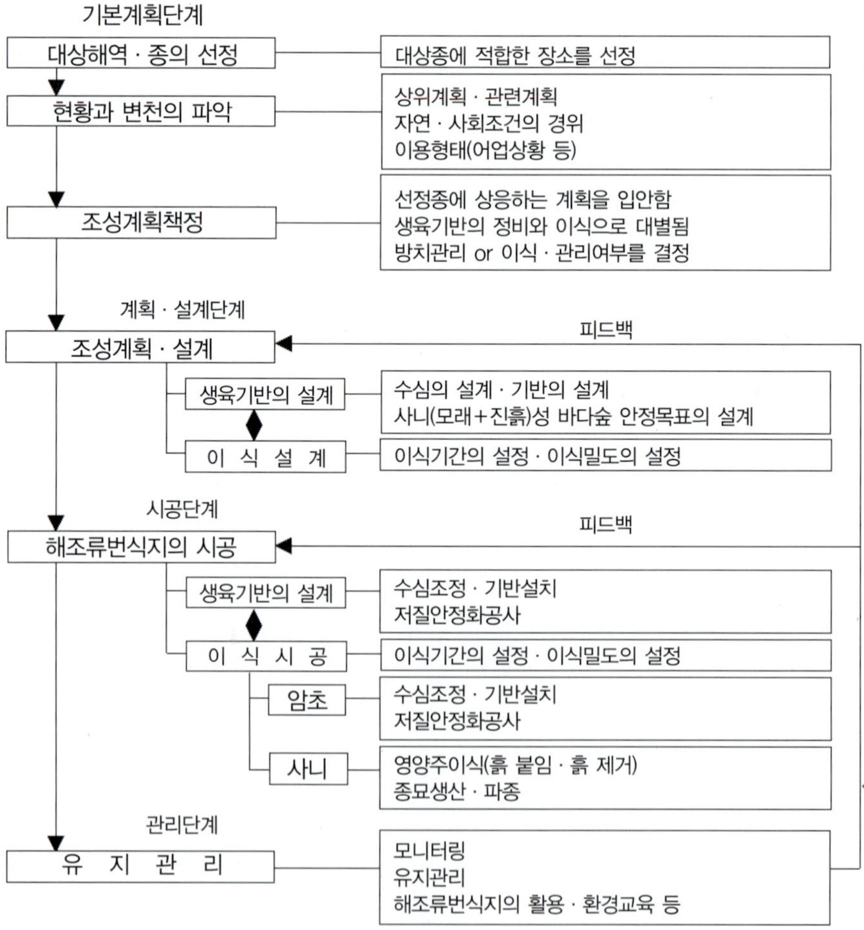

그림 16-3 **해조류번식지 조성 · 재생 및 관리에 이르기까지의 전체 흐름도**[1)]

きょうせい,海の自然再生ハンドブック: 제3권 조장편으로부터 전재

즉, (그림 16-2)에서 제시된 바와 같이 순환 천이의 과정[5]에 근거하고 있다고 할 수 있으며, 하나의 항상성(恒常性, Homeostasis)으로만 판단하여서는 해조류번식지의 극상으로 판단될 수 없다고 사료된다.

이는 해조류번식지재생의 목표설정에 있어 어려움을 암시한다. 가령, 시간적 · 공간적으로 변동하는 바다 숲의 재생 목표로 어느 일정한 수치(해초조류의 번무면적이나 밀도 등)를 제시할 경우, 이것이 해조류번식지의 어떤 변화과정에 대응하는 수치인가를 명확히 할 필요가 있다.

구체적으로 설정되는 목표는 해조류번식지의 조성 · 재생 및 관리에 이르기까지의 전체 흐름도 중에서 단계적인 레벨을 변경하면서 설정하는 것이 바람직하다.[1] (그림 16-3)에서 보는 바와 같이 해조류번식지 재생의 전체목표는 기본계획단계와 계획 · 설계단계가 설정되어 "기반환경 · 생물 · 환경이 정비된 지속가능한 ○○해조류번식지 재생"과 같은 표현이 가능하리라 본다. 다음으로, 시공단계의 구체적인 행동계획으로 "○○기능의 발생을 담보로 하는 환경조건의 정비와 파종 및 이식을 포함한 생물증가의 촉진"과 같은 구체적인 목표가 설정되어 기반환경과 이식의 시공이 행해진다. 유지관리의 단계에서는 모니터링 지표(성공판정기준)로서 "번무기에 ○○장 ○○ha의 재생"이나 "어개류○○종이 생활장소로서 이용한다" 등의 정량할 수 있는 목표가 설정되어 관리에 이용되는 등 다양한 단계의 목표설정을 실시할 필요가 있다.

이렇게 단계를 달리한 목표를 설정하는 것은 각 단계로의 피드백이 명확해지고 해초해조류번식지의 성립 원인이 충분히 정량화되지 않거나 자연변동에 의한 예기치 못한 변화가 일어나는 것에 대해 순응적으로 대응하는 것이 가능하다고 볼 수 있다.

16.4 해조류번식지 재생을 위한 구체적 방법

해초조류는 다양한 생활양식을 지니며, 그 번식방법도 영양번식과 유성번식을 병행하는 경우가 있으므로 바다숲 재생을 위한 구체적인 방법으로 크게 수심조정 · 기반조정, 기질조정, 파종, 이식 · 종묘투입 등으로 나누어 행하여진다.

1) 수심조정 · 기반정비

히로시마(廣島)현 오노미치이토사키(尾道絲崎) 항의 남측에 있는 에비(海老)지구 앞바다 부근 200m에 잡석을 쌓은 잠제(潛堤)를 구축하여 항로준설로 발생한 토사를 투입한 후, 50cm 두께로 모래를 피복하는 복사(覆砂)공법으로 간척지를 조성하였다(그림 16-4). 조성 이전, 주변에 거머리말이 번무하고 있었으므로 간척한 후 1~3년에 거머리말을 이식하였다. 초기에는 이식한 거머리말이 압밀침하(壓密沈下)나 파랑에 의한 침식의 영향에 의해 대부분 정착하지 못하였으나, 커다란 지형변화가 안정되고 저질의 경사도가 안정화된 시기로부터 급속히 거머리말 식생이 확대하기 시작하여 다양한 생물의 서식이 확인되어 거머리말의 재생이 이루어진 것이 확인되었다.

거머리말의 번무에 적당한 수심이 확보된 것이 하나의 요인이 되고 또한, 모래와 진흙을 포함한 적당한 기질이 정비된 것도 성공요인이라 추측하고 있다.[6] 이것은 수심조정 · 기반정비를 행하는 것으로 자연의 복원력을 끌어낸 사례로 볼 수 있다.

2) 기질정비

암초성의 해조류번식지에 있어서는 수심과 함께 기질의 재질 · 크기 · 표면형상이 해초의 착생상황에 크게 영향을 미친 것이라고 사료된다. (그림 16-5)는 후쿠이(福井)현 고나하마(小名浜)항 등에 있어서 항만구조물의 표면형상을 다양하게 가공하는 것으로 해조

그림 16-4 오노미치이토사키(尾道絲崎) 항에서의 해조류번식지 정비를 위한 수심조정[6]

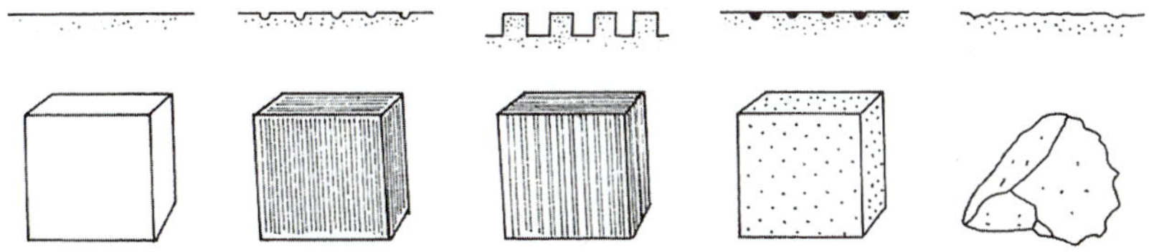

그림 16-5 고나하마(小名浜)항에서의 해조류 착상시험에 이용된 시험재[7)]

류의 착상상태나 부착생물의 차이점을 검토했을 때의 시험재의 사례이다.[7)] 그 결과, 초기의 1~6개월의 단계에서 부착생물의 양에 있어서 파인 홈이나 돌기(수cm의 요철)를 부여한 블록은 처리하지 않거나 작은 홈(수mm의 요철)만을 부여한 블록보다 크게 나타났다. 하지만, 설치 1년 후를 보면 부착생물에 의한 요철이 블록의 요철을 상회하는 규모가 되어 시험재 사이에서 명확한 차이가 나타나지 않게 되었다. 이는 초기착생을 조장하는 것에 있어 기질정비가 유효하다는 것을 제시하는 사례로 볼 수 있다.

3) 파 종

파종은 주로 거머리말장의 재생기법으로서 이용되는 기법이다. 천연 거머리말장에서 종자를 보유하는 가지를 채취하여, 종자의 채취 및 관리를 육상의 수조에서 행하여, 동계에 직접 조성현장에 종자를 배 위에서 흩뿌리는 방법이다. 하지만 선상에서 직접 종자를 뿌리게 되면 해중으로의 분산이 발생하기도 하고, 그 후의 파랑에 의해 소실될 수 있는 가능성이 높다. 그러므로 비중이 가벼운 종자의 유출방지책으로서 콜로이탈 실리카에 부엽토를 섞은 것을 거머리말 종자에 혼합하여, 바다 속의 토양 속에 던져 넣는 방법이 개발되었다. 이 방법에 의하면 히로시마만이나 동경만에 있어서 평균 10% 이상의 종자의 발아 · 성장이 기록되고 있다.[8)] 또한, 종자로부터의 해조류번식지 조성기법으로는 조기에 부식하는 "거머리말 매트"에 종자와 비료를 혼입하여 해저에 설치하는 공법[9)] 등도 개발되어져 기술개발이 진척되고 있는 분야이다.

4) 이식 · 종묘투입

해조류 종묘의 자연스러운 가입(加入, recruitment)을 기대할 수 없는 경우나 가입의 속도가 느리고 해조류번식지의 완성까지 시간이 걸리는 경우에는 해조류의 이식을 행할 필요성이 있다. 해조류의 이식에는 성체의 이식, 종묘의 투입, 인공종묘에 의한 이식 등이 있고 다양한 기법이 고안 및 실시되고 있다.

성체의 이식은 해역에서 채취해 온 성체나 유체의 해조류를 블록이나 플레이트에 고정하여 기반에 고착하는 방법으로 이루어진다. 해조류의 고정에는 고무밴드나 접착제를 이용하고 블록이나 플레이트에 고정에는 볼트, 케이블, 수중본드 등이 이용된다.

종묘의 투입은 모체의 성숙기에 맞추어 성숙개체의 전부 또는 일부를 채취하여 현장에 자루에 넣어 설치하고 모체로부터 종자의 비산을 기대하는 방법이다.

간사이(關西)국제공항 섬의 2기 공항섬의 조성을 할 때에는, 스포어 백에 의한 해조류(감태 등) 의 종묘공급에 의해 약 18ha의 바다숲이 조성되었다.[10]

인공종묘에 대한 이식은, 채취한 종묘를 인공적으로 중간육성한 후에 이식을 행하는 방법이 있다. 간사이국제공항섬의 호안에서는 1기 공항섬 조성에서 완경사 호안에 설치된 조초(藻礁)블록에 중간육성 되어진 감태의 종사(種絲)를 부착해서 이식되어졌다(사진 16-1). 유속이 빠른 호안에서는 감태의 피복도가 50% 이상의 범위가 최대 500m/년의 확대속도를 기록하여 2002년 10월의 조사단계에서 16ha의 해조류번식지가 확인되고 있다.[11]

사진 16-1 간사이국제공항에 있어서 조초블록에 의한 종묘이식의 사례[11]

(좌: 조초블록에 종사 붙임 작업, 우: 설치 1년 후 감태의 성장)

16.5 해조류번식지의 재생 평가 · 현황 · 과제

해조류번식지 재생(복원)의 평가에 대해서는 아직까지는 정설이나 범용적인 기법이 개발되지 않은 상태이다. 환경성은 그 배려사항으로 "미리 설정한 평가년차(중간년차를 포함)에 있어서 해조류번식지의 복원에 관련되는 목표가 달성되고 있는가가 객관적으로 평가되어 그 결과에 상응하는 조치를 실시할 수 있도록 배려할 것."이라는 필요가 대두되었다.[12] 이렇게 평가에 상응하는 조치를 실시하기 위해서는 순응적 관리시스템의 도입이 적당하며, 지금부터 해조류번식지의 재생을 추진하기 위해서도 유효하다고 사료된다[13]. 순응적 관리는 ① 정량적인 성공판단 기준의 도입, ② 모니터링, ③ 성공판단 기준을 만족한다, 만족하지 않는다 등과 같은 조치를 취하기 위한 리뷰, ④ 목표설정이나 관리기법의 개선을 위한 피드백과 같은 순서로 실시되지만, 전에 16.3에서 기술한 바와 같이, 바다숲의 공간적 · 시간적인 변동성이 ①항의 성공판단기준의 도입을 곤란하게 하고 있다. 성공판단의 기준은 목표 · 해동계획의 하위에 위치하는 구체화된 목표임으로, 그 설정에는 순응성을 부여할 필요가 있으나, 억지력이 없는 순응성의 적용은 재생사업 그 자체의 신뢰성을 낮추는 결과를 조장할 수 있다. 한편, 순응적 관리의 적용에 있어 그 순서를 시스템화 할 필요성이 있다.

16.6 해조류번식지 재생의 전망

순응적 관리의 순서를 시스템화하는 것으로 해조류번식지의 재생이라는 목표를 향한 노력이 관계자들의 합의와 협력 하에서의 추친이 기대된다. 그러기 위해서는 관계자 사이에 있어서 공통의 목표설정이라는 커다란 벽을 넘지 않으면 안 된다.

해조류번식지의 회복은 바다재생이라는 의의을 지니는 사업으로서(토목의 시점) 자연재생으로서(환경의 시점), 산업진흥으로서(수산의 시점), 생물다양성의 향상(생물의 시점), 각각 중요한 추진사항으로 그 존재감이 크다.

특히, 해조류번식지 재생의 활동범위를 ① 해초조류의 재생, ② 해초조류와 그를 이용하는 생물군락을 포함한 생태계로서의 재생, ③ 생태계와 그를 이용하는 인간활동을 포함한 해변의 재생, ④ 프로세스를 포함한 해변의 관계자 문제와의 조정점을 설정하여 종자에서 프로세스로 관리대상을 확대해 나아가는 사고[14]에는 지금부터의 해조류번식지 재생의 바람직한 방향성 · 가능성이 제시되어 있다고 생각한다.

– 후루카와 게이타(古川恵太)

인용문헌

1) 海の自然再生ワーキンググループ (2003)：海の自然再生ハンドブック, 第3巻藻場編, ぎょうせい.
2) (財)海洋生物環境研究所 (1991)：藻場の構造と機能に關する既往知見.
3) 環境省 (1994)：第4回自然環境保全基礎調査, (財)生物多様性センタ.
4) 長谷川雅俊ら (1996)：Ⅱ海中林復元に關する研究(1)磯やけ原因の究明, 平成8年靜岡水試時報, p.95–96.
5) (財)全國沿岸漁業振興開發協會 (2002) 磯やけ診斷指針.
6) 春日井康夫ら (2003)：廣島縣尾道糸崎港における干潟開發事業, 海洋開發論文集 19, 107–112.
7) 淺井 正ら (1997)：ブロック式構造物への海洋生物の着生實驗とその着生條件について, 港灣技研資料, No.881.
8) 工藤孝浩ら (2003)：横浜市地先における播種によるアマモ場造成手法の檢討, 第18回神奈川縣水産總合研究所業績發表會要旨集.
9) 稲田 勉ら (2003)：アマモ場造成による海域再生技術, 電力土木, 特集：環境 · 共生, p.70–71.
10) 阪上雄康ら (2003)：關西國際空港2期空港島における藻場造成について, 海洋開發論文集 19, 13–18.
11) 關西國際空港(株) · 關西空港用地造成(株) 2002)：關西國際空港藻場造成の取り組み (パンフレット).
12) 環境省 (2004)：「藻場の復元に關する配慮事項」について, 平成16年3月30日報道發表資料.
13) 海の自然再生ワーキンググループ (2003)：海の自然再生ハンドブック, 第1巻總論編, ぎょうせい.
14) 寺脇利信ら (2002)：藻場の保全 · 再生, 緑の讀本, 64號, p.1615–1621.

Chapter 17

산호초(珊瑚礁)

- 초호(礁湖)에 있어서의 자연재생 계획 -

17.1 생태계의 특성

산호초는 해양생태계 중에서 가장 종 다양성이 높아[1] 바다의 열대림이라고 일컫는다. 그 분포는 열대지역을 중심으로 하는 난대해역에 모여 있으며, 일본의 환경청의 제4회 자연환경보전기초조사에 의하면 류큐(琉球, 오키나와)열도에 96,000ha 이상의 산호초가 분포하고 있다 한다.[2] 산호초 생태계에서는 조초산호(造礁珊瑚, 이하 산호)를 주로 하여 다종의 동식물이 다양한 거처에 서식하고 있으며, 그 서식처의 수질은 일반적으로 빈영양인 것이 큰 특징이다. 산호는 빈영양의 바다에 적응한 생활기능을 소유하고 있으며, 그 영양의 대부분은 체내에 공생하고 있는 갈충조(褐蟲藻)라 불리는 직경 약 10㎛의 단세포조류(單細胞藻類, Symbiodinium)의 광합성으로 만들어진 영양물에 의존하고 있다. 따라서 산호에게 있어서 해수가 투명하게 유지되는 것은 생육의 중요한 요건이다. 류큐 열도의 남부 이리오모테(西表)섬의 서안에 있는 항만 5개소를 토카이(東海)대학 해양연구소가 1995~96년의 2년 동안, 여름과 가을에 측정한 총질소(T-N)평균치는 0.047mg/ℓ 로[3], 오사카(大阪)만 등과 비교하여도 거의 1/10의 수준으로 산호초에 있어서 일반적인 수질은 빈영양이기에 맑은 상태가 보통이다(사진 17-1).

산호초의 지형은, 해안선을 따라서 비교적 연안선에 형성되는 거초(裾礁), 앞바다 부근에 분포하는 보초(堡礁), 도넛 형태의 환초(環礁)로 크게 나눌 수 있지만, 일본의 산호초는 대부분이 거초로 유일하게 야에야마(八重山)군도 이시가키(石垣)섬과 이리오모테(西表)섬 사이의 세키세이(石西)초호(礁湖)가 준 보초로 확인되고 있다. 이들 지형은 산호

사진 17-1 맑은 수질의 산호초(이리오모테섬)

초의 내측에 초지(礁池, 거초) 또는 준초호(準堡礁)라 불려지는 폐쇄적인 수역을 형성한다. 아열대에서는 단기간에 집중적인 강수가 일어나기 쉽고 짧은 하천으로부터 표토가 해역에 유출되기 쉬우므로 육역의 성상에 따라 표토가 폐쇄적인 초지나 초호에 퇴적되어 투명도가 높은 해수에 적응한 산호의 서식환경을 악화시키게 되었다.

산호초는 지역주민의 식량공급의 장소이며, 바다 속의 경관을 즐기는 다이버와 관광객의 레크리에이션 장소로 다종다양한 생물이 서식하는 유전자 자원의 보고로서 주목되고 있어 그 보전이 중요한 과제이다.

17.2 자연재생의 배경

류큐 열도는 1972년에 일본에 환원(미군으로부터)된 이후로 다양한 개발이 집중적으로 행하여 졌기 때문에, 토지의 상황은 크게 개변(改變)되었다. 이로 인해 산호초로의 표토의 유출이 현저하기 늘어 커다란 사회적 문제로 등장했다. 오키나와(沖繩)현은 1994년, 적토 등 유출방지조례를 제정하여 일정 효과를 얻었지만, 이직도 농가에서의 유출은 멈추지 않고 있어 이를 방지하는 것이 주요 과제가 되고 있다. 류큐 열도의 표토의 대부분은 적토(융기산호초석회암토양)로 강우에 의하여 침식되기 쉬운 성질의 토양이다. 적토가 산호초에 퇴적되면, 파랑에 의한 소용돌이로 투명도의 저하가 일어나고 산호초와 공생하는 조류의 광합성 능력이 저하하거나 산호유생의 착생이 방해되어 산호를 피복하는 것에 의한 스트레스가 발생한다. 적토현탁물 및 퇴적물에 피복된 2종류의 산호, 녹산호(*Acropora tenuis*)와 청산호(*Heliopora coerulea*)의 착생실험에서는 두 종류 모두 착생율이 감소하여 점액의 분비가 관찰되었다.[4] 적토퇴적이 진행된 초지에서는 산호의 피도감소가 진척되고 산호초가 "사막화"되어가고 있다고 한다(사진 17–2).[5]

또한, 류큐 열도의 산호초에서는 적토퇴적 뿐만이 아니라 1970년대로부터의 불가사리(*Acanthaster planci*)의 대량발생으로 인한 식해(食害), 최근의 고수온에 의한 백화(白化) 등 해양생태계 특유의 교란현상을 일으켜, 산호군집은 쇠퇴하는 경향에 있다.

일본 최대 규모의 산호초인 세키세이(石西)초호(동서 약 25km, 남북 약 15km)에서는 1980년경, 불가사리의 대량발생이 일어나, 초호의 산호는 식해에 의해 북부를 제외한 거의 전역에서 사멸했다.[6] 1980년대에는 산호의 회복은 거의 이루어지지 않고, 정체된 상태가 지속되었으나, 1990년 초반부터 서서히 회복의 징후를 보이기 시작한 것이(그림 17–1) 후반에는 과거의 상태로 복귀하는 정도로 되었다.

하지만, 1998년에 일어난 장기간의 이상고수온에 의한 백화현상이 광범위에 걸친 산호의 사멸을 가져왔다. 또한 이시가키섬으로 부터의 적토반출도 적지 않게 세키세이초

사진 17–2 "사막화"한 산호초(니시가키(西垣)섬 나구라(名藏)만)

호에 영향을 미쳤다.

불가사리의 대량발생에 의한 식해와 백화 등으로 쇠퇴한 산호 군락에 대한 산호유생의 신규가입은, 지형과 번무기의 기상 · 해상조건 등에 좌우되기 때문에 회복 정도는 장소에 따라 다르다. 이처럼 자연 상태에서는 회복이 묘연한 산호초는 인위적인 수복을 행하여 회복을 촉진하는 동시에 적토반출방지대책을 진행하고 산호유생의 공급원을 확대하고 다른 동물의 서식처를 창출, 해중경관의 개선 등에 주안을 둔 산호초의 재생을 도모하는 것이 계획되어서 환경성은 2002년에 세키세이초호를 자연재생추진계획의 대상으로 정하고 조사에 착수했다.

17.3 자연재생의 목표

세키세이초호는 1972년 이리오모테국립공원으로 지정되었고 1977년에 초호내해역에 4개의 해중공원지구가 추가로 지정되었다. 1980년에 환경청은 세키세이초호의 해중경관의 보전과 활용계획을 책정하기 위해 컬러항공사진(국토지리원, 1977년 촬영)화상을 기초로 초호의 산호군락의 분포상황을 조사하여 산호분포도를 작성했다.[8] 그 당시 이 해역에는 산호군락에 커다란 영향을 미치는 불가사리의 대량발생은 아직 국소적이었고, 커다란 인위적인 환경교란도 없었으므로, 이 산호분포도는 인위적 영향을 받지 않은 산호초의 상태를 보여주고 있다고 판명되었다. 동 분포도에서는 양적 데이터는 제시되지 않았으나, 세키세이초호의 전구역이 산호군락의 분포지역으로 되어 있고 사멸산호지역은 남측 초호에 한정되어 있었다. 피도가 높은 지상의 녹산호의 분포가 고하마(小浜)섬 동부에서 다케토미(竹富)섬을 경유하여 남측 외초(外礁) 및 쿠로(黑)섬에 걸쳐 신죠(新城)섬 부근에 확대되어(그림 17-2), 산호군락이 거의 최대한으로 성장한 상태였던 것으로 추정된다. 그러므로 재생의 목표로서, 이 분포도를 활용하는 것을 고려했다.

17.4 재생에 이르는 메커니즘

1) 산호초 현황조사

먼저, 산호초의 상황을 알기 위해 2002~2003년, 세키세이초호 등을 대상으로 한 항공사진 촬영과 사진화상을 기초로 현지조사를 행하여 산호초저성상 분포도(산호군락, 해초군락, 저질 등)를 작성했다. 그 결과, 초호남초, 고하마섬 남측 해안, 신죠섬 주변 등에 광범위하게 걸쳐 고피도(高被度)의 산호분포가 나타났다(그림 17-3). 다음으로 산호피도 및 실트퇴적상황을 기초로 건전도분포도를 작성한 결과, 이시가키섬 시가지부근 및 이리오모테섬 서측 해안에 있어서 건전도가 특히 낮다는 것이 판명되었으며, 이들 해역이 육역으로부터의 적토퇴적이 현저하고 산호초의 건전도가 소실되고 있음이 판명되었다.

적토의 확산동태를 인지함과 동시에 산호유생의 유송과정을 해명하기 위해, 산호의 산란기에 초호해역의 조사를 실시하였다. 산호는 그 생활사의 초기에 있어서 3~5일 정도의 부유기를 가지므로, 그 이송, 확산에 관한 지견은 산호의 가입에 극히 중요한 사안이다. 조사결과, 세키세이초호에서는 주가 되어 남북방향으로 흐르는 조류(潮流)의 성분이 탁월하여, 평균류(平均流)로서 취송류(吹送流)가 크다는 것이 판명되었다. 또한, 커다란 강우시에는 이시가키섬으로 부터의 적토유출이 많다는 것과, 산호유생이 초호북방외해에 많이 분포한다는 것 등이 판명되었다.[10]

2) 자연재생의 기본적 고찰

현황조사의 결과, 산호 피복도가 높고, 건전도를 잃지 않으며, 해류의 상황에서 유생 확산의 원천으로 기대되는 초호남부의 몇 개소의 해역을 중요해역후보지로 선정했다(그림 17-4).

중요해역은 모체 산호군 보존지역으로서 영구 코도라트에 의한 모니터링과 함께 불가사리의 대량발생이나 수온상승에 대한 감시가 행해지고 교란방지를 위한 관리가 실시된다. 또한, 서식환경이 특별히 악화되지 않았음에도 불구하고 유생의 가입이 없어 산호군락의 회복이 진척되지 않는 장소에는 산호이식에 의한 산호초의 복원이 실시된다.

적토유출방지에 대해서 주된 유출원인 농가에 자연재생추진계획에 대한 이해를 구하고 유역프로젝트방식의 방지대책의 실시에 의한 적토유출량 감소가 계획되어 있다.

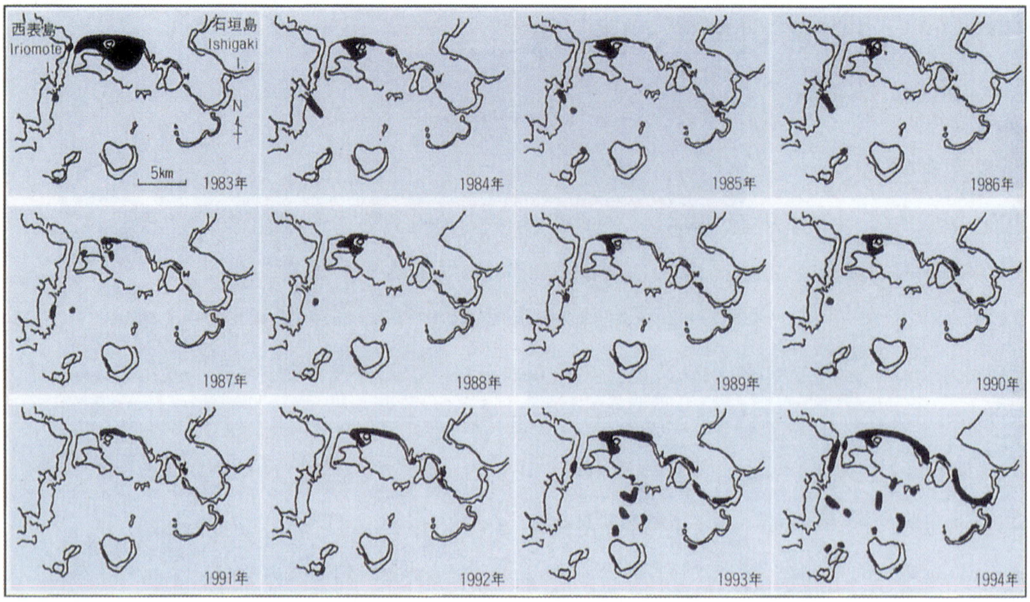

그림 17-1 세키세이초호에 있어서의 피복도 50% 이상, 분포지역의 변천[7]

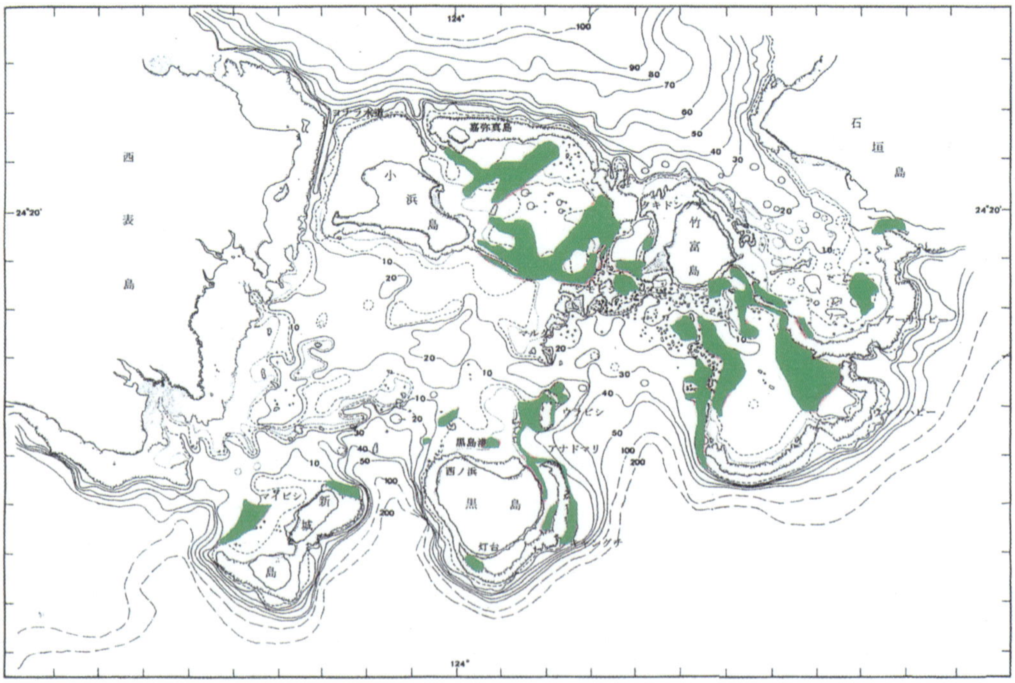

그림 17-2 1980년경의 세키세이초호에 있어서 녹산호의 고피복도 지역

(세키세이초호 산호류 분포도를 기초로 제작)

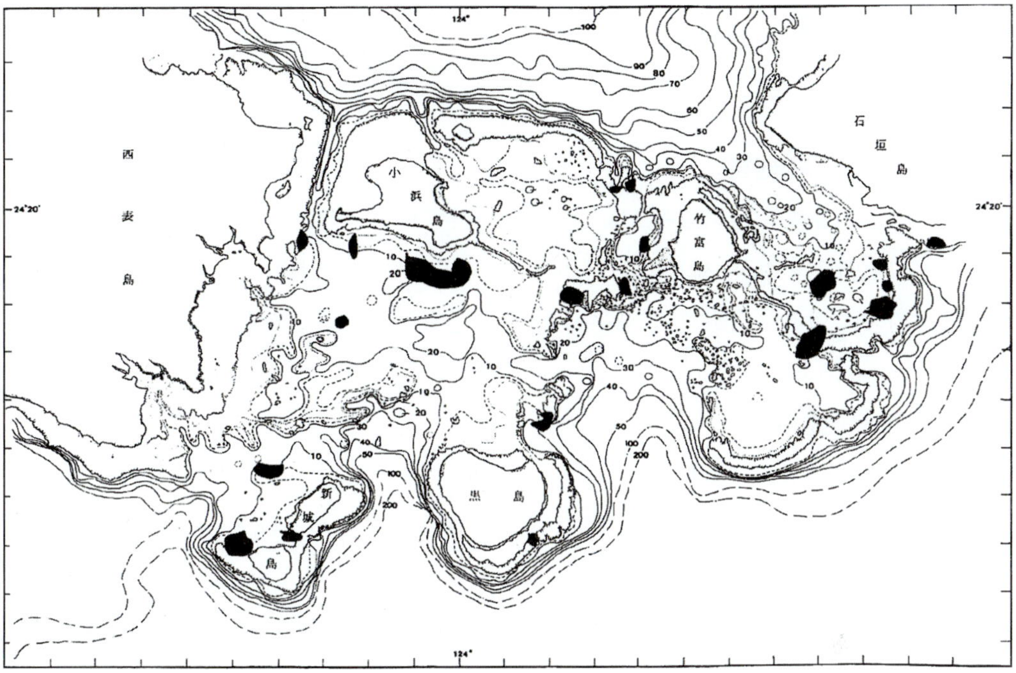

그림 17-3 산호 고피복도(50% 이상)지역 현황도(산호초 저성상 분포도[9])를 기초로 제작)

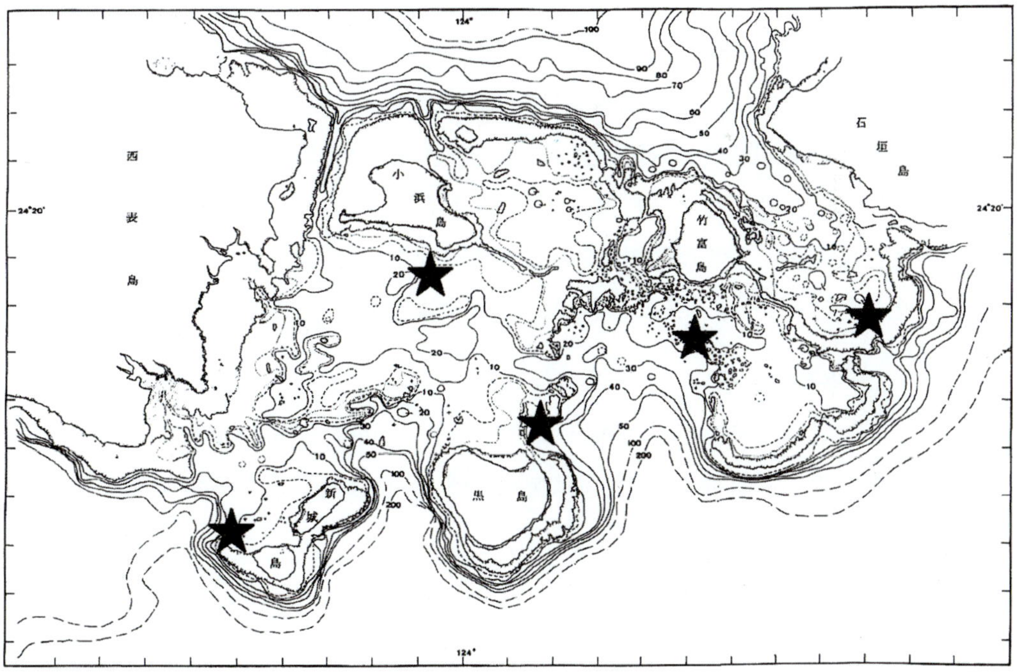

그림 17-4 중요해역후보지

17.5 재생의 기법

1) 적토유출대책

적토유출의 방지대책으로 장려되고 있는 것이 사탕수수의 춘계식재, 경작지 주변에 그린벨트의 설치, 새끼줄을 이용한 멀칭은 농가에게 인식되어지고 있으나, 충분한 실시가 이루어지지 않고 있기 때문에 한층 더 강화된 프로젝트를 실시하기로 되어 있다.

2) 산호초 복원

(1) 산호초의 이식방법

지금까지의 산호이식은 기존 산호군생지의 산호를 채집한 후, 그 단편을 만들어 이식하는 것과 같은 무성생식법을 이용하여 왔으나, 이같은 방법으로는 건전한 산호군집을 파괴하는 것으로 이어질 수 있어, 특별한 경우를 제외하면 대규모사업에서는 성공이 어려운 측면이 있었다.

근년, 일본에서 산호이식에 관한 다양한 연구가 진척된 결과, 산호의 산란, 수정, 착생의 메커니즘이 확인되고 유성생식에 의한 이식방법이 실용화 되고 있다. 이것은 실험실에서 어린산호(稚珊瑚)를 생산하는 방법과 산호초번식지에서 채묘(採苗)하는 방법이 있으나 번식지의 경우는 채묘를 위한 착상구(着床具)를 설치하는 것만으로 이루어지므로 비교적 적은 비용으로 어린산호를 생산할 수 있다. 번식지채묘의 방법으로서 조개껍질이나 슬레이트 등을 해저에 설치하는 방법이 실험적으로 시행하여 왔으나, 최근에 와서 동경해양대학 오카모토 미네오(岡本峰雄)조교수 팀과 국토환경(주)의 연구그룹이 더욱 실용적인 유생착상구를 도입한, 채묘 · 이식의 일련의 시스템을 개발했다.

(2) 유생착상구

개발된 착상구는 그릇 형상으로 구운 직경 40mm × 높이 40mm정도의 도자기로(사진 17-3), 종으로 겹쳐 200개 단위로 케이스에 넣어 산호 산란기 전후에 해저에 설치한 뒤 유생의 착상을 기다린다.

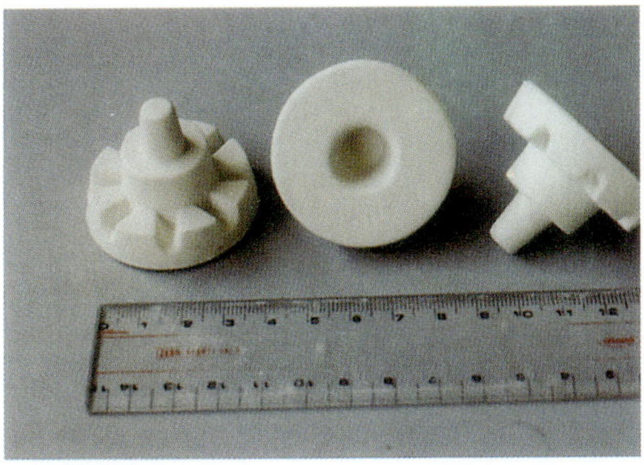

사진 17-3 착상구(오카모토미네오 제공)

사진 17-4 세키세이초호에 이식된 착상구(오카모토미네오 제공)

약 1.5년 후에는 육안으로 확실히 어린산호가 식별되어 이식종묘로서 이용이 가능하다. 이식은 그릇형태의 착상구 하부에 접착제를 사용하여 해저에 핸드드릴로 타공한 후 접속한다(사진 17-4). 이 착상구는 경량이며 저렴하고 대량생산이 가능하기 때문에, 대량의 이식 산호 종묘생산의 가능성을 넓힐 수 있다.

(3) 수복의 방법

① 착상구 설치지점의 선정

채묘지점은, 세키세이초호 남측에 유생의 도달이 많은 것이 추정되어짐으로, 이 해역에 있어서, 다음에 조건에 대한 검토를 한 후, 선정하였다.

사진 17-5 착상구 채묘상황

- 해류 : 유생이 모여들어 정체하기 쉬운 해류가 있을 것
- 파랑 : 착상구가 태풍의 파랑에 의해 격렬한 동요가 없을 것
- 수심 : 산호가 왕성하게 번무하는 수심일 것
- 저질 : 파랑에 의해 저질이 변모하지 않고, 표사(漂砂)에 의한 영향을 받지 않을 것
- 수질 : 적토의 유입이 없을 것

산호 유생의 가입에 대한 잠재적으로 도달도가 높은 장소가 존재하는 것으로 추정되나, 유생의 취송류(吹送流)의 영향을 강하게 받아 기상조건에 따라 도달 장소가 우연성에 의해 좌우될 우려가 있어 설치 지점은 한곳에 집중하지 않고 분산해서 설정하기로 했다.

② 착상구 설치

착상구의 설치는 세키세이초호에 있어 녹산호류의 산란기인 5월 상순의 만월 직전에 시행되었다. 설치지점은 잠수에 의한 미지형을 답사해 파랑의 영향을 직접 받지 않는 장소를 선정한 후에 착상구 케이스를 해저에 타설한 철근말뚝 등에 고정하여 파랑에 대한 안정성을 높였다(사진 17-5). 설치 중에는 수온의 자동연결관측을 시행함과 동시에 9월에는 착상구의 샘플링을 시행하여 착상상태를 조사하였다. 그 결과, 약 67%의 착상구에 착상되었다. 약 1년 6개월 후, 육안으로 충분히 어린산호를 확인할 수 있는 상태가 되면 종묘로서 이식한다.

17.6 과제와 전망

착상구에 의한 채묘율이나 고착성은 예비시험에 의해 이미 실증된 상태였으나, 이식 후의 생존율은 지금까지 시행해 온 산호이식 결과에서 추정된 후로 더 많은 검증을 필요로 하고 있다. 적토의 유출방지대책에 대해서는 여러 가지의 방책이 제안되고 있으며, 이들을 어떻게 활용하고 지역의 다양한 주체들의 참가에 의해, 실현시키는가가 중요한 과제라 할 수 있다.

육역표토의 유출, 퇴적에 의한 산호초환경의 악화는 세계적인 경향이고 Pandolfi연구팀은 세계의 산호초 생태계는 난획과 오탁이 원인으로 100년 전부터 쇠퇴하고 있으며, 근년의 백화현상과 질병의 만연은 이에 박차를 가하고 있기 때문에 빠른 시일 내에 보전

대책을 강구하지 않으면 20~30년 안에 쇠망하고 말 것이라고 지적이 있다.[11] 개발도상국의 경우, 표토유출에 머물지 않고 다이나마이트 어종과 독물어종(毒物魚種)에 의한 산호초의 파괴가 현저하므로 그 재생이 더욱 요청된다. 2004년 6월, 오키나와(沖繩)현에서 개최된 제10회 국제 산호초 심포지엄에서도 산호초재생에 대한 뜨거운 관심을 불러 일으켰다. 본국은 이 분야에 뛰어난 연구에 의한 풍부한 경험을 쌓아와 개발도상국의 산호초재생에 공헌할 수 있을 줄로 기대한다.

– 후지하라 슈이치(藤原秀一)

인용문헌

1) Barnes R.S.K., Hughnes R.N. (1988) : An Introduction to Marine Ecology. Blackwell Scientific Publications, 351pp.

2) 藤原秀一 (1994) : サンゴ礁海域調査結果解析, 制4回自然環境保全基礎調査海域生物環境調査報告書(干潟藻場, サンゴ礁), 制3券 サンゴ礁 p.31–62. 環境廳自然保護局・海中保護センター.

3) 油井正明・酒井一彦・横地洋之・內田紘臣・岩瀨文人・淺井康行・森 美枝・古谷勝則・黑瀨 毅・水嶋信文 (1997) : 陸域の土地利用がサンゴ礁に與える影響, サンゴ礁生態界の維持機構の解明とその保存に關する硏究 平成6~8年度, 環境廳硏究總合推進費終了硏究報告書, 79–109.

4) 波利井佐紀・灘岡和夫・岩尾硏二・林原 毅 (2002) : サンゴ幼生の定着に及ぼす赤土の影響, 日本サンゴ礁學會制5回大會講演要旨集, 17.

5) 大見謝辰男・宮脇逸朗 (2004) : 陸域からの汚濁物質の流入負荷, 環境省・日本サンゴ硏究會(編), 日本のサンゴ礁, p.66–70, 環境省.

6) 福田照雄・宮脇逸朗 (1982) : 八重山群島石西礁湖におけるオニヒトデの異常發生について, 海中公園情報56, 10–13.

7) 森 美枝 (1995) : 石西礁湖におけるイシサンゴとオニヒトデの推移, 海中公園情報107, 10–15.

8) 環境廳自然保護局・國立公園協會 (1981) : 淺海における海中景觀の保全と活用の推進に關する調査報告書(西表國立公園石西礁湖の保全と活用), 161pp.

9) 環境廳自然保護局沖繩奄美地區自然保護事務所・國土環境株式會社 (2003) : 平成14年度石西礁湖自然再生調査(サンゴ群集調査)報告書, 92+45.

10) Mitsui J., Nadaoka K., Ueno M,. Kimura T., Harii S., Paringit E. C., Tamura H., Suzuki Y., Kumagai W., Yasuda N., Ishikami K., Iizuka H. (2004) : Field measurement and analysis of currents and fine sediment, thermal and coral larvae transport in Sekisei Lagoon, Okinawa. Abstracts of 10th International Coral Reef Symposium, 108.

11) Pandolfi J. M., Bradbury R. H., Sala E., Hughes T. P., Bjorndal K. A., Cooke R. G., McArdle D., McClenachan L., Newman M. J. H., Paredes G., Warner R. R., Jackson J. B. C. (2003) : Global trajectories of the long-term decline of coral reef ecosystems. Science, 301, 955–958.

column

칼럼

항만정비에 있어서의 산호초의 수복 · 재생

내각부 오키나와총합사업부는, 1972년의 오키나와(沖縄)의 일본복귀와 동시에 진흥개발을 추진하여 왔다. 항만으로는 나하(那覇)항, 히라라(平良)항, 나카구스쿠(中城)만항, 이시가키(石垣)항 등의 정비와 개발보전의 항로인 다케도미(竹富)남항로의 보전을 실시하고 있다. 항만에 있어서 환경보전을 추진해 온 역사는 깊어 크게 3단계로 나눌 수 있다.

제1단계는, 종래로부터 일반적으로 실시해 온 환경영향평가, 제2단계는, 1985년 이후의 산호이식에 관한 기술개발, 제3단계는, 1990년 이후의 이식 이외의 방법에 의한 환경보전 · 재생기술의 개발이며 이 단계들은 모두 지역특성을 배려하며 추진해 왔다.

오키나와의 항만정비에 있어서 산호에 관한 환경보전 · 재생기술은 이식기술로 대표되어지는 무성생식과정에 의한 증식을 기대한 "산호의 직접적 도입기술", 유성생식과정에 의한 증식을 기대한 "산호의 착상기질의 형성기술" 및 산호군집의 성장에 적합한 환경조건을 형성하기 위한 "환경개선기술"로 분류할 수 있다.

"산호의 직접적 도입기술"로는, 나하항, 히라라항, 이시가키항에서는 1980년대로부터 산호이식기술개발을 추진하여, 모니터링조사를 실시하고 있다. 최근에는 이식작업을 용이하게 하기위한 블록의 개발과, 대형산호를 이설하기 위한 이축기술을 개발하여, 그 효과를 확인하고 있다(그림-1). 더욱이 나하항에 있어서는 산호유생을 채취하여 방류하는 것으로 산호군집의 형성을 촉진하는 기술개발을 위한 실질해역시험이 이루어지고 있다.

"산호의 착상기질의 형성기술"에는 산호의 유생이 공급되는 장소에 정비된 구조물이, 산호의 착상기질이 되는 것을 촉진하는 기술이다. 1990년에 나하항에 소파(消波)블록에 산호유생이 자연착상하여 성장하는 상황을 확인하였다(그림-2). 성장의 과정을 조사한 결과, 나하항의 방파제 외측의 소파블록의 얕은 수심대에서 6년 간 산호의 피복도가 50% 이상이 된 것이 판명되었다. 또한 기질표면을 요철면으로 가공하는 것으로 산호유생의 착상 · 성장을 촉진하는 것이 확인되어, 소파블록의 표면을 요철가공한 에코블록사업을 전개하여, 그 결과를 확인하고 있다(그림-3).

"환경개선기술"은 상기와 같은 인공구조물상의 산호의 착상 · 성장에 영향을 미치는 환경조건을 파악하여 산호에 의한 좋은 환경조건을 토목적인 방법으로 형성하고자 하는 기술이다. 나하항의 산호성장에 영향을 미치는 환경인자를 분석한 결과, 주된 원인은 광조건과 유동조건이었다. 다시 말해, 산호의 성장에 적합한 환경을 형성하기 위해서는 적당한 광량과 유량을 확보할 필요가 있다. 히라라항에서는 해수교환을 촉진하기 위해서 통수부를 지니는 방파제를 정비하여, 항만 내측에 있어서의 산호의 성장상황을 모니터링하고 있다.

생태공학이라 함은 생태계의 기능을 제어하여 생태계를 보전 · 재생하는 기술이다. 생태공학적 접근은 현지에 있어서의 산호의 착상 · 성장과정을 파악함으로써 공학적으로 대응할 수 있는 환경보전기술을 개발하고 현지실험과 모니터링조사에 의한 순응적인 검증을 행하는 프로세스로 사료된다.

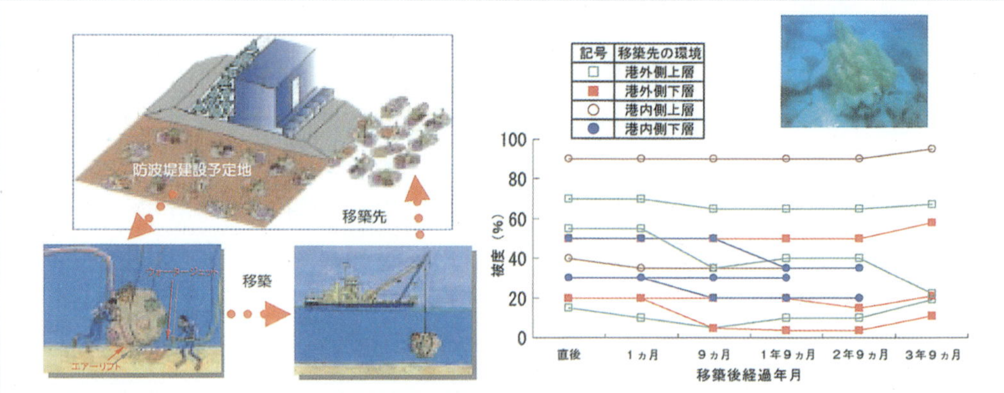

그림-1 이식기술과 효과: 이축 후 산호피복도의 모니터링 결과

(이축한 산호의 피복도는 높은상태로 유지되고 있다)

그림-2 소파블록에 산호가 자연착생하고 있는 상황

(사진은 2004년 6월: 나하항 나하방파제)

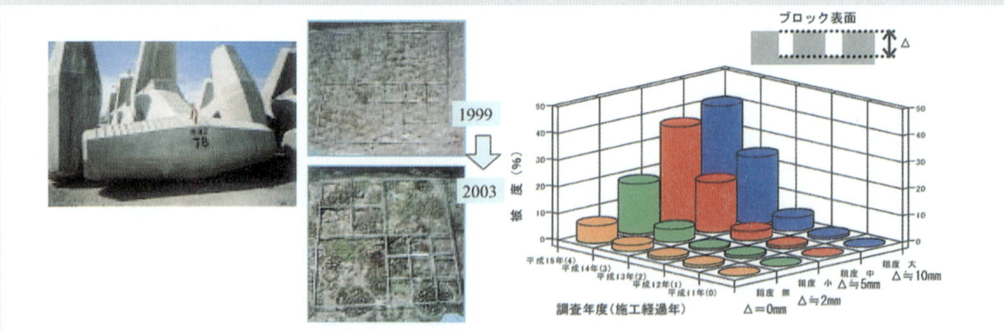

그림-3 에코블록사업과 효과: 요철크기와 산호피복도의 모니터링결과

(요철의 크기가 크면 클수록 산호의 피복도가 높게 나타난다)

오키나와총합사무국은 이러한 기술개발을 추진함과 동시에 특정 기술을 활용해 산호초생태계를 보전 · 재생(창출 · 복원 · 수복 등) · 이용함으로써 항만정비와 산호초와의 공생을 도모하는 것 등을 기본적인 방침으로 하고 있다.

– 하나시로 세이죠(花城盛三), 야마모토히데카즈(山本秀一)

참고자료 : 國土交通省港灣局 · 海の自然再生(2003): 海の自然再生ハンドブック　第4券　サンゴ礁編, 103pp, きょうせい.

ㅇ

ㅊ

ㅋ

ㅌ

ㅍ

ㅎ

영문

김 남 춘(金南椿) namchoon@dankook.ac.kr
현) 단국대학교 녹지조경학과 교수
현) 한국환경복원기술학회 부회장
서울대학교 조경학과 농학사
서울대학교 대학원 생태조경학과 조경학석사
서울대학교 대학원 임학과 농학박사
미국University of Georgia 교환교수

[저서]
키워드를 중심으로한 조경학의 이해. 2008. 기문당. 공저
생태공학. 2004. 보문당. 공저
조경시공학. 2003. 문운당. 공저
녹을 창조하는 식재기반. 2003. 보문당. 공저
도로비탈면 녹화공사의 설계 및 시공 지침. 2009. 국토해양부.

박 보 신(朴甫信) pbshyk2001@yahoo.co.kr
현) 디자인피온 소장
배재대학교 생명환경디자인학부 겸임교수
동경농업대학 농학연구과 생물환경조절학 전공 학술박사

[저서]
都市, 緣色空間 그리고 農. 2005. 누리에랜드스케이프 디자인. 2008. 조경. 공저

조 민 환(趙珉煥) jsb131@naver.com
현) (주)토림산업 대표이사
자연생태복원(JSB)공법 보유(비탈면녹화)
동경농업대학교 농학부 조원학과
단국대학교 환경조경학과 석사